应用型本科机械工程系列精品教材

数控机床原理与结构

肖潇 郑兴睿 主编

吴俊文 罗璟 郑富昭 副主编

清华大学出版社

北京

内 容 简 介

本书针对高等职业本科数控专业的教育需求编写。本书共分为10章:第1章,数控机床概述;第2章,数控机床的数控系统;第3章,数控机床的伺服系统;第4章,数控机床的位置检测装置;第5章,数控机床的机械结构;第6章,数控机床的主传动系统;第7章,数控机床的进给系统;第8章,数控机床的辅助装置;第9章,常用数控机床;第10章,数控机床加工程序的编制。本书内容全面、综合、深入浅出,既考虑到目前数控机床运用的实际情况,又考虑到未来数控机床的发展趋势。

本书是高等院校数控技术、机电一体化、机械设计制造及其自动化、模具设计与制造等专业教学和考核培训用书,也可供相关专业的师生和从事相关工作的科技人员参考。

图书在版编目(CIP)数据

数控机床原理与结构/肖潇,郑兴睿主编. —北京:清华大学出版社,2017(2025.8重印)
(应用型本科机械工程系列精品教材)
ISBN 978-7-302-45709-1

Ⅰ.①数… Ⅱ.①肖… ②郑… Ⅲ.①数控机床-理论-高等学校-教材 ②数控机床-结构-高等学校-教材 Ⅳ.①TG659

中国版本图书馆CIP数据核字(2016)第288803号

责任编辑:赵 斌
封面设计:常雪影
责任校对:赵丽敏
责任印制:沈 露

出版发行:清华大学出版社
网 址:https://www.tup.com.cn, https://www.wqxuetang.com
地 址:北京清华大学学研大厦A座 **邮 编**:100084
社 总 机:010-83470000 **邮 购**:010-62786544
投稿与读者服务:010-62776969,c-service@tup.tsinghua.edu.cn
质量反馈:010-62772015,zhiliang@tup.tsinghua.edu.cn
印 装 者:三河市君旺印务有限公司
经 销:全国新华书店
开 本:185mm×260mm **印 张**:17.25 **字 数**:419千字
版 次:2017年1月第1版 **印 次**:2025年8月第7次印刷
定 价:49.80元

产品编号:070495-03

前言

FOREWORD

数控技术及数控机床在当今机械制造业中占有重要地位，并显示出巨大效益，在国家工业现代化中发挥战略性作用，已成为传统机械制造工业提升、改造和实现自动化、柔性化、集成化生产的重要手段和标志。数控技术及数控机床的广泛应用，给机械制造业的产业结构、产品种类和档次以及生产方式带来了革命性的变化。掌握现代数控技术知识是对现代机电类专业学生的基本要求。

作者根据国内数控技术及数控机床的应用情况，结合多年的工程实践和教学经验编写成此书。针对普通高等院校机电类专业学生的特点，全书突出数控技术的实用性和数控机床的操作性，力求做到理论与实践的最佳结合。本书取材新颖，内容由浅入深、循序渐进、图文并茂、实例丰富，着重于运用，理论部分具有简明性、系统性、实用性和先进性的特点。全书主要介绍了数控机床概述、数控机床的数控系统、数控机床的伺服系统、数控机床的位置检测装置、数控机床的机械结构、数控机床的主传动系统、数控机床的进给系统、数控机床的辅助装置、常用数控机床、数控机床加工程序的编制等方面的内容。

本书共有10章，由肖潇、郑兴睿担任主编，吴俊文、罗璟、郑富昭担任副主编，袁锐波教授主审。参与本书编写的还有褚重明、周寅龙老师。

另外，本书在编写过程中参考了西班牙尼古拉斯·克雷亚机床有限公司提供的信息，还参阅了许多高等院校、公司的教材和资料，并得到高级工程师黄茂正及从事数控车、铣、加工中心操作的技师、高级技师的大力支持和帮助，在此致以衷心的感谢。

由于时间仓促和编者水平有限，书中疏漏和谬误之处在所难免，恳请读者不吝指教，以便进一步修改。

编　者

2016年5月

目录

CONTENTS

第1章 数控机床概述

制造业是所有与制造有关行业的总称，是一个国家国民经济的支柱产业。随着社会经济对制造精度要求的不断提高，以及科学技术特别是计算机技术的高速发展，传统的制造业已发生了根本的变革，以数控技术为主的现代控制技术被广泛采用。

数控机床自20世纪中叶数控技术创立以来，给机械制造业带来了革命性的变化。

现在数控技术已成为制造业实现自动化、柔性化、集成化生产的基础技术，现代的CAD/CAM、FMS/CIMS、敏捷制造和智能制造等，均建立在数控技术之上。作为国家的战略技术，数控技术是提高产品质量、提高劳动生产率必不可少的手段，基于它的相关产业都是体现国家综合国力水平的重要基础性产业。专家们预言：21世纪机械制造业的竞争，其实就是数控技术的竞争！

1.1 数控机床的产生与发展

1.1.1 数控机床的产生与发展过程

从工业化革命以来，人们实现机械加工自动化的手段有：自动机床、组合机床、专用自动生产线。这些设备的使用大大地提高了机械加工自动化程度以及劳动生产率，促进了制造业的发展。但它也存在固有的缺点：初始投资大、准备周期长、柔性差。

社会的需求是推动生产力发展最有力的因素。市场竞争日趋激烈，产品更新换代加快，大批量产品越来越少，小批量产品生产的比重越来越大，迫切需要一种精度高、柔性好的加工设备来满足社会需求。

数控技术产生为自动化技术带来了新的概念，推动了加工自动化技术的发展。它集微电子、计算机、信息处理、自动检测及自动控制等高新技术于一体，是制造业实现柔性化、自动化、集成化及智能化的重要基础，在制造领域得到广泛的应用。数控机床是数控技术在机械行业中的应用，是机电一体化的典型产品。电子技术和计算机技术的飞速发展为数控机床的进步提供了坚实的技术基础。

为了解决机械零件中复杂形状表面的加工问题，1952年，美国帕森斯公司(Parsons)和麻省理工学院(MIT)在美国空军的委托下,合作研制了世界上第1台三坐标数控机床。完成了直升机叶片轮廓检查用样板的加工。从此数控技术在全世界得到了广泛的应用。

1955年,第1台工业用数控机床由美国Bendix公司生产出来。至今,数控机床按数控系统的发展经历了两个阶段,有6代产品。

1. 第1阶段: 硬件数控(NC)阶段

为了满足机床实时控制的要求,人们采用由数字逻辑电路组成的专用计算装置作为数控系统,也就是硬件连接数控,简称数控(NC),这个阶段经历了3代。

第1代: 1955年,NC系统由电子管组成,体积大、功耗大。

第2代: 1959年,NC系统由晶体管组成,广泛采用印刷电路板。

第3代: 1965年,NC系统采用小规模集成电路作为硬件,其特点是体积小、功耗低,可靠性进一步提高。

虽然数控阶段所采用的器件经过电子管、晶体管、小规模集成电路等几次变革,但其功能,如输入装置、插补运算、控制器等,都是由硬件逻辑电路来实现的,控制功能比较简单,使用灵活性较差。

2. 第2阶段: 计算机数控(CNC)阶段

1970年至1974年,由于计算机的迅速发展,性价比不断提高,小型计算机代替了数控系统中由硬件构成的专用计算装置,成为数控系统的核心部件,从此数控系统进入计算机数控阶段。这个阶段也经历了3代。

第4代: 1970年,NC系统采用小型计算机取代专用计算机,其部分功能由软件实现,它具有价格低、可靠性高和功能多等特点。

第5代: 1974年,NC系统以微处理器为核心,不仅价格进一步降低、体积进一步缩小,而且使实现真正意义上的机电一体化成为可能。

1974年: 系统以位片微处理器为核心,有字符显示、自诊断功能。

1979年: 系统采用CRT显示、大容量磁泡存储器、可编程接口和遥控接口等。

1981年: 系统具有人机对话、动态图形显示、实时精度补偿等功能。

1986年: 数字伺服控制诞生,大惯量的交直流电动机进入实用阶段。

1988年: 采用高性能32位机为主机的主从结构系统。

第6代: 1994年,基于计算机NC系统的诞生,NC系统的研发进入了开放型、柔性化的新时代,新型NC系统的开发周期日益缩短。它是数控技术发展的又一个里程碑。

1.1.2 数控机床的发展趋势

自20世纪90年代以来,随着国际上计算机技术突飞猛进的发展,数控技术不断采用计算机、控制理论等领域的最新技术成就,朝着下述方向发展:

1. 运行高速化、加工高精化

速度和精度是数控设备的两个重要指标,它们是数控技术永恒追求的目标,因为它们直接关系到加工效率和产品质量。新一代数控设备在运行高速化、加工高精化等方面都有了更高的要求。

(1) 运行高速化: 使机床进给率、主轴转速、刀具交换速度、托盘交换速度实现高速化,并且具有高加(减)速率。

进给率高速化：在分辨率为 $1\mu m$ 时，最大进给率 $F_{max}=240m/min$。在 F_{max} 下可获得复杂型面的精确加工；在程序段长度为 1mm 时，$F_{max}=30m/min$，并且具有 $1.5g(g=9.8m/s^2)$ 的加减速率。

主轴高速化：采用电主轴(内装式主轴电动机)，即主轴电动机的转子轴就是主轴部件。主轴最高转速达 200 000r/min。主轴转速的最高加(减)速率为 1.0g，即仅需 1.8s 即可从 0 提速到 150 00r/min。

换刀速度：0.9s(刀到刀)、2.8s(切削到切削)、6.3s(工作台(托盘)交换速度)。

(2) 加工高精化：提高机械设备的制造和装配精度；提高数控系统的控制精度；采用误差补偿技术。

提高 CNC 系统控制精度：采用高速插补技术，以微小程序段实现连续进给，使 CNC 控制单位精细化；采用高分辨率位置检测装置，提高位置检测精度(日本交流伺服电动机已有装上每转 10^6 脉冲的内藏位置检测器，其位置检测精度能达到每脉冲 $0.01\mu m$)；位置伺服系统采用前馈控制与非线性控制等方法。

采用误差补偿技术：采用反向间隙补偿、丝杠螺距误差补偿和刀具误差补偿等技术；设备的热变形误差补偿和空间误差的综合补偿技术。研究结果表明，综合误差补偿技术的应用可将加工误差减少 60%～80%。三井精机的 JidicH5D 型超精密卧式加工中心的定位精度为 $\pm 0.1\mu m$。

计算机技术的不断进步，促进了数控技术水平的提高，数控装置、进给伺服驱动装置和主轴伺服驱动装置的性能也随之提高，使得现代的数控设备在新的技术水平下，可同时具备运行高速化、加工高精化的性能。

在加工精度方面，普通级数控机床的加工精度已由 $10\mu m$ 提高到 $5\mu m$，精密级加工中精度则从 $3\sim 5\mu m$，提高到 $1\sim 1.5\mu m$，并且超精密加工精度已开始进入纳米级($0.01\mu m$)。

2. 功能复合化

复合化是指在一台设备上实现多种工艺手段加工。

镗铣钻复合——加工中心(ATC)、五面加工中心(ATC，主轴立卧转换)；

车铣复合——车削中心(ATC，动力刀头)；

铣镗钻车复合——复合加工中心(ATC，可自动装卸车刀架)；

铣镗钻磨复合——复合加工中心(ATC，动力磨头)；

可更换主轴箱的数控机床——组合加工中心。

3. 控制智能化

随着人工智能技术的不断发展，同时为满足制造业生产柔性化、制造自动化的发展需求，数控技术智能化程度不断提高，具体体现在以下几个方面：

1) 加工过程自适应控制技术

通过监测加工过程中的切削力、主轴和进给电动机的功率、电流、电压等信息，利用传统或现代的算法进行识别，以辨识刀具的受力、磨损以及破损状态、机床加工的稳定性状态，并根据这些状态实时修调加工参数(主轴转速，进给速度)和加工指令，使设备处于最佳运行状态，以提高加工精度、降低工件表面粗糙度以及设备运行的安全性。

目前国内外已取得的进展主要有：Mitsubishi Electric 公司生产的用于数控电火花成形机床的“Miracle Fuzzy”是基于模糊逻辑的自适应控制器，可自动控制和优化加工参数；

日本牧野在电火花 NC 系统 Makino-Mce20 中,用专家系统代替人进行加工过程监控;以色列的外置式力自适应控制器;意大利 Mandelli 公司数控系统的可编程功率自适应控制功能;国内清华和华中科技大学的自适应控制技术的研究已取得成果,正在进行商品化开发。

2) 加工参数的智能优化与选择

将工艺专家或技工的经验、零件加工的一般与特殊规律,用现代智能方法,构造基于专家系统或模型的“加工参数的智能优化与选择器”,以获得优化的加工参数,从而达到提高编程效率及加工工艺水平、缩短生产准备时间的目的。采用优化的加工参数编制的加工程序,可使加工系统始终处于较合理和较经济的工作状态。

目前,人们已开发出带自学习功能的神经网络电火花加工专家系统。日本大隈公司的7000 系列数控系统带有人工智能式自动编程功能;国内清华和华中科技大学在加工参数的智能优化与选择及 CAPP 方面的研究也取得了一些成果,但有待进行实用化开发。

3) 智能故障诊断与自修复技术

智能故障诊断技术:指能根据已有的故障信息,应用现代智能方法(AI、ES、ANN 等),实现故障快速准确定位的技术。

智能故障自修复技术:指能根据诊断,确定故障原因和部位,并自动排除故障或指导故障排除的技术。智能自修复技术集故障自诊断、故障自排除、自恢复、自调节于一体,并贯穿于加工过程的整个生命周期。

智能故障诊断技术在有些日本、美国公司生产的数控系统中已有应用,基本上都是应用专家系统实现的;而智能化自修复技术还在研究之中。

4) 智能化交流伺服驱动装置

目前已开始研究能自动识别负载并调整参数的智能化伺服系统,包括智能主轴交流驱动装置和智能化进给伺服装置。这种驱动装置能自动识别电动机及负载的转动惯量,并自动对控制系统参数进行优化和调整,使驱动系统获得最佳运行状态。

5) 智能 4M 数控系统

在制造过程中,加工、检测一体化是实现快速制造、快速检测和快速响应的有效途径,将测量(measurement)、建模(modelling)、加工(manufacturing)、机器操作(manipulator)四者(即 4M)融合在一个系统中,实现信息共享,构成测量、建模、加工、装夹、操作一体化的 4M 智能系统。

6) 体系开放化

开放式数控体系:具有在不同的工作平台上均能实现系统功能,且可以与其他系统应用进行相互操作的系统。

(1) 开放式数控系统特点:①系统构件(软件和硬件)具有标准化(standardization)与多样化(diversification)和互换性(interchangeability)的特征;②允许通过对构件的增减来构造系统,实现系统“积木式”的集成,构造应该是可移植的和透明的。

(2) 开放体系结构 CNC 的优点:向未来技术开放。由于软硬件接口都遵循公认的标准协议,只需少量的重新设计和调整,新一代的通用软硬件资源就可能被现有系统所采纳、吸收和兼容,这就意味着系统的开发费用将大大降低而系统性能与可靠性将不断改善并处于长生命周期。

(3) 标准化的人机界面:标准化的编程语言,方便用户使用,降低了和操作效率直接有关的劳动消耗。

(4) 向用户的特殊要求开放：更新产品、扩充能力、提供可选择的硬软件产品的各种组合以满足特殊应用要求。针对用户的要求提供方法，从低级控制器开始，逐步提高，直到达到所要求的性能为止。另外，用户自身的技术诀窍能方便地融入并创造出自己的名牌产品。

(5) 可减少产品品种，便于批量生产、提高可靠性和降低成本，增强市场供应能力和竞争能力。

目前国内外开放式数控系统的研究进展主要有：美国：NGC(The Next Generation Work-station/Machine Controller)和 OMAC(Open Modular Architecture Controller)计划；欧共体：OSACA(Open System Architecture for Control within Automation Systems)计划；日本：OSEC(Open System Environment for Controller)计划；华中Ⅰ型——基于IPC的CNC开放体系结构；航天Ⅰ型CNC系统——基于PC的多机CNC开放体系结构。

4. 驱动并联化

并联加工中心(又称6条腿数控机床、虚轴机床)是数控机床在结构上取得的重大突破，其结构简图如图1-1所示。其特点是：并联结构机床是现代机器人与传统加工技术相结合的产物；由于没有传统机床所必需的床身、立柱、导轨等制约机床性能提高的结构，并联结构机床具有模块化程度高、质量轻和速度快等优点。

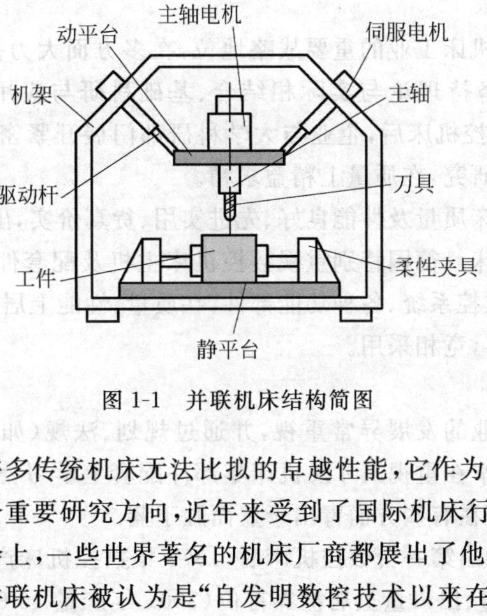

图1-1 并联机床结构简图

鉴于并联机床具有许多传统机床无法比拟的卓越性能，它作为一种新型的加工设备，已成为当前机床技术的一个重要研究方向，近年来受到了国际机床行业的高度重视。在近几年的国际知名机床博览会上，一些世界著名的机床厂商都展出了他们研制的并联机床，得到了行家们的高度评价。并联机床被认为是“自发明数控技术以来在机床行业中最有意义的进步”“21世纪新一代数控加工设备”。

5. 交互网络化

支持网络通信协议，既能满足单机需要，又能满足FMC、FMS、CIMS对基层设备集成要求的数控系统，是形成“全球制造”的基础单元。交互网络化的数控系统的特点有：网络资源共享。数控机床的远程(网络)监视、控制。数控机床的远程(网络)培训与教学(网络数控)。数控装备的数字化服务(数控机床故障的远程(网络)诊断、远程维护、电子商务等)。

1.1.3 各国数控机床的发展状况

美国、德国、日本是当今世界上在数控机床科研、设计、制造和使用等方面技术最先进、经验最多的国家。因各国条件不同，各有特点。

1. 美国

美国政府重视机床工业，美国国防部等部门因军事方面的需求而不断提出机床的发展方向与科研任务，并且提供充足的经费，网罗世界人才，特别讲究“效率”和“创新”，注重基础科研，因而在机床技术上不断创新。如1952年研制出世界第一台数控铣床，1958年研制出加工中心，20世纪70年代初研制出柔性制造系统(FMS)，1987年首创开放式数控系统等。

美国首先结合汽车、轴承生产需求，充分发展了大批量生产自动化所需的自动线，而且电子、计算机技术在世界上领先，因此其数控机床的主机设计制造及数控系统基础扎实，加之一贯重视科研和创新，故其高性能数控机床技术在世界也一直领先。

当今美国生产宇航等使用的高性能数控机床，存在的教训是：偏重基础科研，忽视应用技术，且在20世纪80年代政府一度放松了引导，致使数控机床产量增加缓慢，于1982年被后进的日本超过，并大量进口。从20世纪90年代起，美国纠正过去偏向，数控机床技术转向实用，产量又逐渐上升。

2. 德国

德国政府一贯重视机床工业的重要战略地位，在多方面大力扶植机床工业的发展。德国特别注重科学试验，坚持理论与实际相结合、基础科研与应用技术科研并重。德国于1956年研制了第一台数控机床后，企业与大学科研部门展开紧密合作，对数控机床的共性和特性问题进行深入的研究，在质量上精益求精。

德国生产的数控机床质量及性能良好、先进实用、货真价实，出口遍及世界各地，尤其是大型、重型、精密数控机床。德国特别重视数控机床主机及配套件的先进实用性，其机、电、液、气、光、刀具、测量、数控系统、各种功能部件，在质量、性能上居世界前列。如西门子公司的数控系统，为世界闻名，竞相采用。

3. 日本

日本政府对机床工业的发展异常重视，并通过规划、法规(如“机振法”“机电法”“机信法”等)来引导发展。日本在重视人才及机床零部件配套上学习德国，在质量管理及数控机床技术上学习美国，甚至在有些方面青出于蓝而胜于蓝。

日本自1958年研制出第一台数控机床后，1978年数控机床产量(7342台)就超过了美国(5688台)，至今在产量、出口量上居世界首位(2001年产量46 604台，出口27 409台，出口占59%)。战略上先仿后创，先生产量大而广的中档数控机床，大量出口，占据世界广大市场。20世纪80年代开始，日本进一步加强科研，向高性能数控机床发展。日本FANUC公司战略正确，仿研结合，针对性地发展市场所需的各种低中高档数控系统，在技术上领先，在产量上居世界第一。该公司现有职工3674人，科研人员超过600人，月产能力7000套，销售额在世界市场上占50%，在日本国内约占70%，对加速日本和世界数控机床的发展起了重大的促进作用。

4. 中国

我国数控机床厂数控技术的发展起步于20世纪50年代，“六五”期间，引进数控技术；

“七五”期间，组织消化吸收“科技攻关”；“十五”期间，国家科技部将数控机床列为制造业信息化工程的三大重点之一，经过多年的努力，我国数控技术和数控产业取得了相当大的成绩，近年来在高端数控机床关键技术研究方面取得的重大突破。目前，我国已基本掌握了多(五)坐标联动的关键技术，不仅打破了国外的技术封锁，而且使该技术进入实用阶段。我国复合加工技术的研究也取得了很大成绩，已研制完成的五轴联动车铣复合中心、五轴五面加工中心、双主轴车削中心等关键设备均已实现商品化。高速加工技术(HSM)的研究与应用也取得重要进展。其中在直线电动机应用技术的研究方面，基本掌握了负载变化扰动、热变形补偿、隔磁和防护等部分关键技术，填补了我国在直线电动机应用技术领域的空白，使我国在这一领域与国外差距由15年缩短为10年。同时，我国完成了8000～10 000r/min机械式高速主轴单元和10 000～18 000r/min高速主轴单元的产品开发和加工制造工艺的研究，并实现了在国产加工中心和数控机床上的应用。

我国发展机床业有着得天独厚的市场空间，特别是未来几年，汽车、信息和高新技术等产业在我国将会强劲发展。如今中国经济飞速发展，GDP为世界第二，已成为世界机床消费第一大国、机床进口第一大国。

但是国内数控机床制造企业在中高档及大型数控机床的研究开发方面与国外数控机床制造企业有明显差距，70%以上的此类设备和绝大多数的功能部件均依赖进口。国产数控机床，特别是中高档数控机床仍然缺乏市场竞争力，究其原因，主要在于国产数控机床的研究开发深度不够、制造水平依然落后、服务意识与能力欠缺、数控系统生产应用推广不力及数控人才缺乏等。我国的功能部件生产企业规模普遍较小，布局分散，有些还依附于主机厂或研究所。从整体上看，我国功能部件生产发展缓慢、品种少、产业化程度低、精度指标和性能指标都还不过硬。滚珠丝杠、数控刀架、数控系统、电主轴等数控机床功能部件虽已形成一定的生产规模，但仅能满足中低档数控机床的配套需要。衡量数控机床水平的高级数控系统、高速精密电主轴、高速滚动功能部件和数控动力刀架等还依赖进口。理顺功能部件生产企业的体制，做大做强一批功能部件生产企业已迫在眉睫。我们应看清形势，充分认识国产数控机床的不足，同时努力发展先进技术、加大技术创新与培训服务力度，以缩短与发达国家之间的差距。

1.2 机床中有关数控的基本概念

1. 数字控制(numerical control)

数字控制简称数控，是一种自动控制技术，是用数字化信号对机床的运动及其加工过程进行控制的一种方法。

2. 数控系统(numerical control system)

数控系统即采用数字控制的系统，是一种程序控制系统，它能逻辑地处理输入到系统中具有特定代码的程序，并将其译码，从而使机床运动并加工零件。

3. 计算机数控系统(computer numerical control system)

计算机数控系统由装有数控系统程序的专用计算机、输入输出设备、可编程控制器(PLC)、存储器、主轴驱动及进给驱动装置等组成。其中，计算机用来控制实现数控功能。

4. 伺服驱动(servo drive)

在数控机床上,伺服驱动的控制对象通常是机床坐标轴的位移(包括速度、方向和位置),其执行机构是伺服电动机,对输入指令信号进行控制和功率放大的是伺服放大器(又称驱动器、放大器、伺服单元等),实际位移量通过检测装置进行确定。伺服驱动的作用主要是按照数控装置给定的速度运行和给定的位置定位。

5. 数控机床(vumcrical control mechanical tools)

数控机床是用数字指令进行控制的机床,机床的所有运动,包括主运动、进给运动与各种辅助运动都是用输入数控装置的数字信号来控制的,其加工过程可用如图 1-2 所示的框图来描述。

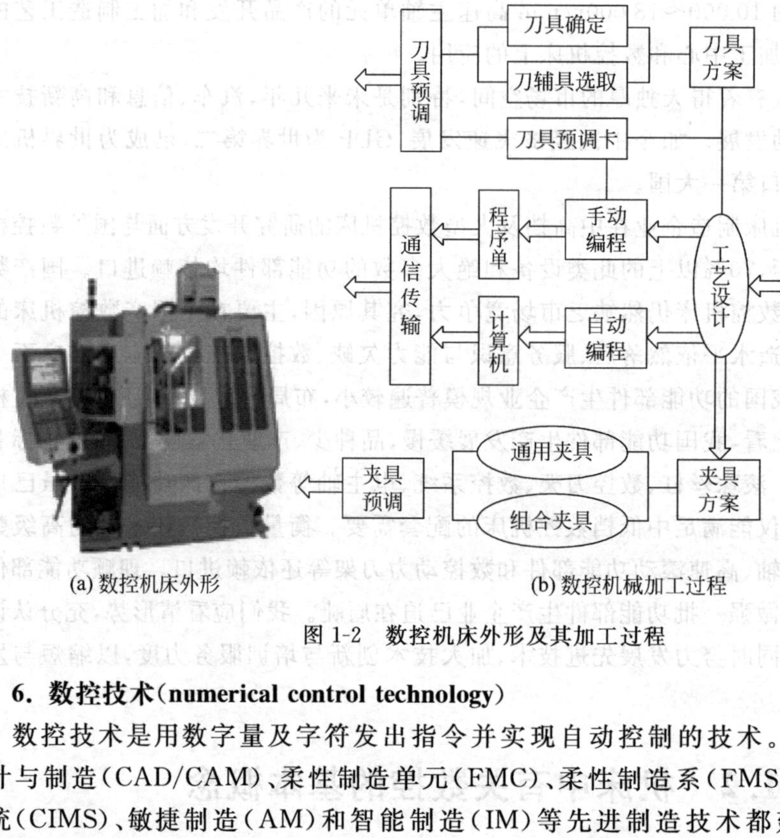

(a) 数控机床外形　　(b) 数控机械加工过程

图 1-2　数控机床外形及其加工过程

6. 数控技术(numerical control technology)

数控技术是用数字量及字符发出指令并实现自动控制的技术。目前,计算机辅助设计与制造(CAD/CAM)、柔性制造单元(FMC)、柔性制造系(FMS)、计算机集成制造系统(CIMS)、敏捷制造(AM)和智能制造(IM)等先进制造技术都建立在数控技术基础上。

7. 计算机辅助设计和制造

计算机辅助设计和制造简称 CAD/CAM,是以计算机作为主要技术手段,处理各种数字信息与图形信息,辅助完成从产品设计到加工制造整个过程的各项活动。模具 CAD/CAM 技术的主要特点是设计与制造过程的紧密联系——设计制造一体化,其实质是设计和制造的综合计算机化,主要设计与制造加工的是各类模具零件。目前这类软件较多,典型的 CAD/CAM 软件主要有 Master CAM、CAXA-DEAS、UG、CATIA 等,其中我国应用较多的有 Master CAM、CAXA、Pro/E、UG 等。

1.3 数控机床的组成及工作原理

1.3.1 数控机床的组成

数控机床是利用数控技术，准确地按照事先编制好的程序，自动加工出所需工件的机电一体化设备。在现代机械制造中，特别是在航空、造船、国防、汽车模具及计算机工业中得到广泛应用。数控机床通常是由程序载体、数控装置、伺服系统、检测与反馈装置、辅助装置、机床本体等6部分组成，如图1-3所示。

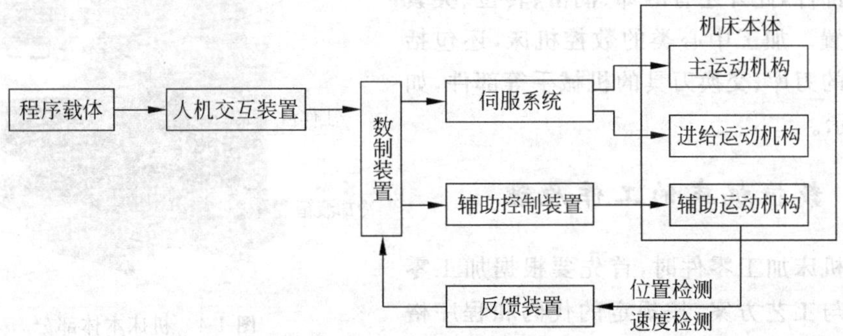

图1-3 数控机床组成框图

1. 控制介质

控制介质是用于记载各种加工信息（如零件加工工艺过程、工艺参数和位移数据等）的媒体，经输入装置将加工信息送给数控装置。常用的控制介质有标准的纸带、磁带和磁盘，还可以用手动方式（MDI方式）或者用与上一级计算机通信的方式将加工程序输入CNC装置中。

2. 数控装置

数控装置是数控机床的核心，它的功能是接受输入装置输入的加工信息，经过数控装置的系统软件或逻辑电路进行译码、运算和逻辑处理之后，发出相应的脉冲至伺服系统，通过伺服系统控制机床的各个运动部件按规定要求动作。

3. 伺服系统

伺服系统由伺服驱动电动机和伺服驱动装置组成，它是数控系统的执行部分。机床上的执行部件和机械传动部件组成数控机床的进给伺服系统和主轴伺服系统，根据数控装置的指令，前者控制机床各轴的切削进给运动，后者控制机床主轴的旋转运动。伺服系统有开环、闭环和半闭环之分。在闭环和半闭环伺服系统中，还需配有检测装置，用于进行位置检测和速度检测。

4. 检测与反馈装置

检测与反馈装置有利于提高数控机床加工精度，它的作用是将其准确测得的直线位移或角位移迅速反馈给数控装置，以便与加工程序给定的指令值进行比较，如有误差，数控装置将向伺服系统发出新的修正指令，从而控制驱动系统正确运转，使工作台（或刀具）按规定的轨迹和坐标移动。数控机床上常用的检测装置有脉冲编码器、感应同步器、旋转变压器、光栅和磁尺等。

5. 辅助装置

辅助装置指数控机床的一些必要的配套部件，用以保证数控机床的运行，如冷却、排屑、润滑、照明、监测等。它包括液压和气动装置、排屑装置、交换工作台、数控转台和数控分度头，还包括刀具及监控检测装置等。

6. 机床本体

数控机床的本体包括主运动部件、进给运动部件(如工作台，刀架)、传动部件和床身、立柱等支撑部件，此外还有冷却、润滑、转位、夹紧等辅助装置。加工中心类的数控机床，还包括存放刀具的刀库、交换刀具的机械手等部件，如图 1-4 所示。

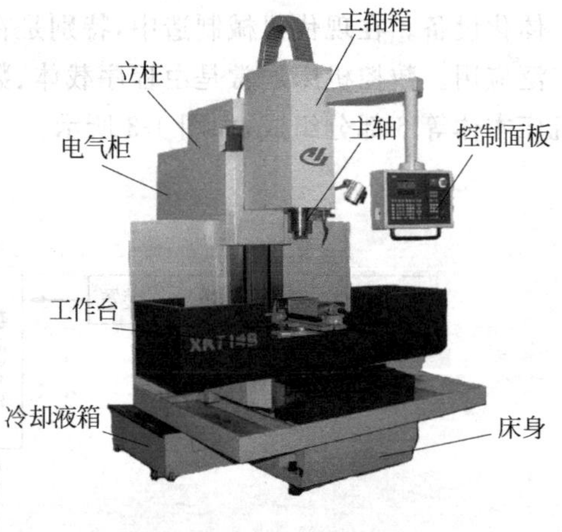

图 1-4 机床本体部分

1.3.2 数控机床的工作原理

数控机床加工零件时，首先要根据加工零件的图样与工艺方案，按规定的代码和程序格式编写零件的加工程序单，即数控机床的工作指令。通过控制介质将加工程序输入到数控装置中，由数控装置对其进行译码、寄存和运算之后，向机床各个被控量发出信号，控制机床主运动的变速和起停，进给运动的方向、速度和位移量，以及刀具选择交换，工件夹紧松开和冷却润滑液的开、关等动作，使刀具与工件及其他辅助装置严格地按照加工程序规定的顺序、轨迹和参数进行工作，从而加工出符合要求的零件。图 1-5 为数控加工中数据转换的工作原理。

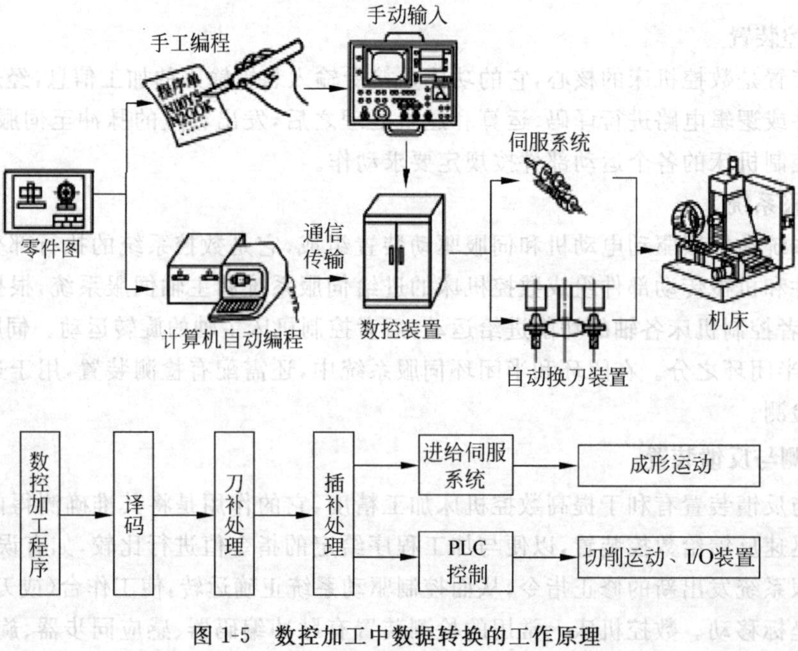

图 1-5 数控加工中数据转换的工作原理

1.4　数控机床的分类

数控机床的种类很多，为了便于了解和研究，可从不同角度对其进行分类。

1.4.1　按工艺用途分类

1. 金属切削加工类

此类数控机床主要有数控车床、数控铣床、数控镗床、数控钻床、数控平面磨床、加工中心、数控齿轮加工机床等部分机床外形如图 1-6 所示。

(a) 数控车床

(b) 数控卧式铣床

(c) 卧式加工中心

(d) 立式加工中心

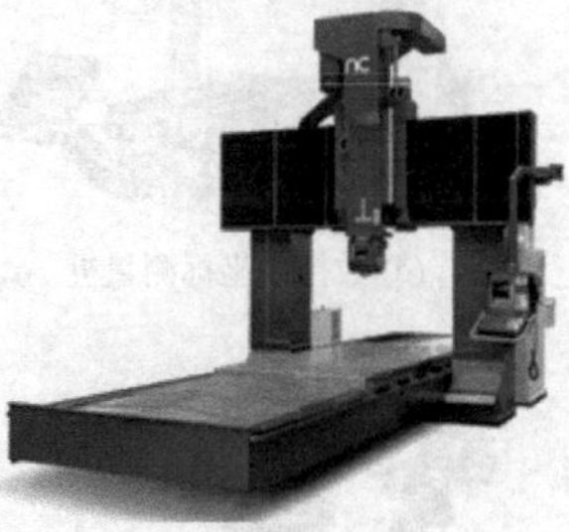

(e) 龙门式五面体加工中心

(f) 数控平面磨床

图 1-6　金属切削加工类数控机床

2. 成形加工类

此类数控机床主要有数控折弯机和数控弯管机等，其外形如图 1-7 所示。

(a) 数控折弯机

(b) 数控弯管机

图 1-7 成形加工类数控机床

3. 特种加工类

此类数控机床主要有数控电火花加工机、数控线切割机、数控激光加工机等。

4. 其他类型

其他类型的数控机床主要有数控三坐标测量机、数控液压装配机、机器人等，部分机床外形如图 1-8 所示。

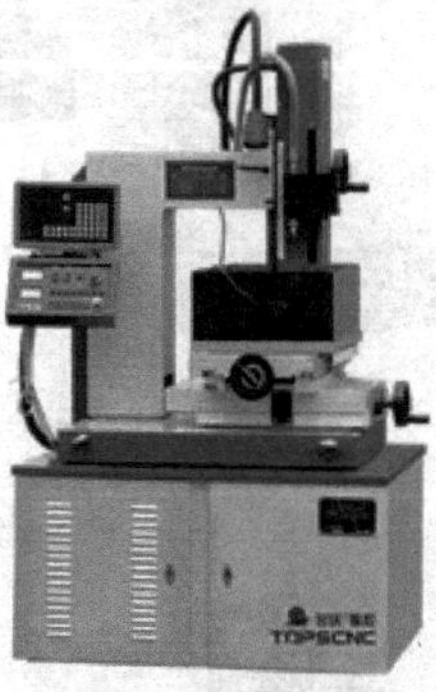

(a) 数控电火花加工机

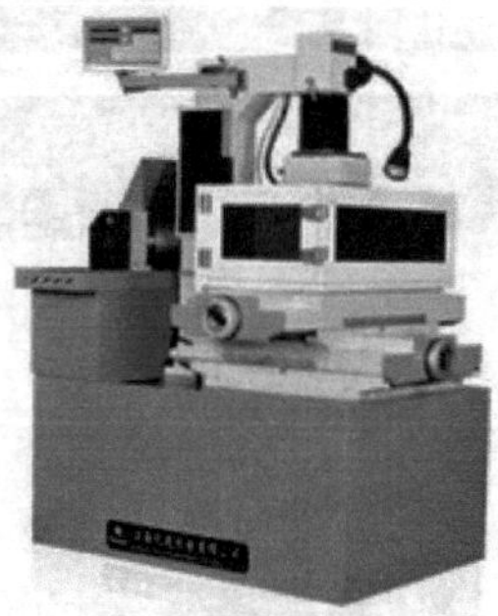

(b) 数控线切割机

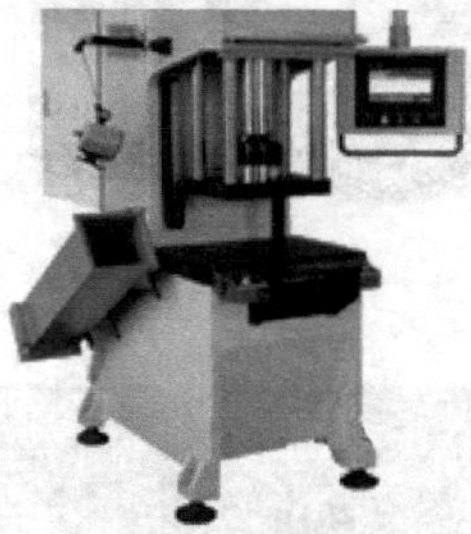

(c) 数控激光加工机

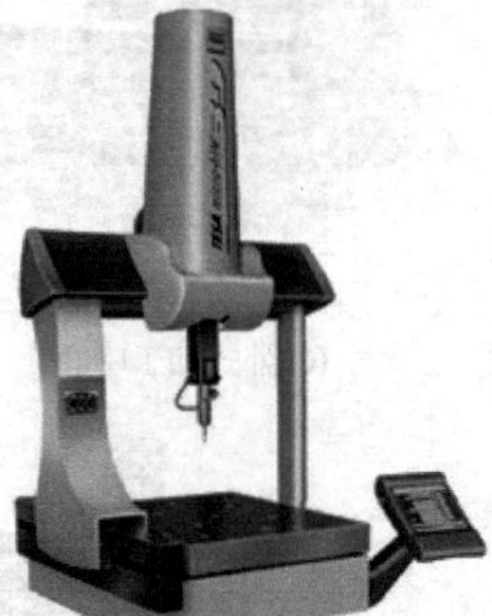

(d) 数控三坐标测量机

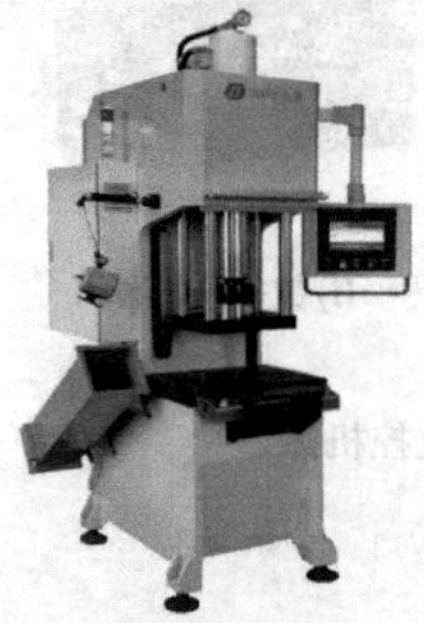

(e) 数控液压装配机

(f) 机机器人

图 1-8 其他类型数控机床

1.4.2　按机床运动轨迹分类

1. 点位控制类

如图 1-9 所示，此类数控机床仅能实现刀具相对于工件从一点到另一点的精确定位运动，对轨迹不作控制要求，且运动过程中不进行任何加工。

适用范围：数控钻床、数控镗床、数控冲床和数控测量机。

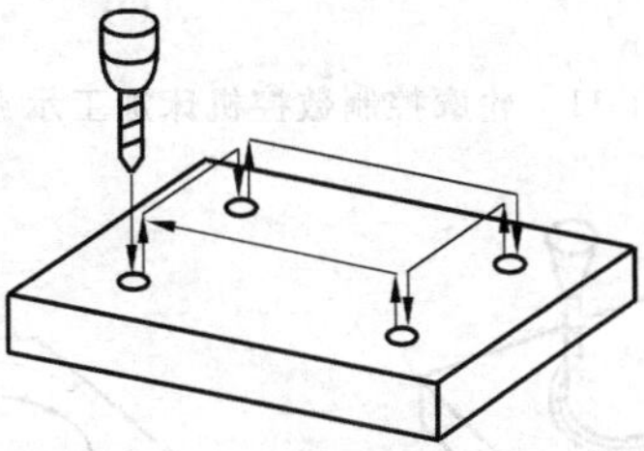

图 1-9　点位控制数控机床加工示意图

2. 点位直线控制类

如图 1-10 所示，点位直线控制是指数控系统除控制直线轨迹的起点和终点的准确定位外，还要控制刀具在这两点之间以指定的进给速度进行直线切削。采用这类控制的有数控车床、数控铣床和数控磨床等，其中前两者加工示意图分别如图 1-10(a)，(b)所示。

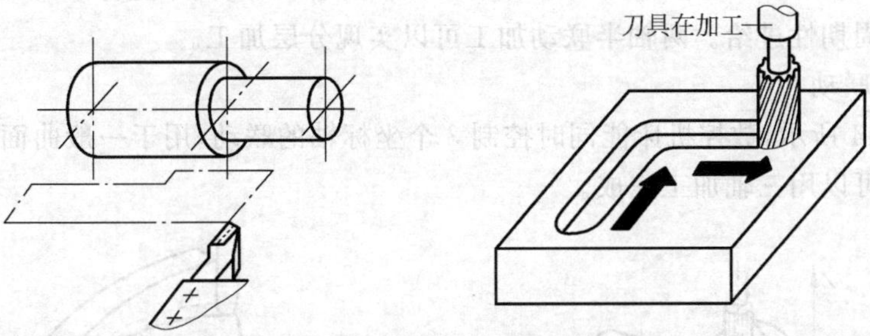

(a) 点位直线控制数控车床加工示意图　(b) 点位直线控制数控铣床加工示意图

图 1-10　点位直线控制数控机床加工示意图

3. 轮廓控制类

轮廓控制亦称连续轨迹控制，如图 1-11 所示，机床能够连续控制两个或两个以上坐标方向的联合运动。为了使刀具按设定的轨迹加工工件的曲线轮廓，数控装置应用插补运算的功能，使刀具的运动轨迹以最小的误差逼近设定的轮廓曲线，并协调各坐标方向的运动速度，以便刀具在切削过程中始终保持设定的进给速度。采用这类控制的机床有数控铣床、数控车床、数控磨床和加工中心等。

数控系统控制几个坐标轴按需要的函数关系同时协调运动，称为坐标联动，按照联动轴数可以分为两轴联动、两轴半联动、三轴联动及多坐标联动等。

1）两轴联动

如图 1-12 所示，数控机床能同时控制两个坐标轴联动，适于数控车床加工旋转曲面或数控铣床铣削平面轮廓。

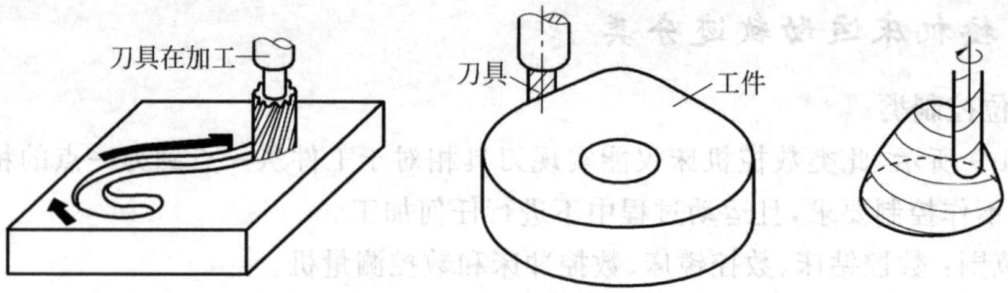

(a) (b) (c)

图 1-11 轮廓控制数控机床加工示意图

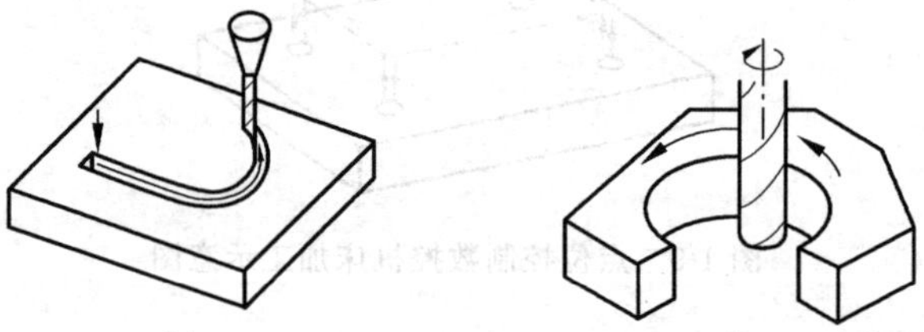
(a) (b)

图 1-12 两轴联动加工曲面

2）两轴半联动

如图 1-13 所示，在两轴的基础上增加了 Z 轴的移动，当机床坐标系的 X、Y 轴固定时，Z 轴可以进行周期性进给。两轴半联动加工可以实现分层加工。

3）三轴联动

如图 1-14 所示，数控机床能同时控制 3 个坐标轴的联动，用于一般曲面的加工，一般的型腔模具均可以用三轴加工完成。

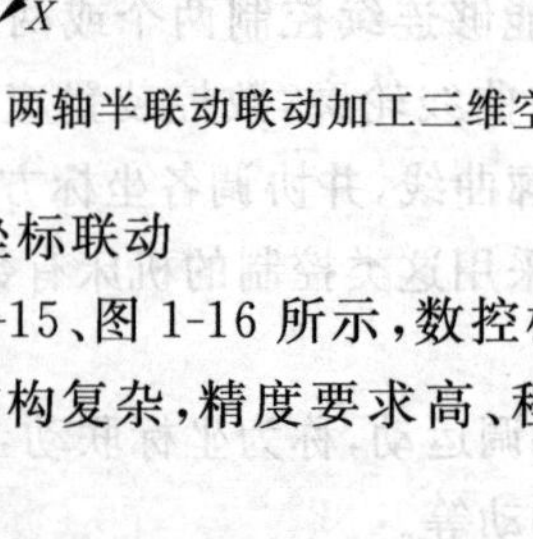

图 1-13 两轴半联动联动加工三维空间曲面

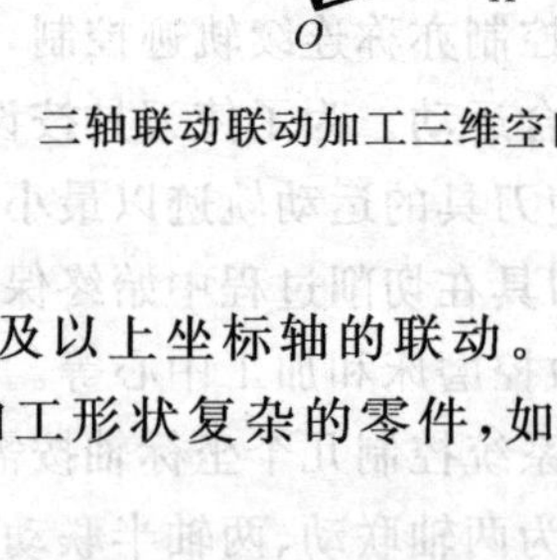

图 1-14 三轴联动联动加工三维空间曲面

4）多坐标联动

如图 1-15、图 1-16 所示，数控机床能同时控制 4 个及以上坐标轴的联动。多坐标数控机床的结构复杂，精度要求高、程序编制复杂，适于加工形状复杂的零件，如叶轮叶片类零件。

通常三轴机床可以实现二轴、二轴半、三轴加工；五轴机床也可以只用到三轴联动加工，而其他两轴不联动。

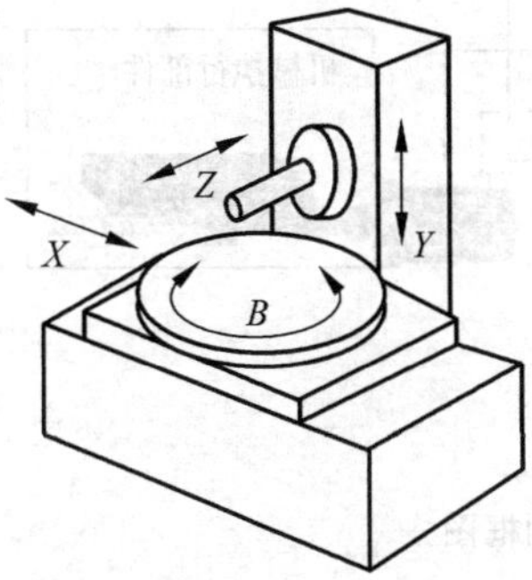

图 1-15　四轴联动的数控机床

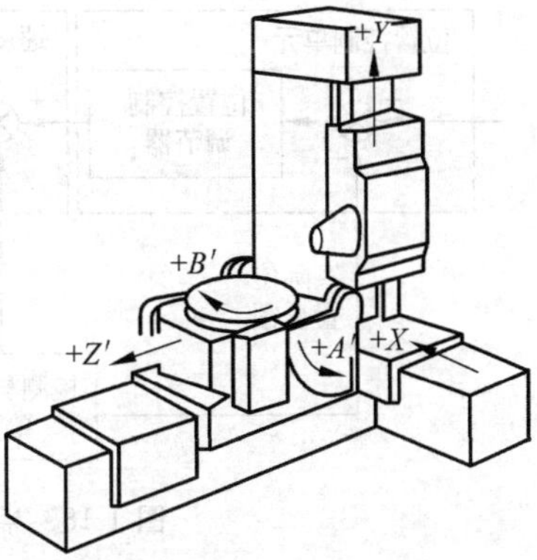

图 1-16　五轴联动的数控机床

1.4.3　按伺服系统控制方式分类

1. 开环控制系统类

开环控制系统是指不带反馈装置的控制系统，由步进电动机驱动线路和步进电动机组成，如图 1-17 所示。数控装置经过控制运算发出脉冲信号，每一脉冲信号使步进电动机转动一定的角度，通过滚珠丝杠推动工作台移动一定的距离。

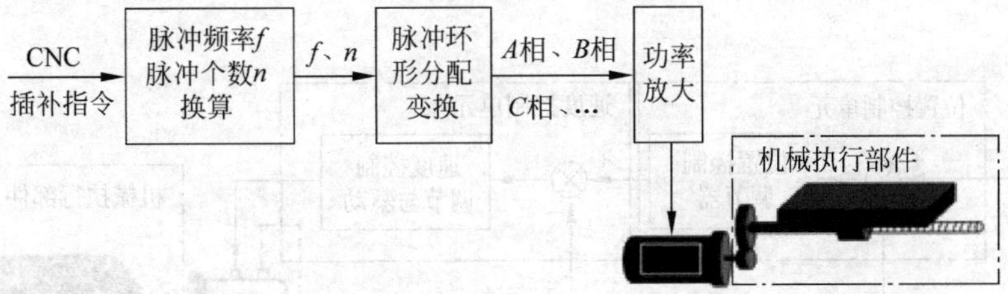

图 1-17　开环控制系统的结构框图

这类机床一般以功率步进电动机作为伺服驱动元件，伺服机构比较简单，工作稳定，容易掌握使用，但精度和速度受到限制。无位置反馈，精度相对闭环系统来讲不高，其精度主要取决于伺服驱动系统和机械传动机构的性能和精度。

这类系统具有结构简单、工作稳定、调试方便、维修简单、价格低廉等优点，在精度和速度要求不高、驱动力矩不大的场合得到广泛应用。一般用于经济型数控机床。

2. 半闭环控制系统类

如图 1-18 所示，半闭环控制系统是在开环控制系统的伺服机构中装有角位移检测装置，通过检测伺服机构的滚珠丝杠转角间接检测移动部件的位移，然后反馈到数控装置的比较器中，与输入原指令位移值进行比较，用比较后的差值进行控制，使移动部件补充位移，直到差值消除为止的控制系统。

这种伺服机构所能达到的精度、速度和动态特性优于开环伺服机构，为大多数中小型数控机床所采用。

半闭环环路内不包括或只包括少量机械传动环节，因此可获得稳定的控制性能，其系统的稳定性虽不如开环系统，但比闭环系统要好。由于丝杠的螺距误差和齿轮间隙引起的运

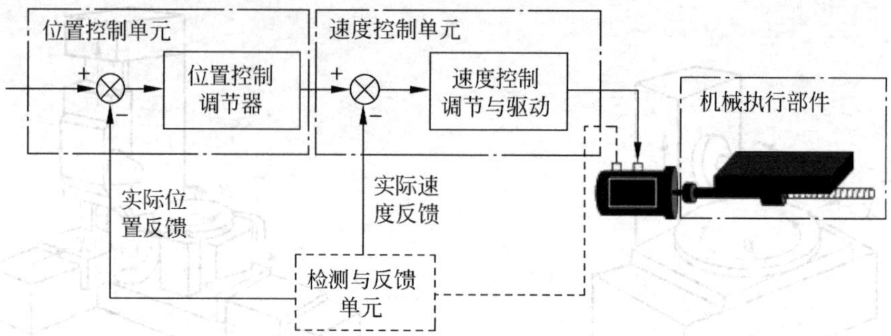

图 1-18 半闭环控制系统的结构框图

动误差难以消除，因此其精度较闭环差，较开环好。但可对这类误差进行补偿，从而获得满意的精度。

半闭环数控系统结构简单、调试方便、精度也较高，因而在现代 CNC 机床中得到了广泛应用。

3. 闭环控制系统类

如图 1-19 所示，闭环控制系统是在机床移动部件位置上直接装有直线位置检测装置，将检测到的实际位移反馈到数控装置的比较器中，与输入的原指令位移值进行比较，用比较后的差值控制移动部件作补充位移，直到差值消除时才停止移动，从而达到精确定位的控制系统。

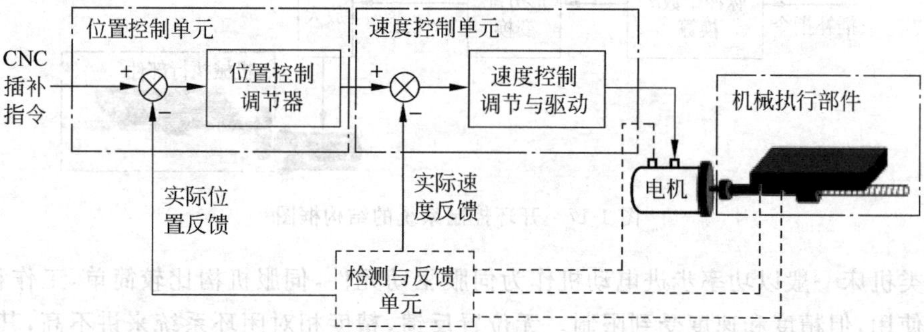

图 1-19 闭环控制系统的结构框图

闭环控制系统的定位精度高于半闭环控制，但结构比较复杂，调试维修的难度较大，常用于高精度和大型数控机床。

从理论上讲，闭环控制系统中的整个驱动和传动环节的误差、间隙和失动量可以消除，具有很高的位置控制精度。但由于位置环内的许多机械传动环节的摩擦特性、刚性和间隙都是非线性的，故很容易造成系统的不稳定，使闭环系统的设计、安装和调试都相当困难。

闭环控制系统主要用于精度要求很高的镗铣床、超精车床、超精磨床以及较大型的数控机床等。

1.4.4 按数控系统功能水平分类

数控机床按数控系统功能水平分为低、中、高 3 挡，如表 1-1 所示。

表 1-1 高、中、低挡数控床的功能水平指标

功能水平指标	挡次		
	低挡	中挡	高挡
分辨率/μm	10	1	0.1
进给速度/$(m \cdot min^{-1})$	8～15	15～24	15～100
伺服系统类型	开环、步进电动机	半闭环或闭环、直流或交流伺服系统	
联动功能	≤2 轴	3～5 轴	
通信能力	无	RS-232C 或直接数控接口	遵循自动化协议，具有联网功能
显示能力	数码管显或单显 CRT	较齐全的 CRT 显示（文字、二维图像等）	三维显示，图形编程等
内装 PLC 与否	无	有	
主 CPU	8b	16b、32b	

1.5 数控机床的特点

1.5.1 数控机床的设计特点

数控机床的设计特点主要有：

(1) 采用了高性能的主轴及伺服传动系统，机械结构得到简化，传动链较短。

(2) 为了使连续性化自动化加工，机械结构具有较高的动态刚度及耐磨性，热变形小。

(3) 更多采用高效率。高精度的传动部件，如滚珠丝杠、直线滚动导轨等。

(4) 加工中心带有刀库、自动换刀装置。

(5) 采用辅助装置：冷却、排削，防护、润滑、储运等装置。

1.5.2 数控机床的加工特点

数控机床的加工特点主要有：

(1) 自动化程度高，可以减轻操作者的体力劳动强度。数控加工过程是按输入的程序自动完成的，操作者只需起始对刀、装卸工件、更换刀具，在加工过程中，主要是观察和监督机床运行。但是，由于数控机床的技术含量高，操作者的脑力劳动相应提高。

(2) 加工零件精度高、质量稳定。数控机床的定位精度和重复定位精度都很高，较容易保证一批零件尺寸的一致性，只要工艺设计和程序正确合理，加上细心操作，就可以保证零件获得较高的加工精度，也便于对加工过程实行质量控制。

(3) 生产效率高。数控机床加工能在一次装夹中加工多个表面，一般只检测首件，所以可以省去普通机床加工时的不少中间工序，如划线、尺寸检测等，减少了辅助时间，而且由于数控加工出的零件质量稳定，为后续工序带来方便，其综合效率明显提高。

(4) 便于新产品研制和改型。数控加工一般不需要很多复杂的工艺装备，只通过编制加工程序就可把形状复杂和精度要求较高的零件加工出来，当产品改型或更改设计时，只要改变程序，而不需要重新设计工装。所以，数控加工能大大缩短产品研制周期，为新产品的研制开发、产品的改进、改型提供了捷径。

（5）可向更高级的制造系统发展。数控机床及其加工技术是计算机辅助制造的基础。

（6）初始投资较大。这是由于数控机床设备费用高、首次加工准备周期较长、维修成本高等因素。

（7）维修要求高。数控机床是技术密集型的机电一体化的典型产品，需要维修人员既懂机械，又懂微电子维修方面的知识，同时还要配备较好的维修装备。

1.5.3 数控机床的结构特点

为了保证高精度、高效率的加工，数控机床的结构应具有以下特点：

1. 高刚度与高抗振性

数控机床要在高速和重负荷条件下工作，因此，机床的床身、立柱、主轴、工作台、刀架等主要部件，均需具有很高的刚度，以减少工作中的变形和振动。例如，有的床身采用双结构，并配置有斜向肋板及加强肋，使机床具有较高的抗弯刚度和抗扭刚度；为提高主轴部件的刚度，除主轴部件在结构上采取必要的措施以外，加工中心还要采用高刚度的轴承，并适当预紧；增加刀架底座尺寸，减少刀具的悬伸，以适应稳定的重切削等。

数控机床的一些运动部件，除应具有高刚度、高灵敏度外，还应具有高抗振性，以在高速重切削情况下减少振动，保证加工零件的高精度和高的表面质量。特别要注意避免切削时的谐振，因此对数控机床的动态特性提出了更高的要求。

2. 高灵敏度

数控机床的运动部件应具有较高的灵敏度。导轨部件通常用滚动导轨、塑料导轨、静压导轨等，以减少摩擦力，使其在低速运动时无爬行现象。工作台、刀架等部件的移动，由交流或直流伺服电动机驱动，经滚珠丝杠传动，减少了进给系统所需要的驱动扭矩，提高了定位精度和运动平稳性。

3. 热变形小

机床的主轴、工作台、刀架等运动部件运动时会产生热量，从而使加工中心产生相应的热变形。而工艺过程的自动化和精密加工的发展，对机床的加工精度和精度稳定性提出了越来越高的要求。为保证部件的运动精度，要求各运动部件的发热量要少，以防产生过大的热变形。为此，机床结构应根据热对称的原则设计，并改善主轴轴承、丝杠螺母副、高速运动导轨副的摩擦特性。如 MJ—50CNC 数控车床主轴箱壳体按照热对称原则设计，并在壳体外缘上铸有密集的散热片结构，主轴轴承采用高性能油脂润滑，并严格控制注入量，使主轴温升很低。加工中心用于产生大量切屑的数控机床，一般都带有良好的自动排屑装置。

4. 高精度保持性

为了加快数控机床投资的回收，必须使机床保持很高的开动比（比普通机床高 2～3 倍），因此必须提高机床的寿命和精度保持性，在保证尽可能地减少电气和机械故障的同时，要求数控机床在长期使用过程中不丧失精度。

5. 高可靠性

数控机床在自动或半自动条件下工作，尤其在柔性制造系统（FMS）中的数控机床，可在 24h 运转中实现无人管理，这就要求机床具有高的可靠性。为此，要提高数控装置及机床结构的可靠性，例如在工作过程中动作频繁的换刀机构、托盘、工件交换装置等部件，必须保证在长期工作中十分可靠。另外，加工中心引入机床机构故障诊断系统和自适应控制系统、优化切削用量等，也都有助于机床可靠地工作。

6. 工艺复合化和功能集成化

所谓“工艺复合化”，简单地说就是“一次装夹、多工序加工”。“功能集成化”主要是指数控机床的自动换刀机构和自动托盘交换装置的功能集成化，随着数控机床向柔性化和无人化发展，功能集成化的水平更高地体现在工件自动定位、机内对刀、刀具破损监控、机床与工件精度检测和补偿等功能上。

由于生产率发展的需要，数控机床的机械结构随数控技术而发展，两者相互促进，相互推动，发展出不少不同于普通机床的、完全新颖的机械结构和部件。

1.6 数控机床的主要性能指标与功能

1.6.1 数控机床的规格指标

规格指标是指数控机床的基本功能，主要有以下几方面：

1. 行程范围

行程是指移动坐标轴可控制的运动区间。数控机床移动坐标轴 X、Y、Z 行程的大小，决定了数控机床允许的空间加工范围，因此说各坐标轴的行程是体现机床加工能力的性能参数指标。在选择机床时，应注意工件的加工尺寸要在机床坐标轴行程允许的范围内。

2. 回转轴的转角范围

转角范围是指回转坐标轴可控制的摆角区间。对于具有回转坐标轴的数控机床，其转角范围的大小将直接影响加工零件空间部位的能力。

3. 主轴功率和进给轴扭矩

主轴功率和进给轴扭矩反映数控机床的加工能力，同时也可以间接反映该数控机床的刚度和强度。

4. 控制轴数和联动轴数

控制轴数是指机床数控装置能够控制的坐标数目。控制轴数说明了 CNC 系统最多可以控制多少坐标轴，其中包括移动轴和回转轴。基本坐标轴是 X、Y、Z，多于 3 个的坐标轴往往是 X、Y、Z 的平行辅助轴或回转轴 A、B、C。

联动轴数是指机床数控装置控制的坐标轴同时达到空间某一点的坐标数目。有两轴联动、两轴半联动、三轴联动、四轴联动、五轴联动等。联动轴数表示 CNC 系统可以同时控制按一定规律完成一定轨迹插补的协调运动的坐标轴数，它与控制轴数是不同的概念。联动轴数越多，CNC 系统可以加工的空间线型或型面越复杂。控制轴数越多，特别是联动轴数越多，CNC 系统就越复杂，编程也越困难。

5. 刀具系统

刀库容量和换刀时间会影响数控机床的加工效率。刀库容量是指刀库内所能存放刀具的数量。大容量的刀库相对于小容量的刀库，在选刀时占用的时间长。一般中小型加工中心的刀库容量在 16～60 把之间，大型加工中心的刀库容量达到 100 把以上。换刀时间是指具备自动换刀系统的数控机床，刀具交换机构将主轴上的刀具与刀库中下一个工步需用的刀具进行交换所用的时间。目前国内加工中心的换刀时间由原来的 10～20s 缩短为 1～5s。

1.6.2 数控机床的精度指标

1. 分辨率与脉冲当量

分辨率是指两个相邻的分散细节之间可以分辨的最小间隙。对检测系统而言，分辨率是可以测量的最小增量；对控制系统而言，分辨率是可以控制的最小位移增量或角位移增量，即数控装置每发出一个脉冲信号，反映到数控机床各运动部件的位移量或角位移量，一般又称为脉冲当量。

脉冲当量是设计数控机床的原始数据之一，其大小决定了数控机床的加工精度和表面质量。

2. 定位精度与重复定位精度

定位精度是指数控机床工作台等移动部件所达到的实际位置的精度。而实际运动位置与指令位置之间的差值称为定位误差。定位误差的来源包括伺服系统误差、检测系统误差、进给系统误差以及移动部件导轨的几何误差等。定位误差直接影响零件加工的尺寸精度。一般数控机床的定位精度为±0.01。

重复定位精度是指在相同的条件下，采用相同的操作方法，重复进行同一动作时，所得到结果的一致程度。重复定位精度受伺服系统特性、进给系统的间隙与刚性以及摩擦特性等因素的影响。一般情况下，重复定位精度是呈正态分布的偶然性误差，它影响批量加工零件的一致性，是一项非常重要的性能指标。一般数控机床的重复定位精度为±0.005mm。

3. 分度精度

分度精度是指分度工作台在分度时，指令要求回转的角度值和实际回转的角度值的差值。分度精度既影响零件加工部位在空间的角度位置，也影响孔系加工的同轴度等。

1.6.3 数控机床的运动指标

1. 主轴转速

数控机床的主轴驱动，在早期多采用直流主轴驱动系统，20 世纪 70 年代末、80 年代初开始采用交流主轴驱动系统，保证主轴具有较大的输出功率和较宽的调速范围。随着刀具、轴承、冷却、润滑及数控系统等相关技术的发展，中等规格的数控机床的主轴转速大幅提高，数控车床主轴转速从过去的 1000～2000r/min 提高到现在的 4000～6000r/min，加工中心主轴转速从过去的 2000～3000r/min 提高到现在的 10 000r/min 以上。在高速加工的数控机床上，通常采用电动机转子和主轴一体的电主轴，可以使主轴转速达到每分钟数万转。

2. 进给速度

数控机床的进给速度和切削速度一样，是影响零件加工质量、加工效率和刀具寿命的主要因素。进给速度的提高受数控装置的运算速度、机床的动特性及工艺系统刚度等因素的限制。据统计资料表明，数控机床的快速进给速度已从过去的 8～12m/min 提高到现在的 20～30m/min，有的达到了 60m/min。

1.6.4 数控机床的主要功能

数控机床的主要功能概括起来有以下几种：

1. 准备功能

准备功能也称为G功能,用来指令机床动作方式,包括基本移动、程序暂停、平面选择、坐标设定、刀具补偿、参考点返回、固定循环和公英制转换等。

2. 插补功能

插补功能是指数控机床实现线型加工的能力,插补功能越强,CNC系统能够加工的轮廓越复杂。目前CNC系统不仅可以插补直线、圆弧,还可以插补抛物线、椭圆、正弦曲线、螺旋曲线和样条函数等。

3. 进给功能

进给功能包括快速进给(空运行)、切削进给、手动连续进给、点动进给、进给倍率修调(倍率开关)、自动加减功能等。

4. 主轴功能

主轴功能也称为S功能,包括恒转数控制、恒线速度控制、主轴定向停止及转速修调(倍率开关)等。恒线速度控制即主轴自动变速,使刀具相对切削点的线速度保持不变。主轴定向停止也称主轴准停,即换刀、精镗孔后退刀等动作开始之前,主轴在其周向准确定位。

5. 辅助功能

辅助功能也称为M功能,用来规定主轴的起、停、转向,冷却液的接通和断开,刀库的起、停等。

6. 操作功能

CNC系统通常能进行条件程序段的执行、程序段的跳步、机械闭锁、辅助功能闭锁、单段、试运行、录返、示教等操作。

7. 刀具功能

刀具功能也称为T功能,是指刀具的自动选择和自动换刀。

8. 刀具补偿

刀具补偿包括刀具位置补偿、刀具半径补偿、刀具长度补偿。刀具位置补偿是对车刀刀尖位置变化补偿;如果启用刀具半径补偿功能直接按工件轮廓线编程,在加工工件内轮廓时,实际轮廓线将大了一个刀具半径值;在加工工件外轮廓时,实际轮廓线又小了一个刀具半径值。使用刀具半径补偿功能,数控系统将自动计算刀具中心轨迹,使刀具中心偏离工件轮廓一个刀具半径值,从而加工出符合图纸要求的轮廓。改变刀具半径补偿量,还可以补偿刀具磨损量和加工误差,实现对工件的粗加工和精加工;刀具长度补偿功能通过改变刀具长度的补偿量,可以补偿刀具换刀后的长度偏差值,还可以通过改变切削加工的平面位置,控制刀具的轴向定位精度。

9. 程序管理功能

程序管理功能是指对加工程序的检索、编辑、修改、插入、删除、更名和程序的存储、通信等功能。

10. 零件程序结构

零件程序结构包括程序名位数、程序号位数、是否可以调用子程序、子程序的套层数和用户宏程序。

11. 误差补偿功能

加工过程中,机械传动链中存在的反向间隙(齿隙)螺距误差(由滚珠丝杠的螺距不均等引起），会引起加工误差，导致实际加工出的零件尺寸与程序规定的尺寸不一致，因此 CNC 系统采用反向间隙补偿和螺距误差补偿功能，把误差的补偿量输入 CNC 系统的存储器，按补偿量重新计算刀具的坐标尺寸，从而加工出符合要求的零件。

12. 自动加减速控制

为了保证伺服电动机在起动、停止或突变时不产生冲击、失步、超程或振荡，必须对送到伺服电动机的进给频率与电压进行控制。当电动机起动及进给速度大幅度上升时，控制加在伺服电动机上的进给频率与电压逐渐减小。

CNC 系统中自动加减速控制多用软件实现，它可在插补前进行，称插补前加减速；也可在插补后进行，称插补后加减速。自动加减速控制有多种算法，如直线加减速、指数加减速、抛物线加减速和鼓形加减速等。

13. 开关量接口

CNC 系统的 M、S、T 功能不仅要在 CNC 内部处理，而且要以 BCD 码的形式输出，M、S、T 的输出位数是一个重要指标。另外，CNC 系统还有其他一些开关量接口，如外部的急停信号、循环起动信号和进给保持信号等。

14. 机床顺序控制接口

目前 CNC 系统一般配置有内装型 PLC。PLC 的性能包括输入/输出点数、编程语言、指令条数、程序容量等。无内装型 PLC 的 CNC 系统，复杂的顺序控制要借助外部的 PLC。

15. 字符图形显示

CNC 系统可配置彩色阴极射线管（CRT），通过软件和接口实现字符和图形显示，可以显示程序、参数、各种补偿量、坐标位置、故障信号、人机对话编程菜单、零件图形、动态刀具轨迹等。

16. 通信与通信协议

CNC 系统一般都有 RS232 接口，有的还配有 DNC 接口，并设有缓冲区，进行高速传输。高级型 CNC 系统还可以与 MAP 相连，接入工厂的通信网络，以适应 FMC、CIMC 的要求。

17. 自诊断功能

CNC 系统中设置有各种诊断程序，在故障发生后可迅速查明故障类型和部位，并将故障及时排除，以减少故障停机时间，同时防止故障扩大。

CNC 系统的故障诊断程序可以包含在系统程序中，在系统运行过程中进行诊断；也可以作为服务性程序，在系统运行前或故障停机后进行诊断。有的 CNC 系统还可以进行远程通信诊断。

1.7 数控机床的应用范围

根据数控加工的优缺点及国内外大量应用实践，一般可按数控加工的适应程度将零件分为下列 3 类：

1. 最适应类

对于此类零件，首先应考虑能不能把它们加工出来，即要着重考虑可能性问题。只要有可能，可先不要过多地去考虑生产率与经济上是否合理，把对其进行数控加工作为优选方案。

(1) 形状复杂、加工精度要求高、用通用机床无法加工或虽然能加工但很难保证产品质量的零件；

(2) 能用数学模型描述的复杂曲线或曲面轮廓零件；

(3) 具有难测量、难控制进给、难控制尺寸的不开敞内腔的壳体或盒型零件；

(4) 必须在一次装夹中合并完成铣、镗、锪、铰或攻螺纹等多工序的零件。

2. 较适应类

这类零件在分析其可加工性以后，还要在提高生产率及经济效益方面做全面衡量，一般可把它们作为数控加工的主要选择对象。

(1) 在通用机床上加工时极易受人为因素(如情绪波动、体力强弱、技术水平高低等)干扰、价值高、一旦质量失控便造成重大经济损失的零件；

(2) 在通用机床上加工时必须制造复杂专用工装的零件；

(3) 需要多次更改设计后才能定型的零件；

(4) 在通用机床上加工需要很长时间调整的零件；

(5) 用通用机床加工时，生产率很低或体力劳动强度很大的零件。

3. 不适应类

该类零件采用数控加工后，在生产效率与经济性方面一般无明显改善，还可能弄巧成拙或得不偿失，故此类零件一般不应作为数控加工的选择对象。

(1) 生产批量大的零件(当然不排除其中个别工序用数控机床加工)；

(2) 装夹困难或完全靠找正定位来保证加工精度的零件；

(3) 加工余量很不稳定，且数控机床上无在线检测系统来自动调整零件坐标位置的；

(4) 必须用特定的工艺装备协调加工的零件。

按照上述数控加工的适应性，我们可以根据所拥有的数控机床来选择加工对象，或根据零件类型来考虑哪些应该先安排数控加工，或从技术改造角度考虑，是否要投资添置数控机床。

思考与练习题

1-1 简述数控机床的工作原理、设计特点、加工特点与结构特点。

1-2 数控机床通常由哪些部分组成？各部分的作用是什么？

1-3 数控机床有哪些类型，各有哪些优缺点，适用于哪些场合？

1-4 简述数控机床的精度指标、运动性能指标主要有哪些？

1-5 简述数控机床的应用范围。

第2章

数控机床的数控系统

数控机床的数控系统是一种集位置、速度、扭矩、顺序为一体的系统，它最主要的功能是多轴位置控制。不同于一般设备的控制装置，数控机床的控制系统是按照用户输入的程序进行运动，完成相应的工作。

2.1　数控系统的总体结构及各部分功能

2.1.1　数控系统的组成与机床的基本控制要求

1. 数控系统的组成

计算机数控系统由程序、输入/输出(I/O)设备、CNC装置、可编程序控制器、主轴驱动装置和进给驱动装置等组成。图2-1为CNC系统的组成框图。

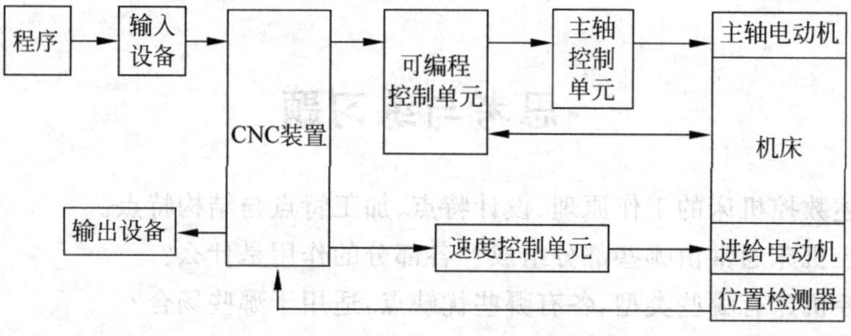

图2-1　CNC系统的组成框图

数控系统是严格按照数控程序对工件进行自动加工的。在此系统中，采用存储程序的专用计算机来实现部分或全部基本数控功能。

2. 数控机床的基本控制要求

通常对机床的电气控制主要有运动控制和逻辑控制两种基本形式。其中运动控制有位移、速度、加速度三要素及其组合控制。例如，机床各伺服轴的插补运动控制，主轴速度、主轴定位控制及主轴和各轴的插补控制等。另一种控制形式即逻辑控制又分为简单逻辑输入、输出控制和组合逻辑控制。例如：主轴电动机的正反转、停止控制，冷却泵电动机的起动、停止控制，机械原点限位开关信号的检测等，它们都可通过控制系统的逻辑编程来实现，属于简单逻辑控制；而定时润滑、刀库控制、主轴管理等，需要用PLC来实现，属于组合逻辑的输入、输出控制。此外，根据功能要求不同，各机床的运动控制、联动轴数、逻辑控制点数及复杂程度都有所不同。

此外，在数控机床的工作过程中，出于刀具磨损、工件装夹等原因，需对机床各轴的位置进行调整，从而使机床的调试时间占有相当的比例。为了缩短机床调试时间，提高有效加工时间，提供一套良好的机床调试手段具有相当重要的意义。目前比较常用的调试功能有：

(1) 手动功能，即点动、定长、手摇脉冲发生器进给功能；

(2) 回零、回机械原点功能；

(3) 实时速度倍率调整功能；

(4) 刀具半径磨损、刀长磨损补偿功能；

(5) 对平行度、找矩形中心线及中心点功能；

(6) 找圆心功能；

(7) 自动对刀、换刀和刀具补偿功能等。

2.1.2 CNC装置的结构

数控装置是数控系统的控制核心，又称为数控系统。它是由计算机通过执行其存储器内的程序实现部分或全部控制功能。数控装置有两种类型：一是完全由硬件逻辑电路构成的专用硬件数控装置，即NC装置；二是由计算机硬件和软件组成的计算机数控装置，即CNC装置。NC装置是数控技术发展早期普遍采用的数控装置，由于NC装置本身的缺点，随着计算机技术的迅猛发展，现在NC装置已基本被CNC装置所取代。因此，本章讲的数控装置主要是CNC装置。

数控装置通常由专用软件与硬件两大部分组成，软件在硬件支持下运行。同一般计算机系统一样，由于软件和硬件在逻辑上是等价的，所以在CNC装置中，由硬件完成的工作原则上也可以由软件来完成，但软、硬件各有其不同的特点。硬件处理速度较快，但价格贵；软件设计灵活，适应性强，但处理速度较慢。因此在CNC系统中，软、硬件的分配比例通常是由其性能价格比决定的。

软、硬件任务的分配界面随微电子和计算机技术的发展而不断演变。从1952年到1970年，电子管、印刷板、晶体管、中规模集成电路先后在数控系统中得到应用，构成"硬连接"数控时代。20世纪70年代后，大规模集成电路(large scale integrate，LSI)、半导体存储器、微处理器的发展，使得软件可以实现机床的逻辑控制、运动控制，并且具有较强的灵活性和适应性，从而进入以软件为主要标志的"软连接"数控时代。随着计算机技术的发展，硬件价格持续下降，计算机参与数控系统的工作，构成了CNC。但是这种参与程度在不同年代和不同产品中并不一样，图2-2说明了目前3种典型CNC装置的软、硬件界面关系。

1. CNC装置的软件结构

1) CNC装置软件的特点

CNC装置软件是为实现CNC系统各项功能而编制的专用软件，具有多任务并行处理和多重实时中断两大特点。

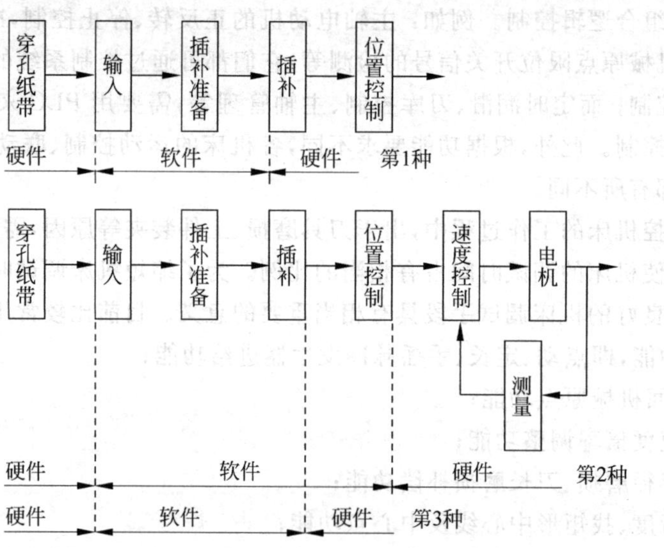

图 2-2　3 种典型的 CNC 装置软、硬件界面情况

（1）多任务并行处理并行处理是指软件系统在同一时刻或同一时间间隔内完成两个或两个以上任务处理。在 CNC 装置中，数控功能由多个功能模块来共同实现，并由具体的加工控制要求所决定。在许多情况下，其中的某些功能模块必须采用并行处理的方式同时运行。例如，当 CNC 装置工作在加工控制状态时，为了使操作人员及时了解 CNC 系统的工作状态，显示任务必须与控制任务同时执行。并行控制加工过程中，I/O 处理是必不可少的，由此控制任务需要与 I/O 处理任务同时执行。无论是输入、显示、I/O 处理，还是加工控制都有可能出现故障，因此输入、显示、I/O 处理、加工控制应与故障诊断同时执行。图 2-3 中的双箭头表示了两任务之间的并行处理关系。

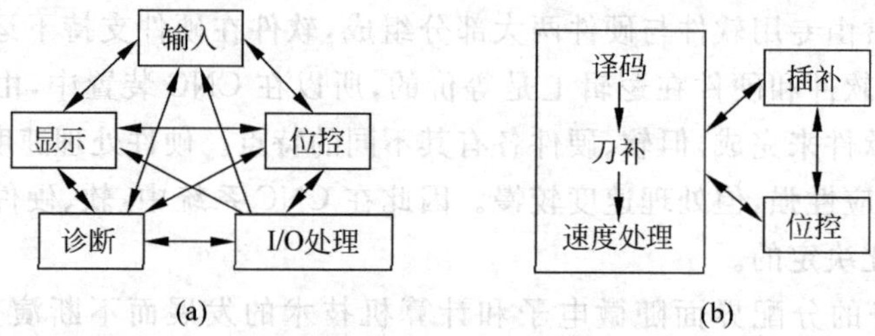

图 2-3　多任务并行处理关系图

（2）数控机床在加工零件的过程中，有些控制任务具有较强的实时性，要求在系统软件中能通过中断服务程序来完成，即多重实时中断，各级中断的主要功能如表 2-1 所示。

表 2-1　各级中断的主要功能

优先级	主 要 功 能	中 断 源	优先级	主 要 功 能	中 断 源
0	初始化	开机进行	4	报警	硬件
1	CRT 显示，ROM 奇偶校验	硬件，主控程序	5	插补	8ms
2	各种工作方式	16ms	6	软件定时	2ms
3	键盘，I/O 及 M、S、T 处理	16ms	7	纸带阅读机	硬件随机

2）CNC 装置的软件组成

CNC 系统程序存放在计算机的存储器中，实现数控功能的过程就是运行系统软件的过程。在系统软件的控制下，CNC 装置对输入的加工程序自动进行处理并发出相应的控制指令。

CNC 装置的软件主要由管理软件和控制软件两大部分组成。管理软件用来管理零件程序主要的输入、输出及 I/O 接口信息处理，管理各类通信外设的连接与信息传递；显示零件程序、刀具位置、系统参数、PLC 梯形图、刀补参数、机床状态及报警；诊断 CNC 装置是否正常，并检查出现故障的原因。而控制软件由译码、刀具补偿、速度控制、插补运算、位置控制等组成，如图 2-4 所示。

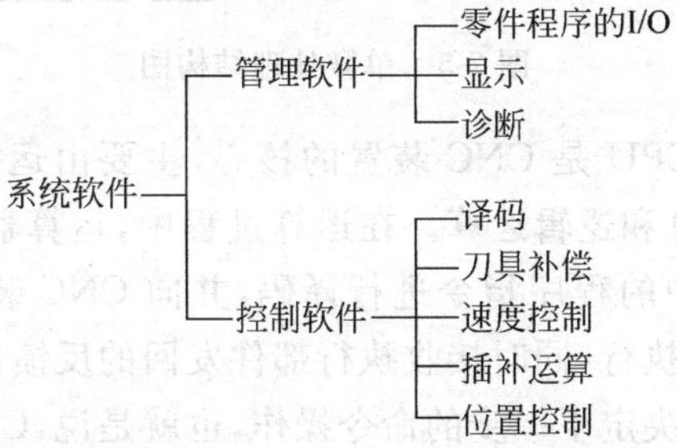

图 2-4　CNC 装置软件的组成

3）CNC 装置的软件处理技术

CNC 装置为了在同一时刻或同一时间间隔内完成两种及以上性质相同或不相同的工作，需要对系统软件的各功能模块实现多任务并行处理。为此，在 CNC 软件设计中，常采用资源分时共享并行处理和资源重叠流水并行处理两种技术。

资源分时共享并行处理适用于单微处理器系统，主要利用对 CPU 的分时共享（占用）来解决多任务的并行处理，其关键是如何分配占用 CPU 的时间。一般多采用循环轮流与中断优先相结合的方法来解决各任务对 CPU 的合理占用。

资源重叠流水并行处理适用于多微处理器系统，是指在一段时间间隔内处理两个或多个任务，即时间重叠。显然，流水线处理要求同时处理各任务时，所需的间隔应相等，但实际上 CNC 装置处理各任务所需的时间是各不相同的。因此，采用流水线处理时，取最长的任务处理时间作为流水处理的时间间隔。在处理时间较短的任务时，处理完成后需进入等待状态。所以，相应的 CNC 软件也可设计成不同的结构形式。

2. CNC 装置的硬件结构

现代的 CNC 装置大都采用微处理器，按其硬件结构中 CPU 的数量可分为单微处理器结构和多微处理器结构两大类。

1）单微处理器结构

单微处理器结构 CNC 装置一般是专用型的，其硬件由系统制造厂家专门设计、制造，不具备通用性。在单微处理器结构中，只有一个微处理器来集中控制、分时处理系统的各个任务。

单微处理器 CNC 装置的组成如图 2-5 所示。微处理器通过总线与存储器（RAM、EPROM）、位置控制器、可编程序逻辑控制器及 I/O 接口、MDI/CRT 接口、通信接口等相连。

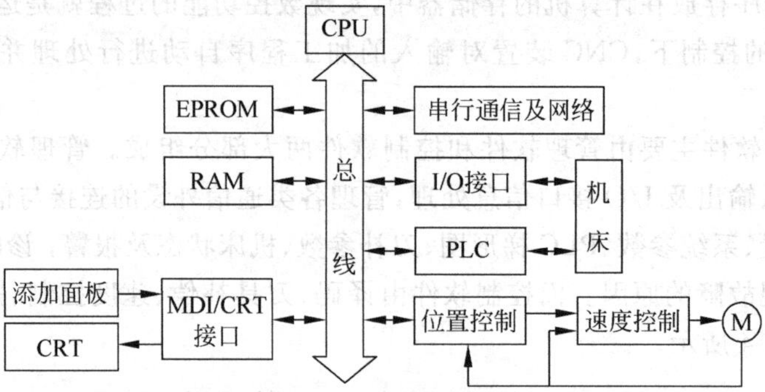

图 2-5 单微处理结构图

(1) CPU 和总线：①CPU 是 CNC 装置的核心，主要由运算器及控制器两部分组成。运算器对数据进行算术运算和逻辑运算。在运算过程中，运算器将运算结果存放到存储器中。控制器则是将存储器中的程序指令进行译码，并向 CNC 装置部分按顺序发出执行操作的控制信号，使指令得以执行，同时接收执行部件发回的反馈信息。控制器根据程序中的指令信息及这些反馈信息，决定下一步的命令操作，也就是说，CPU 主要担负与数控有关的数据处理和实时控制任务。数据处理包括译码、刀补、速度处理。实时控制包括插补运算和位置控制以及对各种辅助功能的控制。②总线是 CPU 与各组成部件、接口等之间的信息公共传馈线。总线由地址总线、数据总线和控制总线 3 个总线组成。随着传输信息的高速度和多任务性，总线结构和标准也在不断发展。

(2) 存储器：存储器用于存放数据、参数和程序等。CNC 装置的存储器包括只读存储器(ROM)和随机存取存储器(RAM)。系统控制程序存放在 ROM 中，一般采用 EPROM，这种存储器的内存只能由 CNC 装置的生产厂家固化(写入)，写入 EPROM 的信息即使断电也不会丢失。程序只能被 CPU 读出，不能随机写入新的内容。运算的中间结果存放在 RAM 中，存放在 RAM 中的数据能随机地读写，但如不采取适当的措施，断电后，信息也会随之消失。如果需要断电后保留信息，一般可采用后备电池。

(3) 位置控制器：位置控制器主要用来控制数控机床各进给坐标轴的位移量，需要时将插补运算所得的各坐标位移指令与实际检测的位置反馈信号进行比较，并结合补偿参数，适时地向各坐标伺服驱动控制单元发出位置进给指令，使伺服控制单元驱动伺服电动机运转。位置控制是一种同时具有位置控制和速度控制两种功能的反馈控制系统。CPU 发出的位置指令值与位置检测值的差值就是位置误差，它反映的实际位置总是滞后于指令位置。位置误差经处理后作为速度控制量控制进给电动机的旋转，使实际位置总是跟随指令位置的变化而变化。

(4) MDI/CRT 接口：MDI 接口即手动数据的输入接口，数据通过操作面板上的键盘输入。CRT 接口在 CNC 软件控制下，在单色或彩色显示器 CRT(或 LCD)上实现字符和图形显示，对数控代码程序、参数、各种补偿数据、零件图形和动态刀具轨迹等进行实时显示。CRT 为电子阴极射线管显示器，LCD 即平板式液晶显示器。使用 LCD 显示器可大大缩小 CNC 装置的体积。

(5) I/O 接口：是 CNC 系统与机床之间的信号通信接口电路。输入接口用于接收机床的各种按钮、开关信号，如按钮指令、限位开关、温度、压力、电压等检测，这些信号分为开关量和模拟量输入两类，输入接口也分为开关量和模拟量两种接口电路。输入接口将输入信号转换成 CNC 装置或 PLC 能够识别的电信号，进行控制处理后实现相应功能。

输出接口可将机床各种工作状态信息传送到机床操作面板进行声光指示，或将 CNC 装置发出的控制机床动作信号传送到强电控制柜，以控制机床电气执行部件动作。根据电气控制要求，接口电路还必须进行电平转换和功率放大。为防止噪声干扰引起错误动作，常采用光电耦合器或继电器将 CNC 装置和机床之间的信号在电气上进行隔离。

(6) 可编程逻辑控制器：PLC 的功能是替代传统机床强电继电器逻辑控制，利用逻辑运算实现各种开关量的控制。

(7) 通信接口：通信接口用来与外设进行信息传输。

2) 多微处理器结构

多微处理器结构的 CNC 装置是将数控机床的总任务划分为多个子任务，每个子任务均由一个独立的 CPU 来控制。

多微处理器结构的特点是性能价格比高，能满足多轴控制、高精度、高进给速度、高效率的控制要求；多微处理器多为模块化结构，具有良好的适应性与扩展性，结构紧凑，调试、维修方便，具有很强的通信功能，便于实现 FMS、CIMS。

多微处理器 CNC 装置一般采用两种结构形式，即紧耦合结构和松耦合结构。紧耦合结构由各微处理器构成处理部件，处理部件之间采取紧耦合方式，有集中的操作系统，共享资源；松耦合结构由各微处理器构成功能模块，功能模块之间采取松耦合方式，有多重操作系统，可以有效地实现并行处理。

多微处理器的 CNC 装置有共享总线和共享存储器两类典型结构。

(1) 共享总线结构的多微处理器 CNC 装置以系统总线为中心，把组成 CNC 装置的各个功能部件划分为带有 CPU 和 DMA 器件的主模块和不带 CPU 和 DMA 器件的从模块(如各种 RAM、ROM 模块，I/O 模块)两大类。所有主、从模块都插在配有总线插座的机柜内，共享严格设计定义的标准系统总线。系统总线的作用是把各个模块有效地连接在一起，按照标准协议交换各种数据和控制信息，构成完整的系统，实现各种预定的功能。在系统中只有主模块有权控制和使用系统总线，由于有多个主模块，系统通过总线仲裁电路来解决多个主模块同时请求使用总线的矛盾。这种结构模块之间的通信主要依靠存储器来实现，大部分系统采用公共存储器。公共存储器直接插在系统总线上，供任意两个主模块交换信息，有总线使用权的主模块都能对公共存储进行访问，使用公共存储器的通信双方都要占用系统总线。图 2-6 是多微处理器共享总线结构框图，这种结构中的各微处理器 CPU 模块共享总线时，会引起“竞争”，使信息传输效率降低。总线一旦出现故障，便会影响全局。但由于其结构简单、系统配置灵活、实现容易、无源总线造价低等优点而常被采用。

(2) 共享存储器结构是以存储器为中心组成的多微处理器 CNC 装置，如图 2-7 所示。它采用多端口存储器来实现各 CPU 之间的互联和通信，每个端口都配有一套数据、地址和控制线以供端口访问。由专门的多端口控制逻辑电路解决访问的冲突问题，但这种方式由于同一时刻只能有一个微处理器对多端口存储器读或写，所以功能复杂。当微处理器数量增多时，往往会因争用共享存储器而造成信息传输的阻塞，降低系统效率，因此这种结构的功能扩展很困难。

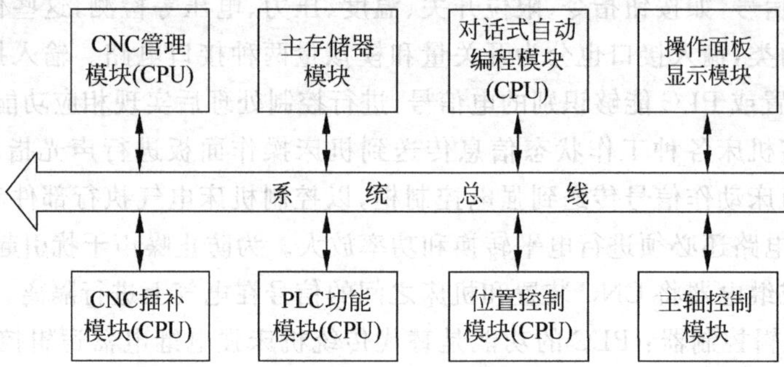

图 2-6 多微处理共享总线结构框图

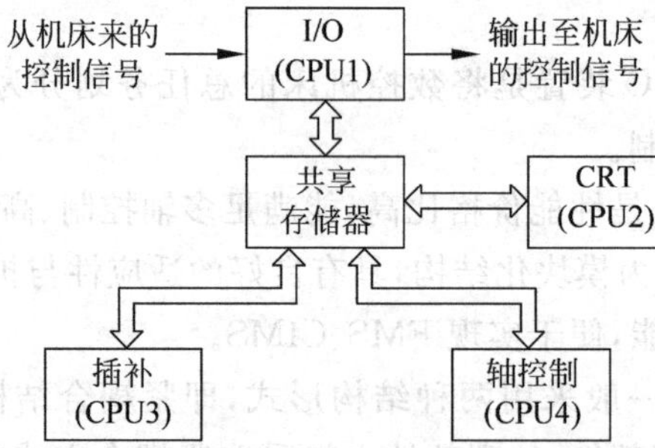

图 2-7 多微处理共享存储器结构框图

2.1.3 CNC 装置的工作过程

CNC 装置的工作过程是在硬件环境的支持下，执行软件控制逻辑的全过程。其工作过程主要是对输入、译码处理、数据处理、插补运算、位置控制、I/O 处理、显示和诊断等方面进行控制。

1. 输入

数控装置首先接受输入数控系统的数据和指令。通常输入 CNC 装置的有零件程序、控制参数和补偿量等数据。输入的方式有阅读机输入、键盘输入、磁盘输入、通信接口输入以及连接上一级计算机的分布式数字控制接口输入、网络输入。输入的全部信息都存放在 CNC 装置的内部存储器中。CNC 装置在输入过程中还需完成校检和代码转换等工作。

2. 译码处理

输入到 CNC 内部的信息接下来由译码程序进行译码处理。

译码处理程序以零件程序的一个程序段为单位，将用户加工程序进行处理，使其轮廓信息（如起点、终点、直线、圆弧等信息）、加工速度信息和辅助功能信息翻译成计算机能够识别的数据，存放在指定的内存专用空间。在译码过程中还要完成对程序段的语法检查等工作，若发现语法错误便立即报警。

3. 数据处理

数据处理的任务就是将经过译码处理后存放在指定存储空间的数据进行处理。数据处理程序一般包括刀具补偿、进给速度处理等。刀具补偿包括刀具长度补偿和刀具半径补偿。

4. 插补运算

插补运算就是根据输入的基本数据(如直线终点坐标值、圆弧起点、圆心、终点坐标值、进给速度等)进行实时运算与控制。插补程序在每个插补周期运行一次,在每个插补周期中,计算机根据指令进给速度计算出一个微小的直线数据段。通常经过若干次插补周期加工完成一个程序段,即从数据段的起点走到终点。

CNC 装置一边插补,一边加工,使刀具和零件做正确的、符合各段程序的相对运动,从而加工出所需要的零件。

5. 位置控制

由于插补运算的结果是产生一个采样周期内的位置增量,因此位置控制的主要任务是在每个采样周期内,将理论位置与实际反馈位置相比较,用其差值去控制电动机,进而控制数控机床工作台(或刀具)的位移。在位置控制中,通常还要完成位置回路的增益调整、各坐标方向的螺距误差补偿以及反向间隙补偿,以提高数控机床的定位精度。

6. I/O 处理

I/O 处理主要是处理 CNC 装置与机床之间来往信息的输入、输出和控制。

7. 显示

CNC 装置的显示主要为操作者提供方便。通常应有:零件程序显示、参数显示、刀具位置显示、机床状态显示、刀具加工轨迹动态模拟图像显示(经济型机床一般没有该显示功能)、报警显示等。

8. 诊断

CNC 装置利用内部自诊断程序进行故障诊断,及时对数控加工程序的语法错误、逻辑错误等进行集中检查,并加以提示。现代 CNC 装置中都有联机和脱机诊断功能。联机诊断是指 CNC 装置中的自诊断程序随时检查不正常的事件;脱机诊断是指系统空运转条件下的诊断。一般 CNC 装置配备有脱机诊断程序纸带,用以检查存储器、外围设备和 I/O 接口等。脱机诊断还可以用远程通信方式进行诊断,即把使用的 CNC 装置通过电话线与远程通信诊断中心的计算机相连,由诊断中心的计算机对客户的 CNC 系统进行诊断、故障定位和修复。

2.1.4 CNC 装置的功能

数控装置在系统硬件、软件支持下可实现的功能很多。数控装置的功能通常包括核心功能和选择功能。核心功能是数控装置必备的功能,选择功能是供用户根据机床的特点和用途进行选择的功能。

1. 核心功能

数据装置的核心功能包括控制功能、准备功能、插补功能、进给功能、主转速度功能、刀具功能、补偿功能。图 2-8 是数控装置核心功能处理的数据流。

1) 控制功能

控制功能主要反映 CNC 装置能控制的轴数和能同时控制(联动)的轴数。能控制的轴有移动轴和回转轴,以及基本轴和附加轴,通过轴的联动可以完成轮廓轨迹的加工。一般数控车床只需二轴控制、二轴联动;一般铣床需要二轴控制,二轴半坐标控制和三轴联动;一般加工中心为多轴控制、三轴联动。控制轴数越多,特别是联动轴数越多,CNC 装置的功能

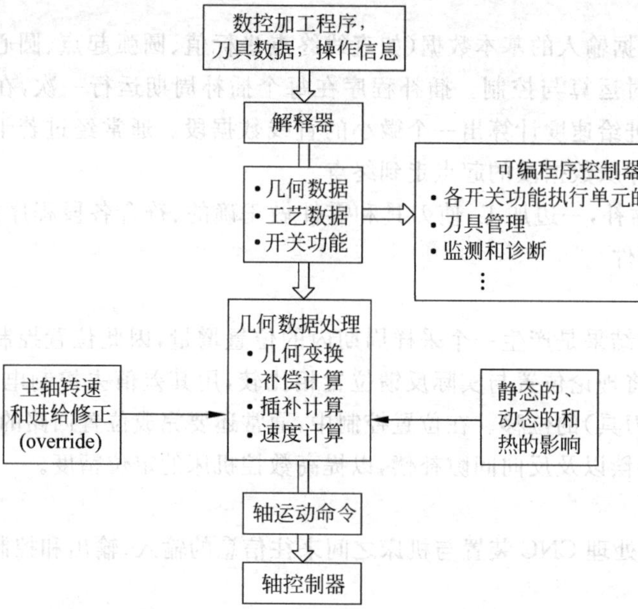

图 2-8 核心功能处理的数据流

越强；同时，CNC 装置就越复杂，编制程序也越困难。

2）准备功能

准备功能是用来指令机床运动方式的功能，它包括基本移动、程序暂停、平面选择、坐标设定、刀具补偿等指令。

3）插补功能

插补功能指 CNC 装置通过软件插补来实现刀具运动轨迹控制。插补运算要求装置实时性很强，即计算速度要同时满足机床坐标轴对进给速度和分辨率的要求。CNC 的插补功能分为粗插补和精插补。插补软件每次插补一个小线段的数据为粗插补，伺服系统根据粗插补的结果将小线段分成单个脉冲的输出称为精插补。一般数控装置都是直线和圆弧插补，高档次数控装置还具有抛物线插补、螺旋线插补、极坐标插补、正弦插补、样条插补等功能。

4）主轴速度功能

CNC 装置可以控制主轴的运动，也可以实现主轴的速度控制和准确定位。

5）进给功能

进给功能用 F 代码直接指令各轴的进给速度，同时可通过主轴上的位置编码器（一般为脉冲编码器）实现同步进给。

6）辅助功能

辅助功能也称 M 功能，是数控加工中不可缺少的辅助操作，各种型号的数控装置辅助功能的多少差别很大，常用的辅助功能有主轴的起停、主轴正反转、冷却液接通和断开、换刀等。辅助功能是通过 PLC 或 I/O 接口实现的。

7）刀具功能

刀具功能用来选择所需的刀具。

2. 选择功能

除了上述描述的核心功能外，应机床制造厂和数控机床使用者的要求，在数控系统中还有许多附加的可选功能，这些功能不仅在现场操作和编程等方面提高了数控过程操作的方便性和舒适性，而且还拓宽了数控系统的适用范围。图 2-9 描述了各种数控附加功能，在实际运用中，可在这些附加功能中按需选择。

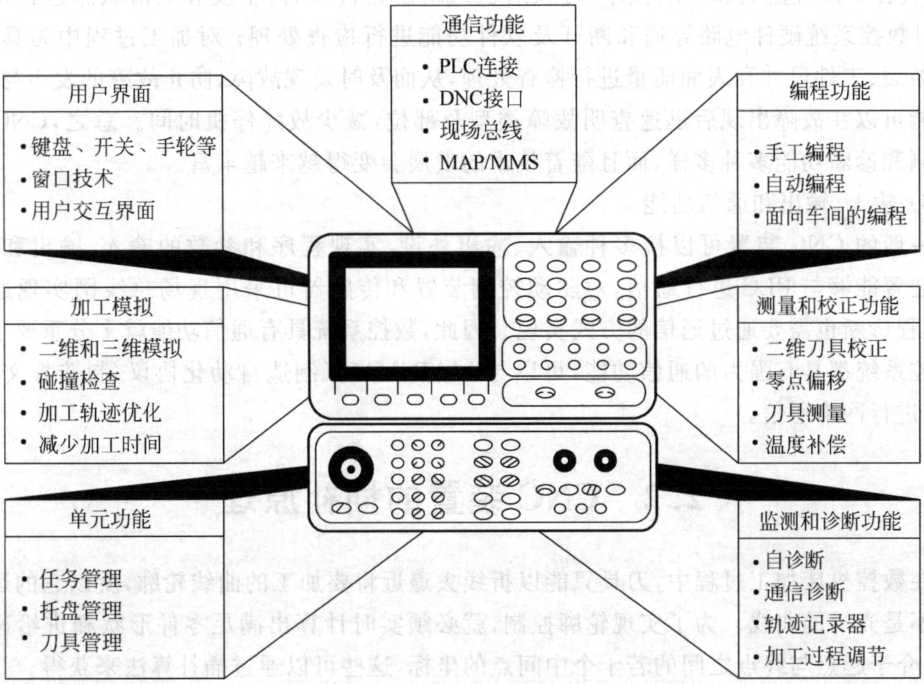

图 2-9　各种数控附加功能

1）人机对话编程功能

数控系统可以提供各种数控加工程序的编程工具，出于价格和功能方面的考虑，这些编程工具可以是简单的手工编程系统或自动编程系统。有的 CNC 装置可以根据引导图和说明显示进行对话式编程。人机对话编程功能不仅有助于编制复杂零件的程序，且编程方便。

2）字符图形显示功能

CNC 装置可配置不同尺寸的单色、彩色显示器 CRT 或液晶显示器 LCD，通过软件和接口实现字符和图形的显示。一般可以显示程序、机床参数、各种补偿量、坐标位置、故障信息、人机对话编程菜单、零件图形以及刀具模拟轨迹等。

3）测量和补偿功能

机床机械精度不足、机械结构受温度影响、刀具磨损及一些随机因素都会导致加工位置的变化。补偿功能就是借助测量装置、传感器等测出机床、刀具和工件的位置变化，并查出相应的校正值进行补偿。补偿功能主要有以下种类：①刀具的尺寸补偿。如刀具长度、刀具半径补偿和刀尖圆弧补偿；②坐标轴的反向间隙补偿、热变形补偿以及进给传动件的传动误差补偿，如丝杠螺距补偿，进给齿条齿距误差补偿等补偿。

4）固定循环功能

用数控机床加工零件，普遍用到一些典型的加工工序，例如钻孔、镗孔、深孔钻削、攻螺纹等，所需完成的动作循环十分典型。固定循环功能是指 CNC 装置为这些典型动作预先编好程序，并存储在内存中。用户使用时，选择合适的切削用量和重复次数等参数，然后按固定循环约定的功能进行加工。固定循环功能可以大大简化程序编制。

5）监测和诊断功能

为保证加工过程的正确进行，避免机床、工件和刀具的损坏，应使用监测和诊断功能。CNC 装置中设置监测和诊断程序，可以对机床动态运行、几何精度和润滑状态进行检查处理；对数控系统硬件电路导通和断开及软件功能进行检查处理；对加工过程中刀具磨损、刀具断裂、工件尺寸和表面质量进行检查处理，从而及时发现故障，防止故障的发生与扩大。该功能可以在故障出现后迅速查明故障类型及部位，减少故障停机时间。总之，CNC 装置的监测和诊断功能多种多样，而且随着技术的发展会变得越来越丰富。

6）输入、输出和通信功能

一般的 CNC 装置可以接多种输入、输出外设，实现程序和参数的输入、输出和存储。数控装置能够与 PLC 进行通信，对驱动控制装置和传感器可采用现场总线网实现通信连接，远程诊断也需要通过通信的方式实现。因此，数控系统具有通信功能就十分重要了。高档数控系统都具有强力的通信功能，可以与 MAP/MMS（制造自动化协议/制造报文规范）相连，进行网络通信。

2.2 CNC 装置的插补原理

在数控机床加工过程中，刀具只能以折线去逼近将要加工的曲线轮廓，所以它的运动轨迹并不是光滑的曲线。为了实现轮廓控制，就必须实时计算出满足零件形状和进给速度要求的、介于起点与终点之间的若干个中间点的坐标，这些可以通过插补算法来获得。

所谓插补，就是根据零件轮廓尺寸，结合精度和工艺等方面的要求，在已知刀具中心轨线转接点之间插入若干个中间点的过程。中间点的获取根据相应的算法由数控系统软件或硬件自动完成，并以此来协调控制各坐标轴的运动，从而获得所要求的运动轨迹。插补是整个数控系统软件中极其重要的功能模块之一，其算法的选择将直接影响到系统的精度、速度及加工能力等。

常见的零件轮廓有直线、圆弧、抛物线、自由曲线等。其中直线和圆弧是构成被加工零件轮廓的基本线型，所以绝大多数数控系统都具有直线和圆弧插补功能。

2.2.1 插补的分类

插补算法经过几十年的发展，不断成熟。插补过程主要通过硬件与软件完成，当前广泛应用的基本均为软件方式，而在软件方式中所采用的插补方法大致分两类。

1. 脉冲增量插补

脉冲当量是指每单位脉冲对应的坐标轴位移量，用 δ 或 BLU 表示，单位为 mm。

脉冲增量插补算法的特点：

(1) 每次插补的结果仅产生一个单位的行程增量，即一个脉冲当量，以一个个脉冲的方式输出给步进电动机，其基本思想是用折线去逼近曲线和直线。

(2) 插补速度与进给速度密切相关，而且还受到步进电动机最高运行频率的限制。当脉冲当量为 10μm 时，采用该插补算法所能获得的最高进给速度是 4～5m/min。

(3) 脉冲增量插补的实现方法简单，通常仅用加法和移位运算方法就可完成插补，比较容易用硬件来实现，而且，用硬件实现这类运算的速度很快。

脉冲增量算法有逐点比较法、最小偏差法、数字积分法、目标点跟踪法、单步追踪法等。这类插补算法主要用在采用步进电动机驱动的数控系统。

2. 数字增量插补

数字增量插补算法的特点如下。

(1) 插补程序以一定的插补周期定时运行，在每个周期内根据进给速度计算出各坐标轴在下一插补周期内的位移增量，其基本思想是用直线段去逼近曲线或直线。

(2) 插补运算速度与进给速度无严格的关系，因而采用这类插补算法时，可达到较高的进给速度。

(3) 数字增量插补的实现算法较脉冲增量插补算法复杂，它对计算机的运算速度有一定的要求，不过现在的计算机均能满足它的要求。

数字增量插补算法有：数字积分法(DDA)、二阶近似插补法、双 DDA 插补法、角度逼近插补法、时间分割法等。这类插补算法主要用于以交、直流伺服电动机为伺服驱动系统的闭环、半闭环数控系统，也可用于以步进电动机为伺服驱动系统的开环数控系统，而且，目前所使用的 CNC 装置中，大多数都采用这类插补方法。

2.2.2 逐点比较法

逐点比较法的基本原理是：在刀具按要求轨迹运动加工零件轮廓的过程中，不断比较刀具与被加工零件轮廓之间的相对位置，并根据比较结果决定下一步的进给方向，使刀具沿着坐标轴向减小偏差的方向进给，且进给方向只有一个。也就是说，逐点比较法的每一步均要比较加工点瞬时坐标与规定零件轮廓之间的距离，依此决定下一步的走向，如果加工点走到轮廓外面去了，则下一步要朝着轮廓内部走；如果加工点处在轮廓的内部，则下一步要向轮廓外面走，以减小偏差，周而复始，直至全部结束，从而获得一个非常接近于数控加工程序规定轮廓的刀具中心轨迹。

逐点比较法既可实现直线插补，也可实现圆弧插补。其特点是运算简单直观，插补过程的最大误差不超过一个脉冲当量，输出脉冲均匀，而且输出脉冲速度变化小，调节方便；但不易实现两坐标以上的联动插补。因此，在两坐标数控机床中应用较为普遍。

一般来讲，逐点比较法插补过程每一步都要经过 4 个工作节拍：

(1) 偏差判别。判别刀具当前位置相对于给定轮廓的偏差情况，即通过偏差值符号确定加工点处在理想轮廓的哪一侧，并以此决定刀具的进给方向。

(2) 坐标进给。根据偏差判别结果，控制相应坐标轴进给一步，使加工点向理想轮廓靠拢，从而减小其间的偏差。

(3) 偏差计算。刀具进给一步后，针对新的加工点计算出能反映其偏离理想轮廓的新偏差，为下一步偏差判别提供依据。

(4) 终点判别。每进给一步后都要判别刀具是否达到被加工零件轮廓的终点，若到达了则结束插补，否则重复上述 4 个节拍插补工作流程的工作，直至终点。

2.2.3 逐点比较法直线插补

1. 第Ⅰ象限直线插补

用户编程时，给出要加工直线的起点和终点。如果以直线的起点为坐标原点$O(0,0)$，终点为$E(X_e,Y_e)$，另有一个动点为$N(X_i,Y_i)$，如图2-10所示。当动点N正好在线段OE上时，则

$$\frac{X_i}{Y_i}=\frac{X_e}{Y_e} \tag{2.1}$$

$$Y_iX_e-Y_eX_i=0$$

由上式可得直线插补的偏差判别方程式

$$F_i=Y_iX_e-Y_eX_i \tag{2.2}$$

由式(2.2)可得：

(1) 当$F_i=0$：表示动点N处在OE线段上，如图2-10中的N点。

(2) 当$F_i>0$：表示动点N处在OE线段的上方。

(3) 当$F_i<0$：表示动点N处在OE线段的下方。

若动点N处在OE线段的上方，为了逼近直线，坐标应当向X方向移动一步，即得：$F_i>0$，向X方向移动一步；若动点N处在OE线段的下方，为了逼近直线，坐标应当向Y方向移动一步，即得：$F_i<0$，向Y方向移动一步；而动点N处在OE线段上，即$F_i=0$时，为了也有一个确定的进给，规定向X方向移动一步，如图2-11所示。

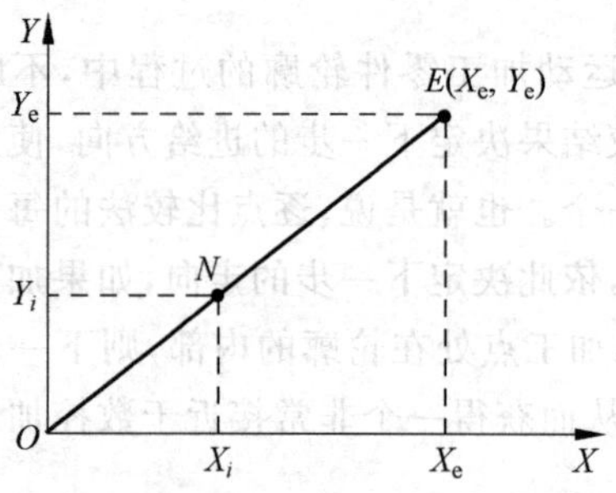

图2-10　动点N坐标

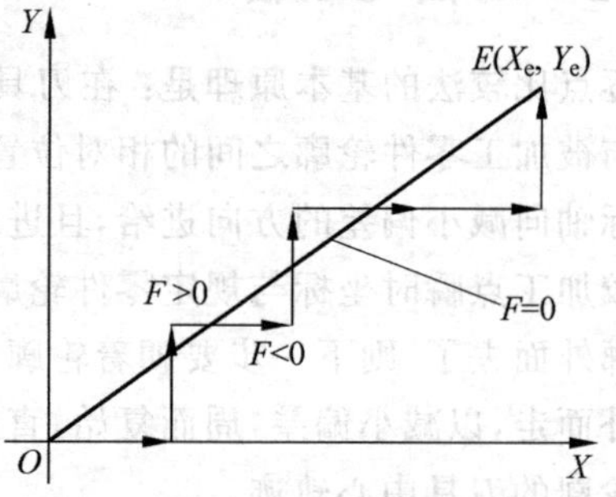

图2-11　第Ⅰ象限直线插补轨迹

根据上述原则，从原点$O(0,0)$开始，刀具每走一步之前，需判别F的符号，以确定趋近直线的进给方向，随后计算一次F_i，步步前进，直到终点E。由此可见，采用逐点比较法插补，可控制刀具走出一条尽量接近零件直线轮廓的轨迹，如图2-11的折线所示。显然，脉冲当量的大小与折线逼近零件轮廓的程度有关。脉冲当量越小，折线的逼近程度越高；反之越低。

事实上，计算机并不善于作乘法运算，速度较慢，在其内部乘法运算是通过加减运算完成的，故需要进行简化，简化的原理与方式如下。

设动点$N(X_i,Y_i)$为当前所在位置，其F值为

$$F_i=Y_iX_e-Y_eX_i \tag{2.3}$$

若$F_i\geqslant 0$，刀具应向X轴正方向进给一步，新的动点坐标值为

$$X_{i+1}=X_i+1,\quad Y_{i+1}=Y_i$$

则新的偏差函数为

$$F_{i+1}=X_eY_{i+1}-X_{i+1}Y_e=X_eY_i-X_iY_e-Y_e$$

$$F_{i+1}=F_i-Y_e \tag{2.4}$$

同理，当 $F_i<0$ 时，刀具应向 Y 轴正向进给一步，新的动点坐标值为

$$X_{i+1}=X_i,\quad Y_{i+1}=Y_i+1$$

对应的新偏差函数为

$$F_{i+1}=X_eY_{i+1}-X_{i+1}Y_e=X_eY_i-X_iY_e+X_e$$

$$F_{i+1}=F_i+X_e \tag{2.5}$$

由式(2.4)和式(2.5)可以看出，采用递推公式计算偏差函数 F，将不涉及动点坐标与乘法运算，仅与直线的终点坐标以及前一点的偏差函数值有关，并且算法简单，易于实现。

要说明的是，通过坐标平移的方式可以使每个直线轮廓段的起点总处在坐标系的原点上。另外，在开始加工之前，应通过人工方式将刀具移至加工起点，这一过程称为“对刀”。开始刀具就在直线上，因此，偏差函数的初始值为 $F_0=0$。

综上所述，第Ⅰ象限的偏差函数与进给方向有以下关系：

当 $F_i\geqslant0$ 时，刀具向 X 轴正向进给，新的偏差函数值为 $F_{i+1}=F_i-X_e$。

当 $F_i<0$ 时，刀具向 Y 轴正向进给，新的偏差函数值为 $F_{i+1}=F_i+X_e$。

在插补计算过程中，还有一项工作需要同步进行，即终点判别，以确定刀具是否抵达线段终点。如果到了终点，就停止插补运算，否则继续作循环插补处理。常用的终点判别方法有以下 3 种：

(1) 总步长法在插补计算之前，先设置一个总步长计数器，求出被插补直线轮廓在各坐标轴方向上应走的总步数，加在一起存入计数器中，即

$$\sum=|X_e|+|Y_e| \tag{2.6}$$

然后每插补计算一次，无论向哪个坐标轴进给一步，计数器都作减 1 修正。这样，当总步数减到零时，则表示刀具已经抵达直线轮廓的终点。

(2) 投影法与总步长法相似，求出被插补直线轮廓终点坐标值中较大的那一个轴的总步数，并存入计数器中，即

$$\sum=\max\{|X_e|,|Y_e|\} \tag{2.7}$$

然后在插补过程中，每当终点坐标值较大的那个轴进给一步，相应计数器就作减 1 修正，直至为零，则表示刀具到达直线轮廓的终点。

(3) 终点坐标法在插补运算之前，先设置两个步长计数器，分别记录被插补直线轮廓在两个坐标轴方向上应走的总步数，并存入各自的计数器中，即

$$\sum_1=|X_e|,\quad \sum_2=|Y_e| \tag{2.8}$$

然后在插补过程中，每当 X 轴正向进给一步，计数器就作减 1 修正一次；每当 Y 轴正向进给一步，计数器就作减 1 修正一次。当两个步长计数器均为零时，表示刀具到达直线轮廓的终点。

2. 四象限直线插补

前面所讨论的逐点比较法直线插补，是针对第Ⅰ象限直线插补这种特定情况进行的。然而，任何数控机床都应具备处理不同象限、不同走向曲线的能力。为了叙述方便，假设用“L”表示直线，脚标数字表示曲线所在的象限，则Ⅰ～Ⅳ象限内的直线分别记为 L_1、L_2、L_3、L_4 其他象限的直线插补偏差递推公式可同理推导。进给方向如图 2-12 所示，相应的偏差计算见表 2-2。

表 2-2 四象限直线插补偏差计算与进给方向表

直线	$F\geqslant 0$		$F<0$	
	偏差计算	坐标进给	偏差计算	坐标进给
L_1	$F_{i+1}=F_i-\lvert Y_e\rvert$	$+\Delta X$	$F_{i+1}=F_i+\lvert X_e\rvert$	$+\Delta Y$
L_2		$-\Delta X$		$+\Delta Y$
L_3		$-\Delta X$		$-\Delta Y$
L_4		$+\Delta X$		$-\Delta Y$

例题 设欲加工第Ⅰ象限直线轮廓 OE，线段的起点 O 在坐标原点，终点为 $E(3,5)$，试用逐点比较法对该直线进行插补，并画出插补轨迹。

解 插补前应对偏差函数 F、总步数 $\sum$ 赋初值，则

$$F=0,\quad \sum_0 = 3+5=8,\quad X_e=3,\quad Y_e=5$$

插补计算过程按 4 个工作节拍重复进行，见表 2-3，插补轨迹如图 2-13 所示。

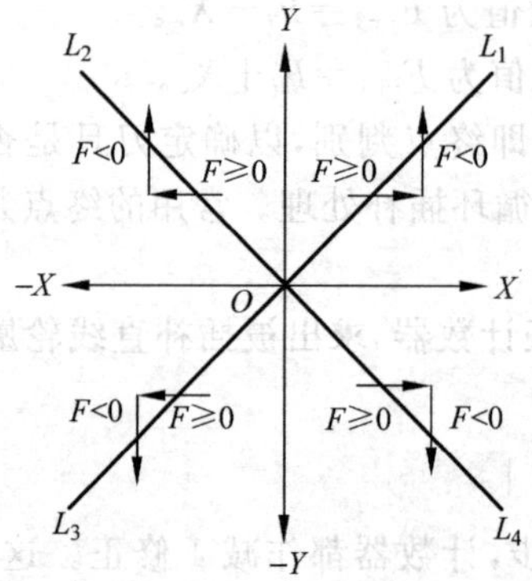

图 2-12 四象限直线插补进给方向

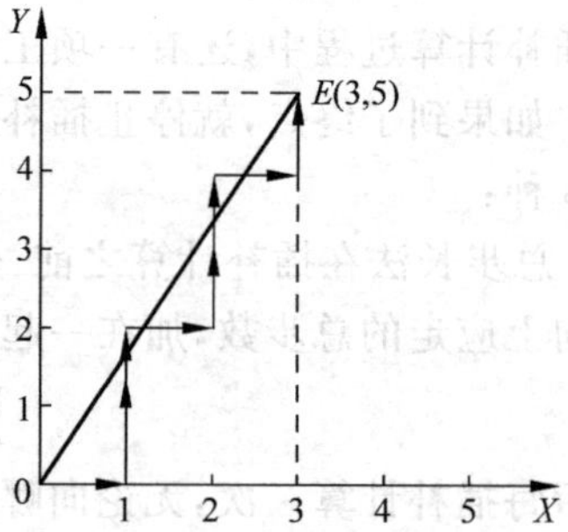

图 2-13 插补轨迹

表 2-3 逐点比较法直线插补运算过程

序号	工作节拍			
	偏差判别	进给方向	偏差计算	终点判别
起点			$F_0=0$	$\sum_0=8$
1	$F_0=0$	$+\Delta X$	$F_1=F_0-Y_e=0-5=-5$	$\sum_1=\sum_0-1=8-1=7$
2	$F_1=-5<0$	$+\Delta Y$	$F_2=F_1+X_e=-5+3=2$	$\sum_2=\sum_1-1=7-1=6$
3	$F_2=-2<0$	$+\Delta Y$	$F_3=F_2+X_e=-2+3=1$	$\sum_3=\sum_2-1=6-1=5$
4	$F_3=1>0$	$+\Delta X$	$F_4=F_3-Y_e=1-5=-4$	$\sum_4=\sum_3-1=5-1=4$
5	$F_4=-4<0$	$+\Delta Y$	$F_5=F_4+X_e=-4+3=-1$	$\sum_5=\sum_4-1=4-1=3$
6	$F_5=-1<0$	$+\Delta Y$	$F_6=F_5+X_e=-1+3=2$	$\sum_6=\sum_5-1=3-1=2$
7	$F_6=2>0$	$+\Delta X$	$F_7=F_6-Y_e=2-5=-3$	$\sum_7=\sum_6-1=2-1=1$
8	$F_7=-3<0$	$+\Delta Y$	$F_8=F_7+X_e=-3+3=2$	$\sum_8=\sum_7-1=1-1=0$

2.2.4　逐点比较法圆弧插补

1. 第Ⅰ象限圆弧插补

在加工圆弧的过程中，人们很容易联想到使用动点到圆心的距离与该圆弧的名义半径进行比较来反映加工偏差。

假设被加工零件的轮廓为第Ⅰ象限逆圆弧 SE，如图 2-14 所示，圆心在 $O(0,0)$，半径为 R，起点为 $S(X_s, Y_s)$，终点为 $E(X_e, Y_e)$，圆弧上任意加工动点为 $N(X_i, Y_i)$。当比较该加工动点到圆心的距离 N 与圆弧半径 R 的大小时，可获得刀具与圆弧轮廓之间的相对位置关系。

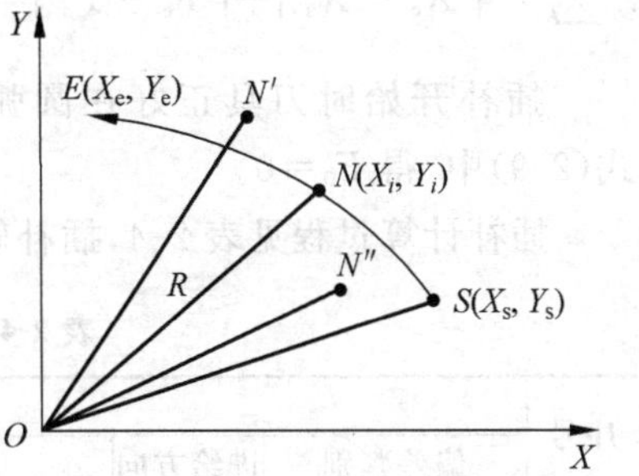

图 2-14　第Ⅰ象限逆圆与动点的关系

当动点 $N(X_i, Y_i)$ 正好落在圆弧上时，则有

$$X_i^2 + Y_i^2 = X_e^2 + Y_e^2 = R^2$$

由此可知，判别动点 N 是否在圆弧上的公式

$$F_i = X_i^2 + Y_i^2 - R^2 \tag{2.9}$$

由式(2.9)可得：

(1) 当动点 N 在圆弧上时：$F_i = 0$。

(2) 当动点 N 在圆弧内时：$F_i < 0$。

(3) 当动点 N 在圆弧外时：$F_i > 0$。

上述的插补偏差计算，需计算 3 次平方、一次加法与一次减法，速度很慢，故需要进行简化。

当 $F_i > 0$，向 x 轴负向进给一步，则新的动点坐标值为

$$X_{i+1} = X_i - 1, \quad Y_{i+1} = Y_i$$

则新的偏差函数为

$$F_{i+1} = X_{i+1}^2 + Y_{i+1}^2 - R^2 = (X_i - 1)^2 + Y_i^2 - R^2$$

整理得

$$F_{i+1} = F_i - 2X_i + 1$$

同理，当 $F_i < 0$，则向 x 轴正向进给一步，则新的动点坐标值为

$$X_{i+1} = X_i, \quad Y_{i+1} = Y_i + 1$$

因此，新的偏差函数为

$$F_{i+1} = X_{i+1}^2 + Y_{i+1}^2 - R^2 = X_i^2 + (Y_i + 1)^2 - R^2$$

整理得

$$F_{i+1} = F_i + 2Y_i + 1$$

和直线插补一样，圆弧插补过程也有终点判别问题。当圆弧轮廓仅在一个象限区或内，其终点判别仍可借用直线终点判别的 3 种方法进行，只是计算公式略有不同。

总步长法公式改为

$$\sum = |X_e - X_s| + |Y_e - Y_s|$$

例题 设将要加工的零件轮廓为第Ⅰ象限逆圆，如图 2-15 所示，圆心在坐标原点，起点为 $S(4,3)$，终点为 $E(0,5)$，试用逐点比较法进行插补，并画出插补轨迹。

解 该圆弧插补的总步数为

$$\sum = |X_e - X_s| + |Y_e - Y_s| = |4-0| + |3-5| = 6$$

插补开始时刀具正好在圆弧的起点 $S(4,3)$ 处，代入式(2.9)中，得 $F_0=0$。

插补计算过程见表 2-4，插补轨迹如图 2-15 所示。

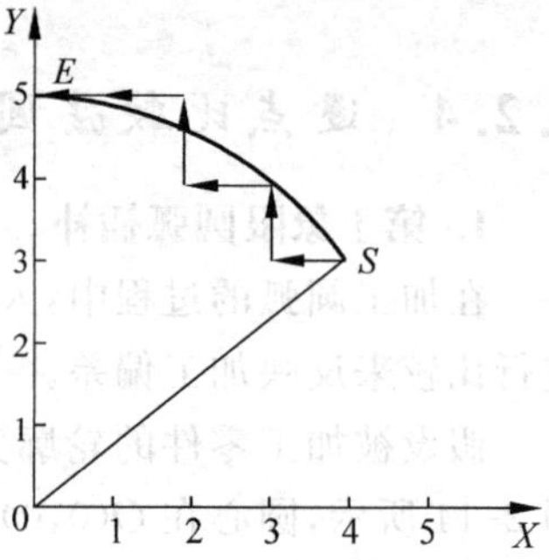

图 2-15 零件轮廓插补轨迹

表 2-4 逐点比较法圆弧插补运算过程

序号	工作节拍				
	偏差判别	进给方向	偏差计算	坐标修正	终点判别
起点			$F_0=0$	$X_0=4, Y_0=3$	$\sum_0=6$
1	$F_0=0$	$-\Delta X$	$F_1=0-2\times4+1=-7$	$X_1=3, Y_1=3$	$\sum_1=\sum_0-1=5$
2	$F_1=-7<0$	$+\Delta Y$	$F_2=-7+2\times3+1=0$	$X_2=3, Y_2=4$	$\sum_2=\sum_1-1=4$
3	$F_2=0$	$-\Delta X$	$F_3=0-2\times3+1=-5$	$X_3=2, Y_3=4$	$\sum_3=\sum_2-1=3$
4	$F_3=-5<0$	$+\Delta Y$	$F_4=-5+2\times4+1=4$	$X_4=2, Y_4=5$	$\sum_4=\sum_3-1=2$
5	$F_4=4>0$	$-\Delta X$	$F_5=4-2\times2+1=1$	$X_5=1, Y_5=5$	$\sum_5=\sum_4-1=1$
6	$F_5=1>0$	$-\Delta X$	$F_6=1-2\times1+1=0$	$X_6=0, Y_6=5$	$\sum_6=\sum_5-1=0$

2. 四象限圆弧插补

以上讨论的用逐点比较法进行圆弧插补的原理和计算公式，只适用于第Ⅰ象限逆时针圆弧。对于不同象限和不同走向的圆弧来说，其插补计算公式和脉冲进给方向都是不同的。为了将各象限圆弧的插补公式统一于第Ⅰ象限的公式，需要将坐标和进给方向根据象限的不同进行转换，转换后不管哪个象限的圆弧都按第Ⅰ象限的逆圆、顺圆进行插补计算，而拼给脉冲的方向则按实际象限决定。图 2-16 分别给出了不同象限内 8 种圆弧的插补运动方式，表 2-5 给出相应偏差计算其中 SR、NR 分别表示顺时针和逆时针圆弧，后面的数字表示象限，如 SR_1 表示第Ⅰ象限顺时针圆弧。

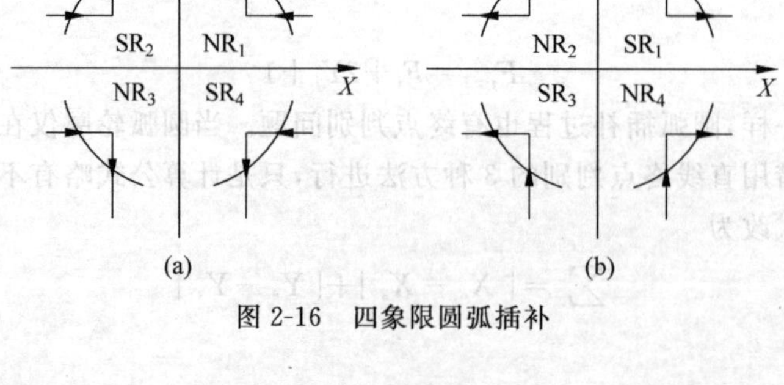

图 2-16 四象限圆弧插补

表 2-5　四象限圆弧插补偏差计算

圆弧	$F\geqslant 0$		$F<0$	
	偏差计算	坐标进给	偏差计算	坐标进给
SR_1	$F_{i+1}=F_i-2\|Y_i\|$	$-\Delta Y$	$F_{i+1}=F_i+2\|X_i\|$	$+\Delta X$
NR_2	$+1$	$-\Delta Y$	$+1$	$-\Delta X$
SR_3	$X_{i+1}=X_i$	$+\Delta Y$	$X_{i+1}=X_{i+1}$	$-\Delta X$
NR_4	$Y_{i+1}=Y_i-1$	$+\Delta Y$	$Y_{i+1}=Y_i$	$+\Delta X$
NR_1	$F_{i+1}=F_i-2\|Y_i\|$	$-\Delta X$	$F_{i+1}=F_i+2\|Y_i\|$	$+\Delta Y$
SR_2	$+1$	$+\Delta X$	$+1$	$+\Delta Y$
NR_3	$X_{i+1}=X_i-1$	$+\Delta X$	$X_{i+1}=X_i+1$	$-\Delta Y$
SR_4	$Y_{i+1}=Y_i$	$-\Delta X$	$Y_{i+1}=Y_i$	$-\Delta Y$

2.3　CNC 装置的刀具补偿

CNC 系统通过控制刀架的参考点实现加工轨迹，但在实际加工中，使用刀尖或刀刃边缘来完成切削任务。这样就需要在刀架参考点与刀具切割点之间进行位置偏置，从而使数控系统的控制对象由刀架参考点变换到刀尖或刀刃边缘，这种变换过程称为刀具补偿。数控系统为了简化编程、方便操作，设置了刀具补偿功能。

刀具补偿一般分为刀具长度补偿和刀具半径补偿。对于不同类型的数控机床和刀具，所需要的刀具补偿类型也不一样，如图 2-17 所示。对于铣刀而言，主要是刀具半径补偿；对于钻头而言，只有刀具长度补偿；对于车刀而言，需要两坐标长度补偿和刀具半径补偿。刀具补偿的有关参数，如刀具半径、刀具长度、刀具中心的偏移量等均是预先经过测量，然后将测量结果存入 CNC 系统参数项中的刀具补偿表中，编程员在进行编制零件的加工程序时，根据需要调用不同的刀具号和补偿号来满足不同的刀具补偿要求。

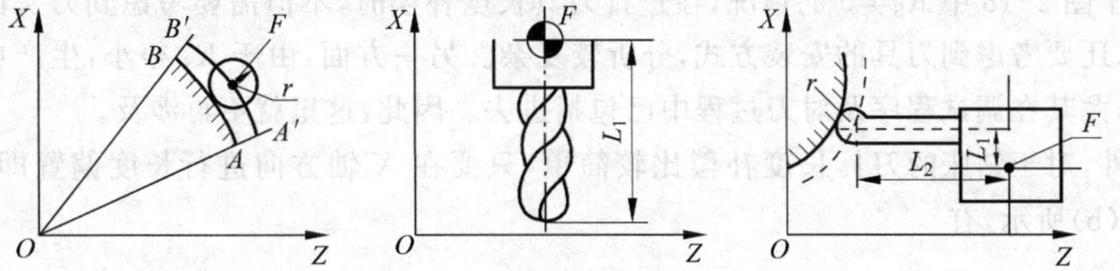

图 2-17　不同刀具补偿示意图

2.3.1　刀具长度补偿

某数控车床系统刀具结构如图 2-18 所示，图中 P 为理论刀尖，S 为刀头圆弧圆心，R_S 为刀头半径，F 为刀架参考点。

刀具长度补偿是用来实现刀尖圆弧中心轨迹与刀架参考点之间的转换，对应图 2-18 中 F 与 S 之间的转换，但实际上不能直接测得这两个中心点之间的距离矢量，只能测得理论刀

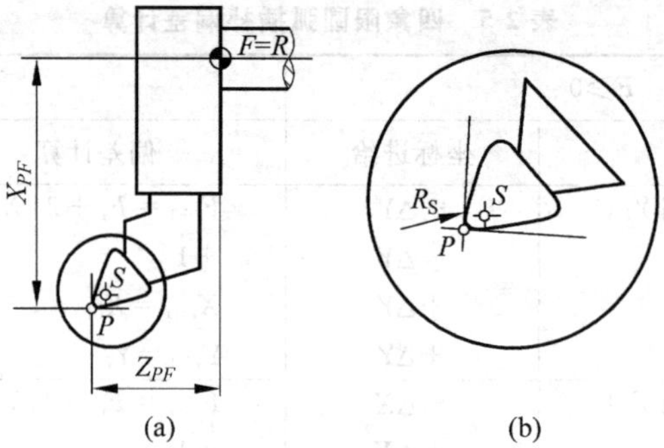

图 2-18 刀具结构参数

尖 P 与刀架参考点 F 之间的距离。

为了简单起见，不妨假设刀头半径 $R_S=0$，这时可采用刀具长度测量装置测出理论刀尖点 P 相对于刀架参考点的坐标 X_{PF} 和 Z_{PF}，并存入刀具参数表中。

$$X_{PF}=X_P-X \tag{2.10a}$$

$$Z_{PF}=Z_P-Z \tag{2.10b}$$

式中，(X_P,Z_p)——理论刀尖点 P 的坐标；

(X,Z)——刀架参考点 F 的坐标。

至此，很容易写出刀具长度补偿的计算公式

$$X=X_{PF}-X_P \tag{2.11a}$$

$$Z=Z_{PF}-Z_P \tag{2.11b}$$

式中理论刀尖 P 的坐标(X_P,Z_P)实际为加工零件轨迹点坐标，(X,Z)为刀架参考点 F 的坐标，可从数控加工程序中获得。此时，零件轮廓轨迹经式(2.11a)与式(2.11b)补偿后，即能通过控制刀架参考点 F 来实现。

对于图 2-18 中 $R_S\neq 0$ 的情况，在进行刀具长度补偿时，不但需要考虑到刀头圆弧半径的补偿，还要考虑到刀具的安装方式，分析较复杂。另一方面，由于 R_S 很小，生产中可以不予考虑，尤其在调试程序及对刀过程中已包括进去。因此，这里就不再涉及。

另外，对于钻床的刀具长度补偿比较简单，只要在 X 轴方向进行长度偏置即可，根据图 2-17(b)所示，有

$$X=X_{PF}-X_P \tag{2.12a}$$

$$Z=Z_{PF} \tag{2.12b}$$

式中：X_P,Z_P——数控加工程序中编制的钻头坐标值；

X_{PF}——钻头长度，即图 2-17(b)中 L_1；

X,Z——补偿后钻头坐标值(参考点 F)。

2.3.2 刀具半径补偿

1. 刀具半径补偿的作用

在轮廓加工过程中，由于刀具总有一定的半径(如铣刀半径)，刀具中心的运动轨迹并不

等于所需要加工零件的实际轨迹，也就是说，数控机床进行轮廓加工时必须考虑刀具半径。如图 2-19 所示，在进行内轮廓加工时，要使刀具中心偏移零件的内轮廓表面一个刀具半径值；在进行外轮廓加工时，要使刀具中心偏移零件的外轮廓表面一个刀具半径值，这种偏移就称为刀具半径补偿。

根据 ISO 标准规定，当刀具中心轨迹在编程轨迹（零件轮廓）前进方向的左边时，称为左刀补，用 G41 表示，如图 2-19 所示轮廓内部虚线轨迹。反之，当刀具处于编程轨迹方向的右边时，称为右刀补，用 G42 表示，如图 2-19 所示轮廓外部虚线轨迹。当不需要进行刀具补偿时，用 G40 表示，G40 表示取消刀具半径补偿。在实际轮廓切割过程中，刀具半径补偿的执行过程分为刀具半径补偿的建立、刀具半径补偿的进行和刀具半径补偿撤销 3 个步骤。

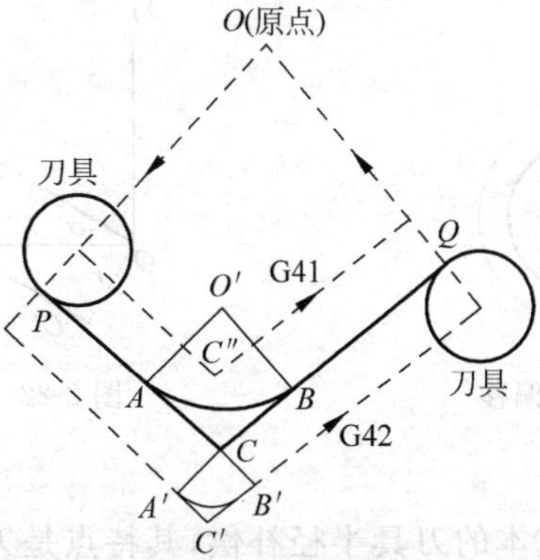

图 2-19　刀具半径补偿的交叉点和间断点

1）刀具半径补偿的建立

刀具从起点接近工件，刀具中心根据 G41 或 G42 所设定的刀具半径补偿，在原来的程序轨迹基础上伸长或缩短一个刀具半径值的距离，如图 2-20 所示。

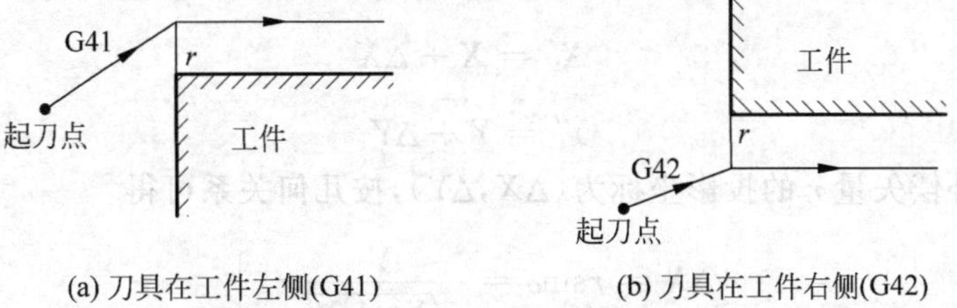

图 2-20　建立刀具补偿

2）刀具半径补偿的进行

在数控系统中，一旦建立了刀具半径补偿，在刀补期间，刀具中心轨迹始终垂直偏移编程轨迹一个刀具半径的距离，直到撤销刀具半径补偿。

3）刀具半径补偿撤销

在刀具撤离工作表面返回起刀点的过程中，根据刀补撤销前 G41 或 G42 的情况，刀具中心轨迹相对原来的编序轨迹伸长或缩短一个刀具半径值的距离。

在进行刀具半径补偿时,CNC 系统自动完成以下两个方面的工作:

一是根据刀具的半径值 r 及其走向使刀具沿零件的加工轮廓偏移一个 r 值,即控制刀具中心沿零件加工轮廓以 r 为距离做等距离曲线运动,如图 2-21 所示。

二是在零件轮廓的外光滑过渡的拐角处,CNC 系统自动进行尖角过渡。根据尖角过渡的方法不同,刀具补偿又可分为 B(basic)功能刀具补偿和 C(complete)功能刀具补偿。

一般 CNC 装置的轮廓控制通常仅限于直线和圆弧。对直线而言,刀具半径补偿后的刀具中心轨迹是平行于轮廓直线的一条直线。因此,进行刀具半径补偿时,只要计算出刀具中心轨迹的起点和终点坐标,刀具中心轨迹即可确定。对于圆弧而言,刀具半径补偿后的刀具中心软迹是一段与原圆弧同心的圆弧。因此,对圆弧的刀具半径补偿时,只需计算出刀具半径补偿后圆弧的起点和终点坐标值以及刀具半径补偿后的圆弧半径值。

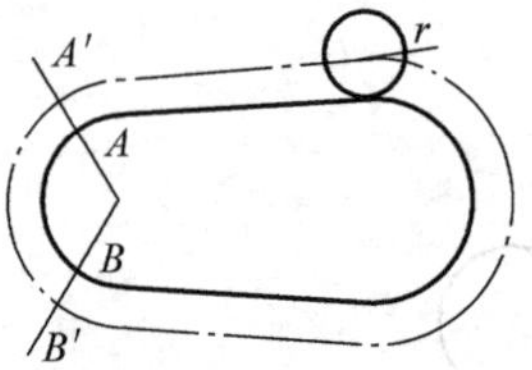

图 2-21　刀具中心的偏移

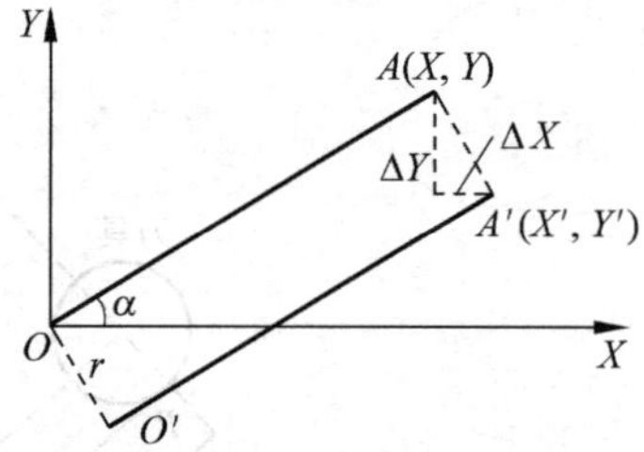

图 2-22　直线刀具半径补偿

2. B 功能刀具半径补偿

B 功能刀具半径补偿为基本的刀具半径补偿,其特点是刀具中心轨迹的段间过渡采用圆弧的形式,它仅根据程序段中零件轮廓尺寸和刀具半径计算出刀具中心的运动轨迹,这种计算方法既简单又容易实现。

1) 直线 B 功能刀具半径补偿原理

如图 2-22 所示,加工直线的起点在坐标原点,终点 A 的坐标为(X,Y),OA 与 x 轴正向夹角为 α。假设上一段程序加工完毕后,刀具中心在 O' 点且其坐标已知。刀具半径为 r,现在要计算的是刀具补偿后的直线段 $O'A'$ 的终点坐标(X',Y')。设直线终点为

$$\begin{aligned} X' &= X + \Delta X \\ Y' &= Y + \Delta Y \end{aligned} \tag{2.13}$$

刀具半径补偿矢量 r 的投影坐标为$(\Delta X,\Delta Y)$,按几何关系可得

$$\left.\begin{aligned} \Delta X &= r\sin\alpha = \frac{Y}{\sqrt{X^2+Y^2}}r \\ \Delta Y &= r\sin\alpha = -\frac{X}{\sqrt{X^2+Y^2}}r \end{aligned}\right\} \tag{2.14}$$

则有

$$\left.\begin{aligned} X' &= X + \frac{Y}{\sqrt{X^2+Y^2}}r \\ Y' &= Y - \frac{X}{\sqrt{X^2+Y^2}}r \end{aligned}\right\} \tag{2.15}$$

这就是直线刀具半径补偿的计算公式。

2）圆弧 B 功能刀具半径补偿原理

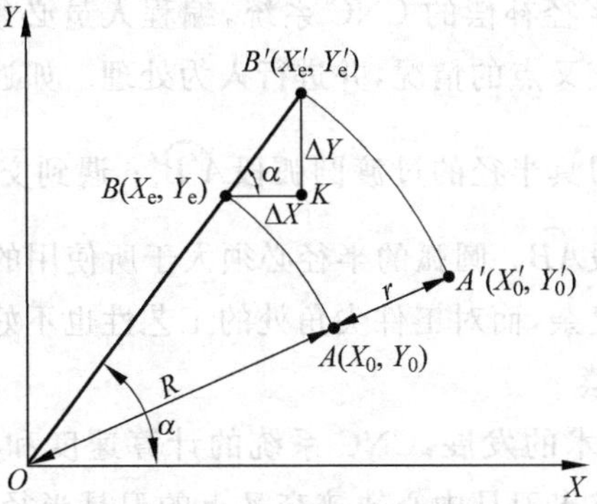

图 2-23 圆弧刀具半径补偿

如图 2-23 所示，被加工圆弧的圆心在坐标原点，圆弧半径为 R，圆弧起点 A 的坐标为 (X_0, Y_0)，圆弧终点 B 的坐标为 (X_e, Y_e)，刀具半径为 r，OB 与 x 轴正向夹角为 α。假设上一程序段加工结束后刀具中心点为 A，且其坐标已知。圆弧刀具半径补偿计算的目的就是要计算出刀具中心圆弧轨迹 $A'B'$ 的终点坐标 (X'_e, Y'_e)。设终点刀补矢量 r 在两个坐标上的投影为 $(\Delta X, \Delta Y)$，则

$$\left.\begin{aligned} X'_e &= X_e + \Delta X \\ Y'_e &= Y_e + \Delta Y \end{aligned}\right\} \tag{2.16}$$

由几何关系可以得到

$$\left.\begin{aligned} \Delta X &= r\cos\alpha = \frac{X_e}{\sqrt{X^2 + Y^2}} r \\ \Delta Y &= r\sin\alpha \frac{Y_e}{\sqrt{X^2 + Y^2}} r \end{aligned}\right\} \tag{2.17}$$

则可以得到圆弧刀具半径补偿的公式

$$\left.\begin{aligned} X'_e &= X_e + \frac{X_e}{\sqrt{X^2 + Y^2}} r \\ Y'_e &= Y + \frac{Y_e}{\sqrt{X^2 + Y^2}} r \end{aligned}\right\} \tag{2.18}$$

当加工外轮廓是尖角时，由于刀具中心所过连接的圆弧轮廓尖角处始终处于切割状态，这时要求的尖角往往被加工成小圆角。虽然程序编制人员按零件的轮廓进行编程，各程序段之间是连续过渡的，但是当进行 B 功能刀具半径补偿后，两个程序段之间的刀具中心轨迹还是可能出现间断点或交叉点。如图 2-19 所示，虚线为编程轮廓，当加工外轮廓时，会出现间断 $A'\sim B'$；当加工内轮廓时，会出现交叉点 C''。

由于 B 功能刀具半径补偿在确定刀具中心轨迹时，采用了读一段、算一段、再走一段

的控制方法，这样就无法预计由于刀具半径所造成的下一段加工轨迹对本段加工轨迹的影响。

对于只有B功能刀具半径补偿的CNC系统，编程人员必须事先估计出在进行刀具补偿后可能出现的间断点和交叉点的情况，并进行人为处理。如遇到间断点时，可以在两个间断点之间增加一个半径为刀具半径的过渡圆弧段$\widehat{A'B'}$；遇到交叉点时，可以事先在两程序段之间增加一个过渡圆弧段$\widehat{AB}$。圆弧的半径必须大于所使用的刀具半径。显然，这种B功能刀具补偿功能不仅编程复杂，而对工件尖角处的工艺性也不好。

3. C功能刀具半径补偿

随着计算机和CNC技术的发展，CNC系统的计算速度和存储量都有了很大的提高。数控装置的计算机能直接求出刀具中心轨迹交叉点的刀具半径补偿，这种方法被称为C功能刀具半径补偿。

C功能刀具半径补偿能较容易地处理两个程序段间转接(即尖角过渡)的各种情况。这种方法的特点是相邻两段轮廓的刀具中心轨迹之间用直线进行连接，由数控系统根据工件轮廓的编程轨迹和刀具偏置直接计算出刀具中心的转接点，然后再对刀具中心轨迹做伸长或缩短的修正。

C功能刀具半径补偿法为了解决下一段加工轨迹对本段加工轨迹的影响，在计算完本段轨迹后，提前将下一段程序读入，然后根据两段轨迹之间转换的具体情况，再对本段的轨迹进行适当修正，从而得到正确的本段加工轨迹。

C功能刀具半径补偿法的尖角工艺性比B功能刀补的要好。而且，在内轮廓加工时可实现过切自动预报，从而避免过切的产生。在数控加工中多切或少切都称为过切。现代CNC数控机床几乎都采用C功能刀具半径补偿。

4. 刀具半径补偿类型

由于普通的CNC系统中，能控制的轮廓轨迹通常只有直线和圆弧。因此在加工时，一般有直线和直线转接、直线和圆弧转接、圆弧和直线转接、圆弧和圆弧的转接4种转接形式。

根据两段轨迹转接的夹角α，刀补的转接形式分为缩短型、伸长型、插入型3种。

首先定义转接角α为两个相邻零件轮廓段交点处在工件侧的夹角，如图2-24所示，其变化范围为$0° < \alpha < 360°$。图中所示为直线转接直线的情况，而轮廓段为圆弧时，用其在交点处的切线夹角作为角度定义对应直线即可。

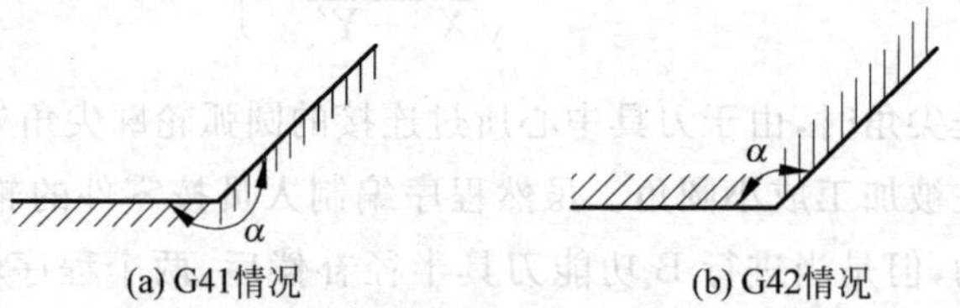

图2-24 刀补转接形式转接角定义示意图

(1) 当 180°＜α＜360°时，刀补转接形式属于缩短型。

(2) 当 90°＜α＜180°时，刀补转接形式属于伸长型。

(3) 当 0°＜α＜90°时，刀补转接形式属于插入型。

图 2-25 是直线与直线相交进行左刀补(G41)的情况，图 2-26 是直线与直线相交进行右刀补(G42)的情况。

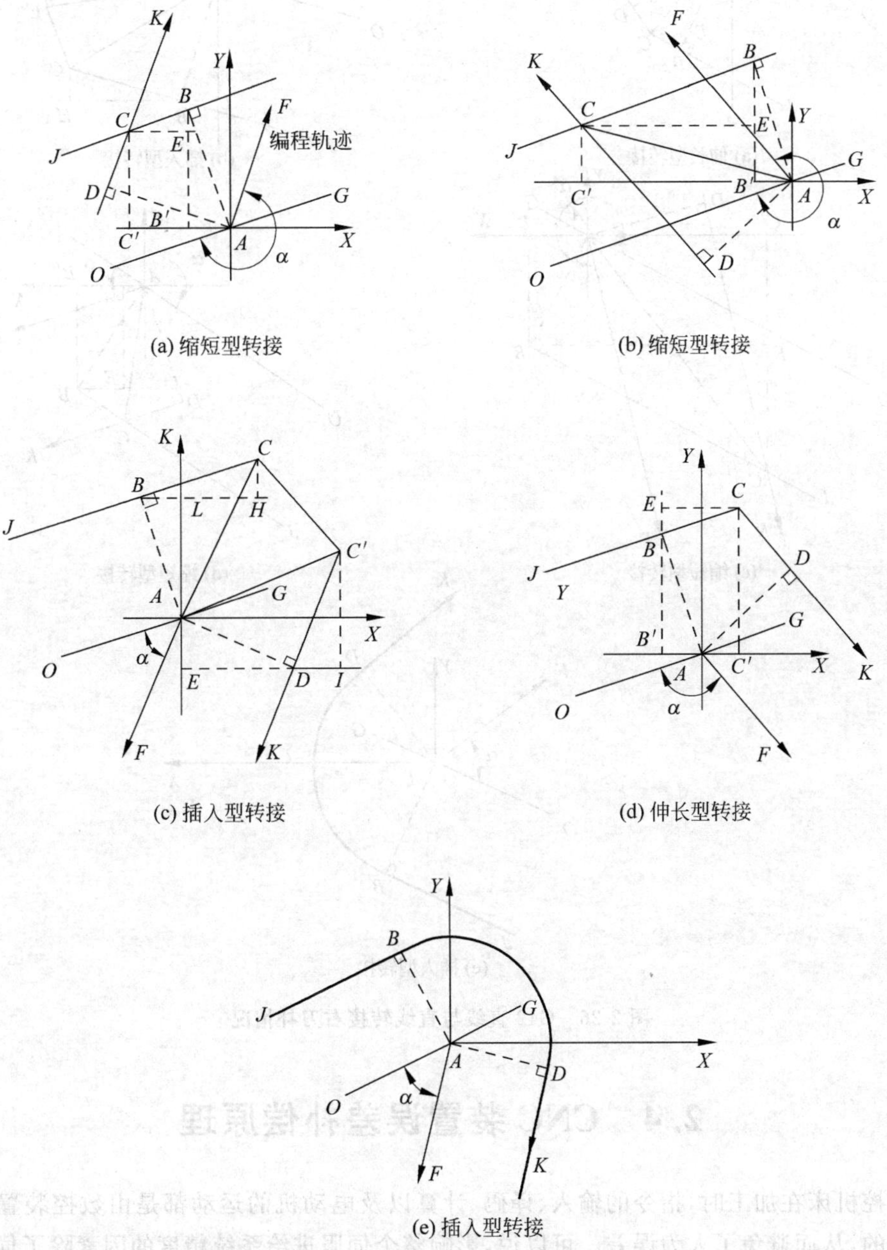

图 2-25　G41 直线与直线转接左刀补情况

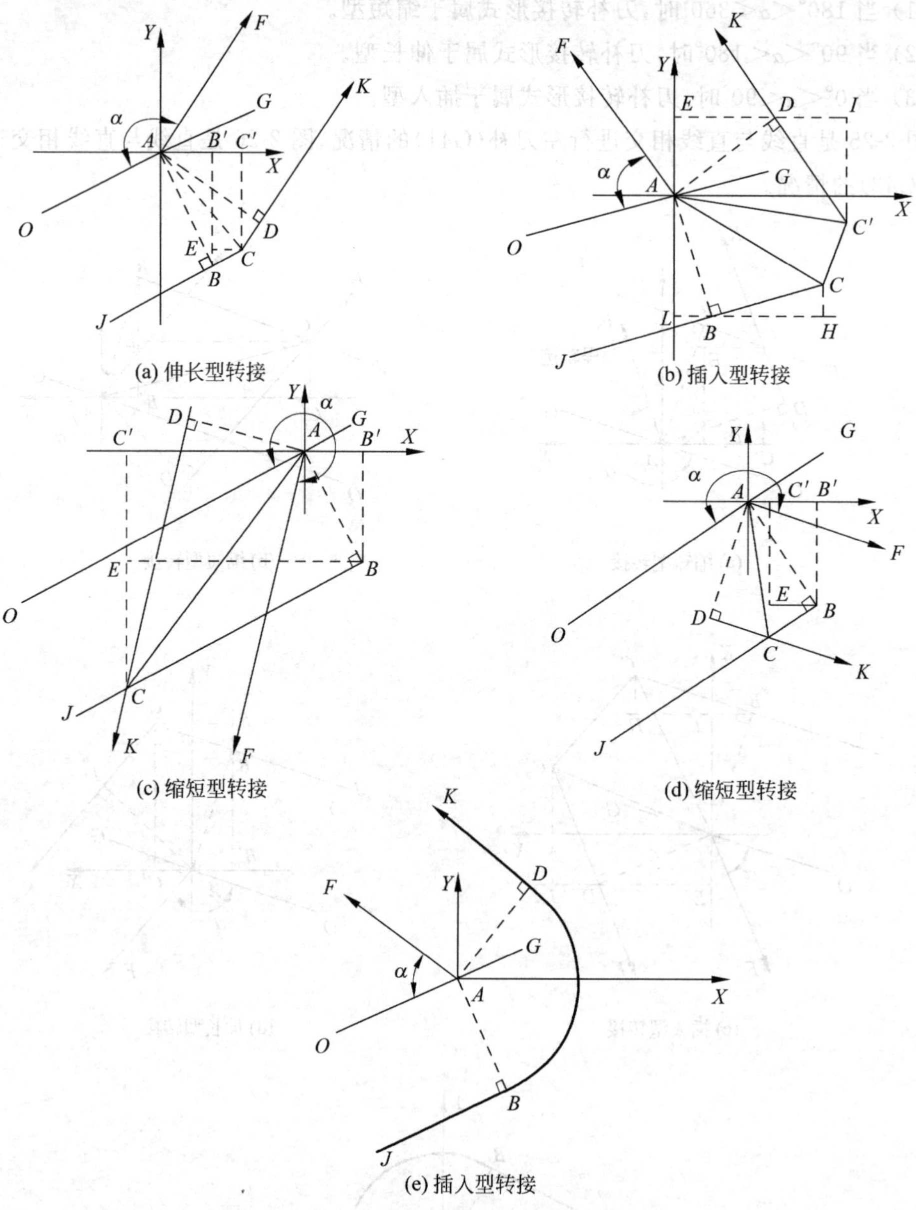

图 2-26　G42 直线与直线转接右刀补情况

2.4　CNC 装置误差补偿原理

数控机床在加工时，指令的输入、译码、计算以及电动机的运动都是由数控装置统一控制完成的，从而避免了人为误差。可以说，影响整个伺服进给系统精度的因素除了伺服驱动单元和电动机外，很大程度上取决于机械传动机构。由于机械结构中的齿轮传动，在一定程度上增大了机械传动噪声、降低了传动效率、加大了传动间隙、使系统传动精度下降。由于齿轮副间隙的存在，在开环系统中会造成进给运动的实际位移值滞后于指令值；当运动反向时，会出现反向死区，从而影响定位精度和加工精度。在闭环系统中，由于有反馈功能，滞后量可得到补偿，但反向时会使伺服系统产生振荡而不稳定。由于整个加工过程都是自动进行的，操作者无法对误差加以补偿，这就需要数控系统提供各种补偿功能，以便在加工过程中自动地补偿一些有规律的误差，提高加工零件的精度。

2.4.1　反转间隙补偿

在进给传动链中，齿轮传动、滚珠丝杠螺母副等均存在反转误差，这种反转间隙会使工作台反向运动时，电动机空走而工作台不运动，从而造成半闭环系统的误差和全闭环系统的位置环震荡不稳定。解决此类问题的途径主要有以下两种：

(1) 半闭环系统在机械传动中，采用调整和预紧的方法来减小间隙。对剩余间隙，可将其间隙值测出，作为参数输入数控系统。那么，以后每当数控机床反向运动时，数控系统会控制电动机多走一段距离，这段距离等于间隙值，从而补偿了间隙误差。

(2) 在全闭环数控系统中用常数控系统要求将间隙值设为零。因此，必须从机械上减小或消除间隙。可以利用数控系统中的补偿装置，使数控系统具有全闭环反转间隙附加脉冲补偿，以减小其对全闭环稳定性的影响。即在全闭环数控机床上，当工作台面反向运动时，控制系统对伺服系统施加一个一定宽度的脉冲电压(可由参数设定)，以补偿间隙误差。

2.4.2　螺距误差补偿

开环、半闭环系统数控机床，其定位精度很大程度上受滚珠丝杠精度的影响，尽管采用了高精度的滚珠丝杠螺母副，但制造误差总是存在。要得到超过滚珠丝杠精度的运动精度，在数控系统中必须采用螺距误差补偿功能，利用数控系统对误差进行补偿和修正，来保证加工精度。

采用螺距误差补偿功能的另一个原因是，数控机床经长时间使用后由于磨损，精度可能下降。这样，采用该功能定期测量与补偿可在保持精度的前提下，延长机床的使用寿命。

1. 螺距误差补偿的方法

螺距误差补偿的基本原理就是将数控机床上某轴的指令位置与测量系统所测得的实际位置相比较，计算出在全行程上的误差分布曲线。将误差以表格的形式输入数控系统中，则数控装置在控制该轴运动时，会自动考虑误差值并加以补偿。

由图 2-27 可知，该曲线有正方向上(纵坐标方向)的倾斜，这意味着数控机床移动部件虽然是随着指令脉冲的作用而移动，但其移动量大于指令值，即进给丝杠的螺距比正常螺距大。相反，曲线负方向上的倾斜意味着进给丝杠的螺距比正常螺距小。由此可以得出：在

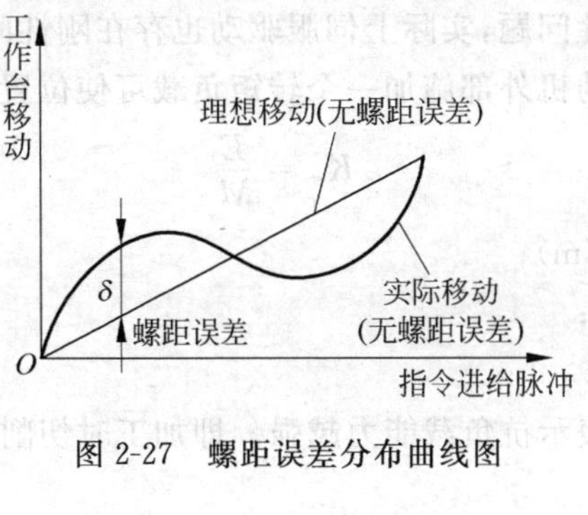

图 2-27　螺距误差分布曲线图

曲线正方向倾斜时，需将指令脉冲数减少；而在曲线负方向倾斜时，需将指令脉冲数增大。这样就可以补偿由于丝杠螺距误差而造成的数控机床移动部件的位置误差。

2. 螺距误差补偿的实施步骤

(1) 安装高精度位移测量装置。

(2) 编制简单程序，在整个行程上，顺序定位在一些位置点上。所选点的数目及距离受数控装置的限制。

(3) 记录运动到这些点的实际精确位置。

(4) 将各点处的误差标出，形成在不同的指令位置处误差表。

(5) 测量多次，取平均值。

(6) 将该表输入数控系统，按此表进行补偿。

3. 使用螺距误差补偿时应注意的事项

(1) 重复定位精度较差的轴，因无法准确确定其误差曲线，螺距补偿功能无法使用。即该功能无法补偿重复定位误差。

(2) 只有建立机床坐标系后，螺距误差补偿才有意义。

(3) 由于机床坐标系是靠返回参考点建立的，因此在误差表中参考点的误差为零。

(4) 需采用比滚珠丝杠精度至少高一个数量级的检测装置来测量误差分布曲线，否则没有意义。一般常用激光干涉仪来测量。

2.4.3 其他因素引起的误差及其补偿

1. 摩擦力与切削力所产生的弹性间隙

由于机械传动链具有有限刚度，因此摩擦力与切削力可能引起传动链的弹性变形，从而形成弹性间隙。由于这种间隙与外部负载有关，因此无法进行补偿，只有靠增大传动链的刚性，减小摩擦力来解决。

由此可以看出，功能补偿并不是万能的，机械安装中造成的重复定位误差同时无法进行补偿，加上丝杠的螺距误差与环境温度有关，并不断磨损，因此进一步提高机床精度的方法只有采用全闭环系统。在全闭环系统中，上述误差均在闭环之内，可以得到闭环修正，因此全闭环可以达到较高的定位与重复定位精度。

2. 位置环跟随误差

解决位置环所形成的误差，可以采用动态特性好的驱动装置、减小负载损量、提高位置开环增益、使各轴位置开环放大倍数相等的方法。

3. 伺服刚度

不仅机械传动存在刚性问题，实际上伺服驱动也存在刚性问题。

伺服刚度描述了在电动机外部施加一个转矩负载可使位置环产生的位置误差大小，即

$$K_s = \frac{E}{M}$$

式中：K_s——伺服刚度(N/m)；

M——外加负载(N)；

E——位置误差(m)。

显然，伺服刚度越高，表示抗负载能力越强。即加工时切削力对位置控制精度的影响越

小。因此,伺服刚度也是位置控制性能的重要指标。

2.5 可编程序控制器

2.5.1 PLC 的组成及特点

可编程序控制器(PLC)是 20 世纪 60 年代发展起来的一种新型自动化控制装置。最早期的 PLC 主要用于替代传统的继电器控制装置,功能上只有逻辑运算、定时、计数以及顺序控制等,并且只能进行开关量控制。随着科技的发展和进步,特别是计算机技术的发展,PLC 技术与微机控制技术相结合,发展成新型的工业控制器,其控制功能已远远超出逻辑控制的范畴。国际电工委员会(IEC)对 PLC 定义如下:PLC 是一种专为在工业环境下应用而设计的数字运算操作的电子系统。它采用 PLC 程序的存储器,用来在其内部存储执行逻辑运算、顺序控制、定时、计数和算术运算等操作的指令,并通过数字式、模拟式的输入和输出,控制各种类型的机械设备和生产过程。PLC 及其相关设备,都应按照易于与工业控制系统联成一个整体、易于扩展其功能的原则设计。

1. PLC 的组成

PLC 由中央处理单元(CPU)、存储器、I/O 单元、编程器、电源和外部设备等组成,并且内部之间通过总线相连。图 2-28 所示为小型 PLC 内部结构组成框图。

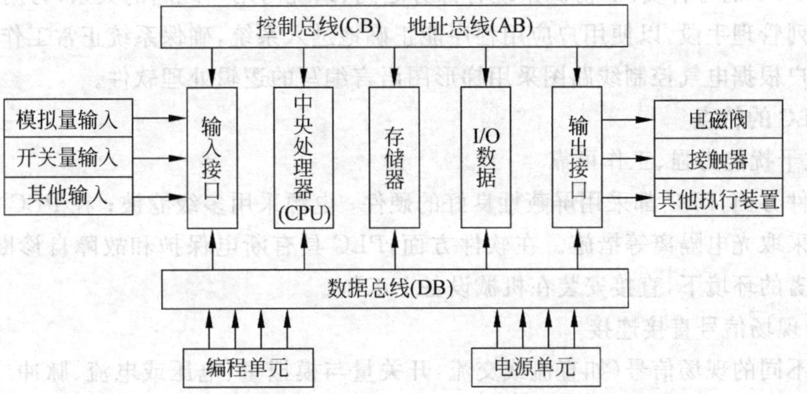

图 2-28 小型 PLC 结构示意图

CPU 是系统的核心,通常可直接采用通用微处理器。它通过输入模块将现场信息读入,并按用户程序规定的逻辑进行处理,然后将结果输出以控制外部设备。

存储器的功能主要用于存放系统程序、用户程序和工作数据。系统程序是指控制和完成 PLC 各种功能的程序,包括监控程序、模块化应用功能子程序、指令解释程序、故障自诊断程序和各种管理程序等,在出厂时由制造厂家固化在 PLOM 存储器中。用户程序是指用户根据现场的生产过程和工艺要求而编写的应用程序,在修改调试完成后可由用户固化在 EPLOM 中或存储在磁带、磁盘中。工作数据是 PLC 运行过程中需要经常存取,并会随时改变的一些中间数据,为了适应随机存取的要求,一般将其存放在 RAM 中。可见,PLC 所用存储器基本上由 PLOM、EPLOM、RAM 3 种形式组成,而且存储器总容量随着 PLC 类别或规模的不同而改变。

I/O模块是PLC内部与现场之间进行信息交换的桥梁。它一方面将现场信息转换成标准的逻辑电平信号，另一方面将PLC内部逻辑信号转换成外部执行元件所要求的信号。根据信号特点可将I/O模块分为直流开关量I/O模块、交流开关量I/O模块、模拟量I/O模块和继电器输出模块等。

编程器是用来开发、调试、运行应用程序的特殊工具，一般由键盘、显示屏、智能处理器、外部设备等组成，通过通信接口与PLC相连。

电源单元的功能是将外部提供的交流电转换为可编程序控制器内部所需要的直流电源，有的还提供DC24V输出。通常电源单元有3路输出，一路供给CPU模块使用，一路供给编程器接口使用，还有一路供给各种接口模板使用。PLC对电源单元的要求是很高的，既要求具有较好的电磁兼容性能，还要求工作电源稳定，并且有过电流、过电压保护功能。电源单元一般还装有后备电池，用于掉电时及时保护RAM区中的重要信息和标志。

在大、中型PLC中除了上述各组成部分外，大多还配置有扩展接口和智能I/O模块。所谓扩展接口主要用于连接扩展PLC单元，从而扩大PLC规模。而智能I/O模块是指它本身带有单独的CPU，能够独立完成某种专用的功能，由于它和主CPU是并行工作的，所以大大提高了PLC的运行速度和效率。

PLC除了有硬件组成外，还要有相应的执行软件配合工作。PLC基本软件包括系统软件和用户应用软件。系统软件一般包括操作系统、语言编译系统和各种功能软件等。操作系统管理PLC的各种资源，协调系统各部分之间、系统与用户之间的关系，为用户应用软件提供一系列管理手段，以便用户应用程序能正确地进入系统，确保系统正常工作。用户应用软件是用户根据电气控制线路图采用梯形图语言编写的逻辑处理软件。

2. PLC的特点

1）抗干扰能力强、工作可靠

在硬件方面，PLC都采用屏蔽性良好的硬件；电源采用多级滤波；在PLC和I/O接口回路之间采取光电隔离等措施。在软件方面，PLC具有断电保护和故障自诊断功能，适合在各种恶劣的环境下，直接安装在机械设备上工作。

2）与现场信号直接连接

针对不同的现场信号（如直流或交流，开关量与模拟量、电压或电流、脉冲或单位、强电或弱电等），有相应的I/O模块可与现场的工业器件（如按钮、行程开关、传感器、变换器、电磁阀、电动机起动装置、控制阀）直接连接，并通过数据总线与微处理器模块相连接。

3）程序简单，使用方便

PLC编程一般使用与继电器原理相似的梯形图编程方式，以便电器控制工作技术人员的理解和掌握。

4）组合灵活，便于实现机电一体化

PLC通常采用积木式结构，便于将PLC与数据总线连接，组合成灵活的控制系统。PLC结构紧凑、体积小、质量轻、功耗低并且效率高，很容易将其装入控制柜内，实现机电一体化。

5）安装简单，维修迅速方便

PLC对环境的要求不高，使用时只需将检测器件及执行设备与PLC的I/O端子连接无误，系统即可工作。80%以上的故障出现在外围的I/O部件上，PLC能快速准确地诊断故障，目前已能达到15min内排除故障，迅速恢复生产。

6）利用其通信网络功能可实现计算机网络控制

PLC通信含PLC间的通信及PLC与其他智能设备间的通信。随着计算机控制的发展，工厂自动化网络发展得很快，各PLC厂商都十分重视PLC的通信功能，纷纷推出各自的网络系统。新近生产的PLC都具有通信接口，通信非常方便。

2.5.2 PLC在数控机床上的应用

数控机床作为自动化控制设备，其控制部分大体可分为数字控制和顺序控制两个部分。数字控制部分控制刀具轨迹；顺序控制部分接受控制部分送来的S、T和M等机械顺序动作信息，对其进行译码并转换成辅助机械动作对应的控制信号，使执行环节做相应的开关动作。

PLC在数控机床上的应用可分为两类：一类是专为实现数控机床加工过程的顺序控制而设计制造的“内装型”PLC；另一类是利用I/O信号接口技术，使I/O点数、程序存储容量以及运算和控制功能等均能满足数控机床要求的“独立型”PLC。

1. “内装型”PLC

“内装型”PLC(也称为“内含型”PLC、“集成型”PLC)从属于CNC装置内部。

PLC与NC间的信号传送在CNC装置内即可实现。PLC与机床间则通过CNC的I/O接口电路实现信号传送。图2-29为“内装型”PLC的CNC系统框图。

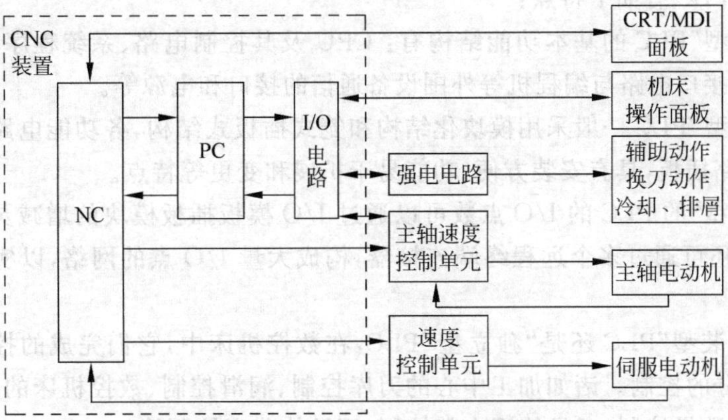

图2-29 “内装型”PLC的CNC系统框图

“内装型”PLC具有以下特点：

(1)“内装型”PLC实际上是CNC装置带有的PLC功能，一般是作为一种基本的或可选择的功能提供给用户。

(2)“内装型”PLC的性能指标决定于CNC，其硬件、软件与CNC其他功能一起统一设计、制造，因此硬件、软件结构十分紧凑，其性能和结构特点适用于单机数控装置。

(3)在系统具体结构上，“内装型”PLC可与CNC共用一个CPU，也可独用一个CPU；硬件控制电路可与CNC中的其他电路制在同一块刷板上，也可单独制成一块附加板，当CNC装置需要附加PLC功能时，再将此附加板插入到CNC装置上；“内装型”PLC一般不单独配置I/O接口电路，而是使用CNC系统本身的I/O电路，PLC控制电路及部分I/O电路所用电源由 PLC 装置提供,不需另备电源。

(4) 采用"内装型"PLC 结构的 CNC 系统可以具有一些高级控制功能,如梯形图编辑功能和传送功能等。

2. "独立型"PLC

"独立型"PLC 又称"通用型"PLC,是独立于 CNC 装置,具有完备的硬件和软件功能,能够独立完成规定控制任务的装置。图 2-30 为"独立型"PLC 的数控机床系统框图。

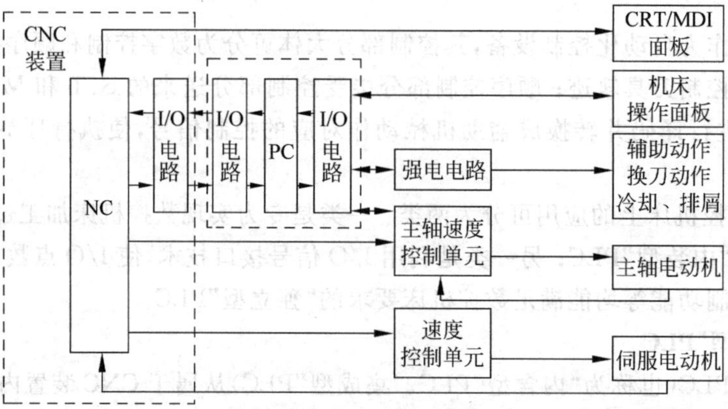

图 2-30 "独立型"PLC 的 CNC 系统框图

"独立型" PLC 有如下特点:

(1) "独立型"PLC 的基本功能结构有:CPU 及其控制电路、系统程序存储器、用户程序存储器、I/O 接口电路与编程机等外围设备通信的接口和电源等。

(2) "独立型"PLC 一般采用模块化结构和笼式插板式结构,各功能电路多做成独立的模块或印刷电路插板,具有安装方便、功能易于扩展和变更等特点。

(3) "独立型"的 PLC 的 I/O 点数可以通过 I/O 模板插板模块的增减灵活配置。有的"独立型"PLC 还可通过多个远程终端连接器,构成大量 I/O 点的网络,以实现大范围的集中控制。

不论是"内装型"PLC 还是"独立型"PLC,在数控机床中,它们完成的控制任务主要是对顺序控制部分的控制。诸如加工中心的刀库控制、润滑控制、数控机床的刀架控制,以及检测控制、加工数量控制、刀具使用次数控制、回转体分度控制等。

2.6 CNC 装置的 I/O 与通信接口

2.6.1 CNC 装置对 I/O 与通信接口的要求

一般对 CNC 装置 I/O 和通信接口有 4 个方面的要求:①用户要能将数控命令、代码输入系统,系统要具备拨盘、锤盘、软驱、串口、网络接口之类的设备;②需具备按程序对继电器、电动机等进行控制的能力和对相关开关量(如超程、机械原点等)进行检测的能力;③系统有操作信息提示,用户能对系统执行情况、电动机运动状态等进行监视,系统需配置有数码管、阴极射线管、液晶显示器、薄膜晶体管等显示接口电路;④随着工厂自动化及计算机集成制造系统的发展，CNC装置作为分布式数控系统及柔性制造系统的重要基础部件，应具有与DNC计算机或上级主计算机直接通信的功能或网络通信功能，以便于系统管理和集成。

2.6.2　数控系统I/O接口

在数控系统中使用了多种I/O接口，其中有开关量I/O接口、模拟量I/O接口、数字通信接口和一些其他标准计算机I/O设备接口。

1. 开关量I/O接口

一般接收机床操作面板上的开关、按钮信号、机床的各种开关信号，把某些工作状态显示在操作面板的指示灯上，把控制机床的各种信号送到强电柜等工作都要经过I/O接口来完成。因此可以说，I/O接口是CNC装置和机床、操作面板之间信号交换的转换接口。I/O接口电路的作用和要求是：进行必要的电隔离，防止干扰信号的串入和强电对系统的破坏；进行电平转换和功率放大，CNC系统的信号往往是TTL脉冲或电平信号，而机床提供和需要的信号却不一定是TTL信号，而且有的负载比较大，因此需要进行信号的电平转换和功率放大。在数控系统的I/O接口电路中，常用的器件有光电耦合器和继电器(如簧式继电器、固态继电器等)。

图2-31为开关量信号输入接口电路，常用于限位开关、手持点动、刀具到位、机械原点、传感器的输入等，对于一些有过渡过程的开关量还要增加适当的电平整形转换电路。图2-32为开关量信号输出接口电路，可用于驱动24V小型继电器。在这些电路中要根据信号特点选择相应速度、耐压、负载能力的光电精台器和气极管。

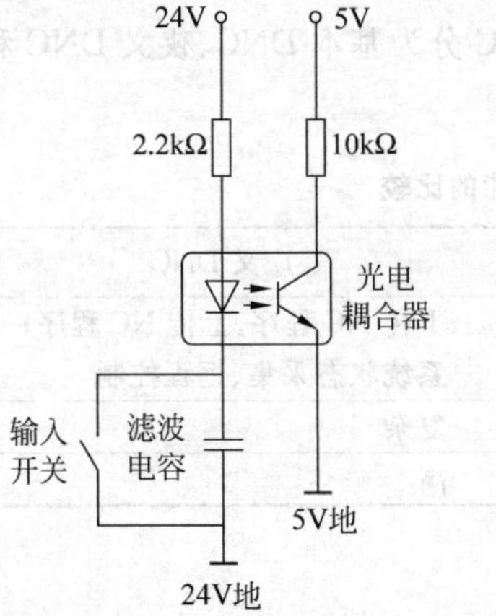

图2-31　开关量信号输入接口电路

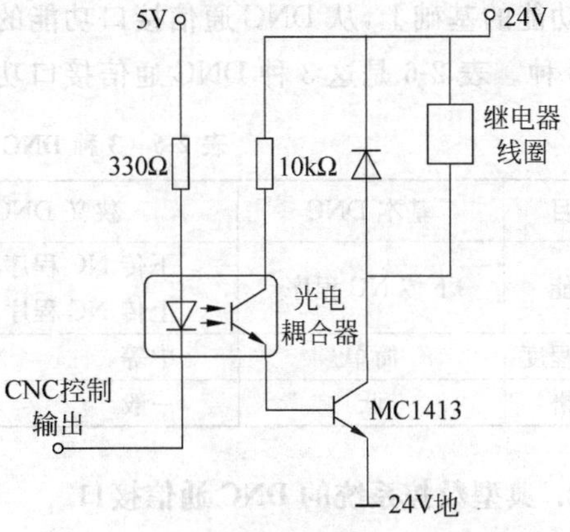

图2-32　开关量信号输出接口电路

在数控机床中的开关量包括开关状态的闭合和断开、指示灯的亮和灭、继电器或接触器的收合和释放、电动机的起动和停止、晶闸管的通和断、阀门的打开和关闭以及脉冲信号、计数和定时信号等。这些信号的共同特征是以二进制的逻辑“1”和“0”出现。

2. 模拟量I/O接口

数控机床中的被测量信号(如位移、速度、温度、力矩等)往往是连续变化的模拟信号，而执行机构(如电动机)则需要以模拟量来驱动，因此模拟量I/O接口是数控系统中一种重要的接口形式。被测模拟量输入接口电路即为 A/D 转换接口电路，被测模拟量(实际位置或速度)经过信号调整后，输入模拟量输入接口 A/D 转换器转换为数字量后，才能为数控装置的计算机控制电路所接受；模拟量输出接口电路即为 D/A 转换接口电路，数控系统送往执行机构的控制信号(位置命令或速度命令)应经过模拟量输出接口的 D/A 转换和信号调整后才能为执行机构所接受。

通常工业用 A/D 和 D/A 转换接口电路的输入，输出为 0～5V、0～±5V、0～±10V 的电压信号或 0～10mA、4～20mA 的电流信号。

2.6.3 数控系统串行数据通信及其接口

随着数控机床的广泛应用及 CAD/CAPP/CAM、FMS 和 CIMS 技术的不断发展，作为连接数控设备与上层控制计算机基本方法的分布式数字控制技术已成为实现 CAD/CAPP/CAM 一体化的纽带和 FMS、CIMS 实现设计集成和信息集成的基本手段，在车间自动化和工厂自动化中具有越来越重要的作用。

1. DNC 通信接口功能分类

DNC 技术由直接数字控制发展到分布式数字控制(distributed numerical control, DNC)，其内涵和功能也有了扩展。前者主要目的是为了解决早期数控系统因使用纸带而引起的一系列问题，主要功能是下传 NC 程序；后者除传送 NC 程序外，还具有系统状态采集和远程控制等功能。20 世纪 90 年代以来，PLC 的内涵和功能在不断扩大，除与数控系统通信外，DNC 主机还可以与工厂级的计算机通过网络等方式进行通信，此外 DNC 主机还可以集通信、控制、计划、管理、设计等功能于一体。目前在现有的 DNC 主机与数控系统通信接口功能的基础上，从 DNC 通信接口功能的角度将 PLC 分为基本 DNC、狭义 DNC 和广义 PLC3 种。表 2-6 是这 3 种 DNC 通信接口功能的比较。

表 2-6 3 种 DNC 通信接口功能的比较

项目	基本 DNC	狭义 DNC	广义 DNC
功能	下传 NC 程序	下传 NC 程序； 上传 NC 程序	下传 NC 程序，上传 NC 程序； 系统状态采集、远程控制
复杂程度	简单	中等	复杂
价格	低	一般	高

2. 典型数控系统的 DNC 通信接口

根据通信接口的不同，可将数控系统分为经济型数控系统、无 RS232C 串行通信接口的数控系统、有 RS232C 串行通信接口的数控系统和有 DNC 通信接口的数控系统 4 类。这些数控系统(或经改造后)可实现不同的 DNC 通信功能。我国工厂对 DNC 功能需求差异较大，有的只需要基本 PLC 功能即可，有的则需要广义 PLC 功能。

20 世纪 90 年代国外各大数控公司生产的数控系统多带有 DNC 通信接口，有的甚至可配置 MAP3.0 等网络接口。这些数控系统只要配置了相应的 PLC 接口软硬件，就可实现广义 DNC 功能，如图 2-33 所示。这种 DNC 通信接口的物理层有 RS232C、RS422 和 RS485 等多种形式，有时需外加一接口转换板。目前，我国工厂在进口这类数控系统时，由于资金、技术等原因，往往未配置这些接口，因而只能利用预备的 RS232C 串行通信接口实现狭义 DNC 功能。

图 2-33 FANUC0 系统的广义 DNC 通信接口

3. 数控系统常用串行通信接口的标准

在网络通信和数控装置的串行通信中，常采用 IA R5232C、EIA RS422 及 Bm49 等标准。这里 EIA 是美国电子工业协会(Electronic Industries Association)的英文缩写，RS(recommended standard)表示推荐标准，后面的 232、422 等为标识号码，而后缀(如 C)表示该推荐标准被修改过的次数。

1) RS232C 接口标准

在串行通信中，RS232C 是应用最为广泛的标准。它是 EIA 在 1969 年公布的数据通信标准。RS232C 标准采用的信号电平高，为非平衡发送和接收方式，而且其接口电路由于有公共地线，当信号线穿过电气干扰环境时，发送的信号将会受到影响。若干扰足够大，发送的“0”会变成“1”，“1”会变成“0”。所以 RS232C 有数据传输速率低、传输距离短、串扰信号较大等缺点。为了改进 RS232C 的局限性，提供更高的性能指标(传输距离和数据速率)，增加新的功能(例如环路测试)，EIA 于 1977 年 11 月颁布了直接涉及机械特性和功能特性的 RS449 标准。

2) RS449 以及 RS423A、RS422A 标准

为了适应技术迅速发展的需要，EIA 又于 1978 年 9 月和 1978 年 12 月，分别推出有关电气特性的 RS423A 和 RS422A 标准。这些标准对 RS232C 标准做出了比较大的修改。

关于机械特性，由于 RS449 包括的信号多于 25 种，所以选用了新连接器，使用串行二进制数据交换的数据终端设备与数据电路终端设备的通用 37 针和 9 针连接器相接。

RS449 标准规定：当传送速率低于 20kB/s 时，类别Ⅰ信号可以通过非平衡 RS423A 或平衡 RS422A 电气特性实现；当传送速率高于 200kB/s 时，类别Ⅰ信号必须使用平衡 RS422A 电气特性，而 I/O 信号总是使用 RS423A 电气特性。

RS422A 的全称是“平衡型电压数字接口电路的电气特性”，它采用的是平衡发送器、差分接收器，每个信号两根导线，因而进一步减小了串扰，可传输的信号速率高达 10MB/s。

RS423A 的全称是“非平衡型电压数字接口电路的电气特性”，它采用了非平衡发送器、差分接收器，每个信号一根导线，每个方向都有一根独立的信号回线，因而减少了串扰，可传输的信号速率达 300kB/s。

思考与练习题

2-1 数控装置由哪几部分构成？各有什么特点？

2-2 CNC 装置的基本功能有哪些？

2-3 何谓插补？在数控机床中，刀具能否严格地沿着零件轮廓运动？为什么？

2-4 何谓刀具补偿？其作用是什么？

2-5 试说明 B 刀补与 C 刀补的区别与优劣。

第3章

数控机床的伺服系统

数控机床伺服系统是以机床移动部件的位置和速度为控制对象的自动控制系统，又称位置随动系统。它是数控机床的重要组成部分，其主要功能是接收来自 CNC 装置的指令脉冲，经过一定的信号变换及电压、功率放大后，驱动各加工坐标轴按指令脉冲运动，从而准确地控制它们的速度和位置，达到加工出满足图样要求工件的目的。

按伺服控制方式的不同，数控机床伺服系统可分为开环、闭环和半闭环系统。开环型采用步进电动机驱动，控制方式简单，信号单向传递，无位置反馈，所以精度不高，适用于要求不高的经济型数控机床中。而闭环控制系统采用直流、交流伺服电动机驱动，位置检测元件安装于机床运动部件上，检测工作台的实际位移，可以消除整个传动环节的误差和间隙，因而具有很高的位置控制精度，主要用于精度要求很高的镗铣床、超精车床和加工中心等。半闭环控制系统是从电动机轴上或丝杠端部进行位置检测，通过检测角位移来间接检测工作台的实际位移。半闭环控制系统环路短、刚度好、间隙小、调试方便、精度较高，因此在现代 CNC 机床中得到了广泛的应用。

直流(DC)伺服系统，在 20 世纪 70、80 年代的数控机床上占据主导地位。大惯量直流伺服电动机具有良好的调速性能，输出转矩大，过载能力强，构成的闭环易于调整。80 年代后，由于交流(AC)伺服电动机的材料、结构、控制理论和方法均有突破性的进展，使 AC 驱动及伺服系统发展很快，在伺服系统领域开展了以 AC 系统取代 DC 系统的技术革命，目前已有逐渐取代 DC 伺服系统的趋势。AC 伺服系统的最大优点是结构简单、不需要维护、适应于较恶劣的环境。

伺服系统的动态响应和伺服精度是影响数控机床加工精度、表面质量和生产效率的重要因素。因此，数控机床的伺服系统应满足以下基本要求：

1. 调速范围宽

调速范围是指最高进给速度与最低进给速度的范围。由于加工所用刀具、被加工零件材质以及零件加工要求的变化范围很广，为了保证在所有的加工情况下都能得到最佳切削条件和加工质量，要求进给速度能在很大的范围内变化，即有很宽的调速范围。

2. 精度高

精度指伺服系统的输出量跟随输入量的精确程度。为了保证零件加工质量同时提高效率,就要求数控机床具有很高的定位精度和加工精度。位置伺服系统的定位精度一般要求达到 1μm 或 0.1μm。一般脉冲当量越小,机床的精度越高。而在速度控制中,要求伺服系的有高的调速精度、强的抗负载扰动的能力。

3. 响应要快

快速响应是伺服系统动良好态品质的标志之一。为了保证轮廓切削形状精度和加工表面粗糙度,除了要求有较高的定位精度外,还要求系统有良好的快速响应特性,即要求伺服系统跟踪指令信号的响应要快,即灵敏度要高,达到最大稳定速度的时间要短,这种过渡过程一般要在 200ms,甚至几十毫秒以内,即过渡过程的前沿要陡,斜率要大。响应的快慢反映了系统跟踪精度的高低,且直接影响轮廓加工精度的高低和加工表面质量的好坏。

4. 低速大转矩

机床的加工特点,大都是在低速时进行重切削,即要求在低速时进给伺服系统有大的转矩输出,提供良好的切削能力,防止出现低速爬行现象。

5. 稳定性好,可靠性要高

数控机床是一种高精度、高效率的自动化设备,如果发生故障其损失就更大。这就要求伺服系统具有较强的抗干扰能力,以保证进给速度均匀、平稳。系统的可靠性一般用平均无故障时间来衡量,时间越长可靠性越好。

3.1 步进电动机驱动控制系统

步进电动机是一种用电脉冲信号进行控制,并将电脉冲信号转换成相应的角位移的执行器,也称脉冲电动机。每给步进电动机输入一个电脉冲信号,其转轴就转过一个角度,称为步距角,其角位移量与电脉冲数成正比,其转速与电脉冲频率成正比,通过改变频率就可以调节电动机的转速。步进电动机的最大缺点是容易失步,特别是在大负载和速度较高的情况下失步更容易发生。主要用于速度与精度要求不高的经济型数控机床及旧机床设备的改造。

3.1.1 步进电动机的分类与结构

1. 步进电动机的分类

步进电动机的种类繁多,按工作原理分为反应式、感应子式、永磁式和混合式 4 大类;按使用场合分为功率步进电动机和控制步进电动机;按定子数目可分为单段定子式(径向式)与多段定子式(轴向式)步进电动机;按相数分为三相、四相、五相步进电动机等;按使用频率分为高频步进电动机和低频步进电动机。不同类型的步进电动机,其工作原理、驱动装置也不完全一样。

2. 步进电动机的结构

各种步进电动机都有定子和转子,但因类型不同,结构也不完全一样。如图 3-1 所示为反应式步进电动机的结构,它由定子、定子绕组和转子组成。图 3-1(a)所示为三相单定子径向分相式反应式步进电动机的结构图，定子上有 6 个均布的磁极，在直径相对的两极上的线圈串联，构成了一相控制绕组；每个定子极上均布一定数目的齿，齿槽距相等，转子上无绕组，只有均布一定数目的齿，槽等宽。图 3-1(b)所示为五相多定子轴向分相式反应式步进电动机的结构图，它的定子轴向排列，定子和转子铁心都成 5 段，每段一相，依次错开排列，每相是独立的，这就是五相反应式步进电动机。

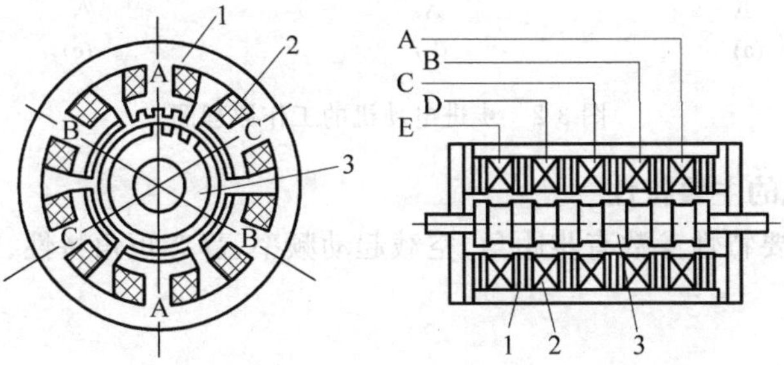

(a) 三相单定子径向分相式　(b) 五相多定子径向分相式

图 3-1 反应式步进电动机的结构

1—定子；2—定子绕组；3—转子

感应子式步进电动机分为励磁式和永磁式两种。感应子式步进电动机的结构与反应式步进电动机的结构相似，其定子与转子铁心的磁场和齿槽均一样，两者的差别是感应子式步进电动机存在轴向恒定磁场。

永磁式步进电动机的转子为永久磁铁，定子为软磁材料，其上有励磁绕组。这种电动机有多种结构形式，常用的形式有爪极式和隐极式。爪极式步进电动机的结构一般采用二相或四相绕组；隐极式步进电动机的结构与反应式步进电动机一样，有二相、三相、四相、五相等多种绕组。

混合式步进电动机的结构和工作原理兼有反应式和永磁式两种电动机的特点，由于转子上有磁钢，因此可以产生同样大小的转矩，需要的励磁电流大大减小；同时它还具有步距角小、起动和运行频率高、不通电时有定位转矩等优点，在小型、经济型数控机床中被广泛应用。

3.1.2 步进电动机的工作原理与主要特性

1. 步进电动机的工作原理

步进电动机的工作原理实际上是电磁铁的作用。下面以图 3-2 所示的一个最简单的步进电动机结构为例，说明步进电动机的工作原理。其定子上均布有 6 个齿极，每两个相对齿极装有一相励磁绕组，构成三相绕组。

当 A 相绕组通电，B、C 相绕组断电时，为保证磁力线路径的磁阻最小，转子的位置应如图 3-2(a)所示。同理，当 B 相绕组通电，A、C 相绕组断电时，转子的位置如图 3-2(b)所示。当 C 相绕组通电，A、B 相绕组断电时，转子的位置如图 3-2(c)所示。由此看来，当绕组的通电顺序为 A→B→C→A→…时，步进电动机将按顺时针方向旋转。定子绕组的通电状态每改变一次，转子转动一固定角度 60°，称为步进电动机的步距角。同理，当定子绕组通电顺序为 A→C→B→A→…时，则电动机转子就会按逆时针方向旋转，其步距角仍为 60°。

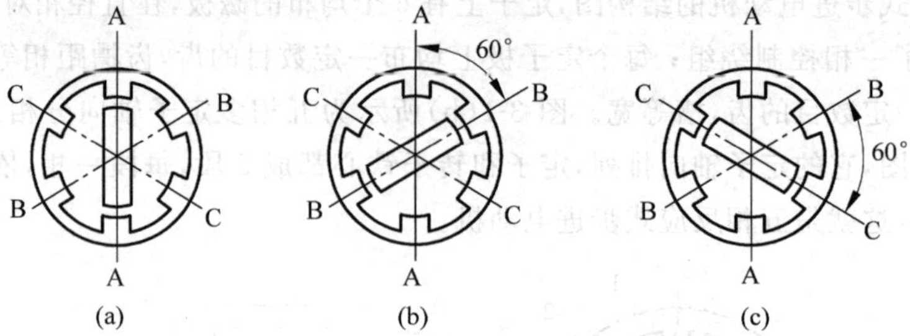

图 3-2 步进电动机的工作原理图

2. 步进电动机的主要特性

步进电动机主要特性参数有步距角、空载起动频率、静态矩角特性、运行矩频特性、加减速特性等。

(1) 步距角

步进电动机的步距角 α 是步进电动机绕组的通电状态每改变一次，转子转过的角度，它反映了步进电动机的分辨能力，是决定步进式伺服系统脉冲当量的重要参数。步距角一般由定子相数、转子齿数和通电方式决定，即

$$\alpha=\frac{360^\circ}{mZK}$$

式中：m——步进电动机定子相数；

Z——步进电动机转子齿数；

K——通电方式，相邻两次通电的相数一样，则 $K=1$，反之单双相轮流通电，$K=2$。

(2) 空载起动频率

电动机正常起动(不丢步)时所能承受的最高控制频率称为起动频率，它是衡量步进电动机快速性能的重要技术数据。起动频率要比连续运行频率低得多，这是因为步进电动机起动时，既要克服负载力矩，又要克服运转部分的惯性矩，电动机的负担比连续运转时重。步进电动机带负载的起动频率比空载的起动频率要低。

为了防止步进电动机丢步，电动机的起动频率不应过高，起动后再逐渐升高脉冲频率。同理，步进电动机在停止运转时，也应逐渐降低脉冲频率，因而步进电动机在使用过程中，一般需有升降速过程。

(3) 连续运行频率

步进电动机起动以后，其运行速度能跟踪指令脉冲频率连续上升而不丢步的最高工作频率，称为连续运行频率。连续运行频率远大于起动频率，且根据电动机所带负载的性质、大小而异，也与驱动电源有较大关系。

(4) 静态矩角特性

当步进电动机不改变通电状态时，转子处在不动状态，如果在电动机轴上加一个负载转矩 T(静态转矩)，定子与转子就产生一个角位移 θ(失调角)，描述静态时静态转矩 T 与失调角 θ 的关系称为矩角特性，如图 3-3 所示。该特性上电磁转矩的最大值称为最大静转矩。在静态稳定区内，当外加转矩去除时，转子在电磁转矩作用下仍能回到稳定平衡点位置。

(5) 运行矩频特性

步进电动机在连续运行时，转矩和频率的关系称为运行矩频特性，它是衡量步进电动机

运转时承载能力的动态性能指标。运行矩频特性是一条下降曲线，如图 3-4 所示，但远远高于起动频率。由图 3-4 可以看出，随着连续运行频率的上升，输出转矩下降，承载能力下降。

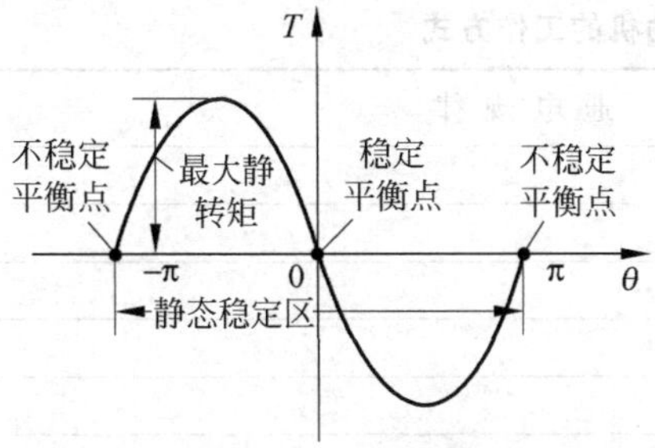

图 3-3 静态矩角特性

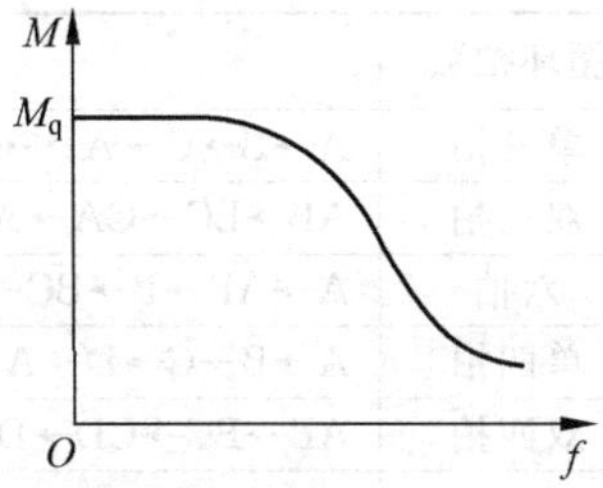

图 3-4 运行矩频特性

(6) 加减速特性

步进电动机的加减速特性是描述步进电动机由静止到正常工作和由正常工作到静止的加减速过程中，定子绕组通电状态的变化频率与时间的关系，如图 3-5 所示。当要求步进电动机起动到大于突跳频率的工作频率时，变化速度必须逐渐上升；同样从最高工作频率或高于突跳频率的工作频率到停止时，变化速度必须逐渐下降。逐渐上升和逐渐下降的加、减速时间不能过短，否则会产生失步或起步。

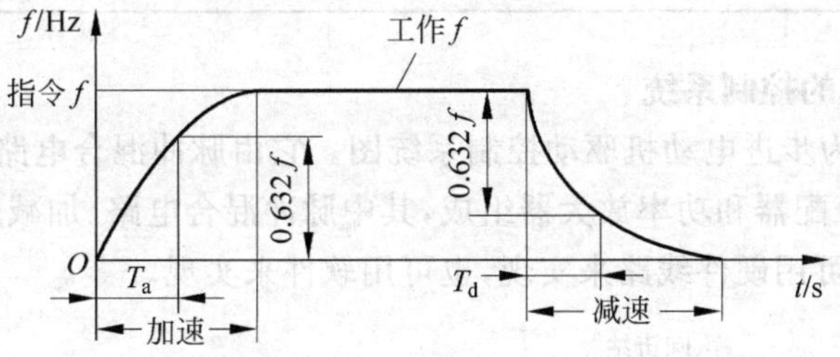

图 3-5 加减速特性

3.1.3 步进电动机的驱动控制

1. 步进电动机的工作方式

从一相通电换接到另一相通电称为一拍，每拍转子转过一个步距角。按 A→B→C→A→…的顺序通电时，电动机的转子便会按此顺序一步一步地旋转；反之，若按 A→C→B→A→…的顺序通电，则电动机就会反向转动，这种三相依次单相通电的方式，称为三相单三拍式运行，“单”是指每次只有一相绕组通电，“三拍”是指一个循环内换接了 3 次，即 A、B、C 3 拍。单三拍通电方式每次只有一相控制绕组通电吸引转子，容易使转子在平衡位置附近产生振荡，运行稳定性较差；另外，在切换时一相控制绕组断电而另一相控制绕组开始通电，容易造成失步，因而实际上很少采用这种通电方式，多采用三相双三拍方式。

三相双三拍方式即通电方式为 AB→ BC→CA→AB→…的顺序，每次有两相绕组同时通电。这种通电方式转子受到的感应力矩大，静态误差小，定位精度高；通电状态转换时始终有一相控制绕组通电，电动机工作稳定，不易失步。

三相六拍通电方式即通电顺序为 A→AB→B→BC→C→CA→A→…，这种通电方式是单、双相轮流通电，具有双二拍的特点，且通电状态增加一倍，使步距角减小1/2。

表3-1列出了反应式步进电动机的工作方式。

表3-1 反应式电动机的工作方式

相数	循环拍数	通电规律
三相	单三拍	A→B→C→A→…
	双三拍	AB→BC→CA→AB→…
	六拍	A→AB→B→BC→C→CA→A→…
四相	单四拍	A→B→C→D→A→…
	双四拍	AB→BC→CD→DA→AB→…
	八拍	A→AB→B→BC→C→CD→D→DA→A→…
		AB→ABC→BC→BCD→CD→CDA→DA→DAB→AB→…
五相	单五拍	A→B→C→D→E→A→…
	双五拍	AB→BC→CD→DE→EA→AB→…
	十拍	A→AB→B→BC→C→CD→D→DE→E→EA→A→…
		AB→ABC→BC→BCD→CD→CDE→DE→DEA→EA→EAB→AB→…
六相	单六拍	A→B→C→D→E→F→A→…
	双六拍	AB→BC→CD→DE→EF→FA→AB→…
	三六拍	ABC→BCD→CDE→DEF→EFA→FAB→ABC→…
	十二拍	AB→ABC→BC→BCD→CD→CDE→DE→DEF→EF→EFA→FA→FAB→AB→…

2. 步进电动机的控制系统

如图3-6所示为步进电动机驱动控制系统图。它由脉冲混合电路、加减脉冲分配电路、加减速电路、环形分配器和功率放大器组成，其中脉冲混合电路、加减脉冲分配电路、加减速电路和环形分配器可用硬件线路来实现，也可用软件来实现。

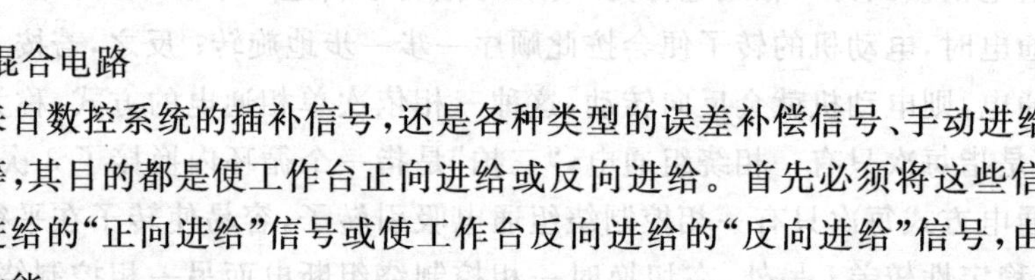

图3-6 步进电动机驱动控制系统图

1）脉冲混合电路

无论是来自数控系统的插补信号，还是各种类型的误差补偿信号、手动进给信号及手动回原点信号等，其目的都是使工作台正向进给或反向进给。首先必须将这些信号混合为使工作台正向进给的“正向进给”信号或使工作台反向进给的“反向进给”信号，由脉冲混合电路来实现此功能。

2）加减脉冲分配电路

当机床在进给脉冲的控制下沿某一方向进给时，由于各种补偿脉冲的存在，可能还会出现极个别的反向进给脉冲，这些反向脉冲指令的出现，意味着执行元件，即步进电动机正在沿着一个方向旋转时，再向相反的方向旋转极个别几个步距角。一般采用的方法是，从正在进给方向的进给脉冲指令中抵消相同数量的反向补偿脉冲，这也正是加减脉冲分配电路的功能。

3) 加减速电路

加减速电路又称自动升降速电路。根据步进电动机加减速特性，进入步进电动机定子绕组的电平信号的频率变化要平滑，而且应有一定的时间常数。但来自加减脉冲分配电路的进给脉冲频率是有跃变的，因此，为了保证步进电动机能够正常、可靠地工作，跃变频率必须首先进行缓冲，使之变成符合步进电动机加减速特性的脉冲频率，然后再送入步进电动机的定子绕组，加减速电路就是为此而设置的。

加减速电路的结构原理如图 3-7 所示，它由同步器、可逆计数器、数模转换电路和 RC 变频振荡器 4 部分组成。同步器的作用是使进给脉冲 f_a 和由 RC 变频振荡器来的脉冲 f_b 不会在同一时刻出现，以防止 f_a 和 f_b 同时进入可逆计数器，使可逆计数器在同一时刻既做加法又做减法，产生计数错误。RC 变频振荡器的作用是将数模转换器输出的电压信号转换成脉冲信号，脉冲的频率与电压值的大小成正比。数模转换线路的作用是将数字量转换为模拟量。

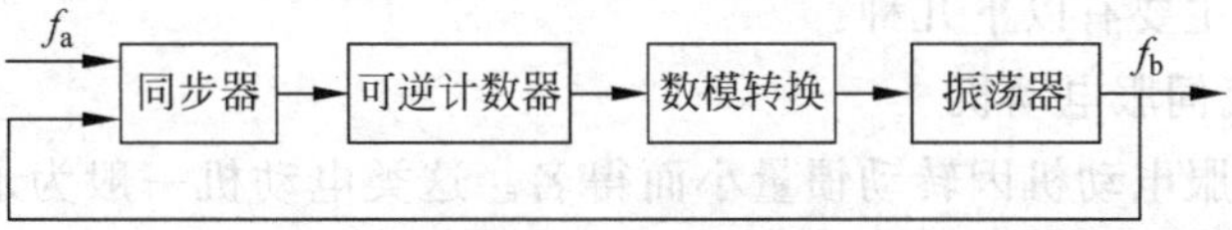

图 3-7 加减速电路的原理图

4) 环形分配器

环形分配器的作用是把来自于加减速电路的一系列进给脉冲指令转换成控制步进电动机定子绕组通、断电的电平信号，电平信号状态的改变次数及顺序与进给脉冲的数量及方向相对应。如对于三相单三拍步进电动机，若“1”表示通电，则“0”表示断电，A、B、C 是其三相定子绕组，则经环形分配器后，每来一个进给脉冲指令，A、B、C 应按(100)→(010)→(001)→(100) …的顺序改变一次。环形分配器有硬件环形分配器和软件环形分配器两种形式。其中，硬件环形分配器是由触发器和门电路构成的硬件逻辑线路。现在市场上已经有集成度高、抗干扰性强的 PMOS 和 CMOS 环形分配器芯片供选用，也可以使用计算机软件实现脉冲序列分配的软件环形分配器。

5) 功率放大器

功率放大器又称功率驱动器或功率放大电路。从环形分配器输入的进给控制信号的电流只有几毫安，而步进电动机的定子绕组需要几安培电流，因此，需要功率放大器将来自环形分配器的脉冲电流放大到足以驱动步进电动机旋转。

步进电动机所使用的功率放大器有电流型和电压型。电流型功率放大器有恒流驱动型、斩波驱动型等；电压型功率放大器有单电压型和双电压型。

3.2 直流伺服电动机控制系统

直流伺服电动机是用直流电信号控制的执行元件，它的功能是将输入的电压控制信号，快速转换为轴上的角位移或角速度输出。以直流伺服电动机作为驱动元件的伺服系统称为直流伺服系统。

直流伺服系统在 20 世纪 70、80 年代的数控机床上占据着主导地位。直流伺服电动机具有线性调速范围宽、信号响应迅速、无控制电压立即停转、堵转转矩大等特点。其主要缺点为结构较复杂,电刷和换向器需经常维护。

3.2.1 直流伺服电动机的分类与结构

1. 直流伺服电动机的分类

直流电动机按励磁方式分为永磁式、励磁式(他励、并励、串励、复励)、混合式(励磁和永磁合成)3 种;按电枢结构分为有槽、无槽、印刷绕组、空心杯形等;按输出量分为位置、速度、转矩(或力)3 种控制系统;根据控制方式分为磁场控制方式和电枢控制方式:按运动模式分为增量式和连续式;按性能特点及用途不同又有不同品种。

2. 直流伺服电动机的结构

直流伺服电动机根据结构有一般电枢式、无槽电枢式、印刷电枢式、绕线盘式和空心杯电枢式等。为避免电刷换向器的接触,还有无刷直流伺服电动机。目前在数控机床中,常用的直流伺服电动机主要有以下几种:

1) 小惯量直流伺服电动机

小惯量直流伺服电动机因转动惯量小而得名。这类电动机一般为永磁式,电枢绕组有无槽电枢式、印刷电枢式和空心杯电枢式 3 种。由于小惯量直流电动机能最大限度地减小电枢的转动惯量,所以能获得最快的响应速度。

2) 大惯量宽调速直流伺服电动机

大惯量宽调速直流伺服电动机又称直流力矩电动机。一方面由于它的转子直径较大,线圈绕组匝数增加,力矩大,转动惯量比较其他类型电动机大,且能够在较大过载转矩时长时间地工作,因此可以直接与丝杠相连,不需要中间传动装置。

另外一方面,由于它没有励磁回路的损耗,它的外形尺寸比其他类似的直流伺服电动机小。它还有一个突出的特点,是能够在较低转速下实现平稳运行,最低转速可以达到 1r/min,甚至 0.1r/min。

3) 无刷直流伺服电动机

无刷直流伺服电动机又叫无整流子电动机。它没有换向器,由同步电动机和逆变器组成,逆变器由装在转子上的转子位置传感器控制。它实质是一种交流调速电动机,由于其调速性能可达到直流伺服电动机的水平,又取消了换向装置和电刷部件,因而大大地增加了电动机的使用寿命。

如图 3-8 所示为一个简单的直流电动机结构模型,该模型电动机包括 3 部分:固定的磁极、电枢、换向片与电刷。

3.2.2 直流伺服电动机的工作原理与工作特性

1. 直流伺服电动机的工作原理

直流电动机的工作原理是建立在电磁力定律基础上的。如图 3-8 所示的直流电动机结构模型,当将直流电压加到 A、B 两电刷之间,电流从 A 刷流入,从 B 刷流出,载流导体 ab 在磁场中受的作用力 F 按左手定则指向逆时针方向。同理,载流导体 cd 受到的作用力也是逆时针方向的。因此,产生的电磁转矩是逆时针方向的,转子逆时针方向旋转起来。当电

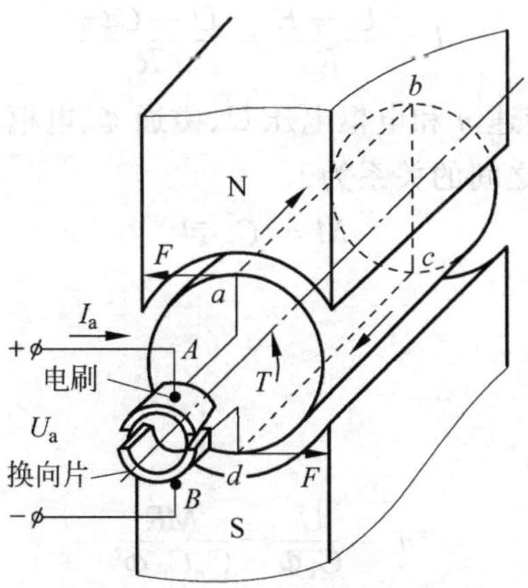

图 3-8　直流电动机结构模型

枢恰好转过 90°时，电枢线圈将处于磁极的中性面内（这时线圈不切割磁力线），因此无电磁转矩。但由于惯性的作用，电枢将继续转动，当电刷与换向片再次接触时，导体 ab 和 cd 交换了位置。因此，导体 ab 和 cd 中的电流方向改变了。这就保证了电枢受到的电磁转矩方向不变，因而电枢可以连续转动。从上面的分析可以看出，若保证电磁转矩的方向不变，则要求导体从一个磁极（如 N 极）转到另一个磁极下（如 S 极）时，导体中的电流方向必须相应地改变，以维持线圈向某一固定方向连续旋转。

2. 直流伺服电动机的工作特性

直流伺服电动机的工作特性主要指的是静态特性和动态特性，本书主要介绍静态特性。

直流伺服电动机的静态特性是指电动机在稳态情况下工作时其转速、电磁转矩和电枢控制电压三者之间的关系。电动机的静态特性一般包括机械特性（转速与电磁转矩的关系）和调节特性（转速与控制电压的关系）。直流电动机的电枢是由线圈组成的，设电枢绕组的电阻和电感分别为 R 和 L，均由电枢磁通形成。当直流电动机转动时电枢中又有电枢反电动势 E（由主磁极磁通形成），因此在电路图中电枢回路可用图 3-9 表示。

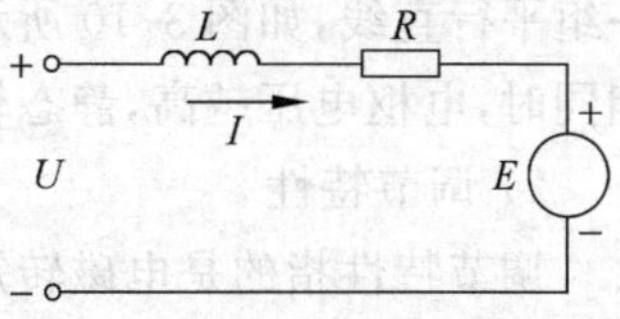

图 3-9　电枢等效电路图

根据图 3-9 所规定的各物理量的正方向和电学中的基尔霍夫定律可得

$$U = L\frac{\mathrm{d}I}{\mathrm{d}t} + IR + E \tag{3.1}$$

式(3.1)称为直流电动机的动态电压平衡方程式。当电流 I 稳定不变时上式变为

$$U = IR + E \tag{3.2}$$

式(3.2)称为静态电压平衡方程式。

而电枢反电动势和转速之间的关系为

$$E = C_e \Phi n \tag{3.3}$$

式中：C_e——电势常数；

Φ——磁场磁通；

n——电动机转速（角速度）。

根据式(3.2)和式(3.3)可推得

$$I = \frac{U - E}{R} = \frac{U - C\Phi n}{R} \tag{3.4}$$

式(3.4)反映了电动机转速 n 和电枢电压 U、磁通 Φ、电枢电流 I 之间的关系。

而电枢电流和电磁转矩之间的关系为：

$$M = C_{\mathrm{m}}\Phi I \tag{3.5}$$

式中：C_{m}——电动机常数；

Φ——磁场磁通；

I——电枢电流。

由式(3.4)，式(3.5)可得

$$n = \frac{U}{C_{\mathrm{e}}\Phi} - \frac{MR}{C_{\mathrm{e}}C_{\mathrm{m}}\Phi^2} \tag{3.6}$$

式(3.6)表明了电动机转速 n、电磁转矩 M 和电枢控制电压 U 三者之间的关系，它表明了电动机的控制特性。

1）机械特性

由式(3.6)知，当电枢电压 U 和磁通 Φ 一定时，转速 n 是转矩 M 的函数，它表明了电动机的机械特性，如图 3-10 所示。

这里存在两种特殊状态，一种是：当电磁转矩 $M=0$ 时，理想空载转速 $n_0=U/C_{\mathrm{e}}\Phi$；另一种是：当转速 $n=0$ 时，起动转矩 $M_{\mathrm{d}}=\dfrac{UC_{\mathrm{m}}\Phi}{R}$。

函数线的斜率 $\tan\beta$ 表明了机械特性的硬软程度，β 角越小，说明转速 n 随转矩 M 变化越小，即机械特性比较硬；β 角越大，说明转速随转矩变化越大，即机械特性比较软。从电动机控制的角度，希望机械特性硬些好。$\tan\beta$ 与电枢电压无关，如果改变电枢电压 U，可得到一组平行直线，如图 3-10 所示。由图可见，提高电枢电压，机械特性直线平行上移。当转矩相同时，电枢电压越高，静态转速越高。

2）调节特性

调节特性指的是电磁转矩(或负载转矩)一定时电动机的静态转速与电枢电压的关系，它表明电压 U 对转速 n 的调节作用。图 3-11 是转速 n 和控制电压 U 在不同转矩值时的一组调节特性曲线。

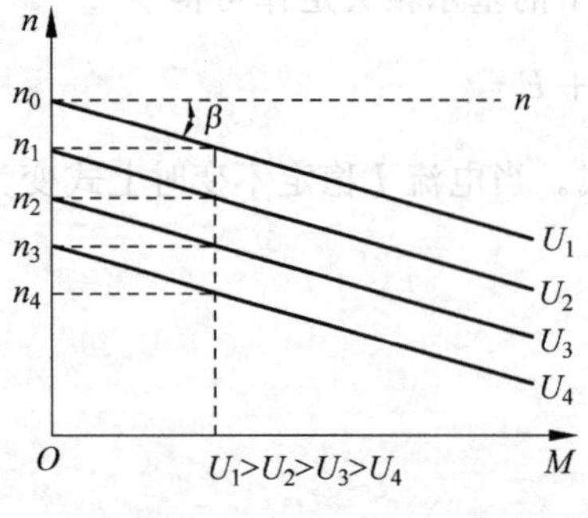

图 3-10　机械特性

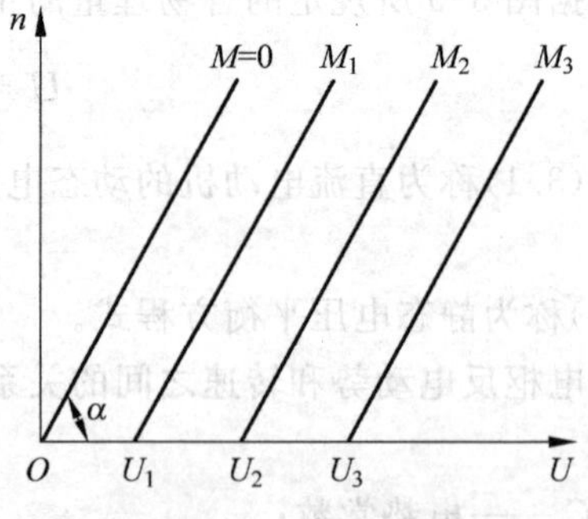

图 3-11　调节特性

由图 3-11 可见，当负载转矩为 0 时，电动机的起动是没有死区的；如果负载转矩不为零，则调节特性就出现了死区。只有电枢电压 U 大到一定值，所产生的电磁转矩大到足以克服负载转矩，电动机才能开始转动，并且随着电枢电压的提高，转速也逐渐提高。电动机开始连续旋转所需的最小电枢电压 U_d 称为始动电压。由式(3.6)可知，当 $n=0$ 时，始动电流大小为

$$I_d = \frac{U_d}{R} = \frac{M}{C_m \Phi} \tag{3.7}$$

3.2.3　直流伺服电动机的调速方法

根据式(3.7)与式(3.6)关系式可知，对于已经给定的直流电动机，要改变它的转速有3种方法：

(1) 改变电枢回路电阻 R 来实现调速控制；

(2) 改变励磁磁通 Φ 来实现调速控制，这种方法也称为磁场控制；

(3) 改变电枢电压 U 来实现调速控制，这种方法也称为电枢控制。

但前两种调速方法不能满足数控机床的要求，第3种调速方法是广泛应用的调速方法，因为它具有恒转速的调速待性、机械特性好、经济性能好等优点，他励直流电动机大都采用这种方法。直流伺服电动机速度控制的作用是将转速指令信号(多为电压值)变为相应的电枢电压值，多用晶闸管调速控制或晶体管脉宽调速控制的方式来实现。

3.3　交流伺服电动机控制系统

20世纪80年代以前，数控机床中采用的伺服系统，一直是以直流伺服电动机为主，这主要是因为直流电动机控制简单可靠、输出转矩大、调速性能好、工作平稳可靠。但是直流伺服电动机的电刷和换向器易磨损，换向时会产生火花，需要经常维护，最高转速与应用环境受到限制；同时它的结构复杂，制造困难，制造成本高。而交流伺服电动机没有上述缺点，从80年代开始，交流伺服电动机开始引起人们的关注，近年来交流调速技术及应用有了飞速的发展，交流伺服电动机的可变速驱动系统已实现数字化，可满足大范围平滑调速，打破了“直流传动调速，交流传动不调速”的传统分工格局，另外交流伺服系统具备结构简单坚固、容易维护、转子的转动惯量可以设计得很小、能经受高速运转等优点，在当代的数控机床上得到了广泛的应用。

3.3.1　交流伺服电动机的分类与结构

1. 交流伺服电动机的分类

交流伺服电动机通常分为交流同步伺服电动机和交流异步伺服电动机两大类。

交流同步伺服电动机有励磁式、永磁式、磁阻式和磁滞式4种。前两种电动机的输出功率范围较宽，后两种电动机的输出功率较小。4种交流同步伺服电动机的结构均类似，都由定子和转子两个主要部分组成。但4种电动机的转子差别较大，励磁式同步伺服电动机的转子结构较复杂，其他3种同步伺服电动机的转子结构十分简单，磁阻式和磁滞式同步伺服电动机效率低，功率因数差。数控机床的进给驱动系统中多采用永磁同步交流伺服电动机，因为它的结构简单、运行可靠、效率高，而且由变频电源供电时，可方便地获得与频率成正比的可变转速，得到非常硬的机械特性及宽的调速范围。

交流异步伺服电动机也称交流感应伺服电动机，它的结构简单，质量轻，价格便宜。它的缺点是其转速受负载的变化影响较大，所以一般不用于进给运动系统，而是广泛应用于主轴驱动系统中。

2. 交流伺服电动机的结构

永磁交流同步伺服电动机的结构如图 3-12 所示，由定子、转子和检测元件 3 部分组成。电枢在定子上，定子具有齿槽，内有三相交流绕组，形状与普通交流感应电动机的定子相同，但采取了许多改进措施，如非整数节距的绕组、奇数的齿槽等，这种结构的优点是气隙磁密度较高，极数较多。电动机外形呈多边形，且无外壳。转子由多块永磁铁和冲片组成，磁场波形为正弦波。转子结构中还有一类是有极靴的星形转子，采用矩形磁铁或整体星形磁铁。检测元件（脉冲编码器或旋转变压器）安装在电动机上，它的作用是检测出转子磁场相对于定子绕组的位置。

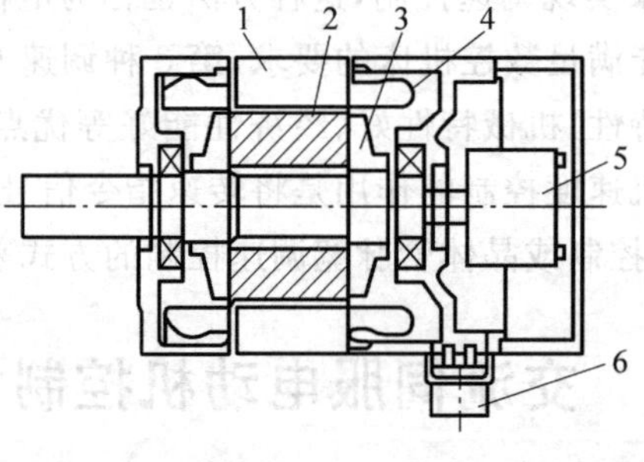

图 3-12　永磁交流同步伺服电动机结构图

1—定子；2—转子；3—转子永久磁铁；4—定子绕组；5—脉冲编码器；6—接线盒

3.3.2　交流伺服电动机的工作原理与性能

1. 永磁交流同步伺服电动机

1）工作原理

如图 3-13 所示，永磁式交流同步电动机由定子、转子和检测元件 3 部分组成，当定子三相绕组通上交流电后，就产生一个旋转磁场，这个旋转磁场以同步转速 n_s 旋转。根据磁极的同性相斥、异性相吸的原理，定子旋转磁场与转子永久场磁极相互吸引，并带动转子一起旋转，因此，转子也将以同步转速 n_s 旋转。当转子轴加上外负载转矩时，转子磁极的轴线将与定子磁极的轴线相差一个 θ 角，负载转矩变化，θ 角也随之变化。只要外负载不超过一定限度，转子就会与定子旋转磁场一起旋转。

若设转子转速为 n_r(r/min)，则

$$n = n_s = \frac{60f}{p} \tag{3.8}$$

式中：f——交流供电电源频率(Hz)；

P——转子磁极对数。

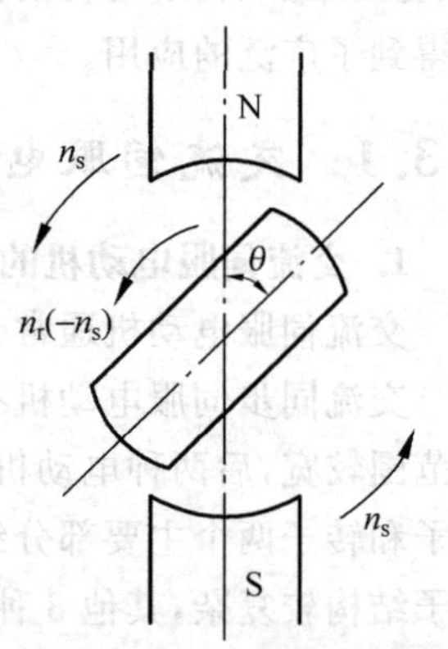

图 3-13　永磁交流同步伺服电动机工作原理图

2）性能

如图 3-14 所示为永磁式交流同步伺服电动机的转矩—速度特性曲线，曲线分为连续工作区和断续工作区两部分。在连续工作区，速度和转矩以任意方式进行组合，电动机都可连续工作。工作区的划分受到一定条件的限制，连续工作区划定的条件有两个：一是供给电动机的电流是理想的正弦波；二是电动机工作在某一特定温度下。断续工作区比较大时，有利于提高电动机的加、减速能力，尤其是在高速区。永磁式交流同步电动机的缺点是难起动。这是由于转子本身的惯量、定子与转子之间的转速差过大，使转子在起动时所受的电磁转矩的平均值为零，因此电动机难以起动。解决的办法是在设计时设法减小电动机的转动惯量，或在速度控制单元中采取先低速后高速的控制方法。

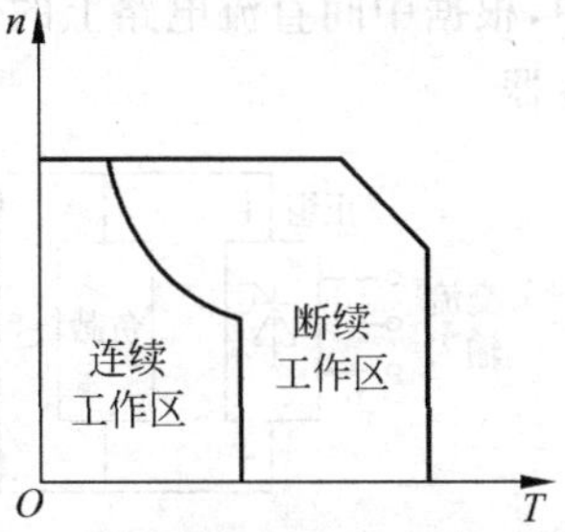

图 3-14　永磁式交流同步伺服电动机的特性曲线

2. 交流主轴电动机

交流主轴电动机是基于感应电动机的结构而专门设计的。通常为增加输出功率、缩小电动机体积，定子铁心在空气中直接冷却，交流主轴电动机没有机壳，且在定子铁心上设有通风孔，因此电动机外形多呈多边形而不是常见的圆形。在电动机轴尾部安装有检测用的码盘。

交流主轴电动机与普通感应式伺服电动机的工作原理相同。在电动机定子的三相绕组通以三相交流电时，就会产生旋转磁场，这个磁场切割转子中的导体，导体感应电流与定子磁场相作用产生电磁转矩，从而推动转子转动，其转速 n_r，则：

$$n_r = n_s(1-s) = \frac{60f}{p}(1-s) \tag{3.9}$$

式中：n_s——同步转速(r/min)；

f——交流供电电源频率(Hz)；

s——转差率，$s=\frac{n_s-n_r}{n_s}$；

p——转子磁极对数。

同感应式伺服电动机一样，交流主轴电动机需要转速差才能产生电磁转矩，所以电动机的转速低于同步转速，转速差随外加负载的增大而增大。

3.3.3　交流伺服电动机的调速方法

由式(3.8)和式(3.9)可见，要改变交流同步伺服电动机的转速可采用两种方法：其一是改变磁极对数 p，这是一种有级的调速方法，它是通过对定子绕组接线的切换来改变磁极对数而实现的；其二是变频调速，通过改变电动机电源频率来改变电动机的转速，这是交流同步电动机的一种较为理想的调速方法，该方法可实现无级调速，其效率和功率因数都很高。变频调速的主要装置是为电动机提供频率可变电源的变频器。变频器可分为交—交变频和交—直—交变频两种，如图 3-15 所示。交—交变频，利用可控硅整流器直接将工频交流电(频率 50Hz)变成频率较低的脉动交流电，这个脉动交流电的基波就是所需的变频电压。交—直—交变频方式是先将交流电整流成直流电，然后将直流电压变成矩形脉冲波电压，这个矩形脉冲波的基波就是所需的变频电压。这种调频方式所得交流电的波动小，调频范围比较宽，调节线性度好。数控机床上常采用交—直—交变频调速。在交—直—交变频中，根据中间直流电路上的储能元件是大电容还是大电感，可分为电压型逆变器和电流型逆变器。

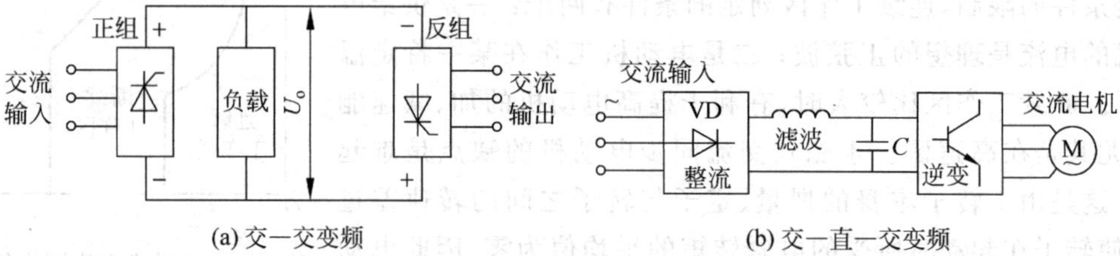

图 3-15 变频器变频方式

SPWM 变频器是目前应用最广泛、最基本的一种交—直—交型电压型变频器，也称为正弦波 PWM 变频器，该变频器具有输入功率因数高和输出波形好等优点，不仅适用于永磁式交流同步电动机，也适用于交流感应异步电动机，在交流调速系统中获得广泛应用。

思考与练习题

3-1 反应式步进电动机是怎样工作的？

3-2 常用的交流伺服电动机有哪几种？

3-3 直流伺服电动机哪些主要部件？结构和作用如何？

第4章

数控机床的位置检测装置

数控系统的位置控制是将插补计算的指令位置与实际反馈位置相比较，用其差值去控制进给电动机。实际反馈位置的检测是通过位置检测装置来实现的。常用的检测装置有旋转变压器、感应同步器、光栅、光电脉冲编码器等。

位置检测装置的精度主要包括系统精度和分辨率。系统精度是指在一定长度或转角范围内测量累积误差的最大值，目前一般直线位移检测精度均已达到±(0.002～0.02)mm/m以内，回转角测量精度达到±10′/360°。系统分辨率是指测量元件所能正确检测的最小位移量，目前直线位移的分辨率多数为1μm，高精度系统分辨率可达0.01μm，回转分辨率可达2″。通常检测装置能检测到的数控机床运动部件的运动速度为0～24m/min。不同类型的数控机床对检测装置的精度和适应速度的要求是不同的。对于大型机床以满足速度要求为主，对于中小型机床和高精度机床以满足精度要求为主。选择测量系统的分辨率要比加工精度高一个数量级。

1. 数控机床对位置检测装置的要求

位置检测装置的作用是检测机床运动部件的位移和速度，并发送反馈信号，构成闭环控制系统，并将其转换成数字信号送回CNC装置与脉冲指令信号进行比较，以控制驱动元件的正确运转。数控系统的精度和分辨率取决于位置检测装置的精度。不同类型的数控机床，对位置检测元件、检测系统的精度要求和被测部件的最高移动速度各不相同。

现在的检测元件与系统的最高水平是：被测部件的最高移动速度为240m/min时，其检测位移的分辨率(能检测出的最小位移量)可达1μm，如24m/min时可达0.1μm。最高分辨率可达到0.01μm。数控机床对位置检测装置有如下要求：

1) 工作可靠，抗干扰性强

由于机床上有电动机、电磁阀等各种电磁感应元件及切削过程中润滑油、切削液的存在，因此，要求位置检测装置除了对电磁感应有较强的抗干扰能力外，还要求装置不怕油、水的污染。此外，在切削过程中由于有热量的产生，还要求位置检测装置对环境温度的适应性强。

2）满足精度和速度的要求

在满足数控机床最大位移速度的条件下，要求位置检测装置达到一定的检测精度和较小的累积误差。随着数控机床的发展，其精度和速度越来越高，因此，要求位置检测装置必须满足数控机床高精度和高速度的要求。

3）便于安装和维护

位置检测装置安装时要有一定的安装精度要求，同时其安装形式和位置还必须便于维护。

4）成本低、寿命长

由于受使用环境的影响，位置检测装置还要求有较好的防尘、防油雾、防切屑等特性。

2. 位置检测装置的分类

数控机床常用的位置检测装置的类型很多，不同类型的数控机床，因工作条件和检测要求不同，有以下几种分类方式。

1）增量式和绝对式

增量式检测只测量位移增量，并用数字脉冲的个数来表示单位位移（即最小设定单位）的数量，每移动一个测量单位就发出一个测量信号。其优点是检测装置比较简单，任何一个对中点都可以作为测量起点。但在此系统中，位移是靠对测量信号进行累计后读出的，一旦累计有误，此后的测量结果将全错。另外在发生故障时（如断电）不能再找到事故前的正确位置，事故排除后，必须将工作台移至起点重新计数才能找到事故前的正确位置。增量检测装置有脉冲编码器、旋转变压器、感应同步器、光栅、磁栅、激光干涉仪等。

绝对式检测测出的是被测部件在某一绝对坐标系中的绝对坐标位置值，并且以二进制或十进制数码信号表示出来，一般都要经过转换成脉冲数字信号以后，才能送去进行比较和显示。采用此方式，避免了增量式检测方式的缺陷，分辨率要求越高，结构也越复杂。这样的测量装置有绝对式脉冲编码盘、三速式绝对编码盘（或称多圈式绝对编码盘）等。

2）数字式和模拟式

数字式检测是将被测量单位量化后以数字形式表示。测量信号一般为电脉冲，可以直接把它送到数控系统进行比较、处理。数字式检测装置有脉冲编码器、光栅。数字式检测有以下特点：

（1）被测量信号转换成脉冲个数，便于显示和处理。

（2）测量精度取决于测量单位，与量程基本无关；但存在累计误差。

（3）检测装置比较简单，脉冲信号抗干扰能力强。

模拟式检测是将被测量用连续变量来表示，如电压的幅值变化、相位变化等。在大量程内做精确的模拟式检测时，对技术有较高的要求，数控机床中模拟式检测主要用于小量程测量。模拟式检测装置有测速发电动机、旋转变压器、感应同步器和磁尺等。模拟式检测的主要特点有：

（1）直接对被测量进行检测，无须量化。

（2）可在小量程内实现高精度测量。

3）直接检测和间接检测

位置检测装置安装在执行部件（即末端件）上直接测量执行部件末端件的直线位移或角位移的方式，都可以称为直接测量。直接检测装置可以构成闭环进给伺服系统，测量装置有直线光栅、直线感应同步器、磁栅、激光干涉仪等，用来测量执行部件的直线位移。由于此种检测方式是采用直线型检测装置对机床的直线位移进行测量，其优点是直接反映工作台的直线位移量，缺点是要求检测装置与行程等长，对大型的数控机床来说，这是一个很大的限制。

位置检测装置安装在执行部件前面的传动元件或驱动电动机轴上，测量其角位移，经过传动比变换以后得到执行部件的直线位移量，这样的测量方式称为间接测量。间接测量装置可以构成半闭环伺服进给系统，如将脉冲编码器装在电动机轴上。间接测量优点是使用可靠方便，无长度限制；缺点是在检测信号中引入了直线转变为旋转运动的传动链误差，从而影响测量精度。一般需对机床的传动误差进行补偿，才能提高定位精度，如图 4-1 所示。

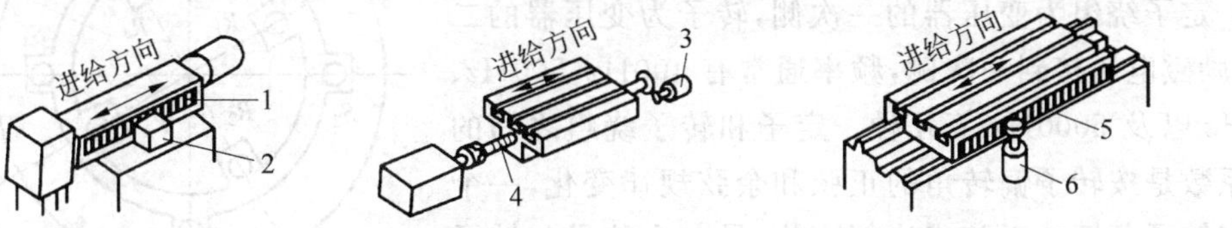

(a) 直接位置测量　(b) 通过进给丝杠的间接位置测量　(c) 通过测量LE I条的间接位置测量

图 4-1　直接和间接位置测量

1—刻度尺；2—位置测量系统；3—旋转角传感器；4—滚珠丝杠；5—测量齿条；6—旋转角传感器

4）接触式测量与非接触式

接触式测量的传感器与被测对象间存在着机械联系，因此机床本身的变形、振动等因素会对测量产生一定的影响。典型的接触式测量装置有光栅、磁栅、感应同步器和接触式编码器。

非接触式测量的传感器与被测对象间是分离的，不发生机械联系。典型的非接触式测量装置有双频激光干涉仪和光电式编码器。

数控机床常见的位置检测装置见表 4-1。

表 4-1　常见的位置检测装置

类型	增　量　式	绝　对　式
回转型	脉冲编码器、旋转变压器、圆感应同步器、圆光栅、圆磁栅	多速旋转变压器、绝对脉冲编码器、三速感应同步器
直线型	直线感应同步器、计量光栅、磁尺、激光干涉仪	三速感应同步器、绝对值式磁尺

4.1　旋转变压器

旋转变压器是一种数控机床上常见的角位移测量装置，它具有结构简单、动作灵敏、工作可靠、对环境条件要求低、输出信号幅度大和抗干扰能力强等优点，其缺点是信号处理比较复杂。旋转变压器被广泛地应用于半闭环控制的数控机床上。

按照输出电压与转子转角间的函数关系，旋转变压器可分为下述 3 种基本类型：

(1) 正余弦旋转变压器。一次侧外施单相交流电源励磁，二次侧的两个输出电压分别与转子转角呈正弦和余弦的函数关系。

(2) 线性旋转变压器。在一定的工作转角范围内，输出电压与转角呈线性函数关系。

(3) 比例式旋转变压器。它与正余弦旋转变压器相似，在结构上增加了一个带有调整和锁紧转子位置的装置，在系统中作为调整电压的比例元件。

1. 旋转变压器的结构

旋转变压器由定子和转子两大部分组成，如图 4-2 所示。在定、转子铁心槽中分别嵌着两个轴线在空间上互相垂直的分布绕组，即两极两相绕组。图 4-2 中，S_1S_3 及 S_2S_4 为定子绕组，它们的结构完全相同。R_1R_3 及 R_2R_4 为转子绕组，它们的结构也完全相同。定子绕组为变压器的一次侧，转子为变压器的二次侧，励磁电压接到一次侧，频率通常有 400Hz、500Hz、1000Hz 以及 5000Hz 等几种。定子和转子绕组之间的互感系数是按转子偏转角的正弦和余弦规律变化，一个信号与转子角度的正弦成比例变化，另一个信号与转子角度的余弦成比例变化。定子绕组引出线直接接到接线板上，而转子绕组要通过集电环和电刷接到接线板上。

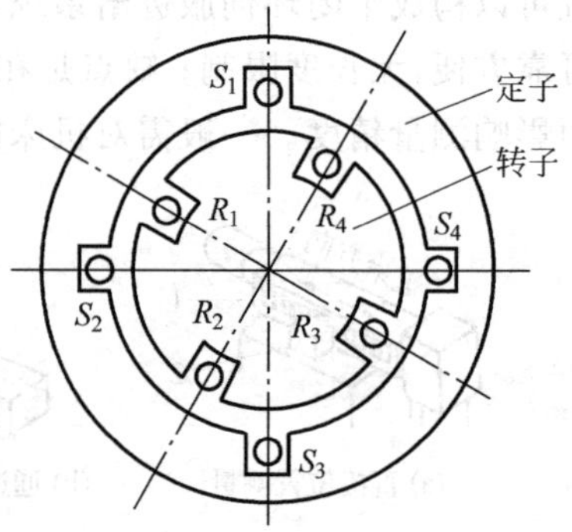

图 4-2 旋转变压器结构示意图

通常应用的二极旋转变压器，定子和转子各有一对磁极。除此之外，还有一种多极旋转变压器。

2. 旋转变压器的工作原理

旋转变压器根据互感原理工作，定子与转子之间气隙磁通分布呈正/余弦规律。当定子加上一定频率的激磁电压时(为交变电压，频率为 24kHz)，通过电磁耦合，转子绕组产生感应电势，其输出电压的大小取决于定子和转子两个绕组轴线在空间的相对位置。两者平行时感应电势最大，两者垂直时，感应电势为零。

单极对旋转变压器的工作情况如图 4-3 所示。设一次绕组匝数为 N_1，二次绕组匝数为 N_2，$n=N_1/N_2$ 为变压比，当一次侧输入交变电压

$$U_1=U_m\sin\omega t$$

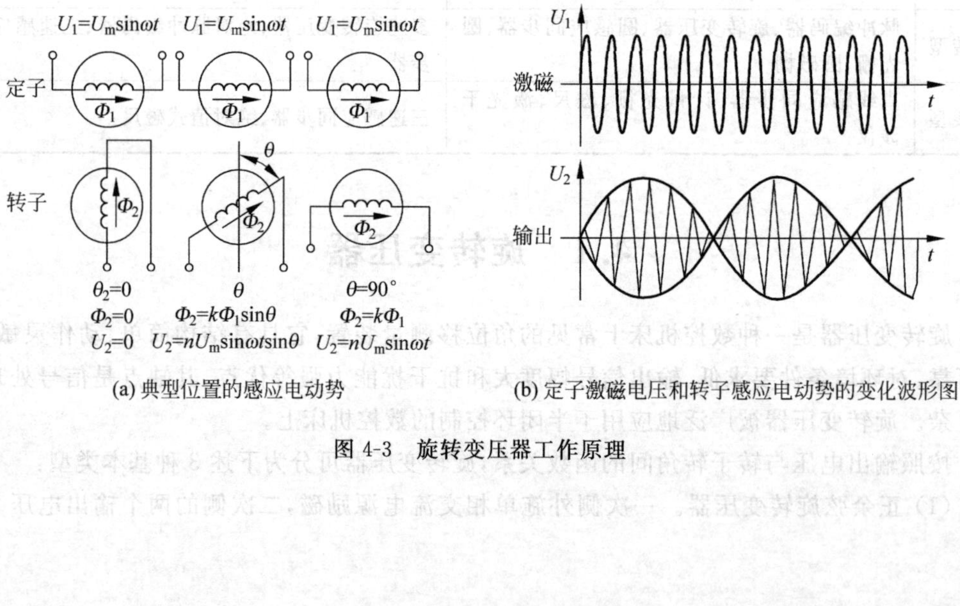

(a) 典型位置的感应电动势 (b) 定子激磁电压和转子感应电动势的变化波形图

图 4-3 旋转变压器工作原理

二次侧产生感应电动势

$$U_2 = nU_1 = nU_m \sin\omega t \ \sin\theta$$

式中：U_2——转子绕组感应电动势；

U_1——定子的激磁电压；

U_m——激磁电压幅值；

θ——转子偏转角。

3. 旋转变压器工作方式

旋转变压器在结构上保证了转子绕组中的感应电压随转子的转角以正弦规律变化。当转子绕组中接以负载时，其绕组中便有正弦感应电流通过，该电流所产生的交变磁通将使定子和转子间的气隙中的合成磁通产生畸变，从而使转子绕组中输出电压也发生畸变。为了克服上述缺点，通常采用正弦、余弦旋转变压器，其定子和转子绕组均由两个匝数相等，且相互垂直的绕组构成。

如图 4-4 所示，若将定子中的一个绕组短接而另一个绕组通以单相交流电压 $U_1 = U_m \sin\omega t$，则在转子的两个绕组中得到的输出感应电压分别为

$$U_{2s} = kU_1 \cos\theta = kU_m \sin\omega t \ \cos\theta$$
$$U_{2c} = kU_1 \sin\theta = kU_m \sin\omega t \ \sin\theta$$

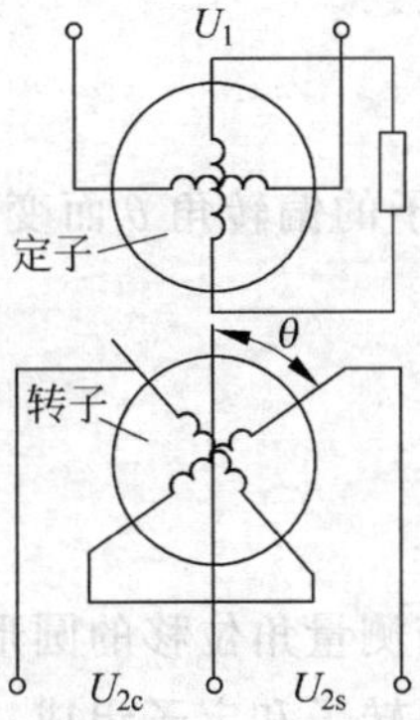

图 4-4 定子中一个绕组短接

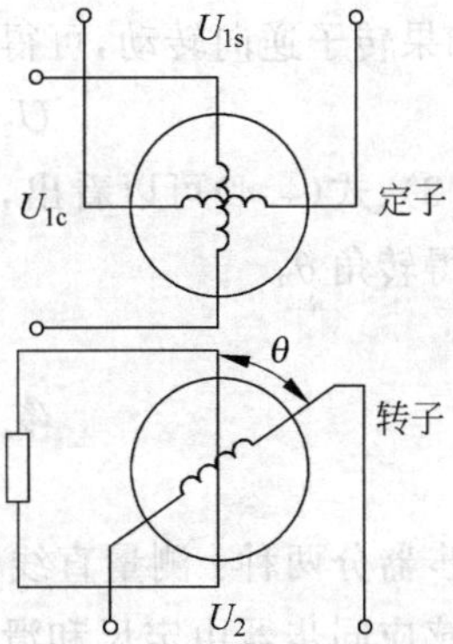

图 4-5 转子中一个绕组短接

如图 4-5 所示，若把转子的一个绕组短接，而定子的两个绕组分别通以励磁电压，应用叠加原理，可得到两种典型的工作方式。

1) 鉴相工作方式

给定子的两个绕组分别通以等幅、等频、相位相差$\frac{\pi}{2}$的交流励磁电压，即

$$U_{1s} = kU_m \sin\omega t$$

$$U_{1c} = kU_m \cos\omega t = U_m \sin\left(\omega t + \frac{\pi}{2}\right)$$

则转子中的感应电压应为这两个电压的代数和，即

$$\begin{aligned} U_2 &= U_{1s}\sin\theta + U_{1c}\cos\theta \\ &= kU_m \sin\omega t \ \sin\theta + kU_m \cos\omega t \cos\theta \\ &= kU_m \cos(\omega t - \theta) \end{aligned} \tag{4.1}$$

式中：U_m——激磁电压幅值；

K——电磁耦合系数，$k<1$；

θ——相位角，即转子偏转角。

同理，假如转子逆向转动，可得

$$U_2 = kU_m\cos(\omega t + \theta) \tag{4.2}$$

由式(4.1)、式(4.2)可以看出，转子输出电压的相位角和转子的偏转角之间有严格的对应关系，这样，我们只要检测出转子输出电压的相位角，就可知道转子的转角。由于旋转变压器的转子是和被测轴连接在一起的，故被测轴的角位移也就测到了。

2) 鉴幅工作方式

给定子的两个绕组分别通以等频、等相、幅值不同的交流励磁电压，即

$$U_{1s} = kU_m\sin\alpha\sin\omega t$$

$$U_{1c} = kU_m\cos\alpha\sin\omega t$$

此时，则转绕组感应电压为

$$\begin{aligned} U_2 &= U_{1s}\sin\theta + U_{1c}\cos\theta \\ &= kU_m\sin\alpha\sin\omega t\sin\theta + kU_m\cos\alpha\cos\omega t\cos\theta \\ &= kU_m\cos(\alpha - \theta)\sin\omega t \end{aligned} \tag{4.3}$$

同理，如果转子逆向转动，可得

$$U_2 = kU_m\cos(\alpha + \theta)\sin\omega t \tag{4.4}$$

由式(4.3)、式(4.4)可以看出，转子感应电压的幅值随转子的偏转角θ而变化，测量出幅值即可求得转角θ。

4.2 感应同步器

感应同步器分两种：测量直线位移的直线型感应同步器与测量角位移的圆形感应同步器。直线型感应同步器由定尺和滑尺组成；圆形感应同步器由转子和定子组成。感应同步器是由旋转变压器演变而来的，它是利用两个平面形印刷绕组，其间保持均匀气隙(0.25mm±0.05mm)，相对平行移动时，根据交变磁场和互感原理而工作的。实质上，感应同步器是多极旋转变压器的展开形式，两者的工作原理基本相同。

1. 感应同步器的结构

图 4-6 为直线型感应同步器的结构示意图，它由定尺和滑尺组成。定尺通常固定在机床的基座上，为一连续绕组；滑尺装置在机器可动部件上，为了辨别运动方向，其绕组分为正弦和余弦绕组两部分，以便输出两个相位差 90°的信号。定尺和滑尺在机床上安装时，将定尺固定在机床的静止部分，滑尺固定在机床的运动部分，两尺相互平行，面向叠合，中间相隔较小的空隙。

根据热胀冷缩原理，当温度变化不同时材料会发生大小不同的热变形，由于感应同步器的基板固定在机床上，如果两者材料的热膨胀系数差异较大，就会产生较大的测量误差，因而感应同步器的基板材料一般采用与机床材料热膨胀系数相近的钢板或铸铁板。

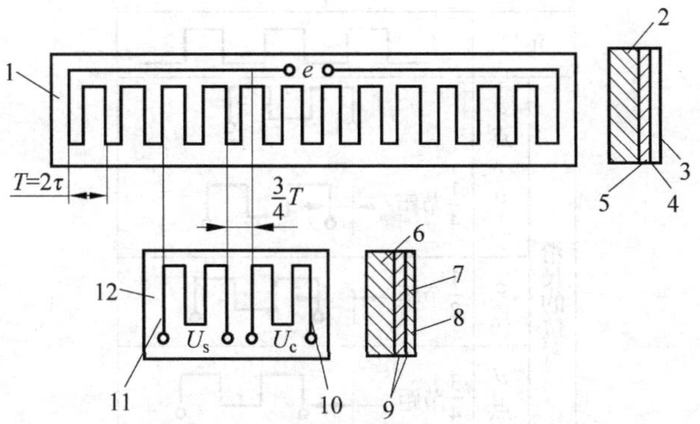

图 4-6　直线式感应同步器的结构

1—定尺；2,6—基板；3—耐切削液涂层；4,8—铜箔；5,9—绝缘黏结胶；7—铝箔；10—余弦励磁绕组；11—正余弦励磁绕组；12—滑尺

2. 感应同步器的工作原理

如图 4-7 所示，直线型感应同步器的定尺是单向均匀感应绕组，绕组节距为 2τ，每个节距相当于绕组空间分布的一个周期 2π。滑尺上有两组激磁绕组，一组为正弦激磁绕组，另一组为余弦激磁绕组，两绕组的节距与定尺相同，并相互错开$\frac{1}{4}$节距排列，当正弦激磁绕组的每一只线圈和定尺对准时，余弦激磁绕组的每一只线圈和定尺相差$\frac{\tau}{2}$的距离，若 $2\tau=2\pi$ 电角度，则$\frac{\tau}{2}$的距离相当于二者相差 $\pi/2$ 的电角度。

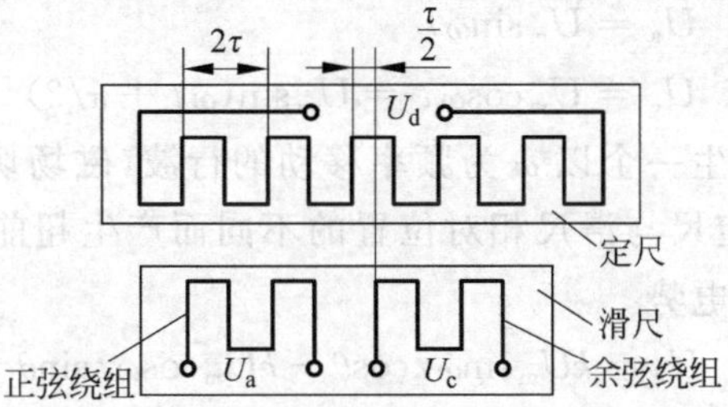

图 4-7　直线型感应同步器的绕组原理

当向滑尺上的绕组通以交流激磁电压时，则在滑尺绕组中产生激磁电流，绕组周围产生按正弦规律变化的磁场，由电磁感应，在定尺上感应出感应电压，当滑尺与定尺间产生相对位移时，由于电磁耦合的变化，使定尺上的感应电压随位移的变化而变化。

如图 4-8 所示，当定尺与滑尺的绕组重合时，如图中 a 点所示，这时定尺上的感应电压最大。当滑尺相对于定尺作平行移动时，感应电压就慢慢地减小，到二者刚好错开 1/4 节距时，如图中的 b 点所示，感应电压为零。再继续移动到 1/2 节距位置，即图中的 c 点时，得到的感应电压值与 a 点相同但极性相反。再移动到 3/4 节距，即图中的 d 点时，感应电压又变为零。当移动到一个节距，即图中 e 点位置时，情况和 a 点位置相同。这样，在滑尺移动一个节距的过程中，感应电压变化了一个余弦波形。感应同步器就是利用这个感应电压的变化来进行位置检测的。

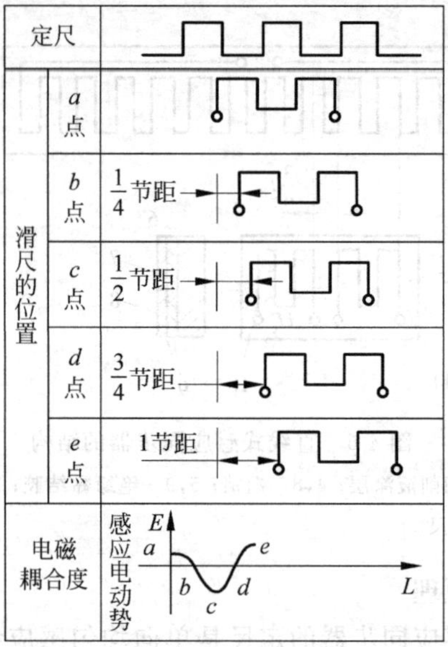

图 4-8 感应电压与定尺、滑尺间相对位置的关系

3. 感应同步器的工作方式

根据不同的激磁供电方式，感应同步器也有两种不同的工作方式：鉴相工作方式和鉴幅工作方式。

1) 鉴相工作方式

在滑尺的正弦、余弦绕组上供给幅值相同、频率相同、相位相差 $\pi/2$ 的交流激磁电压，即

$$U_s = U_m \sin\omega t$$
$$U_c = U_m \cos\omega t = U_m \sin(\omega t + \pi/2)$$

励磁信号将在空间产生一个以 ω 为频率移动的行波，磁场切割定尺导片，并在其中产生感应电势，该电势随着定尺与滑尺相对位置的不同而产生超前或滞后的相位差 θ。按照叠加原理可直接求出感应电势

$$\begin{aligned} U_d &= kU_m \sin\omega t\cos\theta - kU_m \cos\omega t\sin\theta \\ &= kU_m \sin(\omega t - \theta) \end{aligned} \tag{4.5}$$

式中：U_m——激磁电压幅值；

k——电磁耦合系数；

θ——滑尺相对于定尺绕组的空间电气相位角。

由式(4.5)可以看出，在一个节距内，θ 与滑尺移动距离是一一对应的，通过测量定尺感应电势相位 θ，便可测出定尺相对滑尺的位移。

2) 鉴幅工作方式

在滑尺的正弦、余弦绕组上供给频率相同、相位相同、幅值不同的交流电压，即

$$U_s = U_m \sin\alpha \sin\omega t$$
$$U_c = U_m \cos\alpha \sin\omega t$$

式中的 α 为电气角，此时，如果滑尺相对定尺移动一个距离 d，其对应的相移为 θ，按照叠加原理，那么在定尺上的感应电势为

$$
\begin{aligned}
U_d &= kU_m\sin\alpha\sin\omega t\cos\theta - kU_m\cos\alpha\cos\omega t\sin\theta \\
&= kU_m\sin\omega t\sin(\alpha-\theta)
\end{aligned} \tag{4.6}
$$

由式(4.6)可以看出,若电气角 α 已知,则只要测出 U_m 的幅值,便可间接地求出 θ。

4.3 光 栅

在高精度数控机床上,一般采用光栅作为位置检测装置。它将机械位移或模拟量转变为数字脉冲,反馈给 CNC 系统,从而实现闭环位置控制。光栅种类很多,其中有物理光栅和计量光栅之分。物理光栅的刻线细而密,栅距(两刻线间的距离)在 0.002～0.005mm 之间,通常用于光谱分析和光波波长的测定。计量光栅相对来说刻线较粗,栅距在 0.004～0.25mm之间,通常用于数字检测系统,用来检测高精度的直线位移和角位移。计量光栅是用于数控机床的精密检测装置,具有测量精度高、响应速度快、量程宽等特点,是闭环系统中一种用得较多的位置检测装置。

1. 光栅的种类

根据光线在光栅中是反射还是透射,可将光栅分为透射光栅和反射光栅。透射光栅是在玻璃的表面上制成间隔相等的透明与不透明线纹。反射光栅是将钢尺或不锈钢带的表面光整加工成反射光很强的镜面,用照相腐蚀工艺制作光栅条纹。

根据光栅形状,光栅可分为直线光栅和圆光栅。直线光栅用于检测直线位移,圆光栅用于检测角位移。

2. 光栅的结构与工作原理

1) 直线透射光栅的组成

光栅位置检测装置由光源、长光栅(标尺光栅)、短光栅(指示光栅)、光电接收元件等组成,如图 4-9 所示。

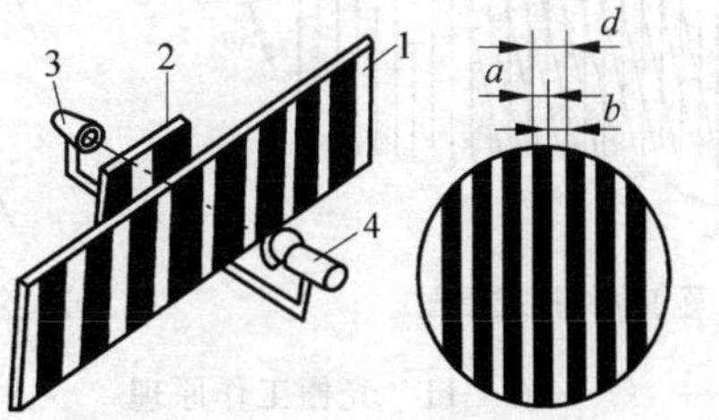

图 4-9 直线透射光栅

1—光栅(标尺光栅); 2—指示光栅; 3—光电接收元件; 4—光源

光栅装置由标尺光栅和指示光栅组成,在标尺光栅和指示光栅上都有许多密度相同的刻线,称为光栅条纹。光栅条纹的密度一般为每毫米 25、50、100 或 250 条。通常指示光栅固定在机床的固定部件上,标尺光栅固定在机床的移动部件上,两者随数控机床移动部件的移动而相对移动。两光栅尺相互平行放置,并保持一定的间隙(0.05～0.1mm)重叠在一起,如图 4-9 所示,a 为栅线宽,b 为栅线缝隙宽,$d=a+b$ 为光栅的栅距。光栅测量装置如图 4-10 所示。

光栅测量系统由光源、透镜、光栅尺、光敏元件和一系列信号处理电路组成。信号处理

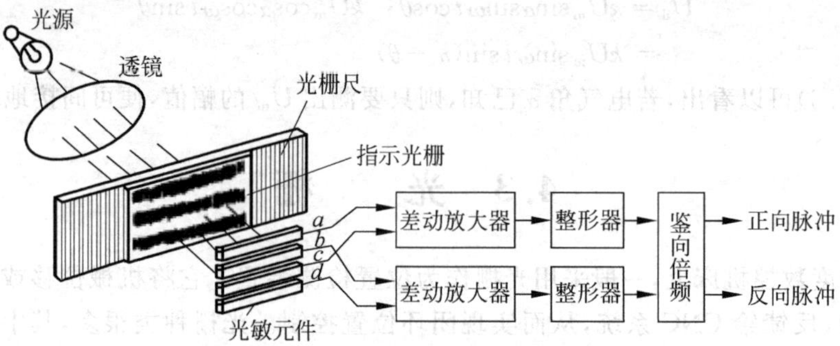

图 4-10　光栅测量系统

电路一般包括放大器、整形器、鉴向倍频电路等。通常情况下，除标尺光栅与工作台装在一起随其移动外，光源、透镜、指示光栅、光敏元件和信号处理电路均装在一个壳体内，做成一个单独的部件固定在机床上，其作用是将光栅莫尔条纹变成电信号。读数头由光源、透镜、指示光栅、光敏元件和驱动线路组成，是一个单独的部件。

2）光栅的基本测量原理

如图 4-11 所示，对于栅距 d 相等的指示光栅和标尺光栅，当两光栅尺沿线纹方向保持一个很小的夹角 θ、刻划面相对平行且有一个很小的间隙（一般取 0.05mm 或 0.1mm）放置时，在光源的照射下，由于光的衍射或遮光效应，在与两光栅线纹角 θ 平分线相垂直的方向上，形成明暗相间的条纹，这种条纹称"莫尔条纹"。

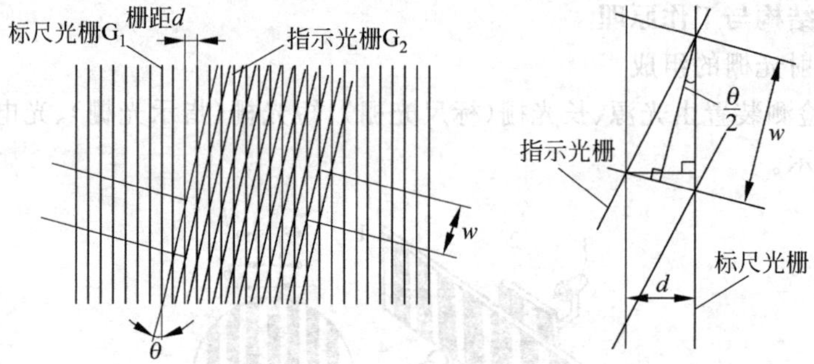

(a) 莫尔条纹形成原理　　(b) 莫尔条纹放大原理

图 4-11　光栅工作原理

由于 θ 角很小，所以莫尔条纹近似垂直于光栅的线纹，故有时称莫尔条纹为横向莫尔条纹。莫尔条纹中两条亮纹或两条暗纹之间的距离称为莫尔条纹的宽度，以 ω 表示。

莫尔条纹具有如下特性：

(1) 放大作用。如图 4-11(b)所示，当倾斜角 θ 很小时，莫尔条纹宽度 ω 与栅距 d 之间有如下关系

$$\omega = \frac{d}{2\sin\dfrac{\theta}{2}} \approx \frac{d}{\theta}$$

若取 $d=0.01\text{mm}$，$\theta=0.01\text{rad}$，则 $\omega=1\text{mm}$。利用光的干涉现象，就能把光栅的栅距 d 转换成放大 100 倍的莫尔条纹宽度 ω。

(2) 实现平均误差作用。莫尔条纹是由大量光栅线纹干涉共同形成的，使得栅距之间的相邻误差被平均化了，消除了由光栅线纹的制造误差导致的栅距不均匀而造成的测量误差。

(3) 莫尔条纹的移动与栅距的移动成比例。当光栅移动一个栅距时，莫尔条纹也相应移动一个莫尔条纹宽度；若光栅移动方向相反，则莫尔条纹移动方向也相反。莫尔条纹移动方向与两光栅夹角口移动方向垂直。这样，就可通过检测莫尔条纹移动的变化来得到光栅水平方向移动的微小距离。

由于莫尔条纹的位移刚好反映了光栅栅距的位移，同时莫尔条纹的光强也经历了一个由亮到暗、由暗到亮的周期正弦变化。这样，根据栅距移动与莫尔条纹移动的对应关系，便于用光敏元件(如硅光电池)将光信号转换成电信号。

4.4 光电脉冲编码器

编码器是一种旋转式的角位移检测传感器。在位移检测传感器中，编码器是数控机床中使用较多的一种传感器。编码器按码盘的读取方式，可分为光电式、接触式和电磁式。就精度和可靠性来讲，光电式编码器优于其他两种，是目前应用较多的一种。下面主要介绍光电脉冲编码器。

脉冲编码器的型号由每转发出的脉冲数来区分。数控机床上常用的脉冲编码器型号有2000P/r(表示每转发2000个脉冲)、2500P/r、3000P/r等，在高速、高精度数字伺服系统中应用高分辨率的脉冲编码器，如20 000P/r、25 000P/r、30 000P/r等，现在已有使用每转发10万个脉冲的脉冲编码器，该编码器装置内部采用了微处理器。

1. 光电脉冲编码器的结构

光电脉冲编码器的结构如图4-12所示，在一个圆盘的圆周上刻有相等间距的线纹，分为透明和不透明的部分，称为圆光栅。圆光栅与工作轴一起旋转。与圆光栅相对平行地放置一个固定的扇形薄片，称为指示光栅，上面刻有相差1/4节距的两个狭缝(在同一圆周上，称为辨向狭缝)。此外还有一个零位狭缝(一转发出一个脉冲)。脉冲编码器通过一字连接头或键与伺服电动机相连，它的法兰盘固定在电动机端面上，罩上防护罩，构成一个完整的检测装置。

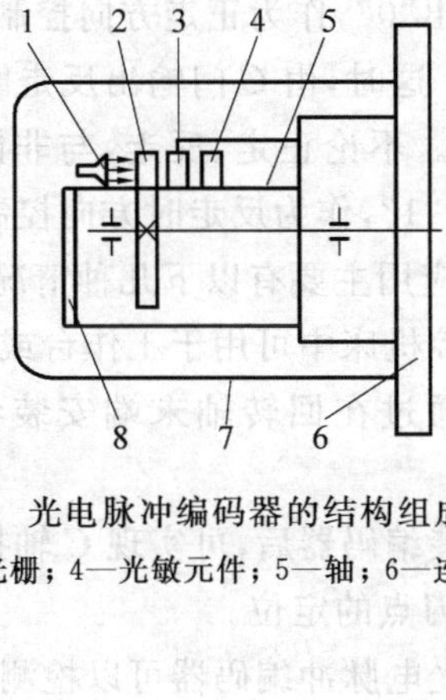

图4-12 光电脉冲编码器的结构组成示意图

1—光源；2—圆光栅；3—指示光栅；4—光敏元件；5—轴；6—连接法兰；7—防护罩；8—电路板

2. 光电脉冲编码器的工作原理

当圆光栅旋转时，光线透过光栅的线纹部分，形成明暗相间的条纹。光电元件接收这些明暗相间的光信号，并转换为交替变化的电信号。该信号为两路近似于正弦波的电流信号 A 和 B，如图 4-13 所示。A 和 B 信号相位相差 90°，经放大和整形变成方波。通过光栅的电流信号，还有一个"一转脉冲"，称为 Z 相脉冲，该脉冲也是通过上述处理得来的。Z 相脉冲用来产生机床的基准点。脉冲编码器输出信号有 A、A'、B、B'、Z 等。这些信号作为位移测量脉冲，并经过频率-电压变换作为速度反馈信号，进行速度调节。

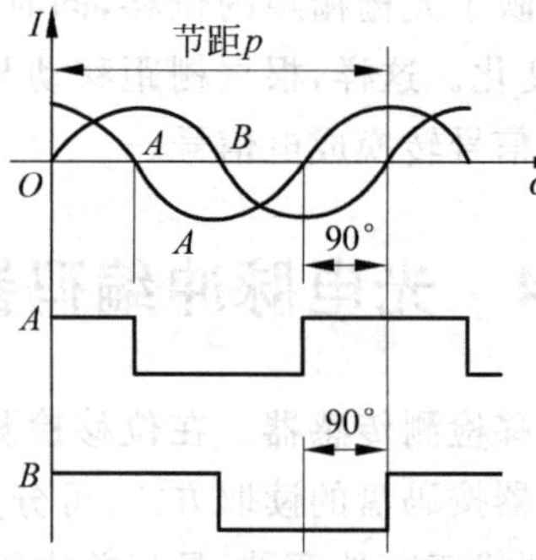

图 4-13　脉冲编码器输出的波形

3. 光电脉冲编码器的应用

光电编码器在数控机床上用于数字比较的伺服系统中作为位置检测装置，将检测信号反馈给数控装置。光电脉冲编码器将位置检测信号反馈给 CNC 装置有两种方式：一种是通过带加减计数要求的可逆计数器，形成加计数脉冲和减计数脉冲；另一种是通过有计数控制和计数要求的计数器，形成方向控制信号和计数脉冲。

下面主要以第 2 种应用方式为例，通过给出该方式的电路图（如图 4-14(a)）和波形图（如图 4-14(b)）来简要介绍其工作过程。脉冲编码器的输出信号 A、A'、B、B' 经差分、整形、微分、与非门 C 和 D，由 R-S 触发器（由 1、2 与非门组成）输出方向信号，正走时为"0"，反走时为"1"。由与非门 3 输出计数脉冲。

正走时，A 脉冲超前 B 脉冲，D 门在 A 信号控制下，将 B 脉冲上升沿微分作为计数脉冲反向输出，为负脉冲。该脉冲经与非门 3 变为正向计数脉冲输出。D 门输出的负脉冲同时又将触发器置为"0"状态，Q 端输出"0"，作为正走方向控制信号。

反走时，B 脉冲超前 A 脉冲。这时，由 C 门输出反走时的负计数脉冲，该负脉冲也由 3 门反向输出作为反走时计数脉冲。不论正走、反走，与非门 3 都为计数脉冲输出门。反走时，C 门输出的负脉冲使触发器置"1"，作为反走时方向控制信号。

脉冲编码器在数控机床上的应用主要有以下几种情况：

(1) 光电式脉冲编码器在数控机床中可用于工作台或刀架的直线位移的测量。

(2) 在数控回转工作台中，通过在回转轴末端安装编码器，可直接测量回转台的角位移。

(3) 在数控车床的主轴上安装编码器后，可实现 C 轴控制，用以控制自动换刀时的主轴准停和车削螺纹时的进刀点和退刀点的定位。

(4) 在交流伺服电动机中的光电脉冲编码器可以检测电动机转子磁极相对于定子绕组

的角度位置，控制电动机的运转，并通过频率电压转换电路，提供速度反馈信号。

(5) 光电脉冲编码器可作为手动位置检测装置，即手摇脉冲发生器，用于慢速对刀和手动调整机床。

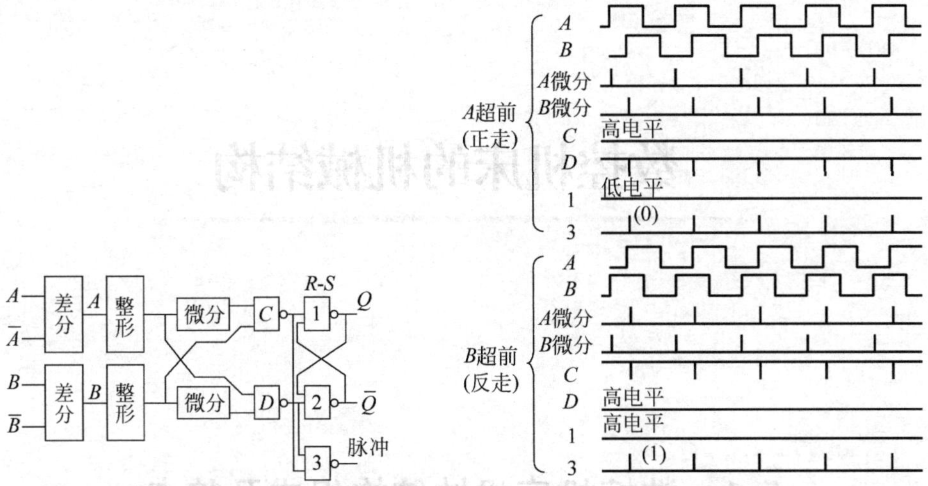

(a) 电路图　　(b) 波形图

图 4-14 脉冲编码器的应用

思考与练习题

4-1 简述光栅测量装置的基本组成和测量原理。

4-2 光栅测量系统由哪几部分组成？

4-3 简述光电式脉冲编码器的工作原理。

4-4 简述感应同步器的特点。

第5章

数控机床的机械结构

5.1 数控机床机械结构组成及特点

从本质上看，数控机床与普通机床一样，也是一种经过切削将金属材料加工成不同形状零件的设备。早期的数控机床，只是在自动变速、刀架或工作台自动转位和手柄等方面做了些改变。因此，在许多场合，普通机床的构成模式、零部件的设计计算方法仍然适用于数控机床。数控机床虽然也有普通机床所具有的床身、立柱、导轨、工作台、刀架等部件，但为了与数控机床的高加工精度、高速切削相匹配，对机床主机部分的结构设计还提出了高精度、高刚度、低惯量、低摩擦、高谐振频率、适当的阻尼比等要求，因此数控机床的关键部件在结构设计中与普通机床相比有重大变化。

数控机床是机械和电子技术相结合的产物，它的机械结构随着电子控制技术在机床上的普及运用，以及为适应对机床性能和功能不断提出的技术要求而逐步发展变化。

5.1.1 数控机床机械结构的主要组成

数控机床机械结构的主要组成部件如图 5-1 所示。

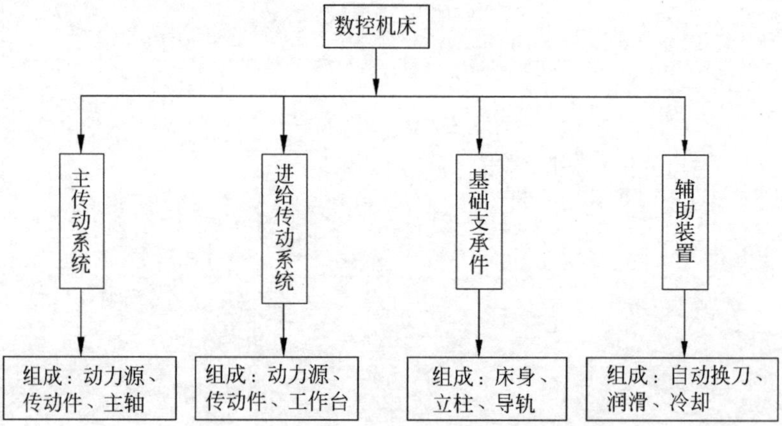

图 5-1 数控机床机械结构的主要组成

1. 主传动系统

主传动系统包括动力源、传动件及主运动执行件——主轴等，其功用是将驱动装置的运动及动力传给执行件，以实现主切削运动。

主传动系统可实现各种刀具和工件所需的切削功率，且在尽可能大的转速范围内保证恒功率输出，同时为使数控机床能获得最佳的切削速度，主传动须在较宽的范围内实现无级变速。现行数控机床采用高性能的直流或交流无级调速主轴电动机，较普通机床的机械分级变速传动链大为简化。对加工精度有直接影响的主轴组件的精度、刚度、抗振性和热变形性能要求，可以通过主轴组件的结构设计和合理的轴承组合及选用高精度专用轴承加以保证。为提高生产率和自动化程度，主轴上的卡盘有刀具或工件的自动夹紧、放松、切屑清理及卡盘准松机构。新型的陶瓷主轴质量轻，热膨胀率低，具有高的刚性和精度，一般用在加工中心上。

2. 进给运动传动系统

进给运动传动系统包括动力源、传动件及进给运动执行件——工作台(刀架)等，其功用是将伺服驱动装置的运动与动力传给执行件，以实现进给切削运动。

数控机床的进给系统是由伺服电动机驱动，通过滚珠丝杠带动刀具或工件完成各坐标方向的进给运动。为确定进给系统的传动精度和工作稳定性，在设计机械装置时，以低摩擦、低惯量、高刚度为原则，具体措施有：①采用低摩擦、轻拖动、高效率的滚珠丝杠和直线滚动导轨；②采用大扭矩、宽调速的伺服电动机直接与丝杠相连接，缩短和简化进给传动链；③通过消隙装置消除齿轮、丝杠、联轴器的传动间隙；④对滚动导轨和丝杠预加载荷，进行预拉伸。

3. 基础支承件

基础支承件指床身、立柱、滑座、工作台、横梁、主轴箱等部件，是整台机床的基础和框架，支承机床的各主要部件，并使它们在静止或运动中保持相对正确的位置。

4. 辅助装置

辅助装置指实现某些动作和辅助功能的系统和装置，如润滑、冷却等系统及排屑、防护装置是根据数控装置输出主轴的转速、转向和起停指令，刀具的选择和交换指令，冷却、润滑装置的起停指令，工件和机床部件的松开、夹紧、工作台转位指令，排屑、防护、照明、储运等辅助指令所提供的信号，以及机床上检测开关的状态信号等，经过必要的编译和逻辑运算，放大后驱动相应的执行元件，带动机床机械部件、液压气动等辅助装置完成指令规定的动作。它通常由PLC和强电控制回路构成，PLC在结构上可以与CNC一体化(内置式的PLC)，也可以是相对独立(外置式的PLC)。有的数控机床还配有编程机和对刀仪等辅助设备。

数控机床与普通机床相比，它增加了功能，提高了性能，并简化了某些传统的机械结构。图5-2为JCS—018A加工中心的外形图，该机床可在一次装夹零件后，自动连续完成铣、钻、镗、铰、攻螺纹等加工。由于工序集中，显著提高了加工效率，也有利于保证各加工面间的位置精度。该机床可以实现旋转主运动及X、Y、Z 3个坐标的直线进给运动，还可以实现自动换刀。

床身1、立柱5为该机床的基础部件，交流变频调速电动机将运动经主轴箱9内的传动件传给主轴10，实现旋转主运动。3个宽调速直流伺服电动机分别经滚珠丝杠螺母副将运动传给工作台3、滑座2，实现X、Y坐标的进给运动，传给床身1使其沿立柱导轨作Z坐标

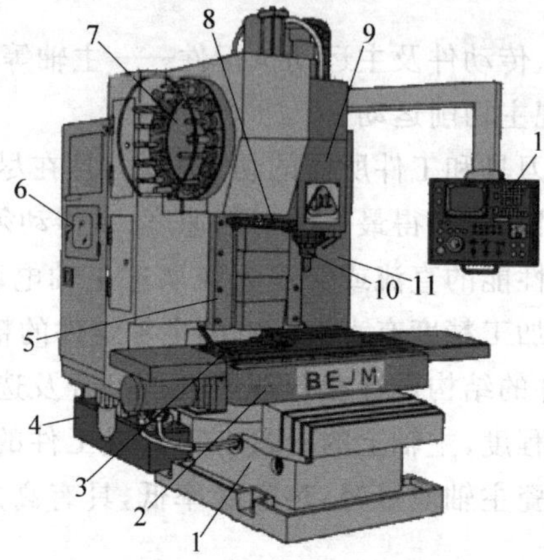

图 5-2 JCS-018A 立式加工中心外观图

1—床身；2—滑座；3—工作台；4—冷却水箱；5—Z 向防护罩；6—电器柜；7—盘式刀库；8—换刀机械手；9—主轴箱；10—主轴；11—驱动电源柜；12—操作面板

的进给运动。立柱左上侧的盘式刀库 7 可容纳 16 把刀，由换刀机械手 8 进行自动换刀。立柱的左后部为电器柜 6，右侧为驱动电源柜 11，左下侧为冷却水箱 4。

主轴带动刀具的旋转运动为机床的主运动，工作台可以做纵横向进给运动，主轴箱实现垂向进给运动。主轴通过端面键带动刀具旋转，采用电气式主轴准停装置，通过压缩空气对装刀位置进行吹扫。JCS—018A 加工中心采用卧式圆盘刀库，软件选刀，由机械手实现换刀。JCS—018A 加工中心采用 FANUC—BESK 7CM 的 CNC 系统。

5.1.2 数控机床机械结构的主要特点

数控机床是高精度、高效率的自动化机床，但由于切削用量大、连续加工发热多等因素影响工件精度，并且由于数控机床是自动控制，在加工中不能像在通用机床上那样可以随时由进行人工干预，所以其设计要求比通用机床更严格，制造要求更精密。在数控机床结构设计上，采用了许多新的加强刚性、减小热变形、提高精度等方面的措施，使得数控机床的外部造型、整体布局、传动系统以及刀具系统等方面与普通机床相比发生了很大的变化，已形成自己独自体系，其主要结构特点如下：

1. 较高的机床静、动刚度及良好的抗振性能

机床的刚度是指机床抵抗由切削力和其他力引起变形的能力、有标准规定数控机床的刚度应比类似的普通机床高 50%。机床在加工过程中，承受各种外力的作用。承受的力有运动部件和工件的自重、切削力、驱动力、加速和减速所引起的惯性力、摩擦阻力等。机床的各个部件在这些力的作用下，将产生变形。例如：固定连接表面或运动啮合表面的接触变形，各个支承部件的整体弯曲和扭转变形（自身变形）以及某些支承部件的局部变形等。这些变形都会直接或间接地引起刀具和工件之间的相对位移，从而产生工件的加工误差，或者影响机床切削过程的正常进行。

提高机床的刚度有以下措施：

1）提高数控机床静刚度的措施

(1) 正确选择截面的形状和尺寸。构件承受弯曲和扭转载荷后，其变形大小取决于断面的抗弯和抗扭惯性矩，抗弯和抗扭惯性矩大的构件刚度就高。表 5-1 列出了截面积相同、质量相同时各截面形状的惯性矩，并给出各惯性矩相对实心圆形截面惯性矩的百分比。从表中的数据可知：当截面积相同时，空心截面的刚度比实心截面的大；圆形截面的抗扭刚度比方形截面的大，抗弯刚度则比方形截面的小；封闭式截面的刚度比不封闭式截面的刚度大很多。

表 5-1　截面形状与惯性矩的关系

序　号		1	2	3	4
截面形状（形状尺寸/mm）		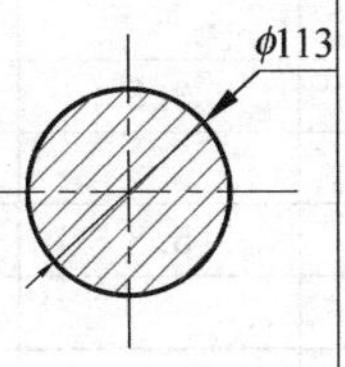	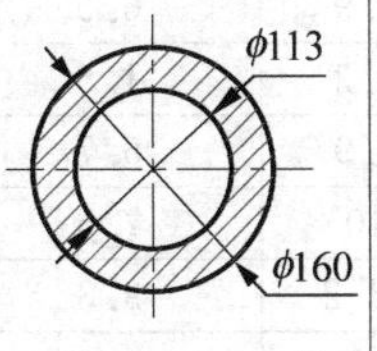	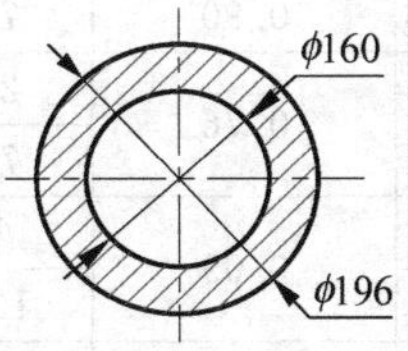	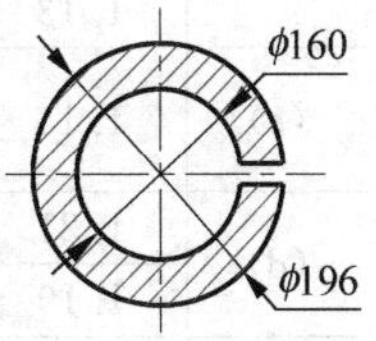
抗弯惯性矩	实际大小/cm^4	800	2416	4027	
	相对百分比/%	100	302	503	
抗扭惯性矩	实际大小/cm^4	1600	4832	8054	108
	相对百分比/%	100	302	503	7
序　号		5	6	7	8
截面形状（形状尺寸/mm）		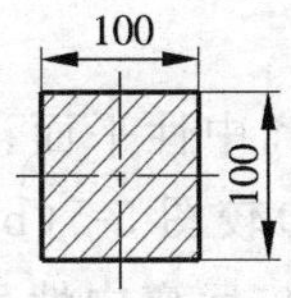	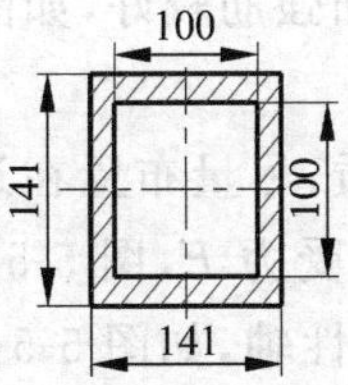	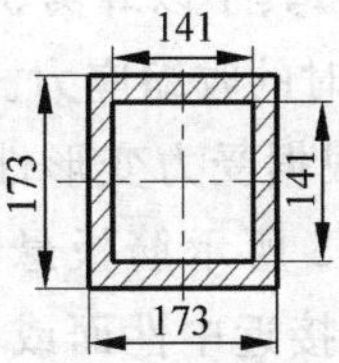	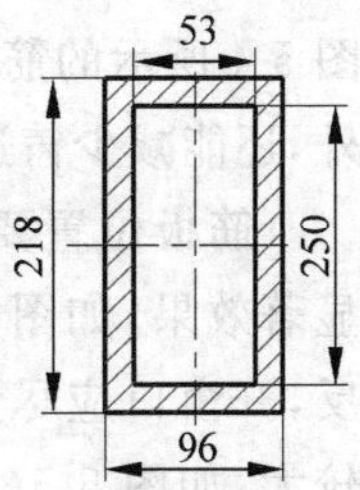
抗弯惯性矩	实际大小/cm^4	833	2460	4170	6930
	相对百分比/%	104	308	521	866
抗扭惯性矩	实际大小/cm^4	1406	4151	7037	5590
	相对百分比/%	88	259	440	350

（2）合理选择及布置隔板和筋条。合理布置支承件的隔板和筋条，可以提高构件的静动刚度。图 5-3 的几种立柱的结构，在内部布置有纵、横和交叉筋板对它进行静、动刚度试验的结果列于表 5-2 中。其中以交叉筋板(序号 5)的作用最好。

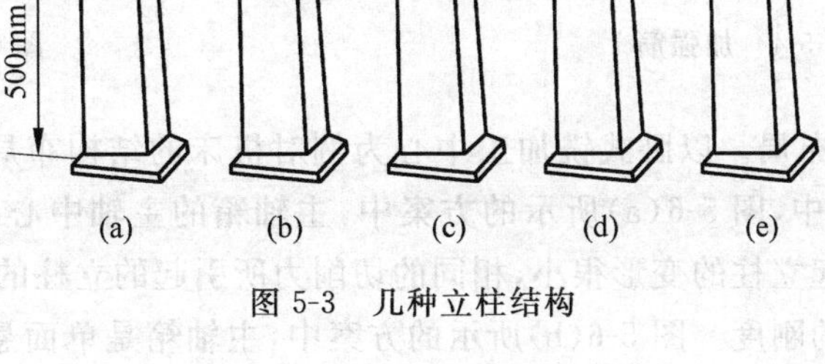

图 5-3　几种立柱结构

表 5-2 对应图 5-3 立柱的结构参数

模型类型	静刚度				动刚度		
	抗弯刚度		抗扭刚度		抗弯刚度相对值	抗扭刚度相对值	
	相对值	单位质量刚度相对值	相对值	单位质量刚度相对值		振型Ⅰ	振型Ⅱ
(a)	1	1	1	1	1	1.2	7.7
	1	1	7.9	7.9	2.3	—	44
(b)	1.17	0.94	1.4	1.1	1.2	—	—
	1.13	0.90	7.9	6.5	—	—	—
(c)	1.14	0.76	2.3	1.5	3.8	3.8	6.5
			7.9	5.7	—	—	
(d)	1.21	0.09	10	7.5	5.8	10.5	—
	1.19		12.2	9.3	—	—	—
(e)	1.32	0.81	18	10.8	3.5	—	61
		0.83	19.4	12.2	—	—	—

注：① 每一序号中，第 1 行为无顶板的，第 2 行为有顶板的。

② 振型Ⅰ指断面形状有严重畸变的扭振，振型Ⅱ指纯扭转的扭振。

对于一些薄壁构件，为了减小壁面的翘曲和构件截面的畸变，可以在壁板上设置如图 5-4 所示的筋条，其中以蜂窝状加强筋较好，如图 5-4(f)所示，它除了能提高构件刚度之外，还能减少铸造时的收缩应力。

筋板位置要根据受力变形性质，尽量布置在远离中性平面、中性轴的地方，才能起到显著效果，如图 5-5 所示筋板悬梁受力 F，图 5-5(a)较图 5-5(b)的弯曲变形小。与其相反，开窗口应尽量接近中性面或中性轴，如图 5-5(a)，远离中性面或中性轴则对刚度削弱较大，如图 5-5(b)。

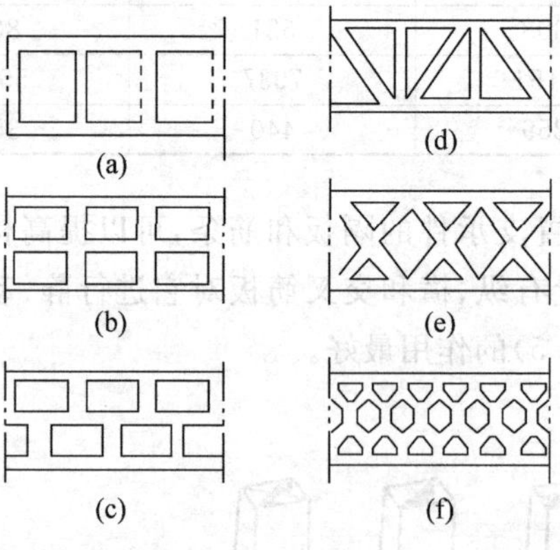

图 5-4 加强筋

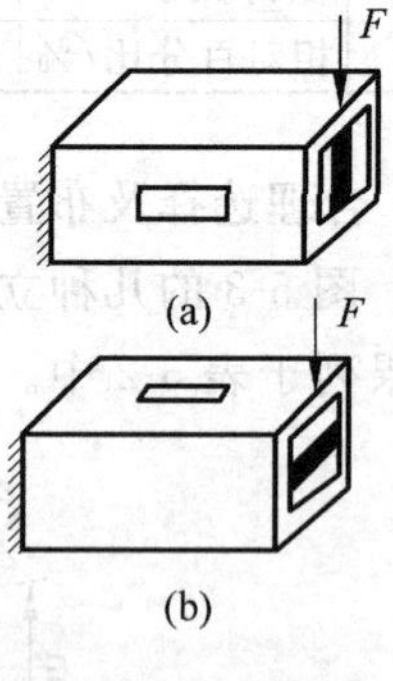

图 5-5 筋板位置

(3) 合理的结构布局。以卧式铣加工中心为例对机床的结构布局进行分析。在图 5-6 所示的几种布局形式中，图 5-6(a)所示的方案中，主轴箱的主轴中心线位于立柱的对称面内，主轴箱的自重引起立柱的变形很小，相同的切削力所引起的立柱的弯曲和扭转变形也大为减少，提高了机床的刚度。图 5-6(b)所示的方案中，主轴箱是单面悬挂在立柱侧面，主轴箱的自重将使立柱产生弯曲变形，切削力将使立柱产生弯曲和扭转变形。这些变形将会影响到加工精度。数控机床的拖板或工作台，由于结构尺寸的限制，厚度尺寸不能设计得太大，但是宽度(跨度)又不能减小，因而刚度不足，为了弥补这一缺陷，除了主导轨之外，在悬伸部位增设辅助导轨，可以大大提高拖板或工作台的刚度，如图 5-6(c)所示。为了提高数控机床主轴的刚度，不但经常采用三支撑结构，而且选用刚性很好的双列短圆柱滚子轴承和角接触向心推力轴承，以减小主轴的径向和轴向变形。

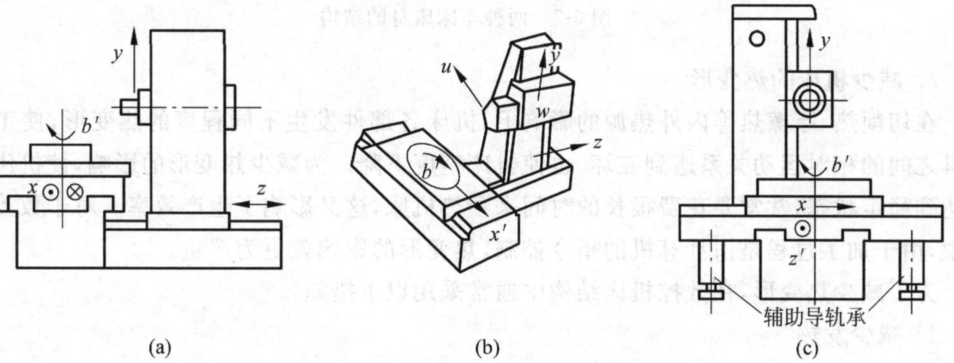

图 5-6　卧式铣加工中心布局

2) 提高数控机床动刚度及抗振性的措施

切削过程中的振动不仅影响工件的加工精度和表面质量，而且还会降低刀具寿命，影响生产率。为了充分发挥数控机床的高效加工能力，并能进行稳定切削，在保证静态刚度的前提下，对数控机床的动态特性提出更高要求，也就是说还必须提高动刚度。常用的措施主要有：

(1) 提高系统的刚度。

(2) 减少机床的内部振源。机床的高速旋转主轴、齿轮、皮带轮等均应该进行动平衡；装配在一起的旋转部件，应该保证同轴，并且要消除其配合间隙，机床上的高速往复运动部件，应该消除传动间隙，采用平衡装置和降低往复运动件的质量等措施，以减小可能产生的激振力；装在机床上的电动机或液压泵、马达等旋转部件需要隔振安装。一些断续切削的机床，断续切削力本身就是激振力，可以在适当的部位装上蓄能飞轮。减少机床的内部振源或降低激振力，就减少了产生强迫振动的可能性，相当于提高了机床的抗振性。

(3) 增大阻尼。增大阻尼是提高动刚度和振动稳定性的有效措施。采用滑动轴承比滚动轴承有更大的阻尼，对滚动轴承进行适当预紧也能够增大阻尼。将型砂或混凝土等阻尼材料填充在支承构件的夹壁中，可以有效地提高阻尼特性。如图 5-7 所示为两种车床床身方案，床身夹壁中的型砂不取出的方案如图 5-7(b)所示，其抗弯振动的阻尼值有很大提高(在水平方向提高约 10 倍，在垂直方向提高约 7 倍)。

在承受弯曲振动的支承件的表面喷涂一层有高内阻和较高弹性模量的塑性材料，可以增大构件的阻尼，抑制振动的产生。

(4) 调整构件的自振频率等。钢板的焊接结构既可以增加静刚度、减轻结构质量，又可以增加构件本身的阻尼，因此，近年来在数控机床上采用了钢板焊接结构的床身、立柱、横梁和工作台。铸件有利于振动衰减，对提高抗振性也有较好的效果。

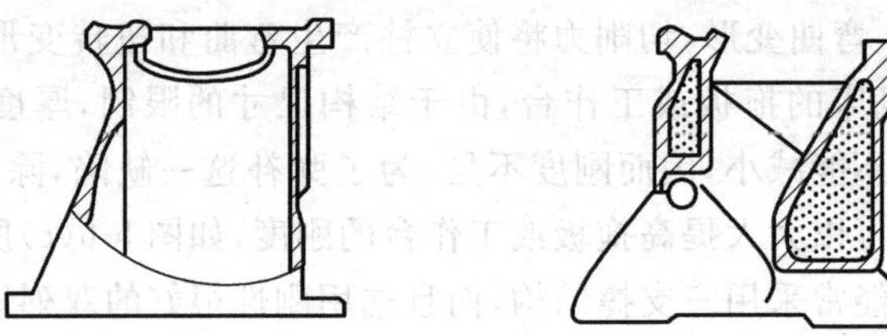

(a) 床身夹墙混凝土　　(b) 床身夹墙型砂

图 5-7　两种车床床身的结构

2. 减少机床的热变形

在切削热、摩擦热等内外热源的影响下，机床各部件发生不同程度的热变形，使工件与刀具之间的相对运动关系遭到破坏，也使机床精度下降。为减少热变形的影响，使机床热变形达到稳定状态，常常要花费很长的时间来预热机床，这又影响了生产效率。对于数控机床来说，由于加工过程是由计算机的指令控制，热变形的影响就更为严重。

为了减少热变形，在数控机床结构中通常采用以下措施：

1）减少发热

机床内部发热是产生热变形的主要热源，应当尽可能地将热源从主机中分离出去。

2）控制温升

在采取了一系列减少热源的措施后，热变形的情况将有所改善。但要完全消除机床的内外热源通常是十分困难的，甚至是不可能的。所以必须通过良好的散热和冷却来控制温升，以减小热源的影响。其中比较有效的方法是在机床的发热部位强制冷却，也可以在机床低温部分通过加热的方法，使机床各点的温度趋于一致，这样就可以减少由于温差造成的翘曲变形。

3）合理设计机床结构和布局

在同样发热的条件下，机床结构对热变形也有很大影响。若用单立柱主轴箱悬挂结构形式，则热变形对主轴轴线变值的影响要大；而采用双立柱对称结构，由于左右对称，双立柱结构受热后的主轴轴线除产生垂直方向的平移外，其他方向的变形很小，而垂直方向的轴线移动可以方便地用一个坐标的修正量进行补偿，因此，热变形对主轴轴线变值的影响小。

对于数控车床的主轴箱，应尽量使主轴的热变形发生在刀具切入的垂直方向上，如图 5-8 所示。这就可以使主轴热变形对加工直径的影响减小到最低限度。在结构上还应当尽可能减小主轴中心与主轴箱底面的距离（如图 5-8(a)中的尺寸 H），以减少热变形的总量，同时应使主轴箱的前后温升一致，避免主轴变形后出现倾斜。

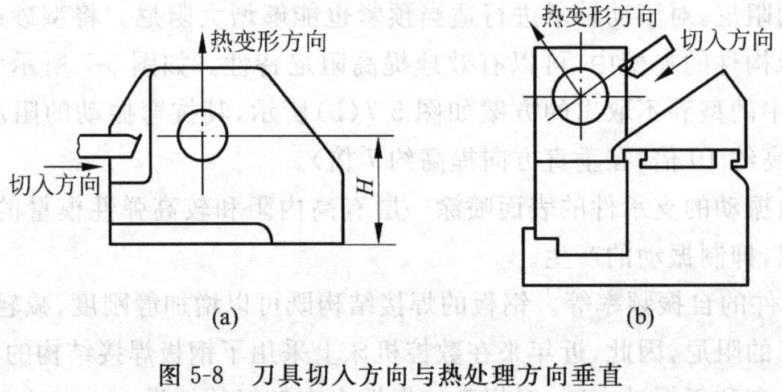

(a)　　(b)

图 5-8　刀具切入方向与热处理方向垂直

数控机床中的滚珠丝杠常在预加载荷大、转速高以及散热差的条件下工作，因此丝杠容易发热。滚珠丝杠发热伸长造成的后果是严重的，尤其是在开环系统中，它会使进给系统丧失定位精度。目前某些机床用预拉紧的方法减少丝杠的热变形。

结构设计时，应设法使热量比较大的部位的热量向热量小的部位传导或流动，使结构部件的各部位均热，这也是减少热变形的有效措施。

对于切削用量较大的数控机床，由于切屑产生的热量向机床或工件散发，会使机床或工件产生变形、影响加工精度。为了数控机床的自动加工顺利进行并减少数控机床的发热，床身结构必须有利于排屑。

4）热变形补偿

对于采取了上述措施仍不能消除的热变形，可以预测热变形的规律，建立热变形的数学模型或测定其变形的具体数值，存入数控装置的内存中，由数控系统发出补偿脉冲加以修正。

3. 提高低速运动的平稳性和运动精度

数控机床各坐标轴进给运动的精度极大地影响到零件的加工精度。在开环进给系统中运动精度（或定位精度）取决于系统各组成环节，特别是机械传动部件的精度；在闭环或半闭环进给系统中，位置检测装置的分辨率和分辨精度对运动有决定性的影响，同时机械传动部件的特性对运动精度也有一定的影响。

与传统机床不同，数控机床工作台的位移量是以脉冲当量作为它的最小单位，它常常以极低的速度运动（如在对刀、工件找正时），这就要求工作台对数控装置发出的指令要做出准确响应，这与运动件之间的摩擦特性有直接关系，如图 5-9 所示为各种导轨的摩擦力和运动速度的关系，传统机床所用的滑动导轨，见图 5-9(a)，其静摩擦力和动摩擦力相差较大，如果起动时的驱动力克服不了数值较大的静摩擦力，这时工作台并不能立即运动。这个驱动力只能使有关的传动元件如电动机轴齿轮、丝杠及螺母等产生弹性变形，从而将能量储存起来。当继续加大驱动力，使之超过静摩擦力时，工作台由静止状态变为运动状态，摩擦阻力

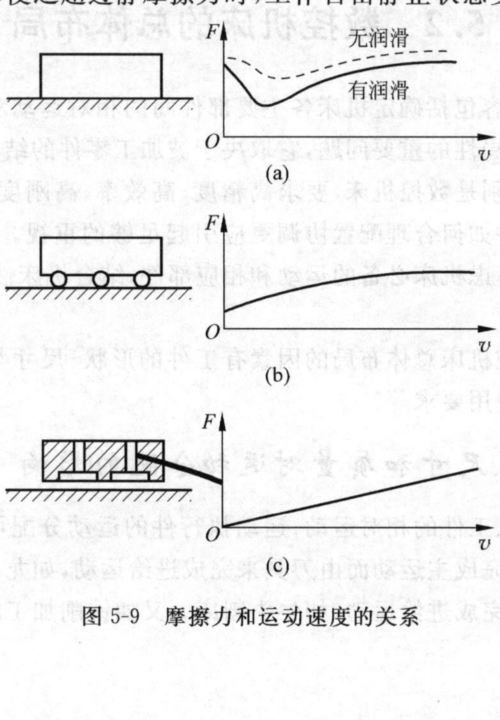

图 5-9　摩擦力和运动速度的关系

也变为较小的动摩擦力，弹性变形恢复能量释放，使工作台突然向前窜动，产生“爬行”现象，冲过了给定位置而产生误差。因此，作为数控机床的导轨，必须采取相应措施使静摩擦力尽可能接近动摩擦力。由于静压导轨和滚动导轨的静摩擦力较小，如图 5-9(b)及图 5-9(c)，而且由于润滑油的作用，它们的摩擦力随着运动速度的提高而加大，这就有效地避免了低速“爬行”现象，从而提高了数控机床的运动平稳性和定位精度。

对数控机床进给系统的另一个要求就是采用无间隙传动。由于加工的需要，数控机床各坐标轴的运动都是双向，传动元件之间的间隙无疑会影响机床的定位精度及重复定位精度。因此，必须采取措施消除进给传动系统中的间隙，如对于滚珠丝杠螺距的累积误差，通常采用脉冲补偿装置进行螺距补偿。

4. 提高机床的寿命和精度保持性

为了提高机床的寿命和精度保持性，在设计时应充分考虑数控机床零部件的耐磨性，尤其是机床导轨、进给丝杠及主轴部件等影响精度的主要零件的耐磨性。在使用过程中，应保证数控机床各部件润滑良好。

5. 减少辅助时间和改善操作性能

数控机床是一种高速、高效机床，而通常在一个零件的加工时间中，辅助时间也就是非切削时间占有较大比重。要进一步提高机床生产率，就必须采取措施最大限度地压缩辅助时间。目前已经有很多数控机床采用了多主轴、多刀架以及带刀库的自动换刀装置等措施，以减少换刀时间。

对于自动化程度很高的加工设备，与传统机床的手工操作不同，其操作性能有新的含义。由于切削加工不需要人工操作，故进行封闭或半封闭加工时要有明快、干净、协调的人机界面，要尽可能方便操作者的观察，要注意提高机床各部分的互锁功能，并安装紧急停车按钮，要留有最有利于工件装夹的位置。将所有操作都集中在一个操作面板上，操作面板要一目了然，不要有太多的按钮和指示灯，以减少误操作。

5.2 数控机床的总体布局

机床总体布局的内容包括确定机床各主要部件间的相对运动和相对位置关系两方面，它是机床设计中带有全局性的重要问题，它取决于被加工零件的结构类型和加工工艺，影响着机床的使用性能。特别是数控机床，要求高精度、高效率、高刚度、高自动化，数控装置及其他辅助装置多，各部件如何合理配置协调更应引起足够的重视。设计中应首先确定加工对象和加工方法，而后考虑机床必备的运动和相应部件，结合机床性能要求确定这些部件的相对位置和运动。

一般来说，影响数控机床总体布局的因素有工件的形状、尺寸与质量，加工功能与运动数目，机床结构性能及使用要求等。

5.2.1 工件形状、尺寸和质量对运动分配的影响

加工工件需要刀具、工件的相对运动，运动执行件的运动分配可以有多种方案。例如，刨削加工可以由工件来完成主运动而由刀具来完成进给运动，如龙门刨床。或者相反，由刀具完成主运动而由工件完成进给运动，如牛头刨床。又如铣削加工时，进给运动可以由工件

运动也可以由刀具运动来完成，或者部分由工件运动，部分由刀具运动来完成，究竟谁完成合适应遵循“谁轻便、谁运动”的原则，其中被加工工件的尺寸、形状和质量起着决定性作用。

如图 5-10 中，同是用于铣削加工的机床，根据工件的质量和尺寸的不同，可以有 4 种不同的布局方案。图 5-10(a)是加工工件较轻的升降台铣床，由工件完成的 3 个方向的进给运动，分别由工作台、滑鞍和升降台来实现。当加工工件较重或者尺寸较高时，则不宜由升降台带着工件作垂直方向的进给运动，而是改由铣头带着刀具来完成垂直进给运动，如图 5-10(b)所示。这种布局方案中，机床的尺寸参数即加工尺寸范围可以取得大一些。图 5-10(c)所示的龙门式数控铣床，工作台载着工件做一个方向的进给运动，其他两个方向的进给运动由多个刀架即铣头部件在立柱与横梁上的移动来完成。这样的布局不仅适用于质量大的工件加工，而且由于增多了铣头，使机床的生产效率得到很大的提高。加工更大更重的工件时，由工件做进给运动，在结构上是难以实现的，因此，采用如图 5-10(d)所示的布局方案，全部进给运动均由铣头运动来完成，这种布局形式可以减小机床的结构、尺寸和质量。

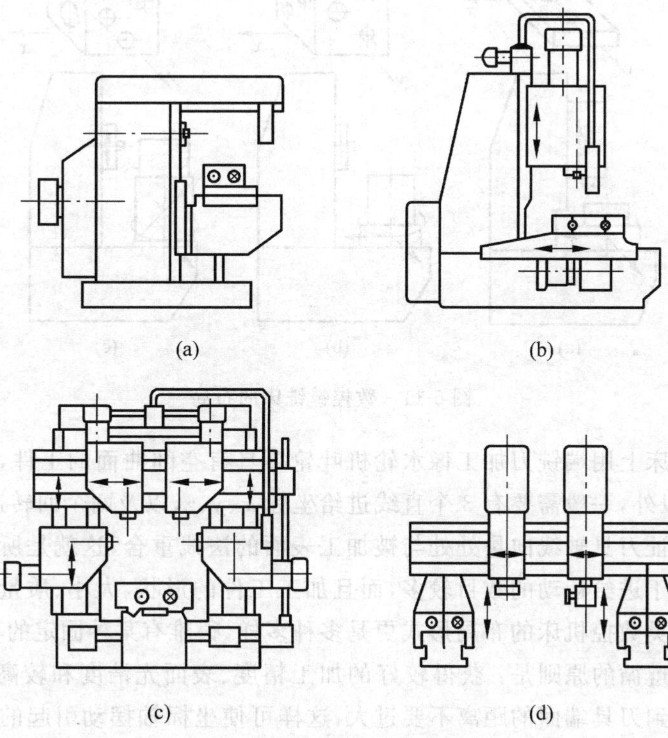

图 5-10 铣床的布局

车床类的机床，有卧式车床、端面车床、单立柱立式车床和龙门框架式立式车床等。加工长轴类零件可用卧式车床，加工短而径向尺寸大的盘类零件可用端面车床，加工重且轴向尺寸不太大的零件可用立式车床，为提高机床的刚度可采用龙门框架式立式车床。

5.2.2 加工功能与运动数目对机床部件的布局影响

运动数目，尤其是进给运动数目的多少，直接与表面成形运动和机床的加工功能有关。它们也影响着机床总布局。以数控镗铣床为例，它一般都有 4 个进给运动的部件，要根据加工的需要来配置这4个进给运动部件。

如果需要对工件的顶面进行加工,则机床主轴应布局成立式的,如图5-11(a)所示。在3个直线进给坐标之外,再在工作台上加一个既可立式也可卧式安装的数控转台或分度工作台作为附件。如果需要对工件的多个侧面进行加工,则主轴应布局成卧式的,同样是在3个直线进给坐标之外再加一个数控转台,以便在一次装夹时集中完成多面的铣、镗、钻、铰、攻螺纹等多工序加工,如图5-11(b)、(c)所示。而且数控卧式镗铣床与普通卧式镗铣床的一个很大差异是:没有镗杆也没有后立柱。因为在自动定位镗孔时要将镗杆装调到后立柱中去是很难实现的。对于跨距较大的多壁孔的镗削,只有依靠数控转台或分度工作台转动工件进行调头镗削来解决。

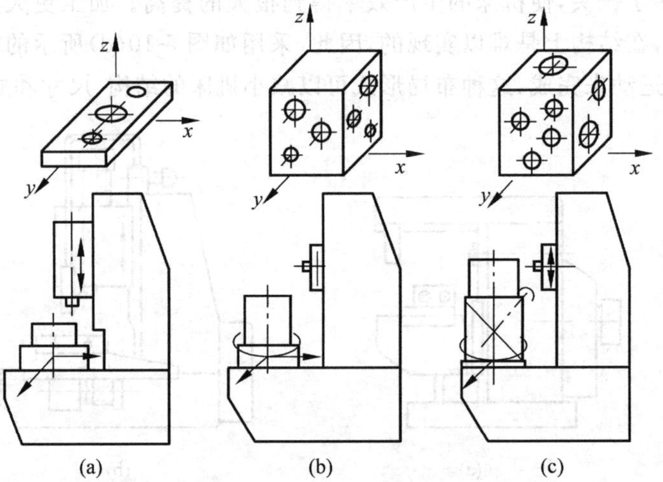

图5-11　数控镗铣床的布局

在数控铣镗床上用端铣刀加工像水轮机叶轮等具有空间曲面的工件,是最复杂的加工情况,除主运动以外,一般需要有3个直线进给坐标x、y、z,以及两个回转进给坐标(即圆周进给坐标),以保证刀具轴线向量处处与被加工表面的法线重合,这就是所谓的五轴联动的数控铣镗床。由于进给运动的数目较多,而且加工工件的形状、大小、质量和工艺要求差异也很大,因此,这类数控机床的布局形式更是多种多样,很难有某种固定的布局模式。

在布局时应遵循的原则是:获得较好的加工精度、表面光洁度和较高的生产率;转动坐标的摆动中心到刀具端面的距离不要过大,这样可使坐标轴摆动引起的刀具切削点直角坐标的改变量小,最好能布局成摆动时只改变刀具轴线向量的方位,而不改变切削点的坐标位置;工件尺寸与质量较大时,摆角进给运动由装有刀具的部件来完成,反之由装夹工件的部件来完成,这样做的目的是要使摆动坐标部件的结构尺寸较小,质量较轻;两个摆角坐标的合成矢量应能在半个空间范围的任意方位变动;同样,布局方案应保证机床各部件或总体上有较好的结构刚度、抗振性和热稳定性;由于摆动坐标带着工件或刀具摆动,将使加工工件的尺寸范围有所减少,这一点也是在总布局时需要考虑的问题。

图5-12所示为五坐标数控铣镗床的几种布局方案。图5-12(a)的方案与数控卧式镗铣床、普通卧式镗铣床的布局形式极其相似,只是在转动坐标b'之外增加了一个转动坐标a'。如a'的摆角$\alpha \geqslant 90°$,配合b'坐标的转角360°,便可以实现刀具轴线向量与工件表面法线在

半球空间内处处重合的要求。图 5-12(b)的方案也是由两个摆动坐标 a' 和 c' 带着工作台工件进行运动,以使刀具向量和工件法线相重合的,这种方案可以由升降台式数控铣床稍加改变而成。图 5-12(c)的五坐标数控铣床,有 3 个回转进给运动和两个直线进给运动,c 坐标轴带着工作台和工件作圆周进给,易于实现工件的设计基准和安装基准相重合,而且连续的圆周进给易于保证较高的加工光洁度,刀具完成另外的两个转动进给和两个直线进给运动。运动多而且集中,结构比较复杂也难以保证刀具系统的刚度。

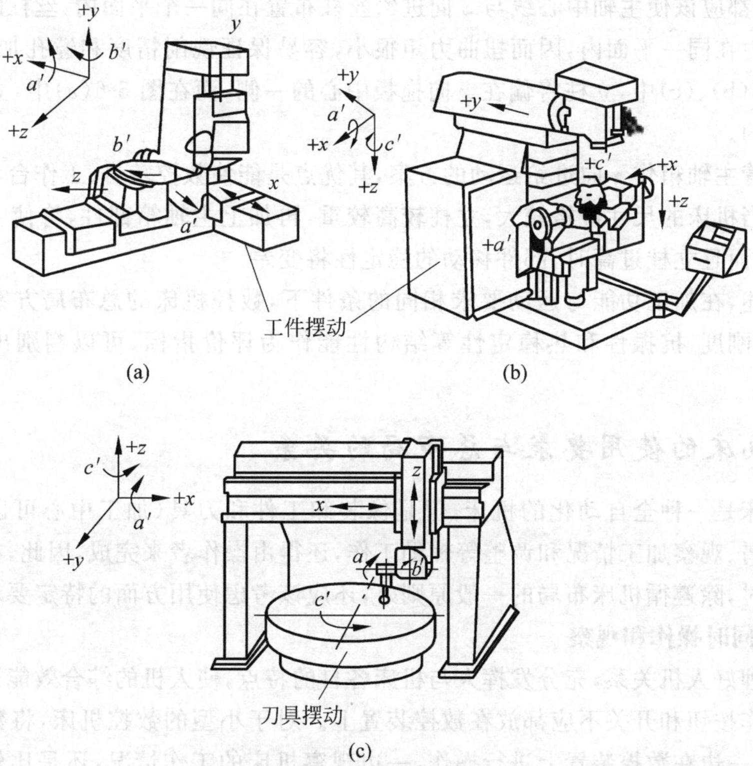

图 5-12 五坐标铣床的布局

5.2.3 机床的结构性能与总布局的关系

数控机床的结构性能较普通机床要求高,总体布局更应兼顾良好的精度、刚度、抗振性和热稳定性等结构性能。图 5-6 所示的几种数控卧式镗铣床,其运动要求与加工功能是相同的,但是结构的总体布局却各不相同,因而其结构性能是有差异的。

图 5-6(a)与(b)的方案采用了 T 型床身布局,前床身横置与主轴轴线垂直,立柱带着主轴箱一起作 z 坐标进给运动,主轴箱在立柱上作 y 向进给运动。T 型床身布局的优点是:工作台沿前床身方向作进给运动,在全部行程范围内工作台均可支承在床身上,故刚性较好,提高了工作台的承载能力,易于保证加工精度,而且可用较长的工作行程,床身、工作台及数控转台为 3 层结构,在相同的台面高度下,比图 5-6(c)的十字形工作台的 4 层结构,更易保证大件的结构刚性;而且在图 5-6(c)的十字形工作台的布局方案中,当工作台带着数控转台在横向(即 x 向)作大距离移动和下拖板作 z 向进给时,z 向床身的一条导轨要承受

很大的偏载，在图 5-6(a)、(b)的方案中就没有这一问题。

图 5-6(a)中，主轴箱装在框式立柱中间，设计成对称形结构，图 5-6(b)和(c)中，主轴箱悬挂在单立柱的一侧，从受力变形和热稳定性的角度分析，这两种方案是不同的。框式立柱布局要比单立柱布局少承受一个扭转力矩和一个弯曲力矩，因而受力后变形小，有利于提高加工精度；框式立柱布局的受热与热变形是对称的，因此，热变形对加工精度的影响小。所以一般数控镗铣床和自动换刀数控镗铣床大都采用这种框式立柱的结构形式。在这 3 种总布局方案中，都应该使主轴中心线与 z 向进给丝杠布置在同一个平面内，丝杠的进给驱动力与主切削抗力在同一平面内，因而扭曲力矩很小，容易保证铣削精度和镗孔加工的平行度。但是在图 5-6(b)、(c)中，立柱将偏在 z 向拖板中心的一侧，而在图 5-6(a)中，立柱和 x 向横床身是对称的。

立柱带着主轴箱作 z 向进给运动的方案，其优点是能使数控转台、工作台和床身为 3 层结构。但是当机床的尺寸规格较大，立柱较高较重，再加上主轴箱部件，将使 z 轴进给的驱动功率增大，而且立柱过高时，部件移动的稳定性将变差。

综上所述，在加工功能与运动要求相同的条件下，数控机床的总布局方案是多种多样的，以机床的刚度、抗振性和热稳定性等结构性能作为评价指标，可以判别出布局方案的优劣。

5.2.4 机床的使用要求与总布局的关系

数控机床是一种全自动化的机床，但是像装卸工件和刀具（加工中心可以自动装卸刀具）、清理切屑、观察加工情况和调整等辅助工作，还得由操作者来完成，因此，在考虑数控机床总体布局时，除遵循机床布局的一般原则外，还应该考虑使用方面的特定要求：

1. 便于同时操作和观察

恰当处理好人机关系，充分发挥人与机床各自的特点，使人机的综合效能达到最佳。数控机床的操作按钮和开关不应都放在数控装置上。对于小型的数控机床，将数控装置放在机床的近旁，一边在数控装置上进行操作，一边观察机床的工作情况，还是比较方便的。但是对于尺寸较大的机床，这样的布置方案，因工作区与数控装置之间距离较远，操作与观察会出现顾此失彼的问题。因此，要设置吊挂按钮站，可由操作者移至需要和方便的位置，对机床进行操作和观察。对于重型数控机床这一点尤为重要，在重型数控机床上，总是设有接近机床工作区域（刀具切削加工区），并且可以随工作区变动而移动的操作台或吊挂按钮站。数控装置应放置在操作台上，以便同时进行操作和观察。

2. 排屑和冷却

数控机床的效率高、切屑多，排屑是个很重要的问题，机床的结构布局要便于排屑。如图 5-13 所示的数控车床的 3 种布局方案中，图 5-13(a)为横床身，排屑不利。斜床身的排屑条件有所改善，如图 5-13(b)所示。图 5-13(c)为立床身，而且采用反车加工方式，大量的切屑直接落入自动排屑的运输装置，迅速送出机床床身之外。为了防止切屑与冷却液飞溅，避免润滑油外泄，应将机床做成全封闭结构，只在工作区处留有可以自动开闭的门窗，用于观察和装卸工作。

3. 刀具、工作装卸、夹紧方便

不具备自动换刀功能的数控机床，刀具和工件的装卸和夹紧松开均由操作者来完成，要

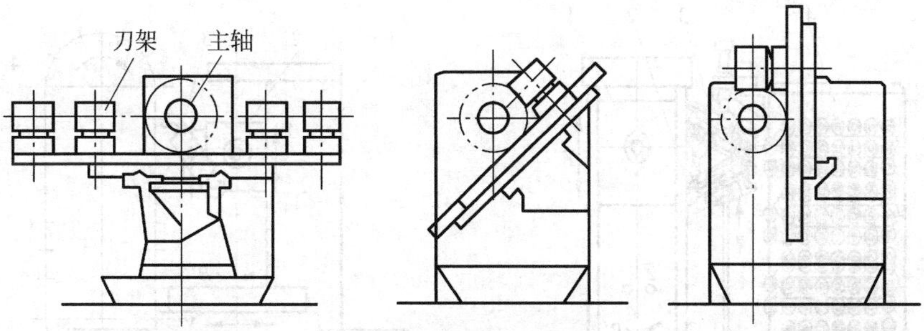

(a) 平床身布置　(b) 斜床身布置　(c) 立床身布置

图 5-13　数控车床的布局

求易于接近装卸区域，而且装夹机构要省力简便。

4. 具有自动换刀功能的加工中心

要根据刀库容量与形式，改变机械手换刀动作与路径，从便于调整与操作，合理布置刀库机械手位置和与机床的连接关系。

例如自动换刀数控卧式镗铣床，可以说是由数控镗铣床加上刀具自动交换系统（包括刀库、识辨刀具的识刀器和刀具交换的机械手等）组成。总布局要特别考虑的是如何将刀具自动交换系统与数控机床有机地结合在一起，构成一台完整的自动换刀数控镗铣床。所要考虑的问题有：选择合适的刀库、换刀机械手与识刀装置的类型，力求这些结构部件的结构简单，动作少而可靠；机床的总体结构尺寸紧凑，刀具存储交换时保证刀具与工件和机床部件之间不发生干涉等。这些问题可以结合图 5-14 所示的 3 种布局方案来进行分析。

图 5-14(a)为某自动换刀数控卧式镗铣床的布局方案，它采用四排链式刀库，装刀容量为 60 把，放在机床的左后方，与主机没有固联在一起。双爪的机械手在立柱上移动，可以在四排刀库的固定位置上取刀，取刀后机械手回转 180°并上移到固定的换刀位置，在主轴上进行刀具交换。这种方案的刀库容量可以选得较大，放在主机之外对主机的工作没有影响；但要保证刀库、换刀机械手与主机之间尺寸联系精度，安装调整较费功夫；机械手的换刀动作也较多，尽管有些动作可以与加工时间重合，但是动作太多，可靠性较难保证；而且整机占地面积较大，机床在整体上显得有些松散；只能实现固定位置换刀，主轴箱的重复定位精度将影响加工台肩轴孔的同轴度。

图 5-14(b)是另一种加工中心布局方案，链式刀库放置在主机的右前方，对主机的操作有妨碍；换刀机械手装在主轴箱上。可以实现任意位置换刀，因而换刀动作少，立柱的 z 向退刀动作就是回到换刀位置的动作。

图 5-14(c)也是一台卧式加工中心，链式刀库装在立柱的左侧面，刀库中刀具的轴线与机床的主轴轴线垂直交叉，因此，换刀机械手可以做 90°旋转运动，将刀库中取下的刀具转到与主轴中心线平行的位置进行换刀，并且换刀机械手装在主轴箱上，可以实现任意位置换刀。这种方案的换刀动作少，结构布置紧凑，外观较好，占地面积也较小。现代许多卧式加工中心，尽管所采用的刀库与换刀机械手的结构方案可以不同，但是大都采用这种形式的总体布局方案。

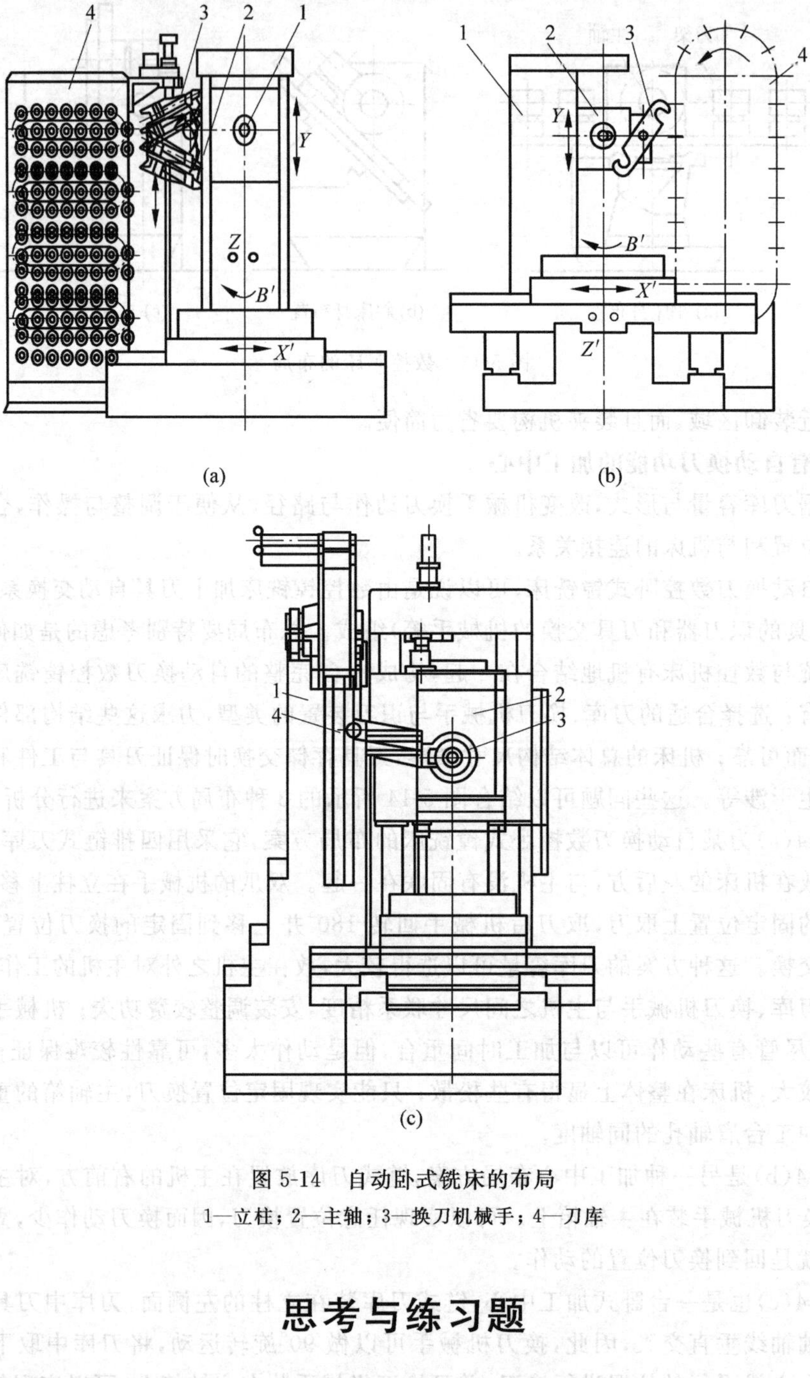

图 5-14　自动卧式铣床的布局

1—立柱；2—主轴；3—换刀机械手；4—刀库

思考与练习题

5-1　传统机床配上数控系统可称为数控机床吗？为什么？

5-2　数控机床对结构的要求主要有哪几个方面？如何去满足这些要求？

5-3　数控机床的总体布局主要考虑哪些因素？

第6章

数控机床的主传动系统

机床的主传动系统用来实现主运动，它将主电动机的原动力变成可供主轴上刀具切削加工的切削力矩和切削速度。它的精度决定了零件的加工精度。数控机床的主传动系统承受主切削力，它的功率大小与回转速度直接影响着机床的加工效率。为了适应各种不同的加工类型及不同的加工方法，数控机床的主传动系统应具有较大的调速范围，较高的精度与刚度，并尽可能降低噪声与热变形，从而获得最佳的生产率、加工精度和表面质量。

机床的主传动系统包括主轴电动机、传动装置、主轴、主轴轴承、主轴定向装置、刀具自动装卸装置、主轴孔内的切屑清除装置以及润滑和冷却装置等，其主传动运动是通过主传动电动机拖动的。

数控机床的主传动系统相对于普通机床而言，有其突出特点：

(1) 转速高，功率大，它能使数控机床进行大功率切削和高速切削，实现高效率加工。

(2) 主轴转数的变换迅速可靠，并能自动无级变速，使切削工作始终在最佳状态下进行。

(3) 为实现刀具的快速或自动装卸，主轴上还必须设计有刀具自动装卸、夹紧、主轴定向停止和主轴孔内的切屑清除装置。

6.1 数控机床对主传动系统的要求

为了满足数控机床加工精度高、加工柔性好、自动化程度高等要求，与普通机床比较，数控机床主传动系统应具备以下特点：

(1) 变速范围宽。数控机床的主传动系统要有较宽的调速范围，以保证加工时能选用合理的切削速度，得到最大的生产率和最好的加工精度及表面质量。

(2) 主轴变速迅速可靠。由于直流和交流主轴电动机的调速系统日趋完善，不仅能够方便地实现宽范围的无级变速，还能减少中间传递环节，提高变速的可靠性。

(3) 主轴组件的耐磨性高。这能使传动系统长期保证精度。凡有机械摩擦的部位都应有足够的刚度和良好的润滑。

(4) 转速高、功率大。这能使数控机床进行高速大功率切削,实现高效率加工。

(5) 有较高的精度和刚度,传动平稳,噪声低。数控机床加工精度的提高,与主传动系统具有较高的精度密切相关。由于数控机床的主轴部件本身的精度高、传动链短,故数控机床主轴传动系统的精度高。为了提高传动件的制造精度与刚度,齿轮齿面多采用高频感应加热淬火以增加耐磨性;最后一级采用斜齿轮传动,使传动平稳,采用精度高的轴承及合理的支承跨距等,以提高主轴组件的刚性。

(6) 良好的抗振性和热稳定性。数控机床在加工时,可能由于断续切削、加工余量不均匀、运动部件不平衡以及切削过程中的自振等原因引起的冲击力或交变力的干扰,使主轴产生振动,影响加工精度和表面质量,严重时可能损坏刀具或主传动系统中的零件,使其无法工作。主传动系统的发热使其中所有零部件产生热变形,降低传动效率,破坏零部件之间的相对位置精度和运动精度,造成加工误差。为此,主轴组件要有较高的固有频率,以实现动平衡,保持合适的配合间隙并进行循环润滑等。

6.2 数控机床主传动系统的变速方式

数控机床的主运动广泛采用无级变速,这不仅能使机床在一定的调速范围内选择到合理的切削速度,而且还能在运转中自动换速。无级调速有机械、液压和电气等多种形式,数控机床一般都采用由直流或交流调速电动机作为驱动源的电气无级调速。由于数控机床主运动调速范围较宽,一般情况下单靠调速电动机无法满足;另一方面调速电动机的功率和转矩特性也难以直接与机床的功率和转矩要求完全匹配。因此,需要在无级调速电动机之后串联机械分级变速传动,以满足调速范围和功率、转矩特性的要求。以下为这种主传动系统的设计方法。

6.2.1 机床主轴的功率转矩特性

主轴所传递的功率或转矩与转速之间的关系,称为主轴的功率或转矩特性,如图 6-1 所示。根据实际使用需求和与刀具夹具强度刚度匹配,主轴从最高转速 n_{max} 到某一转速 n_j 之间,应能传递电动机的全部功率。在这个区域内,主轴的最大输出转矩应随转速的降低而加大。从 n_j 以下直到最低转速 n_{min},这个区域内的各级转速并不需要传递全部功率,主轴的输出转矩不再随转速的降低而加大,而是保持 n_j 时的转矩不变,所能传递的功率随转速的降低而降低。n_j 是主轴能传递全功率的最低转速,称为主轴的计算转速。机床主轴在整个转速范围内,以计算转速为界,分为两个区域:计算转速 n_j 及以上,直到 n_{max},为恒功率区域Ⅰ;计算转速 n_j 及以下,直到 n_{min},为恒转矩区域Ⅱ。一般恒功率变速范围,为恒转矩变速范围的 2～4 倍。

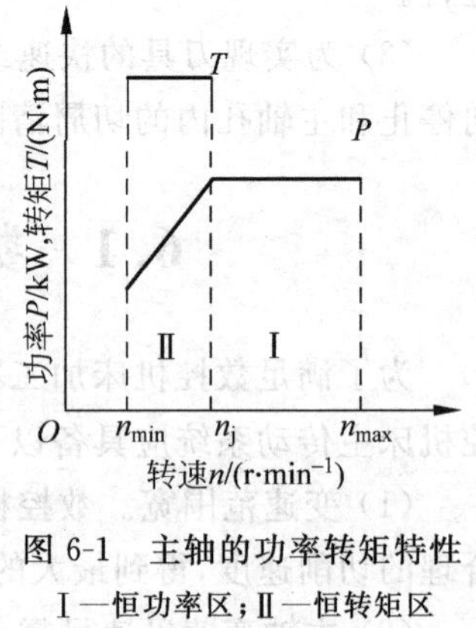

图 6-1 主轴的功率转矩特性

Ⅰ—恒功率区;Ⅱ—恒转矩区

主轴的计算转速因机床种类而异,应用范围广,变速范围宽,计算转速可取得高一些;应用范围较窄,变速范围较小,计算转速应取得低一些。数控机床由于工艺范围广,变速范围宽,计算转速较普通机床高,一般应根据调查统计实际使用情况确定。

6.2.2 直流和交流调速电动机的功率转矩特性

机床上常用的无级变速动力源为直流或交流调速电动机。直流调速电动机从额定转速 n_j 向上至最高转速 n_{max}，是用调节磁场电流(简称调磁)的办法来调速的，属于恒功率；从额定转速 n_j 向下至最低转速 n_{min}，是用调节电枢电压(简称调压)的办法来调速的，属恒转矩。通常，额定转速 n_j = 1000～2000r/min，恒功率调速范围为2～4倍，恒转矩调速范围很大，可达几十甚至超过一百倍。交流调速电动机靠调节供电频率的办法调速。因此常称为调频主轴电动机。通常，额定转速 n_j = 1500r/min，额定转速向上至最高转速 n_{max} 为恒功率，调速范围为3～5倍；额定转速 n_j 至最低转速 n_{min} 为恒转矩，调速范围为几十甚至超过一百倍。这两种电动机的功率转矩特性见图6-2。交流调速电动机由于没有电刷，能达到的最高转速比同功率的直流电动机高、磨损和故障也少。现在，在中小功率的数控机床上，交流调速电动机的使用越来越多。

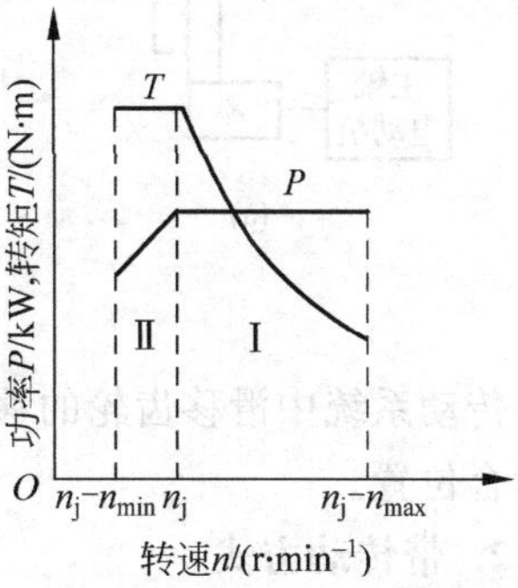

图6-2 直流和交流调速电动机的功率转矩特性

设计无级变速系统要解决的最主要问题是动力源与机床主轴的转矩与功率的匹配问题。直流或交流调速电动机用于拖动旋转主运动，由于主轴要求的恒功率变速范围远大于电动机所能提供的恒功率变速范围，所以常用引入串联分级变速装置的办法来扩大其恒功率变速范围。

6.2.3 主轴转速的自动变换

采用直流或交流调速电动机的主运动无级变速系统中，主轴的正、反起动与停止制动是直接控制电动机来实现的，主轴转速的变换则由电动机转速的变换与齿轮有级变速机构的变换相配合来实现。为了获得主轴的某一转速，必须接通相应的分级变速级和电动机的调压变速或调磁变速。理论上说电动机的转速可以无级变换，但是，主轴转速的S二位代码最多只有99种，即使是使用S四位代码直接指定主轴转速，也只能分级递增，而且分级越多指令信号的个数越多，越难以实现。因此，实际上还是将主轴转速按等比数列分成若干级(一般最多不超过99级)，根据主轴转速的S代码发出的调速信号来实现主轴的自动换速。电动机的调压或调磁变速，由电动机的驱动电路根据转速指令电压信号来变换。齿轮分级变速则采用液压或电磁离合器等自动变速机构实现。

6.2.4 数控机床主轴的传动方式

数控机床的主传动要求具有较宽的调速范围，其调速是按照控制指令自动执行的，因此变速机构必须适应自动操作的要求。在主传动系统中，目前多采用交流主轴电动机和直流主轴电动机无级调速系统。为扩大调速范围，适应低速大转矩的要求，也经常采用齿轮有级调速和电动机无级调速相结合的调速方式。

1. 齿轮传动方式

如图6-3(a)所示为齿轮传动方式，一般大、中型数控机床多采用此方式。它通过几对齿轮降速，确保低速时的扭矩，以满足主轴输出扭矩特性的要求。有一部分小型数控机床也采用这种传动方式，以获得强力切削时所需要的扭矩。

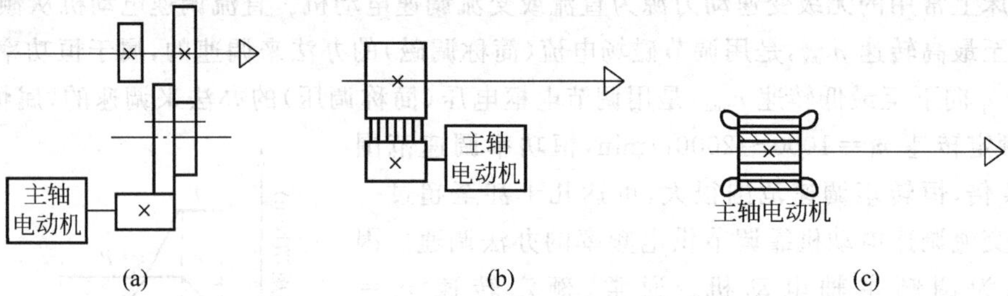

图 6-3 机床主轴的传动方式

传动系统中滑移齿轮的移位大多采用液压拨叉的方式或直接由液压缸带动滑移齿轮变换啮合位置。

2. 带传动方式

带传动主要应用在小型数控机床上，可克服齿轮传动时引起振动和噪声的缺点，但它只能适用于扭矩特性要求低的机床上。如图 6-3(b)所示为带传动方式。

1) 多楔带

多楔带是指以平带为基体、内表面排布有等间距纵向 40°梯形楔的环形橡胶传动带，其工作面为楔的侧面，主要特点如下：

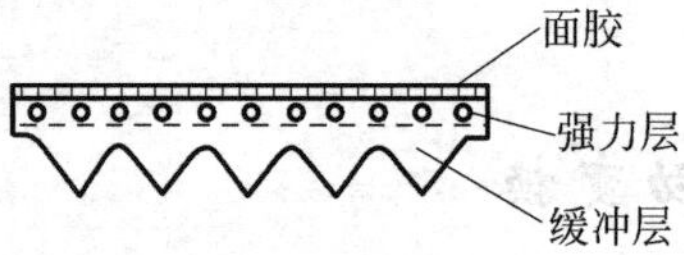

图 6-4 多楔带

(1) 传动功率大，空间相同时比普通 V 带的传动功率高 30%。

(2) 传动系统结构紧凑，在相同的传动功率情况下，传递装置所占空间比普通 V 带小 25%。

(3) 带体薄，富有柔软性，适应带轮直径小的传动，也适应高速传动，带速可达 40m/s；振动小，发热少，运转平稳。

(4) 耐热、耐油、耐磨，使用伸长小，寿命长。

2) 同步齿形带

同步齿形带传动是综合了带、链传动优点的新型传动方式，同步齿形带外形如图 6-5，其结构和传动如图 6-6 所示，主要特点如下：

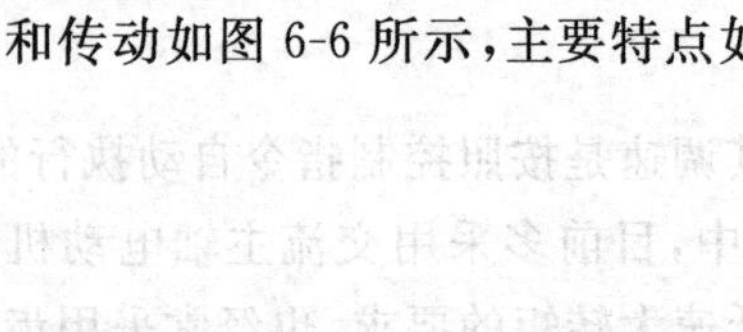

图 6-5 同步齿形带

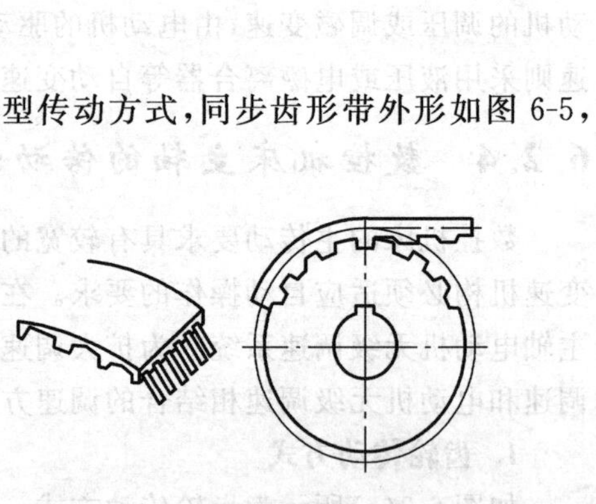

图 6-6 同步齿形带的结构和传动

(1) 传动效率高,可达98%以上。

(2) 无滑动,传动比准确。

(3) 传动平稳,噪声小。

(4) 使用范围较广,速度可达50m/s,速比可达10左右,传递功率由几瓦至数千瓦。

(5) 维修保养方便,不需要润滑。

(6) 安装时中心距要求严格,带与带轮制造工艺较复杂,成本高。

3. 调速电动机直接驱动主轴传动方式

如图6-3(c)所示为调速电动机直接驱动主轴传动方式。电动机直接带动主轴运动,简化了主轴箱体与主轴的结构,有效地提高了主轴部件的刚度,但主轴输出扭矩小,电动机发热对主轴的精度影响较大。

如图6-7所示为直接传动主轴,该装置内装电动机主轴,即主轴与电动机转子合为一体,其优点是主轴部件结构紧凑、惯性小、质量轻,可提高起动、停止的响应特性,有利于控制振动和噪声；缺点是电动机运转产生的热量使主轴产生热变形。

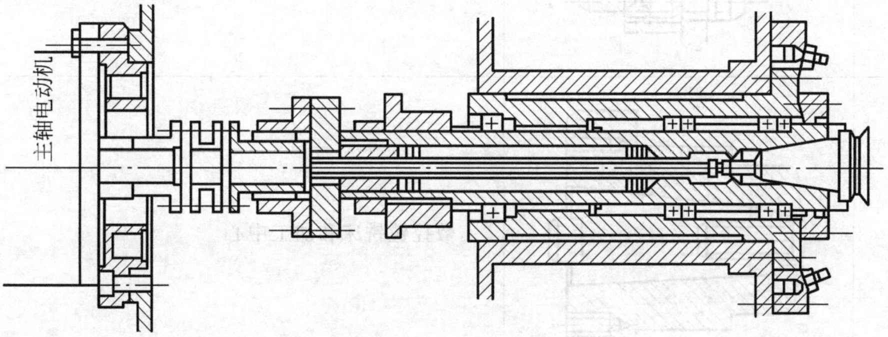

图6-7　直接传动主轴

6.3　数控机床的主轴部件

数控机床的主轴部件是机床重要部件之一,它带动工件或刀具执行机床的切削运动,因此数控机床的主轴部件不仅要满足精加工时精度较高的要求,还要满足粗加工时具有高效切削的能力,同时,数控机床主轴部件应有更高的动、静刚度和抵抗热变形的能力。

主轴部件是机床的关键部件,它包括主轴、主轴支承、传动件及刀具、工件夹紧机构等。机床工作时,由主轴夹持工件或刀具,直接参与表面成形运动,所以主轴部件的结构和性能对加工精度和生产率有重要的影响。主轴部件外形图如图6-8所示。

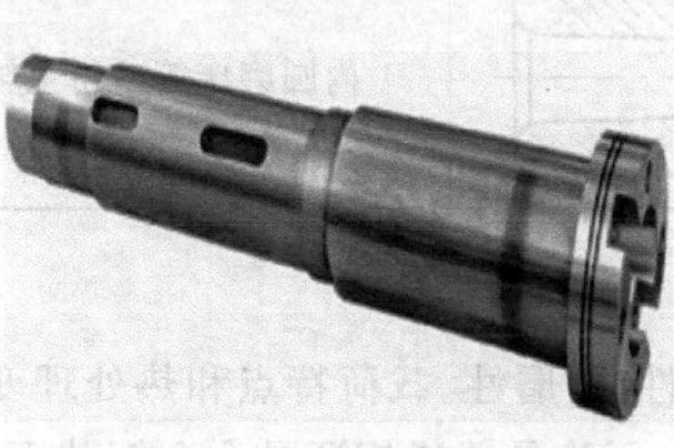

图6-8　主轴部件外形图

6.3.1 主轴

1. 主轴端面结构形式

主轴端面结构及其应用如表 6-1 所示。

表 6-1 主轴端面结构及应用

序号	主轴端面结构	应　用
1	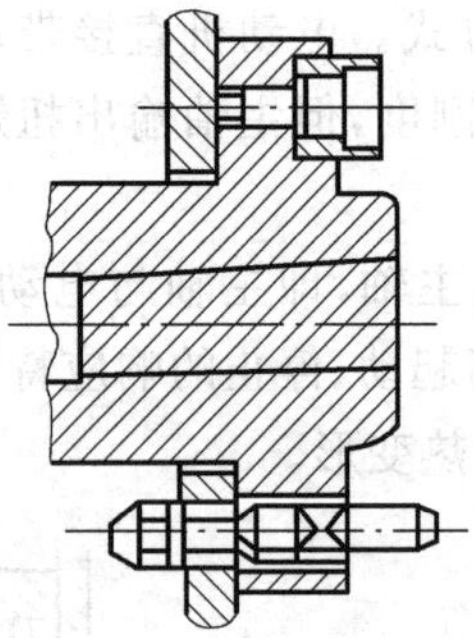	数控车床
2	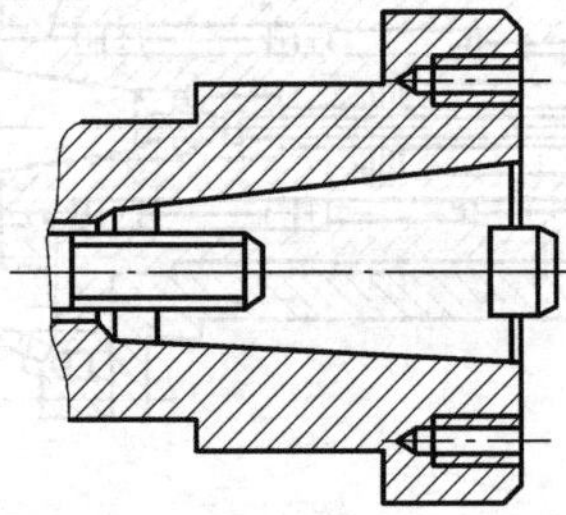	数控镗铣床和加工中心
3	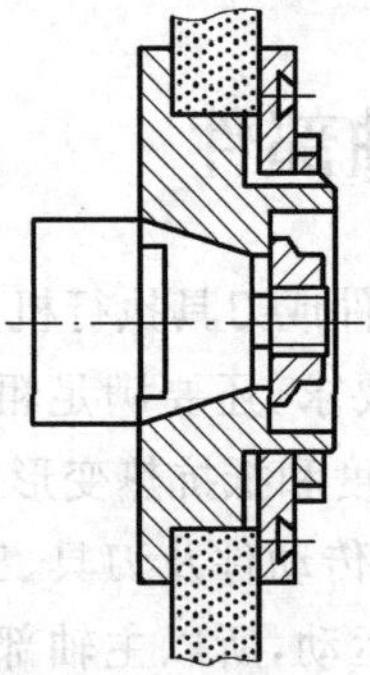	外圆磨床、平面磨床、无心磨床等砂轮主轴
4	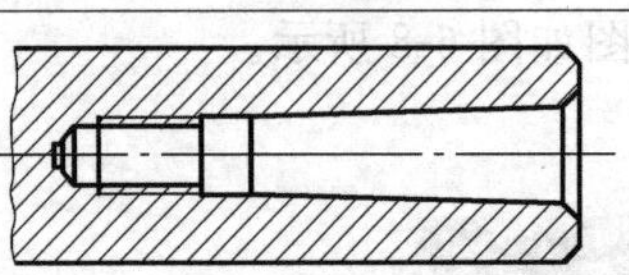	内圆磨床等砂轮主轴

2. 主轴的材料与热处理

主轴材料可根据强度、刚性、耐磨性、载荷特点和热处理变形大小等因素来选择。主轴刚度与材料弹性模量 E 有关。无论是普通钢还是合金钢其 E 值基本相同。因此，对于一般要求的机床其主轴可用价格便宜的中碳钢、45 钢，进行调质处理后硬度为 22～28HRC；当载荷较大或存在较大的冲击，或者精密机床的主轴为减少热处理后变形，或者需要做轴向移动的主轴为了减少磨损时，则可用合金钢。常用的合金钢有 40Cr，进行淬火硬度达到 56～62HRC。某些高精度机床的主轴材料选用 38CrMoAl 进行氮化处理，使硬度达到850～1000HV。

6.3.2 主轴的支承

1. 主轴轴承的配置

每一个传动轴均要轴向、径向定位，合理配置主轴的轴承，对提高主轴部件的精度和刚度、降低支承温升、简化支承结构有很大的作用。主轴的前后支承均应有承受径向载荷的轴承，承受轴向力的推力轴承的配置主要根据主轴部件的工作精度、刚度、温升和支承结构的复杂程度等因素来进行选择。按推力轴承位置不同，可有如图 6-9 所示的几种常见配置形式。

图 6-9(a)为后端定位。推力轴承装在后支承的两侧，轴向载荷由后支承承受，这种形式的配置对于细长主轴承受轴向力后可能引起横向弯曲，同时主轴单变形向前伸长，影响加工精度。但这种配置能简化前支承的结构，多用于普通精度的机床的主轴部件。

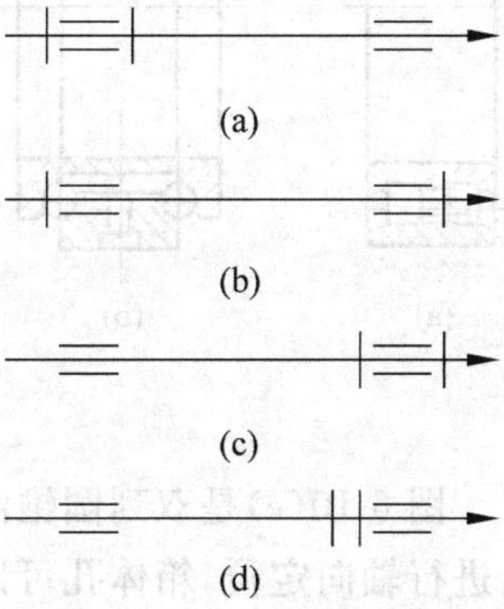

图 6-9 主轴支承配置形式

图 6-9(b)为两端定位。推力轴承分别装在前、后支承的外侧，轴承的轴向间隙可以在后端进行调整。但是主轴热伸长后，会改变支承的轴向或径向间隙，影响加工精度。这种配置方案一般用于较短或能自动预紧的主轴部件。

图 6-9(c)和(d)为前端定位。推力轴承装在前支承，刚度较高，主轴部件热伸长向后，不致影响加工精度。图 6-9(c)的推力轴承装在前支承的两侧，会使主轴的悬伸长度增加，影响主轴的刚度；图 6-9(d)为两个推力轴承都装在前支承的内侧，这种配置，主轴的悬伸长度小，但是前支承较复杂，一般高速精密机床的主轴部件都采用这种配置方案。

2. 主轴部件常用滚动轴承的类型

机床主轴用的轴承，有滚动轴承和滑动轴承两大类。滚动轴承能在转速和载荷变化幅度很大，无间隙，甚至预紧(有一定的过盈量)的条件下稳定地工作；摩擦因数小，有利于减少发热；润滑容易，可以用脂润滑；滚动轴承是由轴承厂生产的，可以外购。滚动轴承的缺点是：滚动体的数量有限，所以滚动轴承在旋转中的径向刚度是变化的，这是引起振动的原因之一；滚动轴承的阻尼较低；滚动轴承的径向尺寸比滑动轴承大。

数控机床的主轴多数采用滚动轴承，特别是立式主轴，用滚动轴承可以采用脂润滑以避免漏油。只有当要求加工表面粗糙度数值很小，主轴又是水平的机床如外圆和平面磨床、高精度机床时才用滑动轴承。主轴组件的抗振性主要取决于前轴承。因此，也有的主轴前支承用滑动轴承，后支承和推力轴承用滚动轴承。

主轴轴承的类型应根据精度、刚度和转速来进行选择。为了提高精度和刚度，主轴轴承的间隙应该是可调的，这是主轴轴承主要的特点。线接触的滚子轴承，比点接触的球轴承刚度高，但一定温升下允许的转速较低。

机床主轴常用的滚动轴承如图 6-10 所示。

图 6-10(a)为锥孔双列圆柱滚子轴承，内圈为 1∶12 的锥孔，当内圈沿锥形轴颈轴向移动时，内圈胀大以调整滚道的间隙。滚子数目多，两列滚子交错排列，因而承载能力大、刚性好、允许转速高。它的内、外圈均较薄，因此，要求主轴颈与箱体孔均有较高的制造精度，以免轴颈与箱体孔的形状误差使轴承滚道发生畸变而影响主轴的旋转精度。该轴承只能承受径向载荷。

图 6-10(b)是双列推力向心球轴承，接触角为 60°，球径小、数目多，能承受双向轴向载荷。磨薄中间隔套，可以调整间隙或进行预紧，轴向刚度较高，允许转速高。该轴承一般与双列圆柱滚子轴承配套用作主轴的前支承，并将其外圈外径作成负公差，保证只承受轴向载荷。

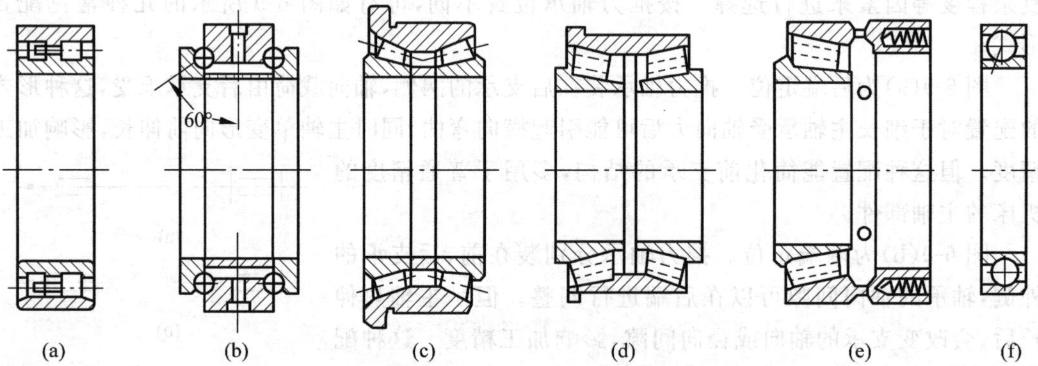

图 6-10　主轴常用滚动轴承

图 6-10(c)是双列圆锥滚子轴承，它有一个公用外圈和两个内圈，由外圈的凸肩在箱体上进行轴向定位，箱体孔可以镗成通孔。磨薄中间隔套可以调整间隙或预紧，两列滚子的数目相差一，能使振动频率不一致，明显改善了轴承的动态特性。这种轴承能同时承受径向和轴向载荷，通常用作主轴的前支承。

图 6-10(d)为带凸肩的双列空心圆柱滚子轴承，结构上与图 6-10(c)相似，可用作主轴前支承。滚子做成空心的，保持架为整体结构，充满滚子之间的间隙，润滑油由空心滚子端面流向挡边摩擦处，可有效地进行润滑和冷却。空心滚子承受冲击载荷时可产生微小变形，能增大接触面积并有吸振和缓冲作用。

图 6-10(e)为带预紧弹簧的单列圆锥滚子轴承，弹簧数目为 16～20，均匀增减弹簧可以改变预加载荷的大小。

图 6-10(f)是角接触球轴承，这种轴承既可承受径向载荷，又可承受轴向载荷。接触角常见的有 15°和 25°两种。15°接触角多用于轴向载荷较小、转速较高的地方，如磨床主轴；25°的多用于轴向载荷较大的地方，把内、外圈相对轴向位移，可以调整间隙，实现预紧。这种轴承多用于高速主轴。为了提高刚度和承载能力，可用多个组合。

图 6-11(a)、(b)、(c)为 3 种基本组合方式：图 6-11(a)为背靠背组合，图 6-11(b)为面对面组合，图 6-11(c)为同向组合。这 3 种方式，两个轴承都共同承担径向载荷；图 6-11(a)和(b)可承受双向轴向载荷，图 6-11(c)则只能承受一个方向的轴向载荷，但承载能力较大，轴

向刚度较高。这种轴承还可用作三联组配、四联组配等。

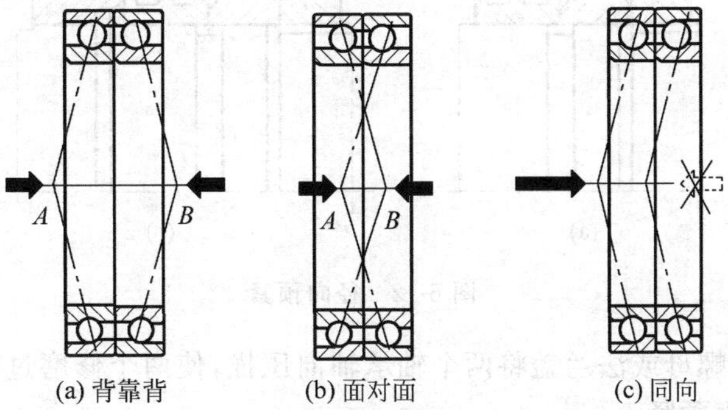

图 6-11　角接触球轴承的组配

3. 主轴滚动轴承的精度

主轴滚动轴承的精度，常用 P2、P4、P5(旧标准 B、C、D)三级，此外还有 SP 级和 UP 级作为补充。SP 级和 UP 级的旋转精度，分别相当于 P4 级和 P2 级，内外圈的尺寸精度，则分别相当于 P5 级和 P4 级。

轴承的精度不但影响主轴组件的旋转精度，而且精度越高，各滚动体受力越均匀，有利于提高刚度和抗振性，减少磨损，提高寿命。前轴承的精度一般比后轴承的精度高一级，也可以用相同的精度等级。数控机床可按精密级、高精度级参考表 6-2 选择主轴轴承的精度。

表 6-2　主轴轴承精度

机床精度等级	前 轴 承	后 轴 承
普通精度级	P5 或 P4(SP)	P5 或 P4(SP)
精密级	P4 或 P2(UP)	P4(SP)
高精度级	P2(UP)	P2(UP)

4. 主轴滚动轴承的预紧

轴承预紧就是使滚道与滚动体预先承受一定的载荷，这样不仅能消除间隙，还能使滚动体与滚道之间发生一定的变形，从而使接触面积增大，轴承受力时变形减小，抵抗变形的能力增大。因此，对主轴滚动轴承进行预紧和合理选择预紧量，可以提高主轴部件的旋转精度、刚度和抗振性，机床主轴部件在装配时要对轴承进行预紧，使用一段时间以后，间隙或过盈有了变化，还得重新调整，所以要求预紧结构便于进行调整。常用的方法有以下几种：

1) 径向预紧

如图 6-12 所示，这种方法适用于锥孔双列圆柱滚子轴承。用螺母通过套筒推动内圈在锥形轴颈上做轴向移动，使内圈径向胀大，在滚道上产生过盈，从而达到预紧的目的。图 6-12(a)用右端螺母限制内圈的移动量，易于控制预紧量。图 6-12(b)将紧靠轴右端的垫圈做成两个半环，可以径向取出，修磨厚度可控制预紧量的大小，调整精度较高。调整螺母一般采用细牙螺纹，便于微量调整，而且在调好后要能锁紧防松。

2) 轴向预紧

图 6-13(a)为角接触球轴承外圈宽边相对(背对背)安装，这时修磨轴承内圈的内侧；图 6-13(b)为外圈窄边相对(面对面)安装，这时修磨轴承外圈的窄边。在安装时按图示的

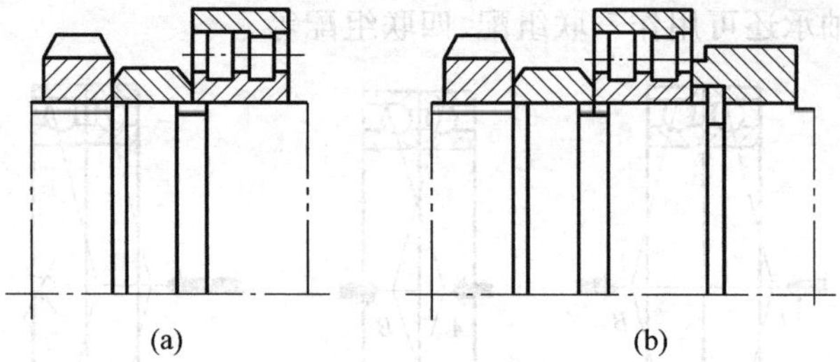

图 6-12 径向预紧

相对关系装配，并用螺母或法兰盖将两个轴承轴向压拢，使两个修磨过的端面贴紧，使两个轴承的滚道之间产生预紧。

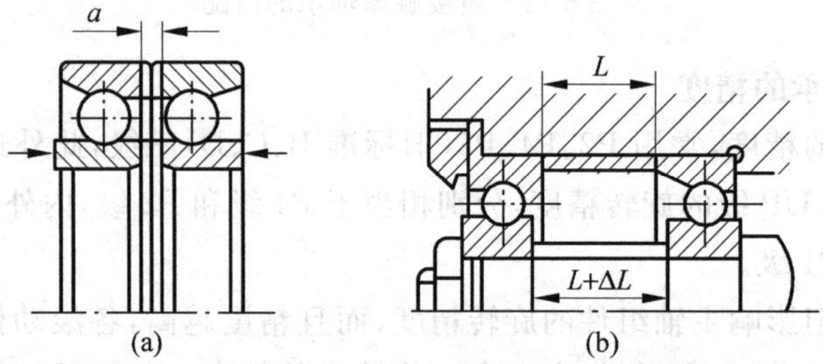

图 6-13 轴向预紧方法一

另一种方法是将两个厚度不同的隔套放在两轴承内、外圈之间，同样将两个轴承轴向相对压紧，使滚道之间产生预紧。如图 6-14(a)、(b)所示，这两种方法都是使轴承的内、外圈轴间错位实现预紧的，称为轴向预紧。

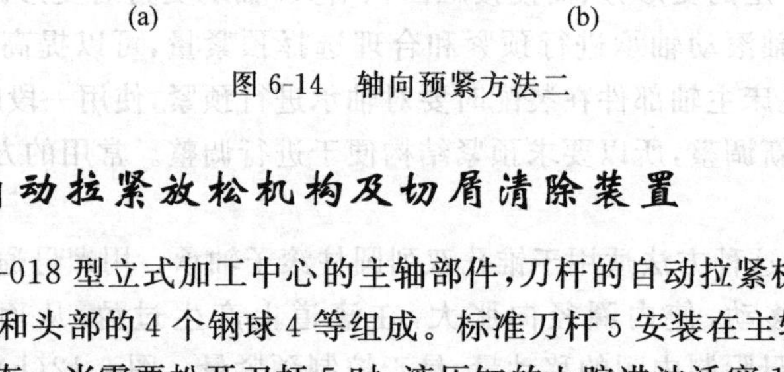

图 6-14 轴向预紧方法二

6.3.3 刀杆自动拉紧放松机构及切屑清除装置

图 6-15 为 JCS-018 型立式加工中心的主轴部件，刀杆的自动拉紧机构由液压缸活塞 1、拉杆 2、碟形弹簧 3 和头部的 4 个钢球 4 等组成。标准刀杆 5 安装在主轴的锥孔中。图 6-15 所示为刀具夹紧状态。当需要松开刀杆 5 时，液压缸的上腔进油活塞 1 向下移动，拉杆 2 被推动向下移动。此时，碟形弹簧 3 被压缩。钢球 4 随拉杆一起向下移动。移至主轴孔径的较大处时，便松开了刀杆 5，刀具连同刀杆 5 一起被机械手拔下。新刀装入后，液压缸的上油腔接通回油，活塞在弹簧的作用下向上移动，拉杆 2 在碟形弹簧 3 的作用下也向上移动，钢球 4 被收拢，卡紧在刀杆 5 顶部拉钉的环槽中，把刀杆拉紧。刀杆夹紧机构用弹簧夹紧，液压放松，可保证工作中突然停电时，刀杆不会自行松脱。

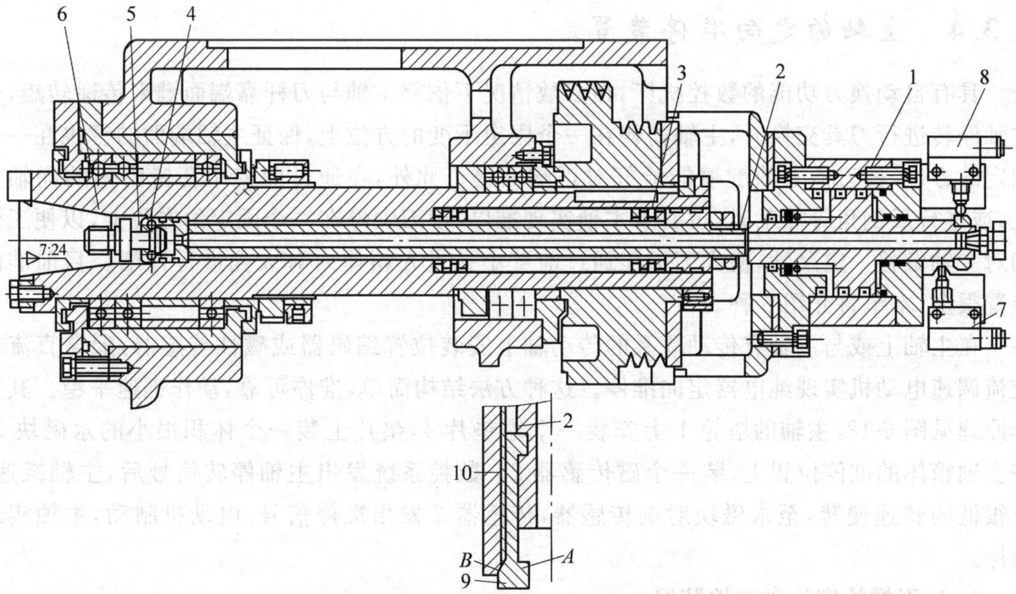

图 6-15 JCS-018 型立式加工中心主轴部件

1—活塞；2—拉杆；3—碟形弹簧；4—钢球；5—标准刀杆；6—主轴；7,8—行程开关；9—弹力卡爪；10—卡套

活塞杆1孔的上端接有压缩空气。机械手把刀具从主轴中拔出后，压缩空气通过活塞杆和拉杆的中孔，把主轴锥孔吹净。行程开关用于发出"刀杆已放松"和"刀杆已夹紧"信号。

用钢球4拉紧刀杆5。这种拉紧方法的缺点是接触应力太大，易将主轴孔和刀杆压出坑来。新式的刀杆拉紧机构已改用弹力卡爪。卡爪由两瓣组成，装在拉杆3的下端，如图6-16所示。夹紧刀具时，拉杆3带弹力卡爪2上移，卡爪下端的外周是锥面B，与卡爪套1的锥孔相配合，使爪收紧，从而卡紧刀杆。这种卡爪与刀杆的接合面A与拉力垂直，故拉紧力较大。卡爪与刀杆为面接触，接触应力较小，不易压溃。

图6-17所示的弹簧卡爪式刀杆拉紧机构，当拉杆1下移到使卡爪3的下端移出套筒2时，在弹簧4的作用下，卡爪张开，刀柄松开，拉杆1和卡爪3拉着向上，卡爪3重新进入套筒2，将刀柄拉紧。

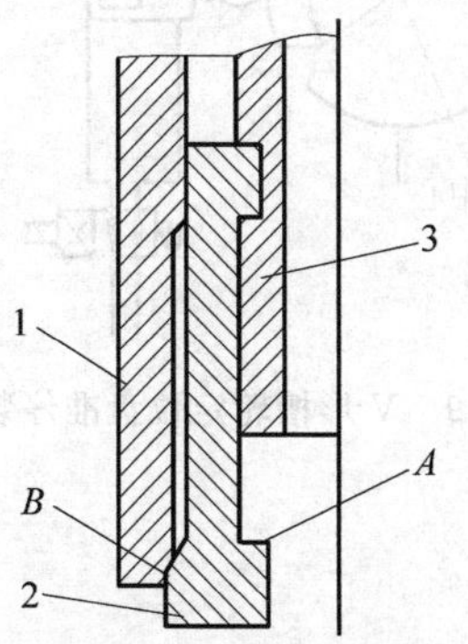

图 6-16 卡爪的组成

1—卡爪套；2—弹力卡爪；3—拉杆

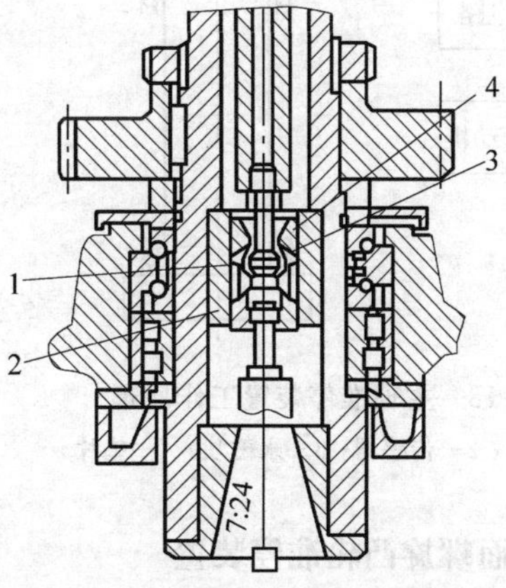

图 6-17 弹簧卡爪式刀杆拉紧机构

1—拉杆；2—套筒；3—卡爪；4—弹簧

6.3.4 主轴的定向准停装置

具有自动换刀功能的数控机床，在多数情况下依靠主轴与刀杆靠端面键来传递转矩，当主轴停转进行刀具交换时，主轴需停在一个固定不变的方位上，保证主轴端面的键也在一个固定的方位，使刀柄上的键槽能恰好对正端面键。此外，在通过前壁小孔镗内壁的同轴大孔，或进行反倒角等加工时，也要求主轴实现准停，使刀尖停在一个固定的方位上，以便工件相对主轴偏移一定尺寸，使大刀刃能通过前壁小孔进入箱体内对大孔进行镗削。目前准停装置很多，本节将介绍3种。

在主轴上或与主轴有传动联系的传动轴上安装位置编码器或磁性传感器，配合直流或交流调速电动机实现纯电器定向准停。这种方法结构简单，准停可靠，动作迅速平稳。其工作原理见图6-18，主轴的塔轮1上安装一个厚垫片4，垫片上装一个体积很小的永磁块3。在主轴箱体的准停位置上，装一个磁传感器2。数控系统发出主轴停转信号后，主轴减速，以很低的转速慢转，至永磁块对准传感器，传感器2发出准停信号，电动机制动，主轴实现准停。

1. V形槽轮定位盘准停装置

在主轴上固定一个V形槽定位盘，使V形槽与主轴上的端面键保持所需要的相对位置关系，如图6-19所示。其准停过程是：发出准停指令后，选定主轴的某一固定低转速并起动使主轴回转，无触点行程开关发出信号使主电动机停转并断开主传动链，主轴以及与之相连的传动件由于惯性继续空转，无触点行程开关的信号同时使定位销伸出并接触定位盘，当主轴上定位盘的V形槽与定位销对正，定位销插入V形槽中使主轴准停。无触点行程开关的接近体应能在圆周方向上进行调整，使V形槽与接近体之间的夹角的大小，能保证定位销伸出并接触定位盘后，在主轴停转之前，恰好落入定位盘的V形槽内，减少甚至消除定位准停时的冲击力。

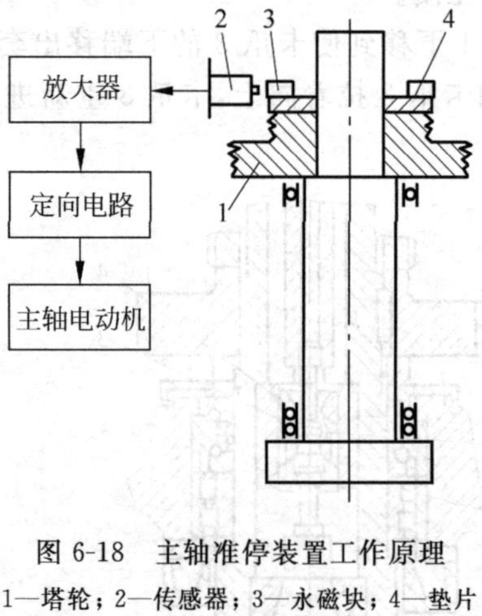

图6-18 主轴准停装置工作原理

1—塔轮；2—传感器；3—永磁块；4—垫片

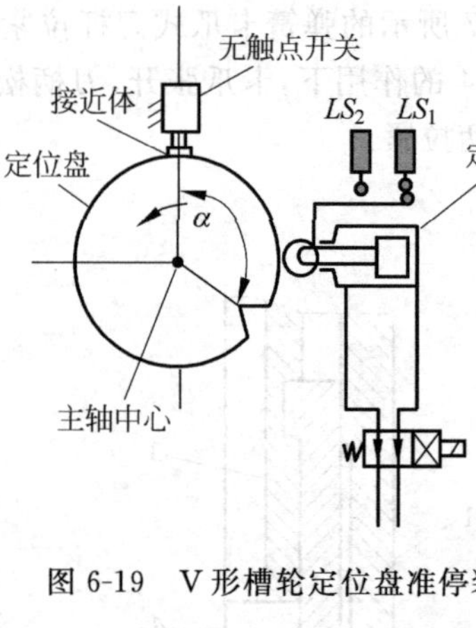

图6-19 V形槽轮定位盘准停装置

2. 端面螺旋凸轮准停装置

如图6-20所示，在主轴1上固定有一个定位滚子2，主轴上空套有一个双向端面凸轮3，该凸轮和液压缸5中活塞杆4相连接，当活塞带动凸轮3向下移动时（不转动），通过拨动定位滚子 2 并带动主轴转动，当定位销落入端面凸轮的 V 形槽内，便完成了主轴准停。因为是双向端面凸轮，所以能从两个方向拨动主轴转动以实现准停。这种双向端面凸轮准停机构动作迅速可靠，但是凸轮制造较困难。

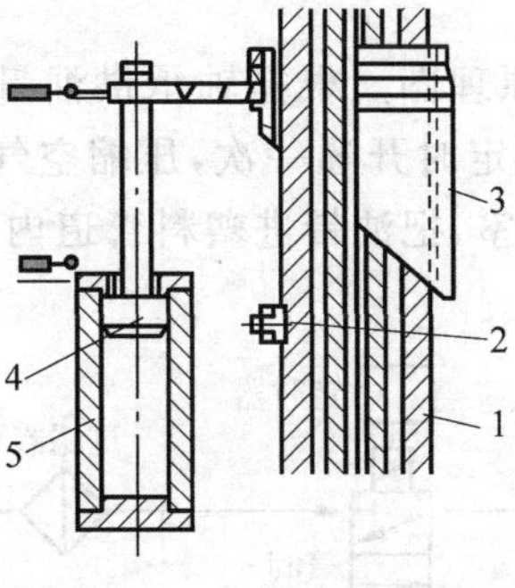

图 6-20 端面螺旋凸轮准停装置

1—主轴；2—定位滚子；3—双向端面凸轮；4—活塞杆；5—液压缸

6.3.5 主轴润滑与密封

1. 主轴润滑

为了保证主轴有良好的润滑，减少摩擦发热，同时又能把主轴部件热量带走，通常采用循环式润滑系统。常见主轴润滑方式主要有以下几种：

1）喷注润滑方式

如图 6-21 所示，喷注润滑用较大流量的恒温油（每个轴承 3～4L/min）喷注到主轴轴承，以达到冷却润滑的目的。回油不是自然回流，而是用两台排油液压泵强制排油。同时，采用专用高精度大容量恒温油箱，油温变动控制在±0.5℃。

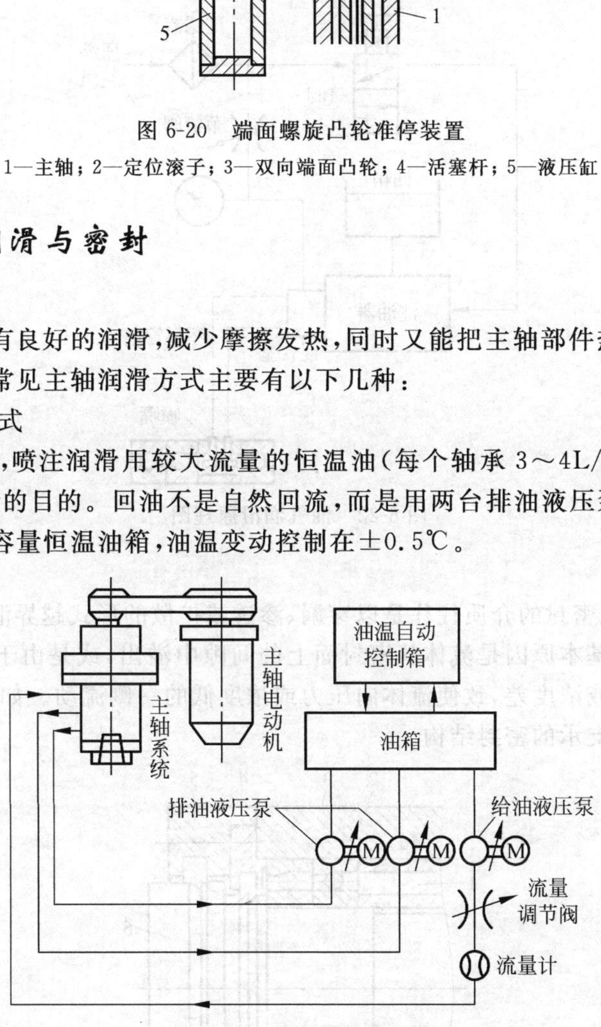

图 6-21 喷注润滑原理图

2）油雾润滑方式

油雾润滑是利用经过净化处理的高压气体将润滑油雾化后，经管道喷送到需润滑的部位的润滑方式。该方式由于雾状油液吸热性好，又无油液搅拌作用，所以能以较少油量获得较充分的润滑，常用于高速主轴轴承的润滑。缺点是油雾容易被吹出，污染环境。油雾润滑系统通常由压缩空气的分水过滤器、电磁阀、调压器进入雾化器后，送往喷嘴喷出润滑。

3）油气润滑方式

这种润滑方式近似于油雾润滑方式，所不同的是，油气润滑是定时定量地把油雾送进轴承空隙中，这样既实现了油雾润滑，又不至于油雾太多而污染周围空气；而油雾润滑则是连续供给油雾。

如图6-22所示为油气润滑原理图。根据轴承供油量的要求，定时器的循环时间可从1～99min定时，二位四通气阀每定时开通一次，压缩空气进入注油器，把少量油带入混合室，经节流阀的压缩空气，经混合室，把油带进塑料管道内，油液沿管道壁被风吹进轴承内，此时，油变为小油滴状。

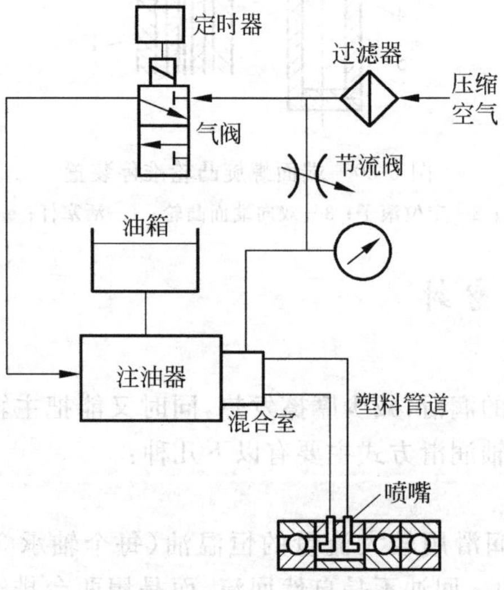

图6-22 油气润滑原理图

2. 主轴密封

在密封件中，被密封的介质往往是以穿漏、渗透或扩散的形式越界泄漏到密封连接处的彼侧。造成泄漏的基本原因是流体从密封面上的间隙中溢出，或是由于密封部件内外两侧密封介质的压力差或浓度差，致使流体向压力或浓度低的一侧流动。如图6-23所示为一卧式加工中心主轴前支承的密封结构。

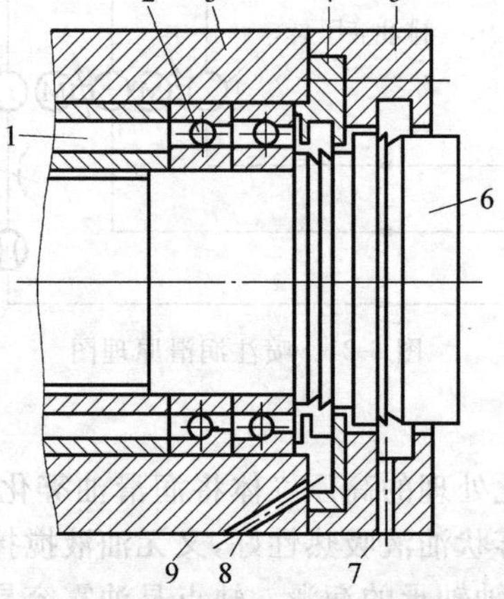

图6-23 卧式加工中心主轴前支承的密封结构

1,3—套筒；2—轴承；4,5—法兰盘；6—主轴；7—泄漏孔；8—回油斜孔；9—泄油孔该卧式加工中心主轴前支承处采用双层小间隙密封装置。主轴前端车出两组锯齿形护油槽，在法兰盘4和5上开沟槽及泄漏孔，当喷入轴承2内的油液流出后被法兰盘4内壁挡住，并经其下部的泄油孔9和套筒3上的回油斜孔8流回油箱，少量油液沿主轴6流出时，主轴护油槽在离心力的作用下被甩至法兰盘4的沟槽内，经回油斜孔8流回油箱，达到防止润滑介质泄漏的目的。当外部切削液、切屑及灰尘等沿主轴6与法兰盘5之间的间隙进入时，经法兰盘5的沟槽由泄漏孔7排出，达到了主轴端部密封的目的。要使间隙密封结构能在一定的压力和温度范围内具有良好的密封防漏性能，必须保证法兰盘4和5与主轴及轴承端面的配合间隙。

主轴的密封种类有接触式和非接触式密封两种。

1）接触式密封

如图6-24所示接触式密封主要有油毡圈和耐油橡胶密封圈密封。

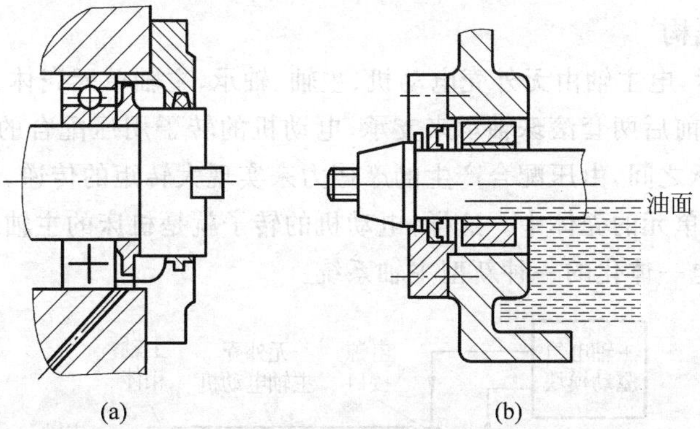

图6-24　接触式密封

2）非接触式密封

非接触式密封如图6-25所示。图6-25(a)是利用轴承盖与轴的间隙密封，轴承盖的孔内开槽是为了提高密封效果，这种密封用在工作环境比较清洁的油脂润滑处；图6-25(b)是在螺母的外圆上开锯齿形环槽，当油向外流时，靠主轴转动的离心力把油沿斜面甩到端盖的空腔内，油液流回箱内；图6-25(c)是迷宫式密封结构，在切屑多、灰尘大的工作环境下可获得可靠的密封效果，这种结构适用油脂或油液润滑的密封。非接触式的油液密封时，为了防漏，重要的是使回油能尽快排掉，要保证回油孔的畅通。

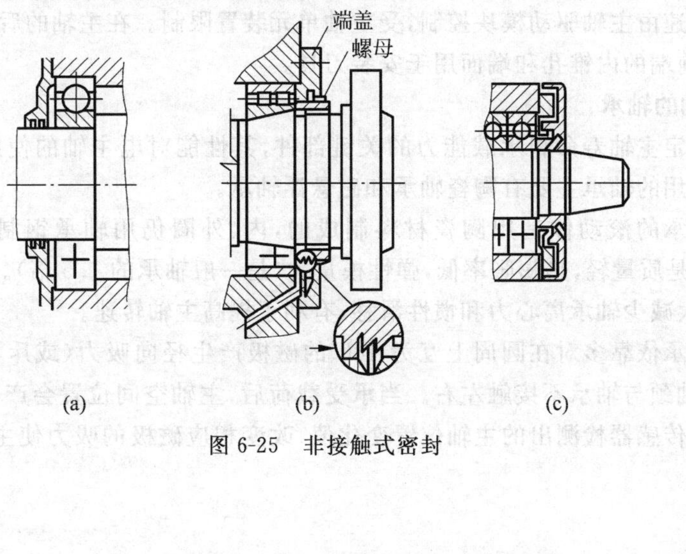

图6-25　非接触式密封

6.4 电 主 轴

自20世纪80年代以来，数控机床、加工中心主轴向高速化发展。高速数控机床主传动的机械结构已得到极大的简化，取消了带传动和齿轮传动，机床主轴由内装式电动机直接驱动，从而把机床主传动链的长度缩短为零，实现了机床主运动的"零传动"，这种结构称为电主轴。它具有结构紧凑、机械效率高、可获得极高的回转速度、振动小等优点，因而在现代数控机床中获得了越来越广泛的应用。在国外，电主轴已成为一种机电一体化的高科技产品，由许多知名度很高的专业工厂生产，如瑞士的FISCHER公司、德国的GMN公司、美国的PRECISE公司、意大利的GAMFIOR公司、日本的NSK公司和KOYO公司、瑞典的SKF公司等。

1. 电主轴的结构

如图6-26所示，电主轴由无外壳电动机、主轴、轴承、主轴单元壳体、驱动模块和冷却装置等组成。主轴由前后两套滚珠轴承来支承，电动机的转子用压配合的方法安装在机床主轴上，处于前后轴承之间，由压配合产生的摩擦力来实现大转矩的传递。电动机的定子通过冷却套安装于主轴单元的壳体中。这样，电动机的转子就是机床的主轴，电主轴的箱体就是电动机座，成为机电一体化的一种新型主轴系统。

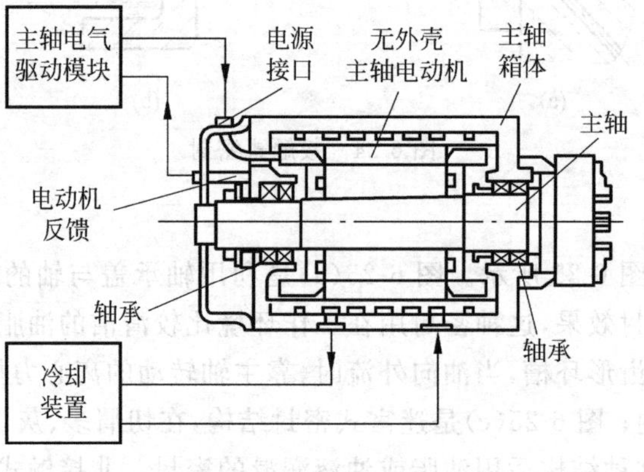

图6-26 电主轴的结构

主轴的变速由主轴驱动模块控制，受主轴单元装置限制。在主轴的后端装有测速、测角位移传感器，前端的内锥孔和端面用于安装刀具。

2. 电主轴的轴承

轴承是决定主轴寿命和承载能力的关键部件，其性能对电主轴的使用功能极为重要。目前电主轴采用的轴承主要有陶瓷轴承和磁悬浮轴承。

陶瓷球轴承的滚动体是用陶瓷材料制成的，内、外圈仍用轴承钢制造。陶瓷材料为Si_3N_4，其优点是质量轻，热膨胀率低，弹性模量大(是一般轴承的1.5倍)。球轴承采用陶瓷滚动体，可大大减少轴承离心力和惯性滑移，有利于提高主轴转速。

磁悬浮轴承依靠多对在圆周上互为180°的磁极产生径向吸力(或斥力)而将主轴悬浮在空气中，使轴颈与轴承不接触左右。当承受载荷后，主轴空间位置会产生微小变化，控制装置根据位置传感器检测出的主轴位置变化值，改变相应磁极的吸力使主轴迅速恢复到原来的位置，从而保证主轴始终绕其惯性轴做高速回转运动，因此它的高速性能好、精度高，但由于价格昂贵比较少用。

3. 电主轴的冷却润滑技术

由于电主轴将电动机集成于主轴单元中，且其转速很高，运转时会产生大量热量，引起电主轴温升，使电主轴的热态特性差，从而影响电主轴的正常工作。因此必须采取一定措施控制电主轴的温度，使其恒定在一定值内。

1）电动机内装式主轴的冷却

一般采取强制循环主轴的定子及主轴轴承进行冷却，即将经过油冷却装置的冷却油强制性地在主轴定子外和主轴轴承外循环，带走主轴高速旋转产生的发热。这也是近来高速加工中心主轴的一种发展趋势。如图 6-27 所示为冷却油流经路线图。

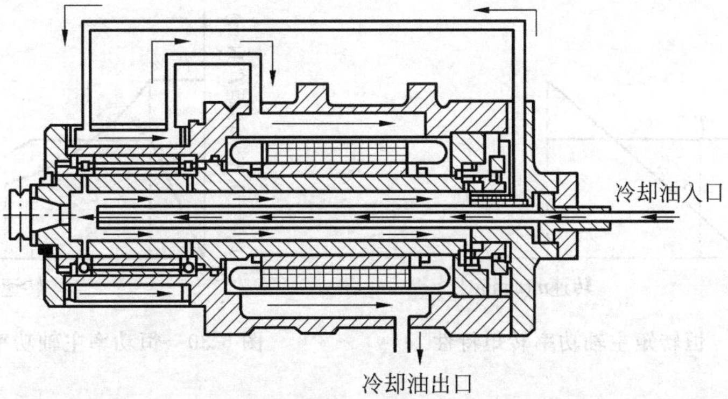

图 6-27 电动机内装式主轴冷却油流经路线图

2）电主轴的润滑方式

电主轴的润滑方式主要有油脂润滑、油雾润滑和油气润滑等。油脂润滑结构简单，但不适用于转速很高的电主轴；油雾润滑效果较好，目前应用也最为广泛，它可以适应较高的转速，但它对环境有一定的影响；油气润滑效果最好，可适应更高的转速，对环境无污染，但油气润滑装置价格较高。油雾、油气润滑采用的油品一般为 32 号汽轮机油。

此外，电主轴的润滑方式还有突入滚道式润滑方式等。通常当内径为 100mm 的轴承以 200r/min 的速度运转时，主轴的线速度可以达到 100m/s 以上，轴承四周的空气也伴随流动，速度可达 50m/s。要使润滑油突破这层高速旋转气流比较困难，但采用突入滚道式润滑方式则可以很可靠地将油送入轴承滚道处。如图 6-28 所示为适应该要求而设计的特殊

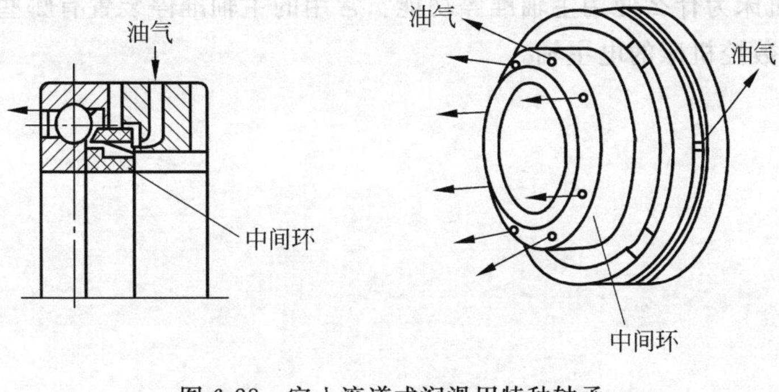

图 6-28 突入滚道式润滑用特种轴承

轴承。润滑油的进油口在内滚道附近,利用高速轴承的泵效应,把润滑油吸入滚道。若进油口较高,则泵效应差,当进油接近外滚道时则成为排放口了,油液将不能进入轴承内部。

4. 电主轴的驱动

当前,电主轴的电动机均采用交流异步感应电动机,由于是用在高速加工机床上,起动时要从静止迅速升速至每分钟转几万乃至数十万转,起动转矩大,因而起动电流要超出普通电动机额定电流 5～7 倍。其驱动方式有变频器驱动和矢量控制驱动器驱动两种。变频器的驱动控制特性为恒转矩驱动,输出功率与转矩成正比,图 6-29 所示为恒转矩主轴的功率转矩特性。最新的变频器采用先进的晶体管技术(ABB 公司生产的 SAMIGS 系列变频器),可实现主轴的无级变速。矢量控制驱动器的驱动控制特性为在低速端恒转矩驱动,在中、高速端恒功率驱动,图 6-30 所示为恒功率主轴功率转矩特性。

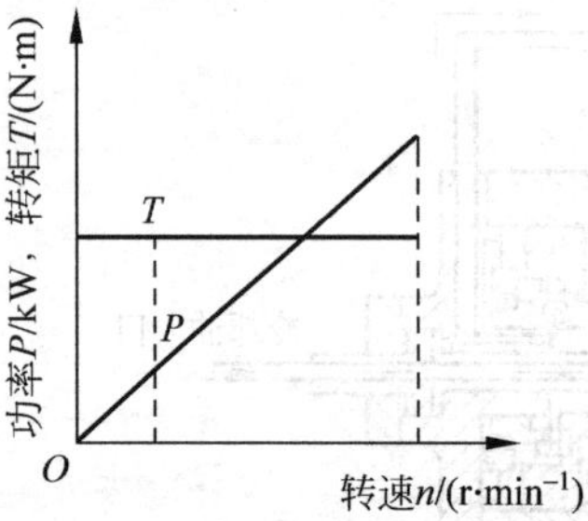

图 6-29　恒转矩主轴功率转矩特性

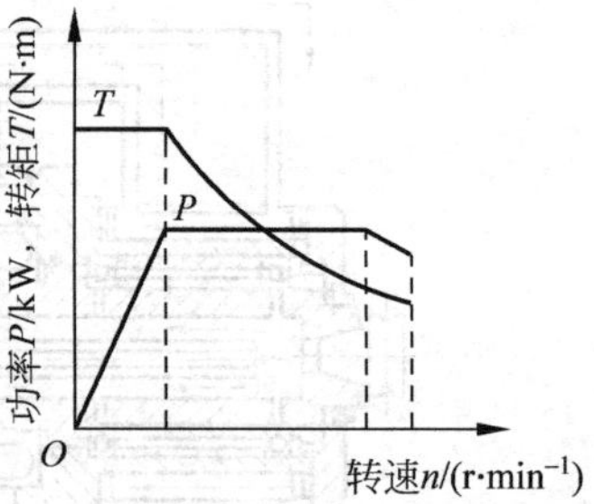

图 6-30　恒功率主轴功率转矩特性

思考与练习题

6-1　数控机床对主传动系统的要求是什么?

6-2　数控机床主传动系统的特点是什么?

6-3　数控机床的主轴传动方式有哪些?

6-4　数控机床上使用的同步带有何特点?

6-5　数控机床的主轴部件主要包括哪些?常用主轴部件的结构形式是什么?

6-6　分析刀具自动卡紧机构的工作过程。

6-7　数控机床的主轴轴承类型有哪些?

6-8　简述滚动轴承的预紧方法。

6-9　数控机床为什么使用主轴准停功能?常用的主轴准停装置有哪些?

6-10　简述数控机床的电主轴。

第7章

数控机床的进给系统

数控机床的进给传动系统是伺服系统的重要组成部分。数控机床的进给传动系统包括齿轮传动副、丝杠螺母副及其支承部件等，它将伺服电动机的旋转运动变为执行部件的直线运动或回转运动。由于数控机床的进给运动是数字控制的直接对象，被加工工件的最后轮廓精度（尺寸、形状精度）、位置精度和表面粗糙度都受进给系统的定位精度、灵敏度和稳定性的影响。无论是开环、半闭环还是闭环伺服进给系统，为了确保系统的定位精度（一般数控机床定位精度要求很高，直线位移达微米级，角位移达秒级）以及快速响应特性和稳定性，设计进给机械传动机构时必须满足一定的要求，机械传动装置必须具有高刚度、无传动间隙、低摩擦阻力、高灵敏度和较高的寿命等。

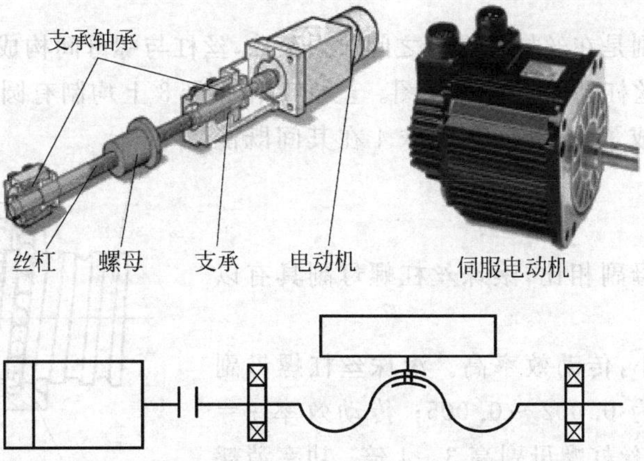

图 7-1　数控机床进给系统及其传动原理图

7.1　对进给系统机械传动机构的要求

为了保证数控机床进给系统的定位精度和静态、动态性能，设计进给机械传动机构时应该着重考虑以下几方面的要求：

1. 高的传动刚度

进给传动系统的刚度主要取决于丝杠螺母副(直线运动)或蜗轮蜗杆副(回转运动)及其支承部件的刚度。刚度不足与摩擦阻力会一起导致工作台产生爬行现象以及造成反向死区,影响传动准确性。缩短传动链,合理选择丝杠尺寸以及对丝杠螺母副及支承部件等预紧是提高传动刚度的有效措施。

2. 低的摩擦

进给传动系统要求运动平稳、定位准确、快速响应特性好,因此,必须减小运动件的摩擦阻力和动、静摩擦因数之差。这除了与导轨有关外,在进给系统中还普遍采用了滚珠丝杠副以及静压丝杠副。

3. 小的惯量

进给系统经常需进行起动、停止、变速或反向,若机械传动装置惯量大,会增大负载并使系统动态性能变差。因此在满足强度与刚度的前提下,应尽可能减小运动执行部件的质量以及各传动元件的直径和质量,以减小惯量。

4. 消除传动间隙

机械间隙是进给系统降低传动精度、刚度和造成进给系统反向死区的主要原因之一,因此对传动链的各个环节,包括联轴器、齿轮副、丝杠螺母副、蜗杆蜗轮副及其支承部件等均应采用消除间隙的措施。

7.2 滚珠丝杠螺母副

7.2.1 工作原理和特点

1. 工作原理

滚珠丝杠螺母副是在丝杠和螺母之间放入滚珠,丝杠与螺母间构成滚动摩擦的传动副。图 7-2 所示为滚珠丝杠副的结构示意图。丝杠 1 和螺母 3 上均制有圆弧形面的螺旋槽,将它们装在一起便形成了螺旋滚道,滚珠 4 在其间既能自转又能循环滚动。

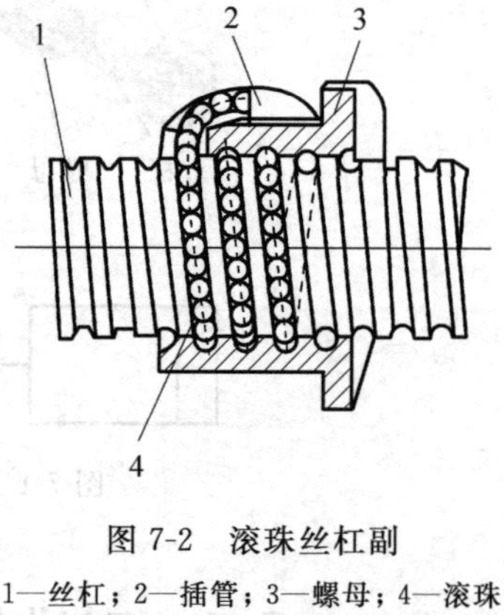

图 7-2 滚珠丝杠副

1—丝杠; 2—插管; 3—螺母; 4—滚珠

2. 特点

与普通丝杠螺母副相比,滚珠丝杠螺母副具有以下优点:

(1) 摩擦损失小,传动效率高。滚珠丝杠螺母副的摩擦因数小,仅为 0.002～0.005; 传动效率 $\eta=0.92\sim0.96$,比普通丝杠螺母副高 3～4 倍; 功率消耗只相当于普丝杠传的 1/4～1/3,所以发热小,可实现高运动。

(2) 运动平稳无爬行。由于摩擦阻力小,动、静摩擦力之差极小,故运动平稳,不易出现爬行现象。

(3) 可以预紧,反向时无空程。滚珠丝杠副经预紧后,可消除轴向间隙,因而无反向死区,同时也提高了传动刚度和传动精度。

(4) 磨损小。精度保持性好,使用寿命长。

(5) 具有运动的可逆性。由于摩擦因数小,不自锁,因而不仅可以将旋转运动转换成直线运动,也可将直线运动转换成旋转运动,即丝杠和螺母均可作主动件或从动件。

滚珠丝杠副的缺点是:

(1) 结构复杂。丝杠和螺母等元件的加工精度和表面质量要求高,故制造成本高。

(2) 不能自锁。特别是在用作垂直安装的滚珠丝杠传动,会因部件的自重而自动下降,当向下驱动部件时,由于部件的自重和惯性,当传动切断时,不能立即停止运动,必须增加制动装置。

由于滚珠丝杠螺母副优点显著,所以被广泛应用在数控机床上。

7.2.2　结构类型

滚珠丝杠螺母副按滚珠循环方式可分为外循环和内循环两种。

1. 外循环

滚珠在循环过程结束后通过螺母外表面上的螺旋槽或插管返回丝杠螺母间重新进入循环。图 7-3(a)所示为常用的一种形式。在螺母外圆上装有螺旋形的插管。其两端插入滚珠螺母工作始末两端孔中,以引导滚珠通过插管,形成滚珠的多圈循环,如图 7-3(b)所示。这种形式结构简单,工艺性好、承载能力较高,但径向尺寸较大。目前应用最为广泛,可用于重载传动系统中。

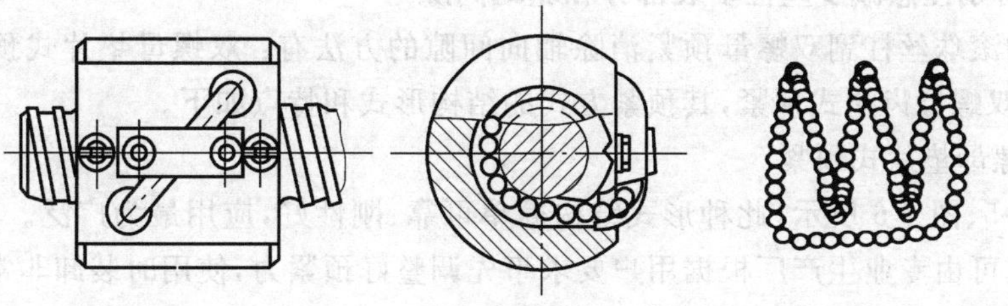

(a)　　(b)

图 7-3　滚珠外循环结构

滚珠的一个循环链为 1 列,外循环常用的有单列、双列两种结构,每列有 2.5 圈或 3.5 圈。

2. 内循环

靠螺母上安装的反向器接通相邻滚道,使滚珠形成单圈循环,即每列两圈,如图 7-4 所示。反向器 2 的数目与滚珠圈数相等,一般每个螺母上装 2～4 个反向器,即有 2～4 列滚珠。这种形式结构紧凑,刚性好,滚珠流通性好,摩擦损失小,但制造较困难,承载能力不高,适用于高灵敏、高精度的进给系统,不宜用于重载传动中。

7.2.3　滚珠丝杠螺母副的预紧

滚珠丝杠的传动间隙是轴向间隙,其数值是指丝杠和螺母无相对转动时,两者之间的最大轴向窜动量。但在实际应用中不允许存在轴向间隙,因为若存在轴向间隙,当丝杠反向转动时,将产生空回误差,造成反向冲击,产生定位误差,从而影响机床的传动精度和稳定性,

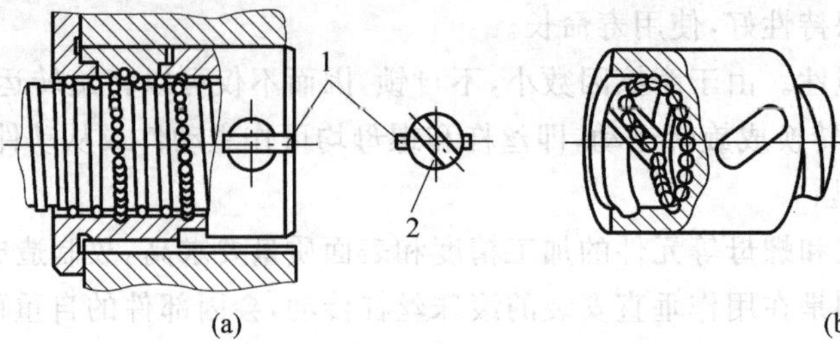

图 7-4　滚珠内循环结构

1—凸槽；2,3—反向器

也会影响轴向刚度。

消除间隙的方法常采用双螺母加预紧法。通过改变两螺母间的垫片厚度，即利用两个螺母的相对轴向位移，使两个滚珠螺母中的滚珠分别贴紧在螺旋滚道的两个相反的侧面上，可使螺母与丝杠的轴向间隙消除，并产生预紧力。用这种方法消除轴向间隙时应注意以下两点：

1. 预紧力要合适

通过预紧力产生预拉变形以减少弹性变形所引起的位移时，该预紧力不宜过大，否则会引起驱动力矩增大、传动效率降低和使用寿命缩短，适当的预紧力应为最大轴向负载的1/3。预紧力太小时，提高刚度的效果不明显；预紧力太大时，则较大地增加了摩擦和牵引力。

2. 要特别注意减少丝杠安装部分和驱动间隙

常用的滚珠丝杠副双螺母预紧消除轴向间隙的方法有：双螺母垫片式预紧、双螺母螺纹式预紧、双螺母齿差式预紧，其预紧方式的结构形式和特点如下。

1）双螺母垫片式预紧

如图 7-5、图 7-6 所示，此种形式结构简单可靠、刚性好，应用最为广泛。在双螺母间加垫片的形式可由专业生产厂根据用户要求事先调整好预紧力，使用时装卸非常方便。

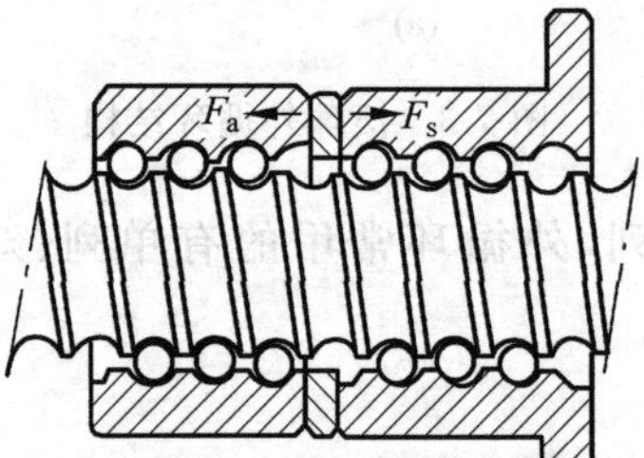

图 7-5　滚珠丝杠副的预紧

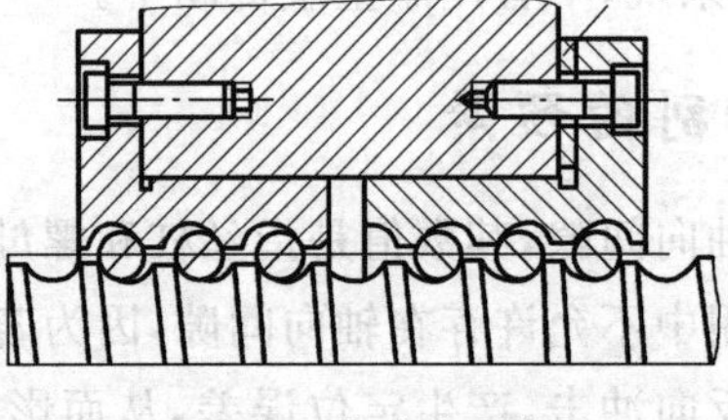

图 7-6　垫片式预紧

滚珠丝杠螺母副工作时，螺母各圈滚珠所承受的载荷是不同的。第一圈滚珠承受轴向载荷的30%～50%，而第5圈以后则几乎不承受载荷，所以每个螺母滚珠不应超过5圈，为提高滚珠的流畅性，一列中滚珠数不应超过150粒，且不应超过3～5圈，否则采用双列或多列结构。一般滚珠的圈数和列数见表7-1。

表7-1 滚珠丝杠螺母副的圈数和列数

循环方式	螺母数	
	单螺母	双螺母
外循环	2.5圈×1列 2.5圈×2列 3.5圈×1列	2.5圈×1列 3.5圈×1列
内循环	1圈×3列 1圈×4列	1圈×2列 1圈×3列 1圈×4列

2）双螺母螺纹式预紧

如图7-7所示，利用一个螺母上的外螺纹，通过圆螺母调整两个螺母的相对轴向位置实现预紧，调整好后用另一个圆螺母锁紧。这种结构调整方便，且在使用过程中可随时调整，但预紧力大小不能准确控制。

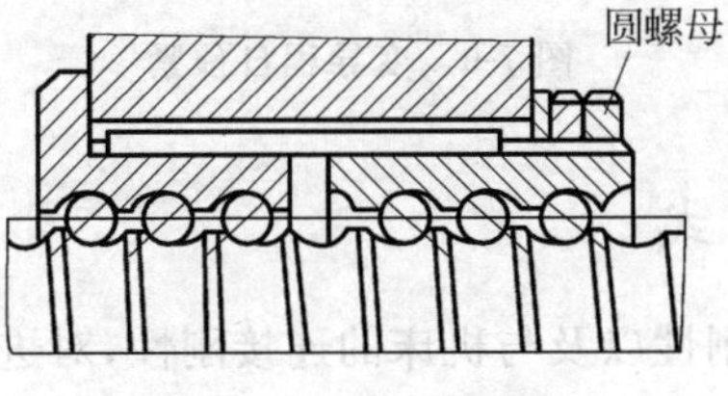

图7-7 螺纹式预紧

3）双螺母齿差式预紧

如图7-8所示，在两个螺母的凸缘上分别切出齿数差为1的齿轮，两个齿轮分别与两端相应的内齿圈相啮合，内齿圈用螺钉紧固在螺母座上。通过转动其中一个螺母，使两螺母的相互位置发生变化，以调整间隙和施加预紧力。调整时，先脱开一个内齿圈，转动螺母，然后再合上内齿圈。如其中一个螺母转过一个齿时，其轴向位移量为$S=\frac{t}{Z_1}$（t为丝杠螺距，Z_1为齿轮齿数）。如两个齿轮沿同一方向各转过一个齿时，其轴向相对位移量为

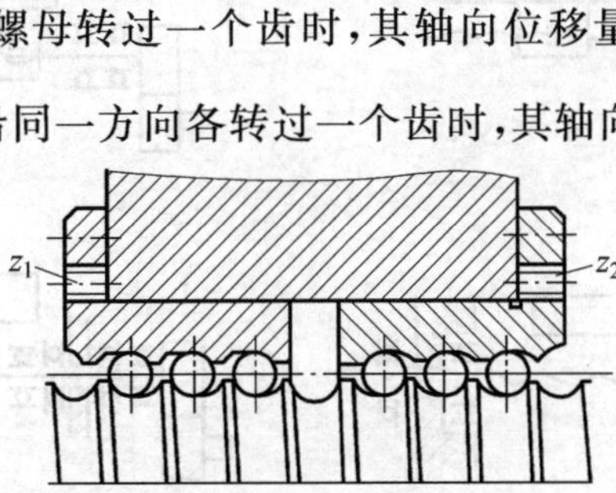

图7-8 双螺母齿差式预紧

$$\Delta S = \left(\frac{1}{Z_1} - \frac{1}{Z_2}\right)t = \frac{Z_1 - Z_2}{Z_1 Z_2}t$$

例如：$Z_1=99, Z_2=100, t=10\text{mm}$ 时，则

$$\Delta S = \frac{10}{9900}\text{mm} \approx 0.001\text{mm} = 1\mu\text{m}$$

即其中一个螺母转过一个齿，两个螺母在轴向产生 1μm 的相对位移。这种结构调整准确可靠，精度较高，但结构复杂。

4）单螺母变导程自预紧

如图 7-9 所示，将螺母的内螺纹滚道在中部的一圈上产生一个 Δl_0 的导程突变量，从而使左右端的滚珠在装配后产生轴向错位实现预紧。预紧力的大小取决于 Δl_0。此种结构简单紧凑，运动平稳，特别适用于小型丝杠螺母副。

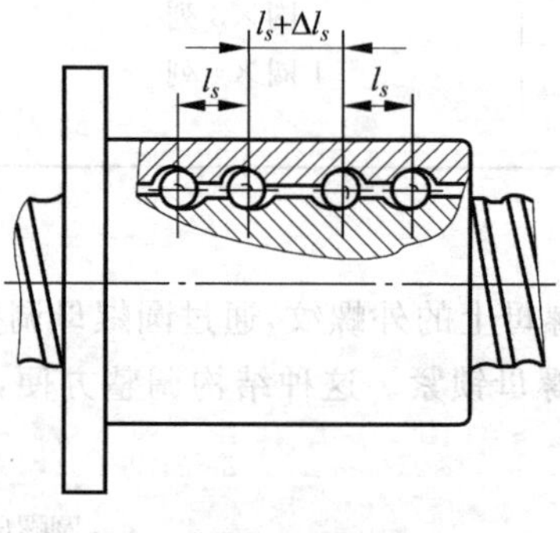

图 7-9 变导程自预紧

7.2.4 丝杠的支承方式

丝杠的支承和螺母座的刚性以及与机床的连接刚性，对进给系统的传动精度影响很大。为了提高丝杠的轴向承载能力，最好采用高刚度的推力轴承，当轴向载荷很小时，也可采用向心推力轴承。其支承方式有下列几种：

1. 一端装推力轴承，另一端自由

如图 7-10(a)所示，此种支承方式的轴向刚度低，承载能力小，只适用于短丝杠。如数控机床的调整环节或升降台式数控铣床的垂直进给轴等。

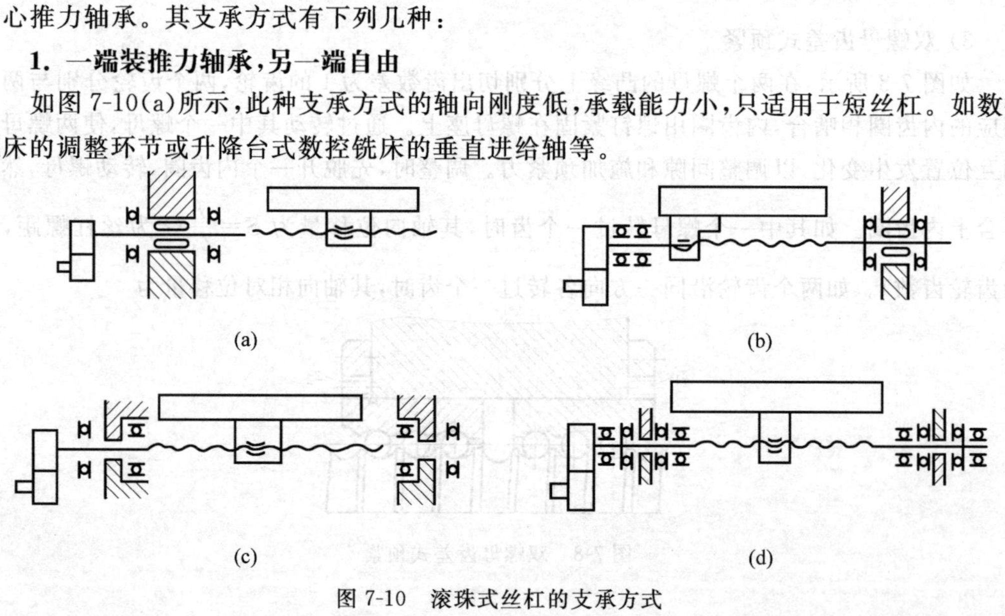

图 7-10 滚珠式丝杠的支承方式

2. 一端装推力轴承，另一端装向心球轴承

如图 7-10(b)所示，此种方式可用于丝杠较长的情况。为了减少丝杠热变形的影响，热源应远离推力轴承一端。

3. 两端装推力轴承

如图 7-10(c)所示，两个方向的推力轴承分别装在丝杠两端，若施加预紧力，可以提高丝杠轴向传动刚度，但此支承方式对丝杠的热变形敏感。

4. 两端均装双向推力轴承

如图 7-10(d)所示，丝杠两端均采用双向推力轴承和向心轴承或向心推力球轴承，可以施加预紧力。这种方式可使丝杠的热变形转化为推力轴承的预紧力。此支承方式适用于刚度和位移精度要求高的场合，但是结构复杂。

7.3 静压丝杠螺母副

1. 工作原理

静压丝杠螺母副是在丝杠和螺母的螺旋面之间通入压力油，使其间保持一定厚度、一定刚度的压力油膜，因而丝杠和螺母之间为纯液体摩擦的传动副。如图 7-11 所示，油腔在螺旋面的两侧，而且互不相通，压力油经节流器进入油腔，并从螺纹根部与端部流出。设供油压力为 P_H经节流器后的压力为 P_i(即油腔压力)。当无外载时，螺纹两侧间隙 $h_1=h_2$，从两侧油腔流出的流量相等，两侧油腔中的压力也相等，即 $P_1=P_2$。这时，丝杠螺纹处于螺母螺纹的中间平衡状态的位置。

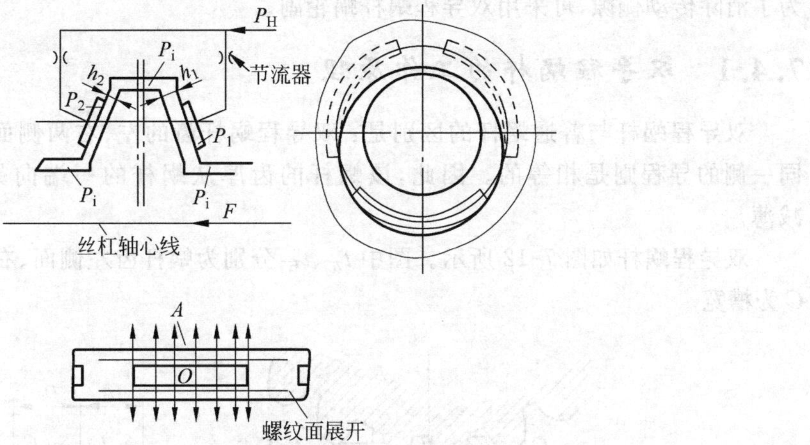

图 7-11　静压丝杠螺母副工作原理

当丝杠或螺母受到轴向力 F 作用后，受压一侧的间隙减小，由于节流器的作用，油腔压力 P_1 增大。相反的一侧间隙增大，而压力则下降。因而形成油膜压力差 $\Delta P=P_2-P_1$，以平衡轴向力 F。平衡条件近似表示为

$$F=(P_2-P_1)AnZ$$

式中：A——单个油腔在丝杠轴线垂直面内的有效承载面积；

n——每扣螺纹单侧油腔数；

Z——螺母的有效扣数。

油膜压力差力图平衡轴向力，使间隙差减小并保持不变，这种调节作用总是自动进行的。

2. 特点

静压丝杠螺母的特点是：

(1) 摩擦因数很小，仅为0.0005，比滚珠丝杠(摩擦因数为0.002～0.005)的摩擦损失还小，起动力矩很小，传动灵敏，避免了爬行现象；

(2) 油膜层可以吸振，提高了运动的平稳性，由于油液不断流动，有利于散热和减少热变形，提高了机床的加工精度和光洁度；

(3) 油膜层具有一定刚度，大大减小了反向间隙，同时油膜层介于螺母与丝杠之间，对丝杠的误差有"均化"作用，即丝杠的传动误差比丝杠本身的制造误差还小；

(4) 承载能力与供油压力成正比，与转速无关；

(5) 当丝杠转动时通过油膜推动螺母直线移动，反之，螺母转动也可使丝杠直线移动。

静压丝杠螺母副要有一套供油系统，而且对油的清洁度要求较高，如果在运行中供油突然中断，将造成不良后果。

7.4 蜗杆蜗轮副

当数控机床要实现回转进给运动或大降速比的传动要求时，常采用蜗杆蜗轮副。蜗杆蜗轮副的啮合侧隙对传动、定位精度影响很大，因此，消除其侧隙就成为设计中的关键问题。为了消除传动侧隙，可采用双导程蜗杆蜗轮副。

7.4.1 双导程蜗杆的工作原理

双导程蜗杆与普通蜗杆的区别是：双导程蜗杆齿的左、右两侧面具有不同的导程，而同一侧的导程则是相等的。因此，该蜗杆的齿厚从蜗杆的一端向另一端均匀地增厚或减薄。

双导程蜗杆如图7-12所示。图中$t_{左}$、$t_{右}$分别为蜗杆齿左侧面、右侧面导程，S为齿厚，C为槽宽。

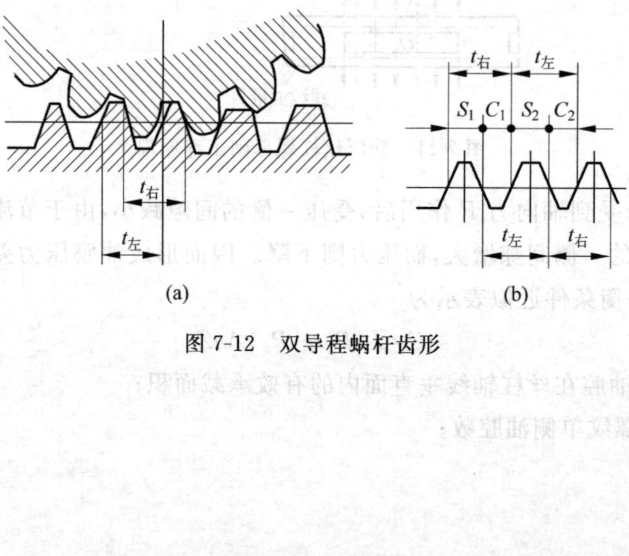

图7-12 双导程蜗杆齿形

$$S_1 = t_{左} - C_1$$

$$S_2 = t_{右} - C_1$$

若：　　$t_{右} > t_{左}$

则：　　$S_2 > S_1$

同理：　　$S_3 > S_2 \cdots$

所以双导程蜗杆又称变齿厚蜗杆，可用轴向移动蜗杆的方法来消除或调整蜗轮副之间的啮合间隙。

双导程蜗杆副的啮合原理与一般的蜗杆副啮合原理相同，蜗杆的轴截面仍相当于基本齿条，蜗轮则相当于同它啮合的齿轮。由于蜗杆齿左、右侧面具有不同的齿距，即齿的左、右两侧面具有不同的模数 $m\left(m=\dfrac{t}{\pi}\right)$。但因为同一侧面的齿距相同，故没有破坏啮合条件，当轴向移动蜗杆后，也能保证良好的啮合。

7.4.2　双导程蜗杆蜗轮副及其间隙调整结构

图 7-13 所示为 JST-013 加工中心数控回转工作台的蜗杆蜗轮副。蜗杆 2 左右端皆采用双列滚针轴承 1 支承，以减小径向尺寸，又能保证传动刚度。调整蜗轮副齿侧间隙时，首先松开螺母 6 上的锁紧螺钉 5，使压块 4 与调整套 7 松开。然后转动调整套 7，带动蜗杆 2 沿其轴向移动，根据传动精度和磨损量要求调整。蜗杆 2 有 10mm 的轴向移动调整量，相当于 0.2mm 的侧隙调整量。调整后，锁紧调整套 7。

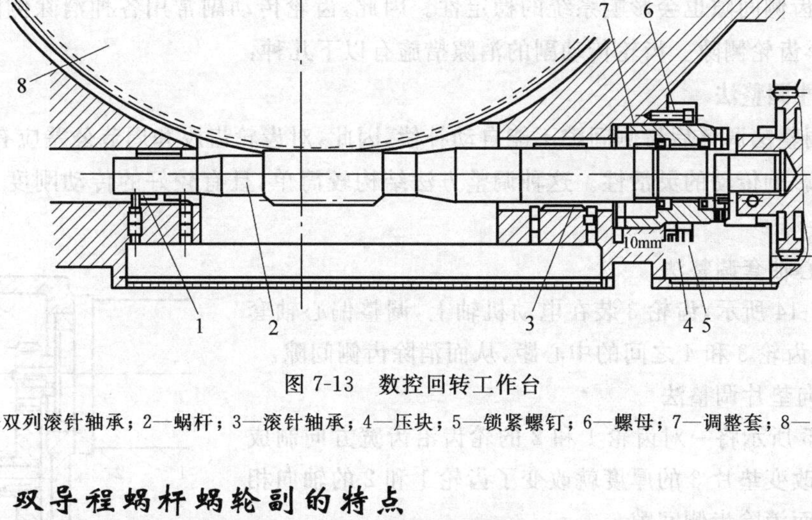

图 7-13　数控回转工作台

1—双列滚针轴承；2—蜗杆；3—滚针轴承；4—压块；5—锁紧螺钉；6—螺母；7—调整套；8—蜗轮

7.4.3　双导程蜗杆蜗轮副的特点

双导程蜗杆蜗轮副在具有回转进给运动或分度运动的数控机床上应用广泛，是因为其具有以下突出优点：

(1) 啮合间隙可调整得很小，根据实际经验，一侧隙调整可以小至 0.01～0.015mm。

而普通蜗轮副一般只能达到0.03～0.08mm,如果再小,就容易产生咬死现象。因此双导程蜗轮副能在较小的侧隙下工作,对提高数控转台的分度精度非常有利。

(2) 普通蜗轮副是以蜗杆沿蜗轮做径向移动来调整啮合侧隙,因而改变了传动副的中心距,从啮合原理观点看,这是很不合理的。因为改变中心距会引起齿面接触情况变差,甚至加剧它们的磨损,不利于保持蜗轮副的精度。而双导程蜗轮副是用蜗杆轴向移动来调整啮合侧隙的,不会改变它们的中心距,可以避免上述缺点。

(3) 双导程蜗杆是用修磨调整环来控制调整量,调整准确,方便可靠。而普通蜗轮副的径向调整量较难掌握,调整时也容易产生蜗杆轴线歪斜。

(4) 双导程蜗轮副的蜗杆支承直接做在支座上,只需保证支承中心线与蜗轮中截面重合。中心距公差可略微放宽,装配时,用调整环来获得合适的啮合侧隙,这是普通蜗轮副无法办到的。

双导程蜗杆的缺点是:蜗杆加工比较麻烦,在车削和磨削蜗杆左、右齿面时,螺纹传动链要选配不同的两套挂轮。而这两种齿距,(不是标准模数)往往是烦琐的小数,精确配算挂轮很费时。在制造加工蜗轮的滚刀时,也存在同样的问题。由于双导程蜗杆左右齿面的齿距不同,螺旋升角也不同,与它啮合的蜗轮左、右齿面也应同蜗杆相适应,才能保证正确啮合,因此,加工蜗轮的滚刀也应根据双导程蜗杆的参数来设计制造。

7.5 齿轮传动副

数控机床的机械进给装置中常用齿轮传动副来达到一定的传动比和转矩要求。由于齿轮的制造中不可能达到理想齿面的要求,总是存在着一定的误差,因此一对啮合齿轮,总应有一定的齿侧间隙才能正常地工作。但是齿侧间隙会造成进给系统的反向矢动量,对闭环系统来说,齿侧间隙也会影响系统的稳定性。因此,齿轮传动副常用各种消除侧隙的措施,以尽量减小齿轮侧隙。齿轮传动副的消隙措施有以下几种:

1. 刚性调整法

刚性调整法调整后齿侧间隙不能自动补偿,因此,对齿轮齿厚和周节公差应有严格的要求,否则会影响传动的灵活性。这种调整方法结构较简单,且有较好的传动刚度,但调整较费时。

1) 偏心轴套调整法

如图7-14所示,齿轮3装在电动机轴上,调整偏心轴套2可以改变齿轮3和4之间的中心距,从而消除齿侧间隙。

2) 轴向垫片调整法

图7-15所示将一对齿轮1和2的轮齿沿齿宽方向制成稍带锥度,改变垫片3的厚度就改变了齿轮1和2的轴向相对位置,从而消除齿侧间隙。

图7-16所示,两个薄片斜齿轮3和4套在带键的轴上,靠改变垫片2的厚度使齿轮3和4的左右齿面分别与宽斜齿轮1的齿槽左、右侧面靠紧,达到既消除齿侧间隙又能使

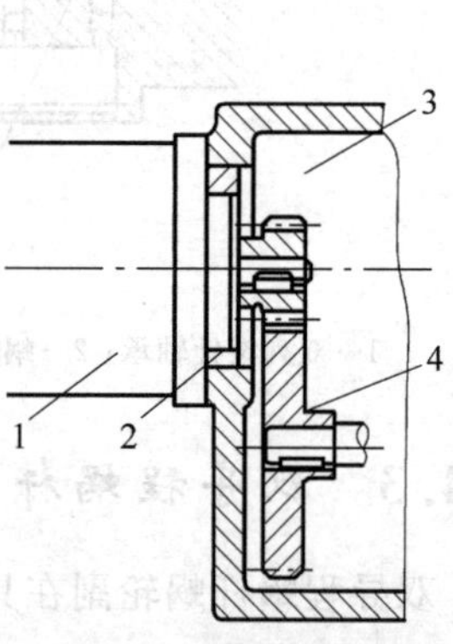

图7-14 偏心轴套调整法

1—电动机;2—偏心轴套;3,4—齿轮

齿轮灵活转动的要求。这种调整法无论正、反向回转，均只有一个薄齿轮承受载荷，故齿轮承载能力较小。

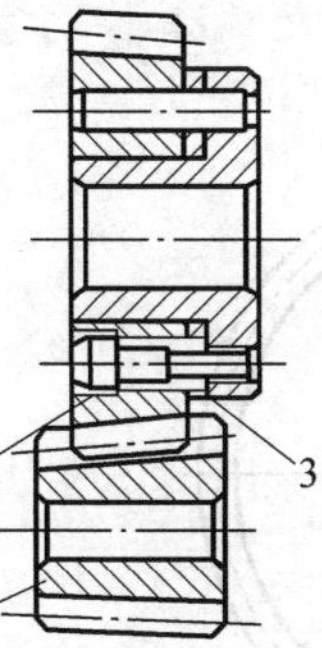

图 7-15 轴向垫片调整法

1,2—齿轮；3—垫片

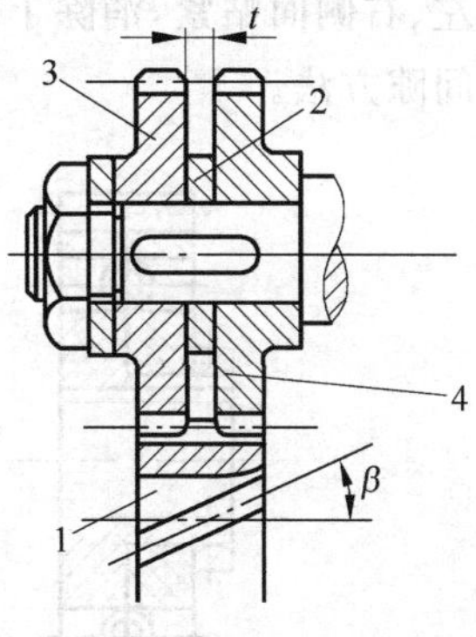

图 7-16 双薄片齿轮轴向压簧调整法

1—宽斜齿轮；2—垫片；3,4—薄斜齿轮

2. 柔性调整法

这种调整法一般都采用调整弹簧弹力的方法消除齿侧间隙，因而调整之后齿侧间隙仍可自动补偿，在齿轮的齿厚和周节有变化的情况下，也能保持无间隙啮合。但这种调整法结构较复杂，传动刚度低，传动平稳性也差。

1）轴向压簧调整法

如图 7-17 所示，两个薄斜齿轮 1 和 2 靠螺母 4 调节弹簧 3 的轴向压力，使齿轮 1 和 2 的左、右齿面分别与宽斜齿轮 6 齿槽的左、右齿面贴紧。弹簧力调整应适当，使它能承受一定扭矩，否则消除不了间隙，但弹簧力过大则齿轮磨损过快。

图 7-18 所示，锥齿轮 1 和 2 相互啮合，其中在装锥齿轮 1 的传动轴上装有压簧 3，锥齿轮 1 在弹簧力的作用下可稍做轴向移动，从而消除侧隙。弹簧力的大小由螺母 4 调节。

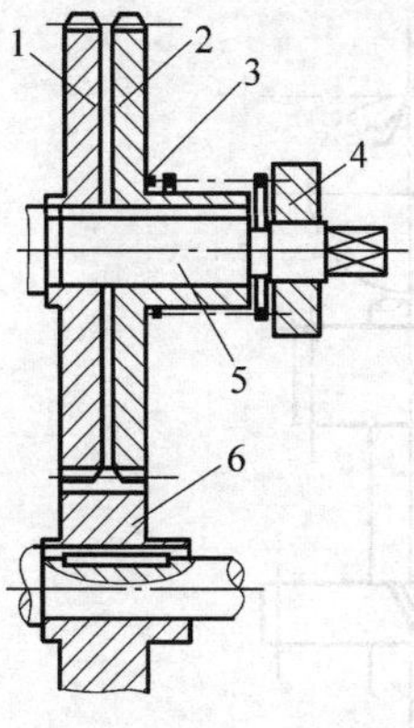

图 7-17 轴向压簧调整

1,2—薄斜齿轮；3—弹簧；4—螺母；5—传动轴；6—宽斜齿轮

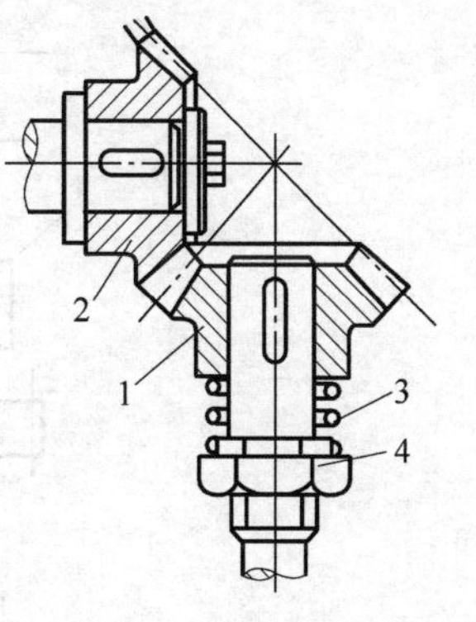

图 7-18 锥齿轮轴向压簧调整

1,2—锥齿轮；3—压簧；4—螺母

2）周向弹簧调整法

如图 7-19 所示采用了可调拉力弹簧调隙。在两个薄齿轮 1 和 2 上分别装上耳座 3。弹

簧4的一端钩在耳座3上，另一端钩在耳座的螺钉上。用螺母调节螺钉的伸出长度即可调整弹簧的弹力。调整好后再用螺母锁紧。弹簧的弹力使薄齿轮1和2的左、右齿面分别与宽齿轮的齿槽左、右侧面贴紧，消除了齿侧间隙。对于圆锥齿轮传动，也可以采用类似于圆柱齿轮的消除间隙方法。

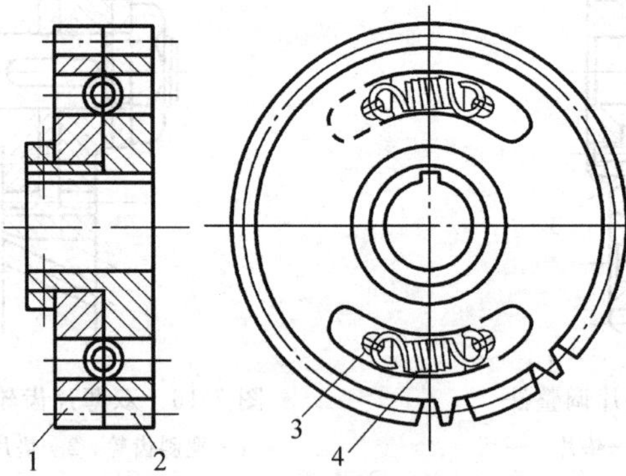

图 7-19　双薄片齿轮轴向弹簧调整法

1,2—薄齿轮；3—耳座；4—弹簧

3. 双齿轮传动调整法

工作行程很长的大型数控机床通常采用齿轮齿条来实现进给运动。进给力不大时，可以采用类似于圆柱齿轮传动中的双薄片齿轮结构，通过错齿的方法来消除间隙。当进给力较大时，通常采用双齿轮的传动结构。图7-20是这种消除间隙方法的原理图。进给运动由轴2输入，通过两对斜齿轮将运动传给轴1和轴3，然后由两个直齿轮对4和5去传动齿条，带动工作台移动。轴2上两个斜齿轮的螺旋线的方向相反。如果通过弹簧在轴2上作用一轴向力F，使斜齿轮产生微量的轴向移动，这时轴1和轴3便以相反的方向转过微小的角度，使齿轮4和5分别与齿条的两齿面贴紧，消除了间隙。

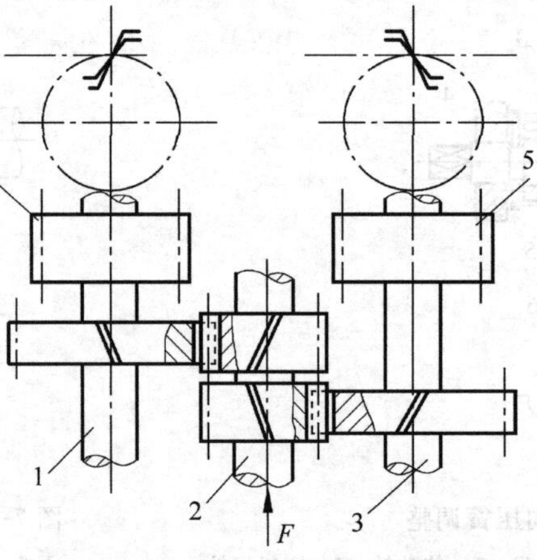

图 7-20　双齿轮消除间隙法原理图

1～3—轴；4,5—齿轮

7.6 数控机床导轨

数控机床的运动部件(如刀架、工作台等)都是沿着床身、立柱、横梁等基础件的导轨面运动的,因此导轨的功用就是支承和导向,也就是支承运动部件并保证运动部件在外力(运动部件本身的质量、工件的质量、切削力、牵引力等)的作用下,能准确地沿着一定的方向运动。所以导轨副作为数控机床的重要部件之一,它在很大程度上决定数控机床的刚度、精度和精度保持性。

7.6.1 对导轨的基本要求

数控机床的导轨主要是用来支承和引导运动部件沿一定的轨道运动。在导轨副中,与运动部件连成一体运动的一方叫运动导轨,与支承部件连成一体固定不动的一方叫支承导轨。运动导轨相对于支承导轨的运动,通常是直线运动或回转运动。导轨是进给系统的重要环节,是机床的基本结构要素之一,它对数控机床的刚度、加工精度和使用寿命等有重大影响,与普通机床导轨相比有更高的要求。

因此,导轨的精度及其性能对机床加工精度、承载能力等有着重要的影响。所以导轨应满足以下几方面的基本要求:

1. 较高的导向精度

导向精度是指机床的运动部件沿导轨移动时的直线性和与它有关基面之间的相互位置的准确性。无论在空载或切削加工时,导轨均应有足够的导向精度。影响导向精度的主要因素是导轨的结构形式、导轨的制造和装配质量以及导轨和基础件的刚度等。

2. 良好的精度保持性

精度保持性是指导轨在长期使用中保持导向精度的能力。影响精度保持性的主要因素是导轨的磨损、导轨的结构及支承件(如床身、立柱)材料的稳定性。

3. 良好的摩擦特性

运动部件在导轨上低速运动或微量位移时,运动应平稳,无爬行现象。这一要求对数控机床尤其重要,这就要求导轨的摩擦因数要小,动、静摩擦因数的差值尽量小,还要有良好的摩擦阻尼特性。

按能实现的运动形式不同,导轨可分为直线运动导轨和回转运动导轨,本节以直线运动导轨为例进行分析。

数控机床上常用的导轨,按其接触面间摩擦性质的不同,可分为普通滑动导轨、滚动导轨和静压导轨 3 大类。

7.6.2 导轨的基本类型及特点

导轨按运动轨迹可分为直线运动导轨和圆周运动导轨;按工作性质可分为主运动导轨、进给运动导轨和调整导轨;按受力情况可分为开式导轨和闭式导轨;按导轨接触面的摩擦性质可分为滑动导轨、滚动导轨和静压导轨。

表 7-2 是滑动导轨、滚动导轨和静压导轨的特点及适用范围。

表 7-2　滑动、滚动、静压导轨的特点及适用范围

<table>
<tr><th colspan="3">导轨类型</th><th>特　点</th><th>适用范围</th></tr>
<tr><td rowspan="3">滑动导轨</td><td colspan="2">普通滑动导轨</td><td>结构简单，制造方便，刚度好，抗振性高。缺点是在低速运动时易出现爬行现象而降低运动部件的定位精度</td><td>广泛应用于各种类型普通机床，在数控机床中仅少量应用在精度要求不高的开环系统及小功率闭环系统中</td></tr>
<tr><td rowspan="2">塑料滑动导轨</td><td>注塑或塑料涂层导轨</td><td rowspan="2">①摩擦因数低，动、静摩擦因数差值小，运动平稳性和抗爬性能较铸铁导轨副好；②减振性好，具有良好的阻尼性。优于接触刚度较低的滚动导轨和易漂浮的静压导轨；③耐磨性好的自润滑作用，无润滑油也能工作，灰尘磨粒的嵌入性好；④化学稳定性好，耐磨，耐低温，耐强酸、强碱、强氧化剂及各种有机溶剂；⑤维修方便，经济性好。软带耐磨，损坏后更换容易，结构简单，成本较低，约为滚动导轨成本的1/20，具有良好经济性</td><td>目前在大型和重型机床上应用较多</td></tr>
<tr><td>贴塑导轨</td><td>不仅适用于数控机床，还适用于其他各种类型机床导轨，应用较广。在机床修理和数控化改装中还可减少机床结构的修改，具有较显著的技术经济效益</td></tr>
<tr><td colspan="3">滚动导轨</td><td>优点是灵敏度高，摩擦阻力小，动、静摩擦因数小，因而运动均匀，低速运动时不易出现爬行现象；定位精度高，重复定位误差可达 0.2μm；牵引力小，移动轻便；磨损小，精度保持好，寿命长。缺点是抗振性较差，对防护要求较高，结构复杂制造比较困难，成本较高</td><td>广泛应用于需要实现精密位移的机床上，如坐标镗床、仿形机床、数控机床，在大型外圆磨床上使用，可减轻阻力和发热；在平面磨床工作台上应用提高加工精度，在立式车床上使用可提高速度，在工具磨床上使用可使手摇轻便灵活</td></tr>
<tr><td colspan="3">静压导轨</td><td>导轨面之间为纯液体摩擦，不产生磨损，精度保持性好，摩擦因数低（一般为 0.005～0.001），低速不易产生爬行，承载能力大，刚性好；承载油膜有良好吸振作用，抗振性好。缺点是结构复杂且需备置一套专门的供油系统</td><td>在机床上得到日益广泛的应用</td></tr>
</table>

7.6.3　普通滑动导轨

1. 常用截面

普通滑动导轨具有结构简单、制造方便、刚度好、抗振性强等优点，常用的导轨截面形状有矩形、三角形及燕尾形 3 种，如图 7-21 所示。

图 7-21(a)为矩形导轨。这种导轨当量摩擦因数小，刚度高，承载能力高，结构简单，工艺性好，便于加工和维修。该导轨的间隙不能自动补偿，需设置间隙调整机构。

图 7-21(b)为三角形导轨。它具有较高的导向性，而且该导轨面有了磨损时会自动下沉补偿磨损量，精度保持性也较高，但是它的当量摩擦因数较高，因而承载能力不如矩形导轨。

图 7-21(c)为燕尾形导轨。它结构紧凑自成闭式，可以承受颠覆力矩，也需设置间隙调整机构。这种导轨刚度较差，适于受力不大、要求结构尺寸比较紧凑的场合。

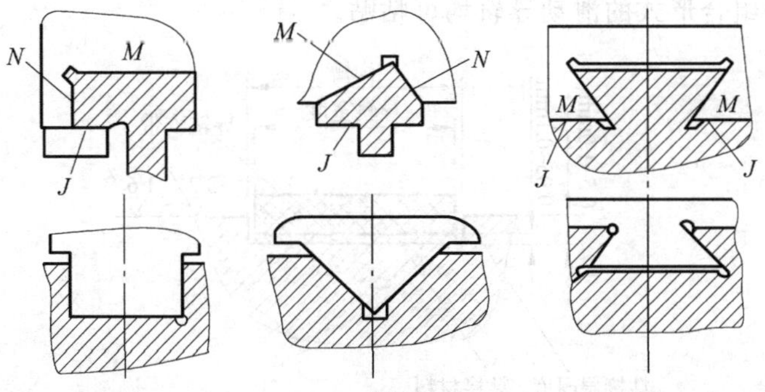

图 7-21　滑动导轨的截面形状

2. 滑动贴塑导轨

数控机床常用的直线运动滑动导轨的截面形状的组合形式主要有三角形—矩形、矩形—矩形两种，如图 7-22、图 7-23 所示。这两种导轨都具有刚度高，承载能力强，加工、检验和维修方便的特点。同时在运动导轨上都贴有塑料带，以减少爬行现象，提高低速性能和导轨的寿命。

图 7-22(a)所示为开式导轨，没有压板，导轨不能承受较大的翻转力矩；图 7-22(b)所示为闭式导轨，有压板，导轨可以承受一定的翻转力矩。图 7-23(a)所示为窄式导向，工作台由一条导轨的两侧导向；图 7-23(b)所示为宽式导向，由两条导轨的内侧导向，两个导向面的距离较大，热膨胀时变形量大，须留较大的侧向间隙，导向性不如窄式的好。

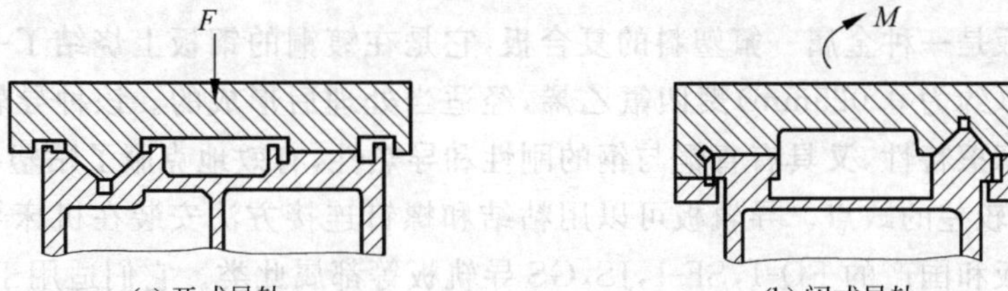

(a) 开式导轨　　(b) 闭式导轨

图 7-22　三角形—矩形截面导轨

(a) 开式窄导向　　(b) 闭式宽导向

图 7-23　矩形—矩形截面导轨

贴塑导轨是在运动导轨的滑动面上贴上一层由化学材料组成的抗磨塑料薄膜软带，构成金属对塑料的摩擦，来提高导轨的耐磨性，降低摩擦系数。与之相配的支承导轨滑动面是经淬火钢和磨削加工的，其优点是：摩擦系数低，动、静摩擦系数接近，不易产生爬行现象；耐磨性高，化学稳定性好；可加工性能好，工艺简单，成本低等。

贴塑导轨副的塑料软带一般粘贴在短的动导轨上，如图 7-24 所示。圆形导轨应粘贴在下导轨面上，各种组合形式的滑动导轨均可粘贴。

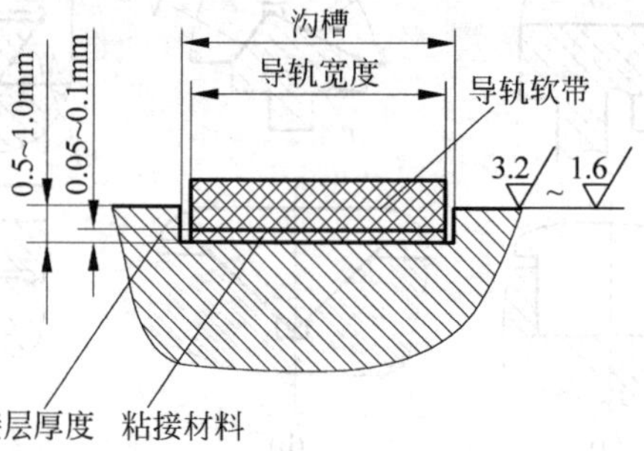

图 7-24　贴塑导轨的粘接

贴塑导轨有逐渐取代滚动导轨的趋势，不仅适用于数控机床，而且可用作其他各种类型的机床导轨，它在旧机床修理和数控化改造中可以减少对机床结构的修改，因而更加扩大了贴塑导轨的应用领域。

3. 导轨材料

1）聚四氟乙烯导轨软带

这种软带以聚四氟乙烯为基体，加入青铜粉、二硫化铝和石墨等填充剂混合烧结而成，具有摩擦特性好、耐磨性好、减振性好等特点，已成功地用在中、小型数控机床上。该种软带可在原有滑动导轨面上用粘接剂粘结，加压固化后进行精加工，故一般称为贴塑导轨。为磨损均匀，工艺简单，软带应粘接在导轨副的短导轨面上，圆形导轨应粘接在下导轨面上。

2）复合材料导轨板

这种导轨板是一种金属—氟塑料的复合板，它是在镀铜的钢板上烧结了一层多孔青铜粉，上覆以薄层（约为 0.025mm）聚四氟乙烯，经适当处理后形成的。该种导轨板既具有四氟乙烯的良好摩擦特性，又具有青铜与钢的刚性和导热性，有效地克服了贴塑导轨承载能力低、尺寸稳定性较差的缺点。导轨板可以用粘结和螺钉连接方法安装在机床导轨面上。国外的 DU 导轨板和国产的 FQ-1，SF-1，JS，GS 导轨板等都属此类。它们适用于中、小型精密机床和数控机床。

3）环氧型耐磨涂料

这种涂料以环氧树脂为基体，加入二硫化铝和胶体石墨以及铁粉等混合而成，再配以固化剂调匀涂刮或注入导轨面，故一般称之为“涂塑导轨”或“注塑导轨”。涂塑导轨具有良好的摩擦特性和耐磨性，它与铸铁搭配的导轨副摩擦因数较低，$f=0.1\sim0.12$，在无润滑油的情况下仍有较好润滑和防止爬行的效果。其抗压强度比导轨软带要高，尺寸稳定，因而可使用在大型、重型数控机床上。

7.6.4　滚动导轨

1. 滚动导轨的特点

滚动导轨是在导轨工作面间放入滚珠、滚柱或滚针等滚动体，使导轨面间的摩擦变为滚动摩擦。滚动导轨摩擦因数小，$f=0.0025\sim0.005$，动、静摩擦因数很接近，且几乎不受运动速度变化的影响，因而运动轻便灵活，所需驱动功率小；摩擦发热少，磨损小，精度保持性好；低速运动时，不易出现爬行现象，定位精度高；滚动导轨可以预紧，显著提高了刚度。

滚动导轨很适合用于要求移动部件运动平稳、灵敏以及实现精密定位的场合，在数控机床上得到了广泛的应用。

滚动导轨的缺点是结构较复杂，制造较困难，因而成本较高。此外，滚动导轨对脏物较敏感，必须要有良好的防护装置。

2. 滚动导轨的结构类型

滚动导轨的分类方法、类型、结构特点及应用范围见表 7-3，直线滚动功能部件的类型和特点见表 7-4。

表 7-3　滚动导轨的类型

分类方法	类别名称	特　点	应用范围
按滚动体类型	滚珠导轨	点接触摩擦阻力小，承载能力较差，刚度低。结构紧凑，制造容易，成本较低。通过合理设计滚道圆弧可大幅降低接触应力，提高承载能力	一般用于运动部件切削力小于 2000N，切削力矩和颠覆力矩都较小的机床上。如工具磨床工作台导轨、磨床的砂轮修整架导轨
	滚柱导轨	线接触，承载能力较同规格滚珠导轨高一个数量级，刚度高。对导轨面的平面度敏感，制造精度要求比滚珠导轨高	适用于载荷较大的机床
	滚针导轨	滚针尺寸小，结构紧凑。承载能力大，刚度小。对导轨面的平面度更敏感，对制造精度的要求更高。摩擦因数较大	适用于导轨尺寸受限制的机床上
按滚动体循环情况	滚动体循环式导轨	滚动体在运行过程中沿循环通道自动循环，行程不受限制。常做成独立的标准化部件（如直线滚动导轨副和滚动导轨块），由专业厂生产。滚动导轨组件本身制造精度较高，对机床的安装基面要求不高，安装调试方便，刚度高，承载力大，润滑简单	适用于行程较大的机床，广泛采用直线滚动功能部件，目前为国内外数控机床上得到广泛应用
	滚动体非循环式导轨	滚动体在运动过程中不循环，行程有限。一般根据需要自行设计制造	一般用于行程较小的机床

表 7-4　常见直线滚动功能部件的类型和特点

名　称	特　点
直线滚动导轨副	由长导轨和带有滚珠的滑块制成标准部件；在所有方向都能承受载荷；通过钢球的过盈配置能实现不同方向的负荷，使机床设计、制造简单方便
滚动导轨块	采用循环式圆柱滚子，与机床床身导轨配合使用，不受行程长度的限制，刚度高

图 7-25 是滚动导轨块的应用结构示意图。图中 4 为滚动导轨块，右导轨 1 两侧起导向作用，侧向间隙由侧面带动滚动导轨块的镶条 5 调整。为承受力矩，两矩形导轨下方均有压

板 3,并用装有滚动导轨块的镶条 2 调整间隙。调整镶条可以使导轨块和导轨间产生预加负载,以保证导轨副具有足够的刚性。

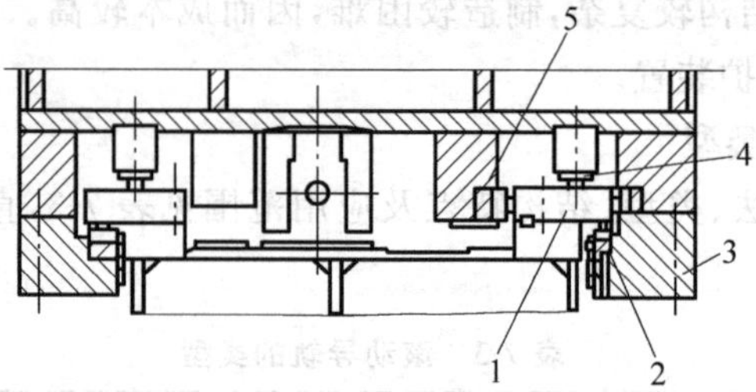

图 7-25 滚动导轨块的应用结构示意图

1—右导轨;2,5—镶条;3—压板;4—滚动导轨块

图 7-26 是几种滚动导轨的结构形式。

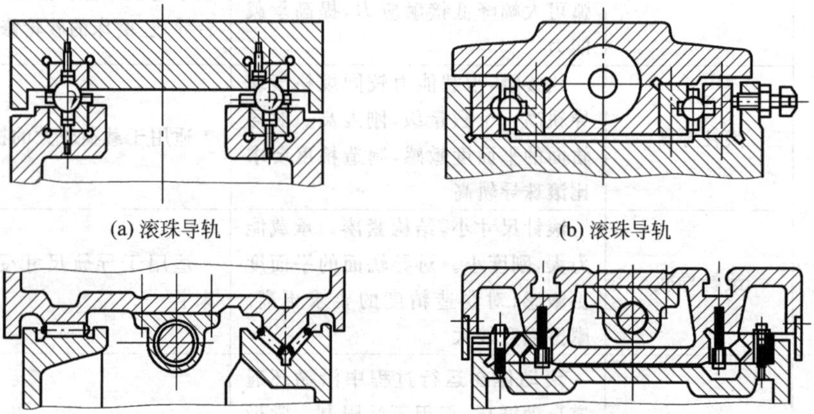

(a) 滚珠导轨 (b) 滚珠导轨

(c) 滚柱导轨 (d) 滚柱导轨

图 7-26 几种滚动导轨的结构形式

3. 直线滚动导轨

近年来,数控机床越来越多地采用了由专业厂生产制造的直线滚动导轨块或导轨副组件。该种导轨组件本身制造精度很高,而对机床的安装基面要求不高,安装、调整都非常方便,现已有多种形式、规格可供使用。

图 7-27 是直线滚动导轨副的外形图,直线滚动导轨副由一根长导轨(导轨条)和一个或几个滑块组成。

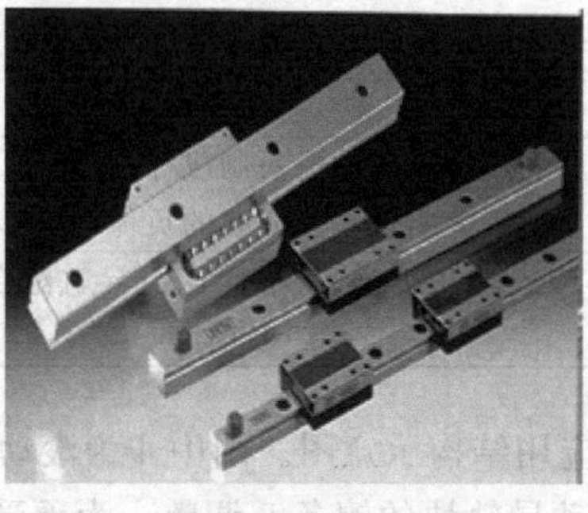

图 7-27 直线滚动导轨副的外形图

图 7-28 是直线滚动导轨副的结构图，直线滚动导轨副的滑块内有 4 组滚珠或滚柱，其中 1 为负载滚珠或滚柱，2 为回珠(回柱)。当滑块相对于导轨条移动时，每一组滚珠(滚柱)都在各自的卸道内循环运动，承受载荷的形式与轴承类似。4 组滚珠(滚柱)可承受轴向力以外的任何方向的力和力矩。滑块两端装有防尘密封垫。

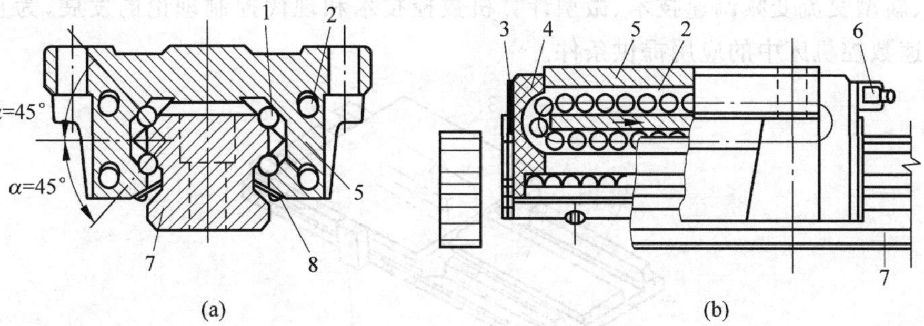

图 7-28　直线滚动导轨副的结构图

1—滚珠；2—回珠；3—端部密封垫；4—端盖；5—滑块；6—润滑油杯；7—导轨体；8—侧面密封垫

直线滚动导轨摩擦系数小，精度高，安装维修方便。它是一个独立部件，对机床支承导轨的部分要求不高，既不需要淬火也不需要磨削或刮削，只要精铣或精刨。由于这种导轨可以预紧，因而比滚动体不循环的滚动导轨刚度高、承载能力大，但不如滑动导轨。抗振性也不如滑动导轨。为提高抗振性，有时装有抗振阻尼滑座。有过大的振动和冲击载荷的机床不宜应用直线导轨副。

直线滚动导轨副的移动速度可以达到 60m/min，在数控机床和加工中心上得到广泛应用。

7.6.5　静压导轨

静压导轨分液体、气体两类。液体静压导轨多用于大型、重型数控机床；气体静压导轨多用于负荷不大的场合，像数控坐标磨床、三坐标测量机等。

静压导轨是在导轨工作面间通入具有一定压强的润滑油，使运动件浮起，导轨面间充满润滑油形成的油膜，因而处于纯液体摩擦状态。静压导轨由于导轨面处于纯液体摩擦状态，摩擦因数极低，$f\approx 0.0005$，因而驱动功率大大降低，低速运动时无爬行现象；导轨面不易磨损，精度保持性好；由于油膜有吸振作用，因而抗振性好、运动平稳。但是静压导轨结构复杂，且需要一套过滤效果良好的供油系统，制造和调整都较困难，成本高，主要用于大型、重型数控机床上。

静压导轨可分为开式和闭式两大类。

7.7　直线电动机传动

1. 直线电动机系统

在常规的机床进给系统中，仍一直采用“旋转电动机＋滚珠丝杠”的传动体系。随着近几年来超高速加工技术的发展，滚珠丝杠机构已不能满足高速度和高加速度的要求，直线电动机开始展示出其强大的生命力。

直线电动机是指可以直接产生直线运动的电动机，可作为进给驱动系统，如图 7-29 所示。在世界上出现了旋转电动机不久之后就出现了直线电动机的雏形，但由于受制造技术水平和应用能力的限制，一直未能在制造业领域作为驱动电动机而使用。近年来大功率电子器件、新型交流变频调速技术、微型计算机数控技术和现代控制理论的发展，为直线电动机在高速数控机床中的应用提供条件。

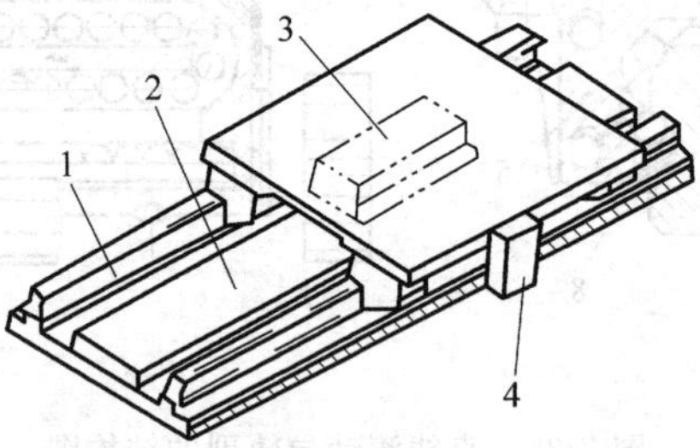

图 7-29 直线电动机进给系统外观

1—导轨；2—次线；3—初线；4—检测系统

世界上第一台使用直线电动机驱动工作台的高速加工中心是德国 Ex-Ccll-O 公司于 1993 年生产的，采用了德国 Indramennt 公司成功开发的感应式直线电动机。同时，美国 Ingersoll 公司和 Ford 汽车公司合作，在 HVM800 型卧式加工中心采用了美 Anorad 公司生产的永磁式直线电动机。日本的 FAVUC 公司于 1994 年购买了 Anorad 公司的专利权，开始在亚洲市场销售直线电动机。在 1996 年 9 月芝加哥国际制造技术博览会上，直线电动机如雨后春笋般展现在人们面前，这预示着直线电动机开辟的机床新时代已经到来。

2. 直线电动机工作原理

直线电动机的工作原理与旋转电动机相比，并没有本质的区别，可以将其视为旋转电动机沿圆周方向拉开展平的产物，如图 7-30 所示。对应于旋转电动机的定子部分，称为直线电动机的初级；对应于旋转电动机的转子部分，称为直线电动机的次级。当多相交变电流通入多相对称绕组时，就会在直线电动机初级和次级之间的气隙中产生一个行波磁场，从而使初级和次级之间相对移动。当然，二者之间也存在一个垂直力，可以是吸引力，也可以是推斥力。直线电动机可以分为直流直线电动机、步进直线电动机和交流直线电动机 3 大类。在机床上主要使用交流直线电动机。

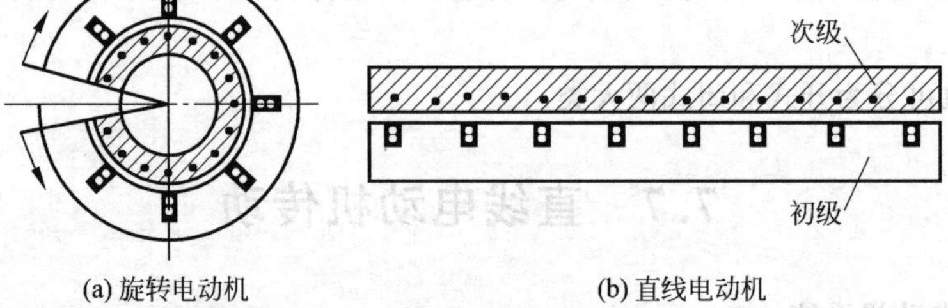

(a) 旋转电动机　　(b) 直线电动机

图 7-30 旋转电动机展平为直线电动机的过程

3. 结构形式

在结构上，直线电动机的结构可以有如图 7-31 所示的短次级和短初级两种形式。为了减少发热量和降低成本，高速机床用直线电动机一般采用如图 7-31(b)所示的短初级结构。

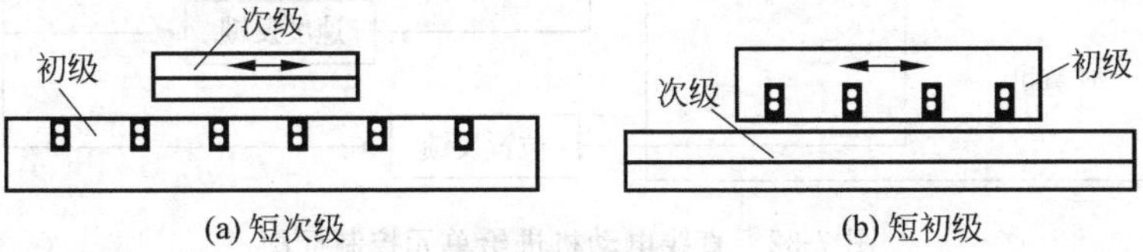

图 7-31 直线电动机的结构形式

4. 使用直线电动机的高速机加工系统特点

现在的机加工对机床的加工速度和加工精度提出了越来越高的要求，传统的“旋转电动机＋滚珠丝杠”体系已很难适应这一趋势。使用直线电动机的驱动系统，有以下特点：

(1) 电动机、电磁力直接作用于运动体(工作台)上，而不用机械连接，因此没有机械滞后或齿节周期误差，精度完全取决于反馈系统的检测精度。

(2) 直线电动机上装配全数字伺服系统，可以达到极好的伺服性能。由于电动机和工作台之间无机械连接件，工作台对位置指令几乎是立即反应(电气时间常数约为 1ms)，从而使得跟随误差减至最小而达到较高的精度。并且，在任何速度下都能实现非常平稳的进给运动。

(3) 直线电动机系统在动力传动中由于没有低效率的中介传动部件而能达到高效率，可获得很好的动态刚度(动态刚度即为在脉冲负荷作用下，伺服系统保持其位置的能力)。

(4) 直线电动机驱动系统由于无机械零件相互接触，因此无机械磨损，也就不需要定期维护，也不像滚珠丝杠那样有行程限制，使用多段拼接技术可以满足超长行程机床的要求。表 7-5 列出了滚珠丝杠与直线电动机的性能对比。

表 7-5 滚珠丝杠与直线电动机的性能对比

特　　性	滚珠丝杠	直线电动机
最高速度/$(m \cdot s^{-1})$	0.5 取决于螺距	2.0 可达 3～4
最高加速度($1g=0.98m/s^2$)	0.5～1g	2～10g
静态刚度/$(N \cdot \mu m^{-1})$	90～180	80～280
动态刚度/$(N \cdot \mu m^{-1})$	90～180	160～210
稳定时间/ms	100	10～20
最大作用力/N	26 800	9000
可靠性/h	60 000～100 000	50 000

(5) 由于直线电动机的部件(初级)已和机床的工作台合二为一，因此，和滚珠丝杠进给单元不同，直线电动机进给单元只能采用全闭环控制系统，其控制框图如图 7-32 所示。

直线电动机驱动系统具有很多的优点，对于促进机床的高速化有十分重要的意义和应用价值。由于目前尚处于初级应用阶段，生产批量不大，因而成本很高。但可以预见，作为一种崭新的传动方式，直线电动机必然在机床工业中得到越来越广泛的应用，并显现巨大的生命力。

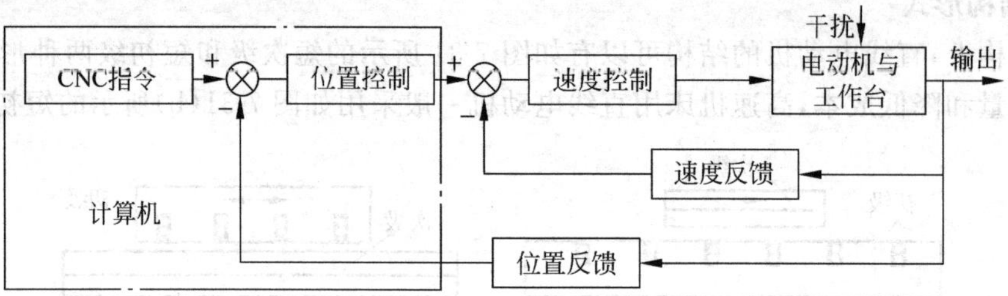

图 7-32 直线电动机进给单元控制框图

思考与练习题

7-1 数控机床对进给运动系统有哪些要求？

7-2 滚珠丝杠螺母副的工作原理及其特点是什么？

7-3 滚珠丝杠螺母副的间隙消除方法有哪些？

7-4 齿轮传动类型有哪些？

7-5 齿轮传动消除间隙方法有哪些？

7-6 简述静压丝杠螺母副的原理及特点？

7-7 什么是双导程蜗杆？

7-8 数控机床对导轨主要有哪几种类型？安装调整各有什么要求？

7-9 简述滑动导轨、静压导轨及滚动导轨分类、特点及各自的适用场合。

7-10 简述直线电动机的优缺点。

第8章

数控机床的辅助装置

8.1 自动换刀装置

为了进一步提高数控机床的加工效率，数控机床向着工件在一台机床上经一次装夹可完成多道工序或全部工序加工的方向发展，从而出现了各种类型的加工中心机床和车削中心机床。这类机床为了完成不同工序的加工工艺，需使用多种刀具，因此必须有自动换刀装置。自动换刀装置应满足换刀时间短、刀具重复定位精度高、刀具储存量足够、结构紧凑及安全可靠等要求。

各类数控机床的自动换刀装置的结构取决于机床的类型、工艺范围、使用刀的种类和数目。目前数控机床使用的自动换刀装置主要有转塔式自动换刀和刀库式自动换刀两种。

8.1.1 转塔式自动换刀装置

转塔式自动换刀装置又分回转刀架式和转塔头式两种，回转刀架式用于各种数控车床和车削中心机床。转塔头式多用于数控钻、镗、铣床。

1. 回转刀架换刀

回转刀架换刀是一种简单的自动换刀装置，常用于数控车床。根据不同的加工对象，可设计成四方、六方刀架或八工位圆盘式轴向装刀刀架等多种形式，相应地安装四把、六把或更多的刀具，并按数控装置的指令换刀。

回转刀架在结构上必须具有良好的强度和刚度，以承受粗加工时的切削抗力。由于车削加工精度在很大程度上取决于刀尖位置，对于数控车床来说，加工过程中刀具位置不进行人工调整，因此，更有必要选择可靠的定位方案和合理的定位机构，以保证回转刀架在每次转位之后，具有尽可能高的重复定位精度。

回转刀架按其工作原理可分为机械螺母升降转位、十字槽轮转位、凸台棘爪式、电磁式及液压式等多种工作方式。但其换刀的过程一般均为刀架抬起、刀架转位、刀架压紧并定位等几个步骤。下面以四方位回转刀架及 CK3263 系列数控车床回转刀架为例，介绍换刀过程。

1）四方位回转刀架换刀

如图 8-1 所示，该刀架可以安装 4 把不同的刀具，它的换刀过程如下：

(1) 刀架抬起。当数控装置发出换刀指令后，电动机 1 起动正转，通过平键套筒联轴器 2 使蜗杆轴 3 转动，从而带动蜗轮丝杠 4 转动。刀架体 7 内孔加工有螺纹，与丝杠连接，蜗轮与丝杠为整体结构。当蜗轮开始转动时，由于加工在刀架底座 5 和刀架体 7 上的端面齿

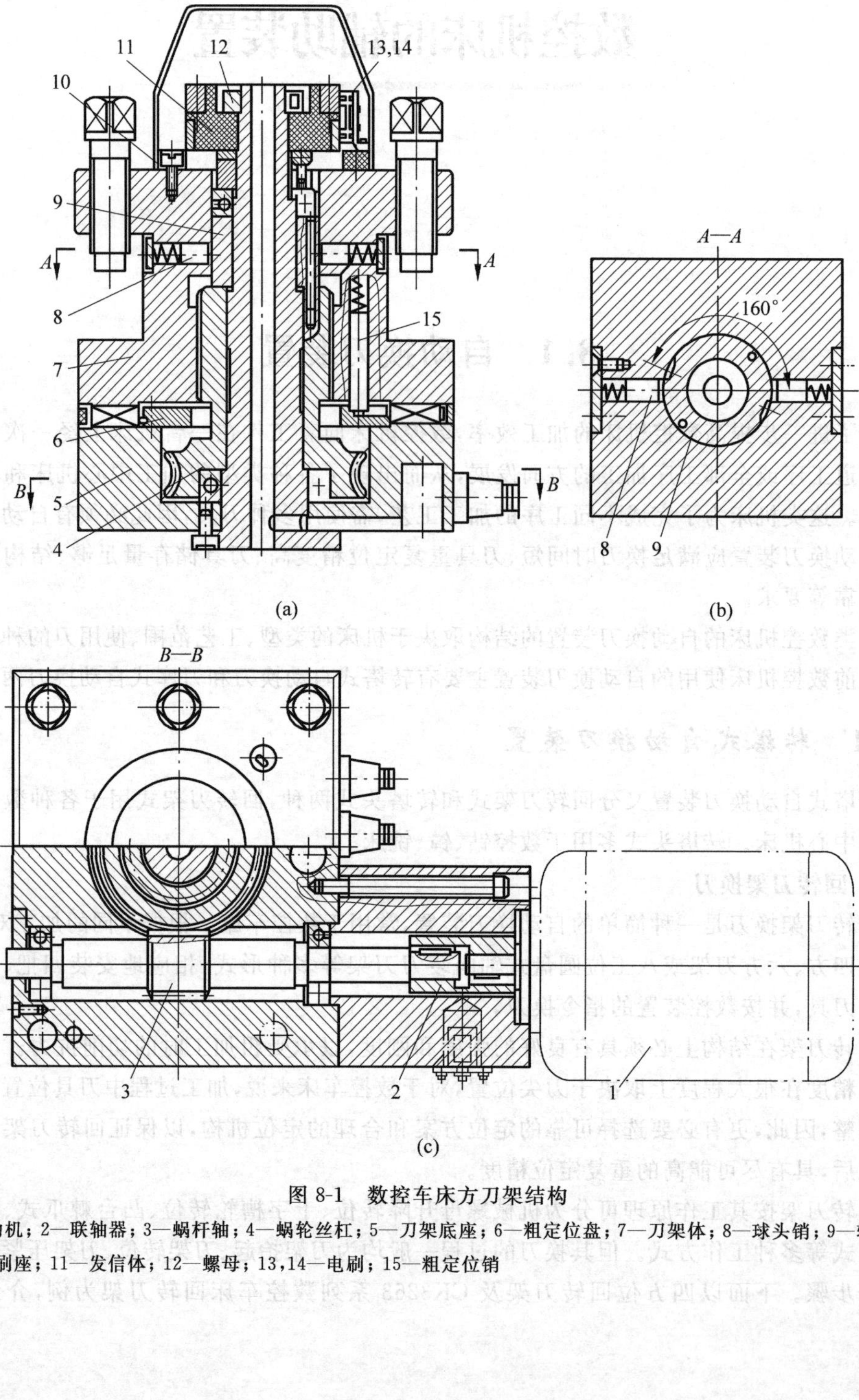

图 8-1 数控车床方刀架结构

1—电动机；2—联轴器；3—蜗杆轴；4—蜗轮丝杠；5—刀架底座；6—粗定位盘；7—刀架体；8—球头销；9—转位套；10—电刷座；11—发信体；12—螺母；13,14—电刷；15—粗定位销

处在啮合状态，且蜗轮丝杠轴向固定，这时刀架体 7 抬起。

(2) 刀架转位。当刀架体抬至一定距离后，端面齿脱开，转位套 9 用销钉与蜗轮丝杠 4 连接，随蜗轮丝杠一同转动。当端面齿完全脱开，转位套正好转过 160°，如图 8-1(b)$A—A$ 剖示所示，球头销 8 在弹簧力的作用下进入转位套 9 的槽中，带动刀架体转位。

(3) 刀架定位。刀架体 7 转动时带着电刷座 10 转动，当转到程序指定的刀号时，粗定位销 15 在弹簧的作用下进入粗定位盘 6 的槽中进行粗定位，同时电刷 13 接触导体使电动机 1 反转，由于粗定位槽的限制，刀架体 7 不能转动，使其在该位置垂直落下，刀架体 7 和刀架底座 5 上的端面齿啮合实现精确定位。

(4) 夹紧刀架。电动机继续反转，此时蜗轮停止转动，蜗杆轴 3 自身转动。当两端面齿增加到一定夹紧力时，电动机 1 停止转动。译码装置由发信体 11 和电刷 13、14 组成，电刷 13 负责发信，电刷 14 负责位置判断。当刀架定位出现过位或不到位时，可松开螺母 12 调好发信体 11 与电刷 14 的相对位置。

2) CK3263 系列数控车床回转刀架换刀

此类刀架结构如图 8-2 所示。刀架的升起、转位、夹紧等动作都是由液压驱动的，其工作过程是：当数控装置发出换刀指令以后，液压油进入液压缸 1 的右腔，通过活塞推动刀架中心轴 2 将刀盘 3 左移，使定位副端齿盘 4 和 5 脱离啮合状态，为转位做好准备。齿盘处于完全脱开位置时，行程开关 XK2 发出转位信号，液压马达带动转位凸轮 6 旋转，凸轮依次推动回转盘 7 上的分度柱销 8 使回转盘通过键带动中心轴及刀盘作分度转动。凸轮每转过一周拨过一个柱销，使刀盘旋转一个工位 $\frac{1}{n}$ 周（n 为刀架工位数，也等于柱销数）。中心轴的尾端固定着一个有 n 个齿的凸轮，每当中心轴转过一个工位时，凸轮压合计数开关 XK1 一次，开关将此信号送入控制系统。当刀盘旋转到预定工位时，控制系统发出信号使液压马达刹

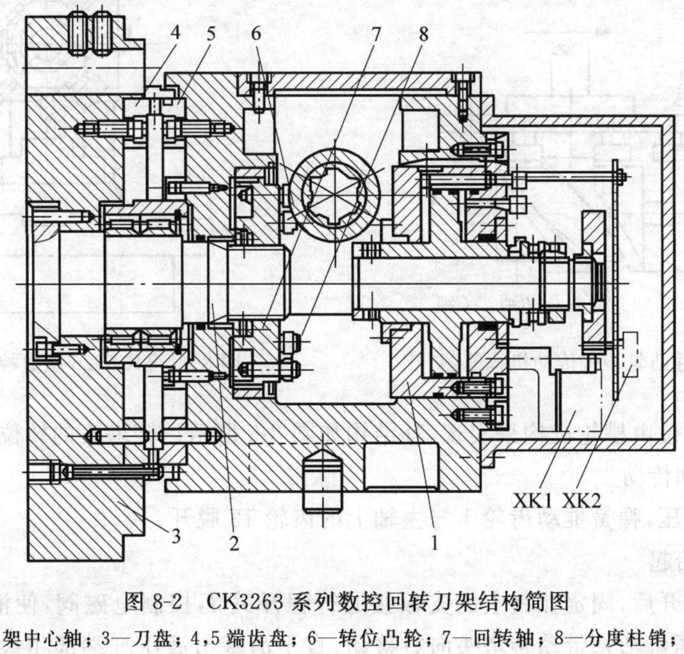

图 8-2　CK3263 系列数控回转刀架结构简图

1—液压缸；2—刀架中心轴；3—刀盘；4,5 端齿盘；6—转位凸轮；7—回转轴；8—分度柱销；XK1—计数行程开关；XK2—啮合状态行程开关

车，转位凸轮停止运动，刀架处于预定位状态。与此同时液压缸1左腔进油，通过活塞将中心轴和刀盘拉回，端齿盘啮合，刀盘完成精定位和夹紧动作。刀盘夹紧后中心轴尾部将XK2压下发出转位结束信号。端齿盘的制造精度和装配精度要求较高，以保证转位的分度精度和重复定位精度。

刀盘转位驱动采用圆柱凸轮步进传动机构，其工作原理如图8-3所示。圆柱凸轮是在圆周面上加工出一条两端有头的凸轮轮廓。从动回转盘端面有多个柱销，柱销数量与工位数相等。按图中所示旋转时，*B*销先进入凸轮轮廓的曲线段，这时凸轮开始驱动回转盘转位，与此同时*A*销与凸轮轮廓脱开，当凸轮转过180°时，*B*销接触的凸轮轮廓由曲线段过渡到直线段，同时与*B*销相邻的*C*销开始与凸轮的直线轮廓的另一侧面接触，凸轮继续转动，回转盘不动，刀架处于预定位状态。由于凸轮是一个两端开口的非闭合曲线轮廓，所以凸轮正反转时均可带动回转盘做正反方向的旋转。因此，这种刀架可通过控制系统中的逻辑电路来自动选择刀盘回转方向，以缩短转位时间，提高换刀速度。

2. 转塔头式换刀

使用旋转刀具的数控机床采用转塔头转位更换主轴头。这种机床的主轴头就是转塔头，在转塔的各主轴头上，根据加工的工序预先安装所用刀具，转塔依次转位，就可以实现自动换刀。主轴头有卧式和立式两种，工作时只有位于加工位置的主轴头才与主运动接通，而其他处于不加工位置的主轴都与主运动脱开。

如图8-4所示是TK-5525型数控转塔式镗铣床的外观图，八方形转塔头上装有8根主轴。

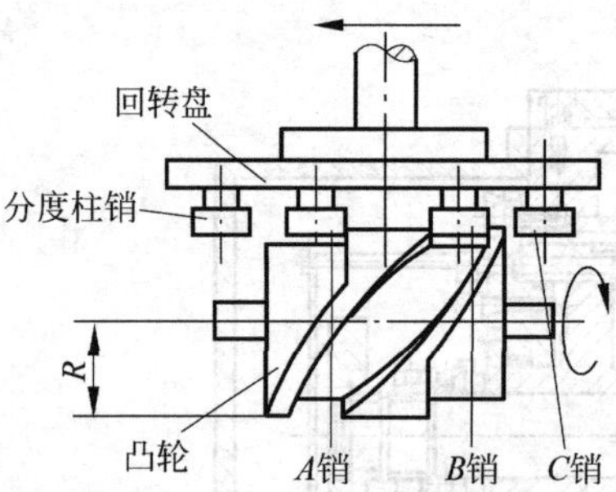

图8-3 圆柱凸轮步进传动机构简图

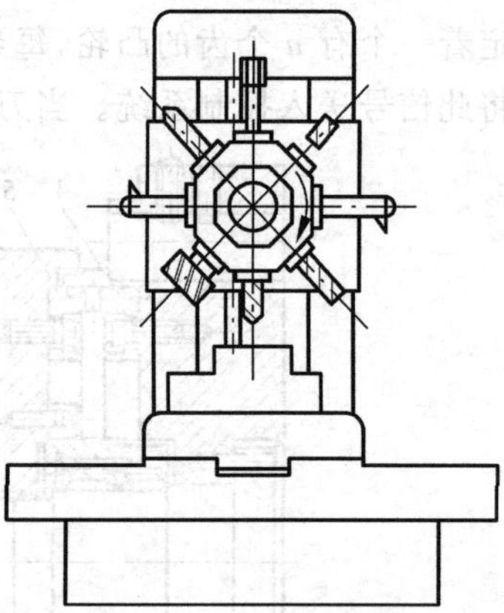

图8-4 TK-5525型数控转塔式镗铣床

转塔头的转位由槽轮机构采实现，其结构如图8-5所示。转塔头的转位过程为：

1）脱开主轴传动

液压缸4卸压，弹簧推动齿轮1与主轴上的齿轮12脱开。

2）转塔头抬起

当齿轮1脱开后，固定在其上的支板接通行程开关3，控制电磁阀，使液压油进入液压缸5的左腔，液压缸活塞带动转塔头向右移动，直至活塞与液压缸端部相接触，固定在转塔头体上的鼠牙盘10便脱开。

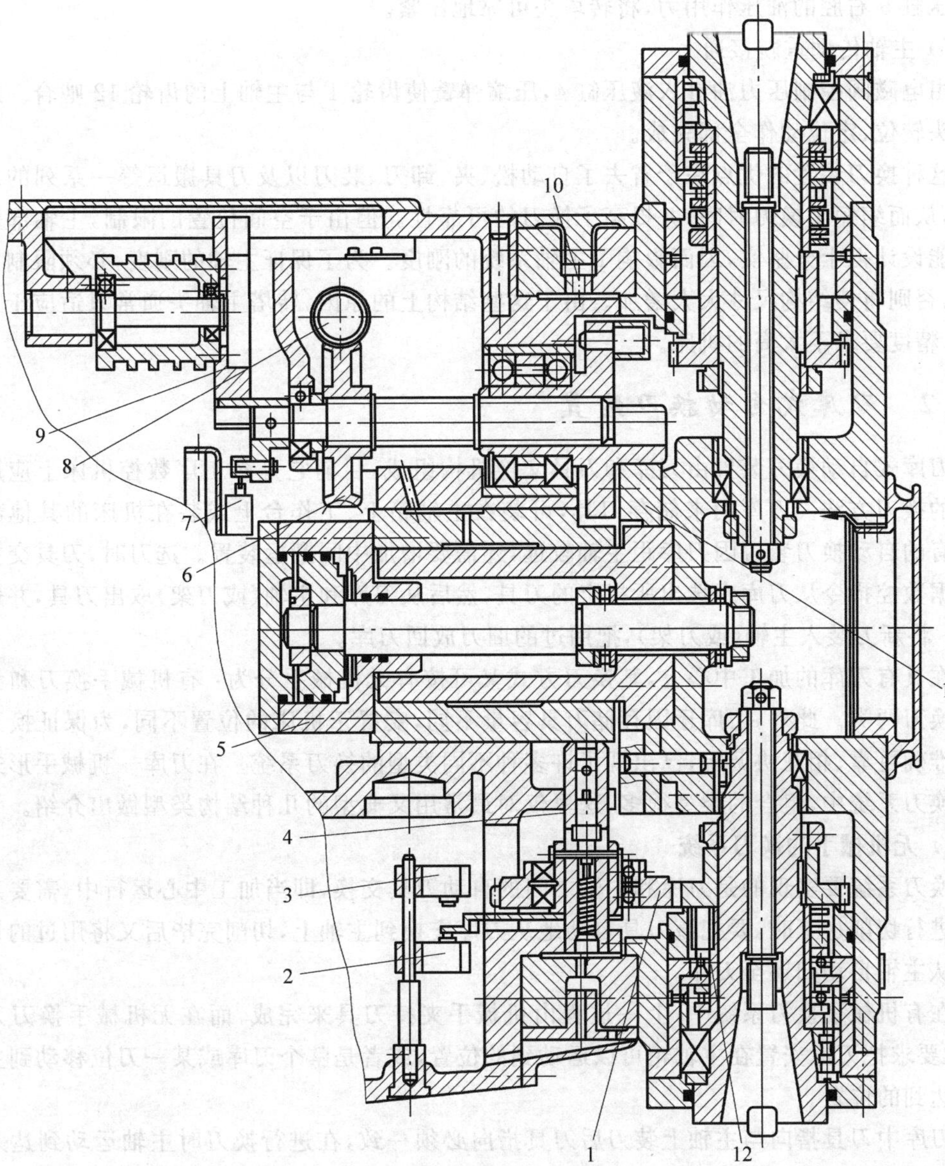

图 8-5 转塔式结构图

1,12—齿轮；2,3,7—行程开关；4,5—液压缸；6—蜗轮；8—蜗杆；9—支架；10—鼠牙盘；11—槽轮

3）转塔头转位

当鼠牙盘脱开后，行程开关发出信号，起动转位电动机，经蜗杆 8 和蜗轮 6 带动槽轮机构的主动曲拐使槽轮 11 转过 45°，并由槽轮机构的圆弧槽来完成主轴头的分度位置粗定位。主轴号的选定通过行程开关组来实现。若处于加工位置的主轴不是所需要的，转位电动机继续回转，带动转塔头间歇地再转 45°，直至选中主轴为止，主轴选好后，由行程开关 7 关停转位电动机。

4）转塔头定位压紧

通过电磁阀使压力油进入液压缸 5 的右腔，转塔头向左返回，由鼠牙盘 10 精定位，并利用液压缸 5 右腔的油压作用力，将转塔头可靠地压紧。

5）主轴传动重新接通

由电磁阀控制压力油进入液压缸 4，压缩弹簧使齿轮 1 与主轴上的齿轮 12 啮合。此时转塔头转位、定位动作全部完成。

这种换刀装置的优点在于省去了自动松、夹、卸刀、装刀以及刀具搬运等一系列的复杂操作，从而缩短了换刀时间，并提高了换刀的可靠性。但由于空间位置的限制，主轴部件结构不能设计得十分坚实，因而影响了主轴系统的刚度。为了保证主轴的刚度，必须限制主轴数目，否则将使结构尺寸大大增加。由于这些结构上的原因，转塔主轴头通常只适应于工序较少，精度要求不太高的机床。

8.1.2 刀库式自动换刀装置

刀库式自动换刀装置由刀库和刀具交换机构组成，目前它是多工序数控机床上应用最广泛的换刀方法。刀库用来储存刀具，可装在主轴箱上、工作台上或装在机床的其他部件上。有的自动换刀装置因刀库距主轴较远，还需要增加中间搬运装置。选刀时，刀具交换机构根据数控指令从刀库中选出所指定的刀具，然后从刀库和主轴（或刀架）取出刀具，并进行交换；将新刀装入主轴（或刀架），把用过的旧刀放回刀库。

在具有刀库的加工中心上，其换刀方式又可按有无机械手分为：有机械手换刀和无机械手换刀两类。此外，刀库还因存储刀具容量不同，安置于机床的位置不同，为保证换刀动作的准确可靠、相互协调等，已出现了许多种不同类型的换刀系统。在刀库—机械手形式的自动换刀系统中，组合的类型很多，这里仅对最常用又典型的几种结构类型做出介绍。

1. 无机械手的换刀系统

换刀系统要实现的是刀库和主轴之间的自动刀具交换，即当加工中心运行中，需要某一刀具进行切削加工时，要把该刀具自动地从刀库交换到主轴上，切削完毕后又将用过的切削刀具从主轴自动归还至刀库。

在有机械手换刀系统中，上一过程由机械手夹持刀具来完成，而在无机械手换刀系统中，就要求把刀库安置在主轴箱可以运动到的位置，或者是整个刀库或某一刀位移动到主轴箱可达到的位置。

刀库中刀具指向与主轴上装刀后刀具指向必须一致，在进行换刀时主轴运动到达刀库上的换刀位置，利用刀库动作对主轴进行刀具的装卸交换。

图 8-6 所示为一种卧式加工中心无机械手换刀系统的换刀过程。

换刀过程如下：在图 8-6 中，当上一工序结束后，主轴准停，主轴箱做上升运动，如图 8-6(a)所示；主轴箱到达换刀位置，上一把刀具进入刀库交换刀具的空位，刀具被刀库夹紧，主轴松刀，如图 8-6(b)所示；刀库夹住刀具推出前移，对主轴拔刀，如图 8-6(c)所示；刀库转位到指令的下一工序所要用的刀具位置，主轴孔吹气装置进行吹气清洗，如图 8-6(d)所示；刀库后退并缩回，将新刀插入主轴孔，主轴的夹紧装置动作，把刀具夹紧，如图 8-6(e)所示；主轴箱离开换刀位置下行到工作位置，继续下一工序的切削，如图 8-6(f)所示。

无机械手换刀系统优点是结构简单，换刀可靠；缺点是刀库容量不大，换刀时间长。此系统适合中小型加工中心采用。

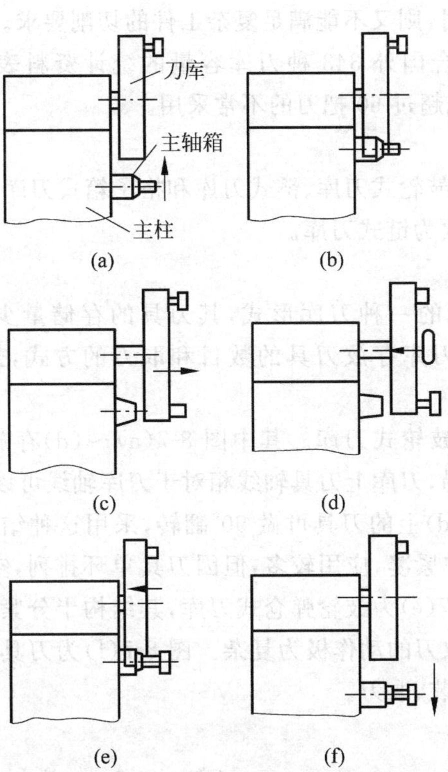

图 8-6　无机械手换刀系的换刀过程

2. 有机械手的换刀系统

它是由刀库、机械手(有的加工中心还有运刀装置)结合共同完成自动刀具交换的,也是在加工中心上用得最为普遍的换刀系统,比无机械手的换刀系统更灵活,其换刀时间可缩短到 2s 以内。

但由于有机械手的换刀系统,涉及刀库位置和机械手的换刀动作不同时,其换刀的过程也不尽相同。所以下面先对刀库和机械手的一些主要类型做出介绍。

1) 刀库

刀库是一个储存加工所需的各种刀具的仓库,加工中心的换刀位置都是设计成固定的,对应刀库上某一固定刀位,刀库要具备运送刀、做分度运动达到换刀位置及准确定位的功能,才能使换刀可靠。驱动刀库的动力可用电动机或液动机,有时还要考虑变速机构。对驱动的控制可选用简易定位装置,适用于一个轴的定位控制,并且是半闭环的伺服位置控制,也可选用普通的机电相结合的销定位方式。

(1) 刀库的容量

为保证加工工序范围尽量大、缩短加工的循环时间及增强加工能力,应着重考虑刀库主要特性,即储存刀具的数量、传送刀具的时间(包括分度运动时间)、储存刀具的直径和质量。

刀库大,自然存储刀具多。庞大的刀库(如密集型的多层子母式刀库),一是结构复杂,二是对机床总体布局有影响。至于在 FMS(柔性制造系统)中所用的加工中心,由于加工工件复杂,原刀库所存放的刀具有时不能满足加工需要,采用了中央刀库的设计予以解决。

刀库小，存储刀具少时，则又不能满足复杂工件的切削要求。对大量工件切削加工所需用刀具数的统计分析，结合国外 343 种刀库容量的统计资料表明，刀库存储刀具量多在 20～40 把，少于 10 把刀或超过 60 把刀的不常采用。

(2) 刀库的类型

刀库按其形式可分为鼓轮式刀库、链式刀库和格子箱式刀库。在诸多形式刀库中，鼓轮式刀库用得最为普遍，其次为链式刀库。

① 鼓轮式刀库

鼓轮式刀库是最常见的一种刀库形式，其刀具的存储量少则 6～8 把，多则 50～60 把，有的甚至更多。根据刀库存放刀具的数目和取刀的方式，鼓轮式刀库可设计成多种形式。

图 8-7 为几种常见的鼓轮式刀库。其中图 8-7(a)～(d)存放的刀具数一般为 15～40 把，为适应机床主轴的布局，刀库上刀具轴线相对于刀库轴线可以按不同方向配置，如轴向、径向或斜向。刀库图 8-7(d)上的刀具可做 90°翻转，采用这种结构可以简化取刀动作。这几种鼓轮式刀库，结构简单紧凑，应用较多，但因刀具单环排列，空间利用率低，因此多用于刀库容量小的场合。图 8-7(e)为鼓轮弹仓式刀库，其结构十分紧凑，在相同的空间内，它的刀库容量最大，但选刀和取刀的动作极为复杂。图 8-7(f)为刀具呈轴向布置的多层鼓轮式刀库，刀库容量大，需径向装、取刀。

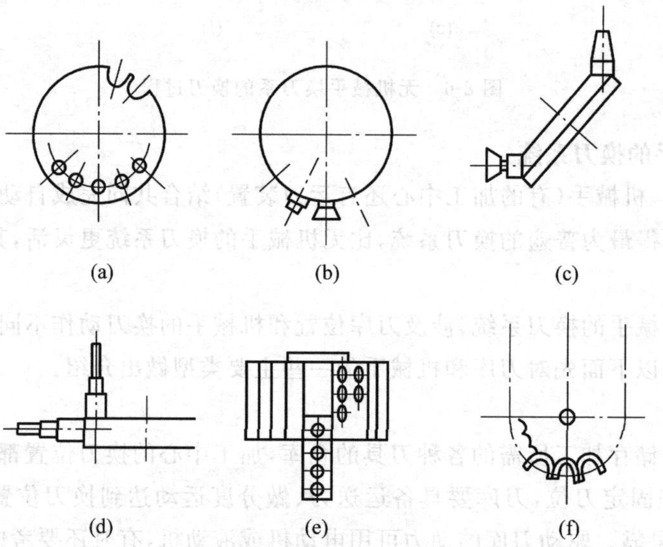

图 8-7 鼓轮式刀库

② 链式刀库

这种刀库是在环形链条上装有许多刀座，刀座的孔中装各种刀具，链条由链轮驱动。图 8-8 所示为 3 种形式的链式刀库。

链式刀库结构紧凑，刀库容量较大，链环可根据机床的总体布局要求配置成适当形式，以利于换刀机构的工作，刀库取刀多为轴向取刀。当刀库容量大时，可采用多环链式。

③ 格子箱式刀库

这种刀库具有纵横排列很多十分整齐的格子，每个格子可存储一把刀具。

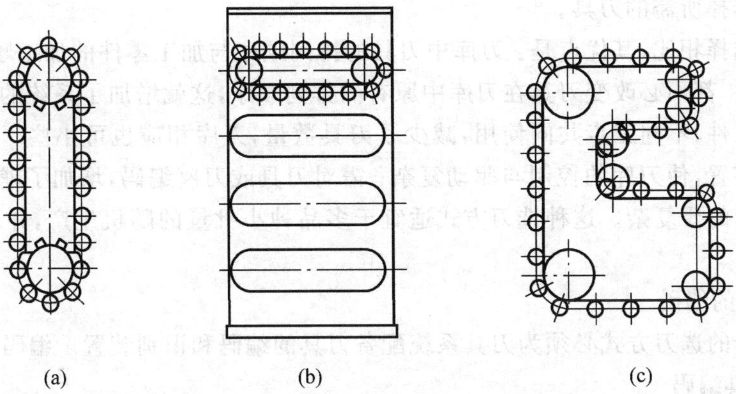

图 8-8　链式刀库

如图 8-9 所示为格子箱式刀库，其中图 8-9(a)为单面格子箱式刀库，图 8-9(b)为多面格子箱式刀库。该种形式的刀库结构紧凑，刀库空间利用率高。但换刀时间较长，布局不灵活。通常刀库安置在工作台上，小直径刀具为轴向取刀，大直径刀具为径向取刀。该形式的刀库应用较少。

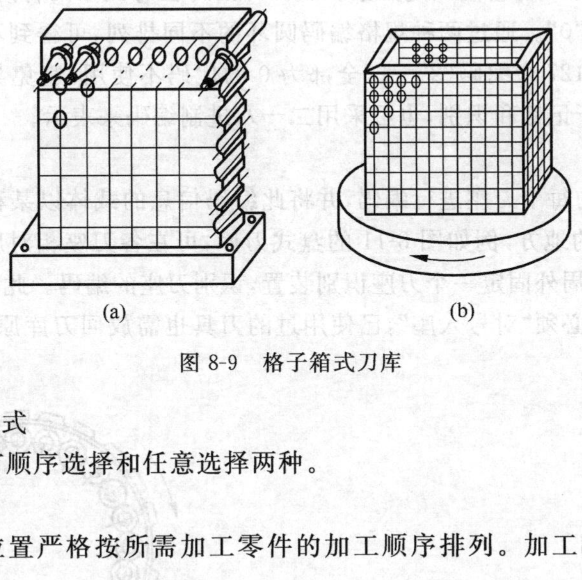

图 8-9　格子箱式刀库

(3) 刀库选刀方式

刀库选刀方式有顺序选择和任意选择两种。

① 顺序选刀式

刀库中的刀具位置严格按所需加工零件的加工顺序排列。加工时，按加工顺序依次选刀。

顺序选刀的优点有：刀库的控制与驱动简单；无需刀具识别装置；维护简单。缺点是：当加工零件改变后，刀库中的刀具顺序需按照新零件的工艺顺序重新排列，降低了系统的柔性；当工艺过程中有些工步所用的刀具相同时，也不允许重复使用同一把刀具，必须按加工顺序排列几把相同的刀具，增加了刀具数量和刀库储存量；操作人员必须在加工前仔细地检查刀具的排列顺序，否则会造成严重事故。因此，此选刀方式不适宜多品种小批量的随机生产。

② 任意选刀方式

这种方式需预先将刀库中的每把刀具(或每个刀座)进行编码，使之具有可识别的代码，因此刀具在刀库中的位置不必按照零件的加工顺序排列。换刀时，通过刀具或刀座识别装置来识别和选择所需的刀具。

与顺序选择相比，其优点是：刀库中刀具的排列顺序与加工零件的加工顺序无关，无论加工任何零件，都不必改变刀具在刀库中原有的排列顺序，这就增加了系统的柔性；同一刀具可供不同工件、不同工步共同使用，减少了刀具数量，刀库相应也可小些。缺点有：需设置刀具识别装置，使刀库的控制与驱动复杂；需对刀具或刀座编码，增加了辅助工作量；维护比顺序选择的要复杂。这种选刀方式适宜于多品种小批量的随机生产，并可加工较复杂的零件。

(4) 刀具的编码

任意选择的选刀方式必须为刀具系统配备刀具的编码和识别装置。编码有 3 种方式：

① 对刀具编码

此方式对每把组装刀具都进行二进制编码，并设法把此编码信息的载体以某种方式固定在刀具上，由于各种刀具几何形状和尺寸不同，而刀具的夹头相同，为便于识别，一般都把代码信息载体固定在组装刀具的夹头上。此方式的刀具可随机存放在任一刀座内，但刀具夹头必须专门设计和制造。

刀具编码的具体结构如图 8-10 所示。在刀柄尾部的拉紧螺杆 4 上套着一组等间隔的编码环 2，由锁紧螺母 3 将它们固定压紧。编码环的外径有大小两种规格，编码环高和低表示二进制数的“1”和“0”。通过两种规格编码圆环的不同排列，可得到不同的编码。图中有 7 位编码环，能表示 127 个编码(2^7-1，全部为 0 的代码不使用，避免与刀座中没有刀具的状态相混淆)，为便于记忆和识别，也可采用二－八进制编码来表示。

② 对刀座编码

此方式对刀库的每个刀座进行编码，并将此编码信息的载体以某种方式固定在各相应的刀座上便于识别的地方，例如图 8-11 的盘式刀库，可在各刀座相对应的圆周上安装一组编码块，而在刀库圆周外固定一个刀座识别装置，识别刀座的编码。此方式只识别刀座不识别刀具，因此各刀具必须“对号入座”，已使用过的刀具也需放回刀库原来的刀座中，否则将发生错误与混乱。

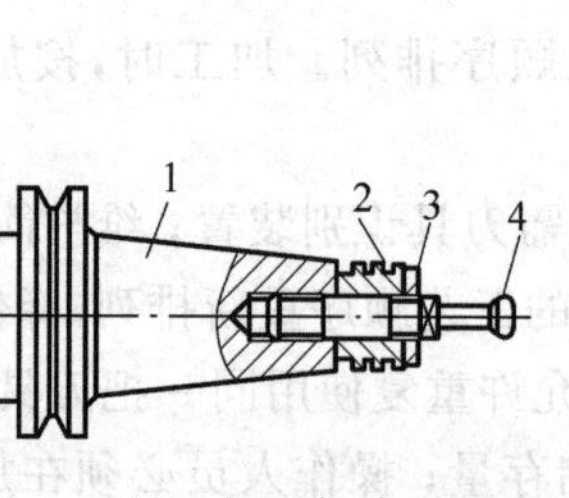

图 8-10 刀具刀柄尾部编码环编码

1—刀柄；2—编码环；3—锁紧螺母；4—拉紧螺杆

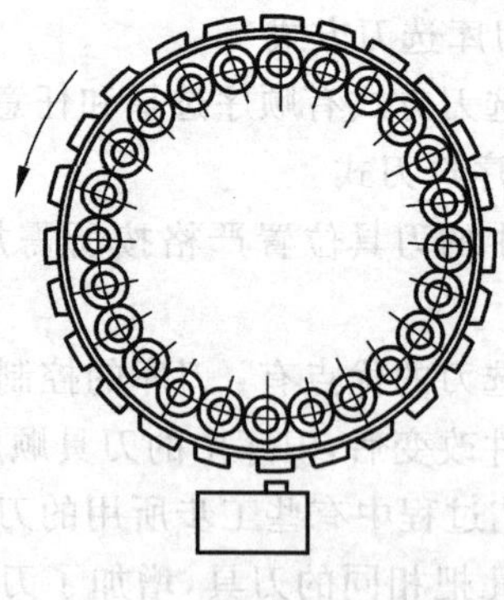
图 8-11 盘式刀库编码识别装置

③ 编码附件

编码附件方式可分为编码钥匙、编码卡片、编码杆和编码盘等，其中应用最多的是编码钥匙。这种方式是先给各刀具都缚上一把表示该刀具号的编码钥匙，当把各刀具放到刀库的刀座中时，将编码钥匙插进刀座旁边的钥匙孔中。这样就把钥匙的号码转记到刀座中，给刀座编上了号码。识别装置可以通过识别钥匙上的号码来选取该钥匙旁边刀座中的刀具。

编码钥匙的形状如图 8-12(a)所示。图中除导向突起外，共有 16 个凸出或凹下的位置，故有 $2^{16}-1=65\ 535$ 种凸凹组合，可区别 65 535 把刀具。

图 8-12(b)为编码钥匙孔的剖面图，钥匙 2 沿着水平方向的钥匙缝插入钥匙孔座，然后顺时针方向旋转 90°，处于钥匙代码突起 6 的第一接触片 5 被撑起，表示代码"1"，处于代码处的第二弹簧接触片 7 保持原状，表示代码"0"。由于钥匙上每个凸凹部分的旁边均有相应的炭刷 4 或 1。故可将钥匙各个凸凹部分均识别出来，即识别出相应的刀具。

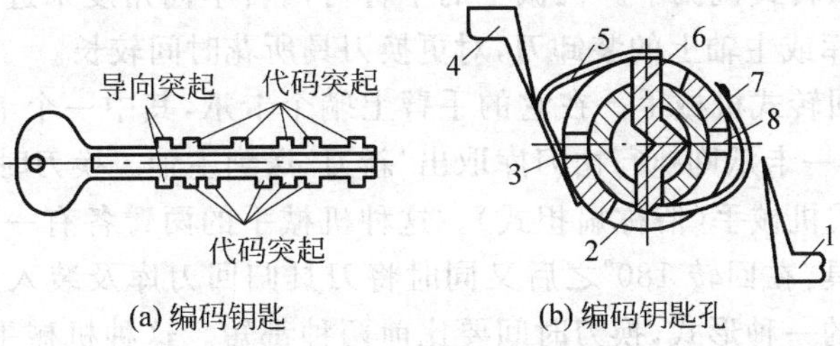

图 8-12　编码钥匙的形状

1,4—炭刷；2—钥匙；3,8—水平槽；5,7—接触片；6—代码突起

这种编码方式称为临时性编码，因此从刀座中取出刀具时，刀座中的编码钥匙也取出，刀座中原来编码随之消失。因此，这种方式具有更大的灵活性。

④ 计算机记忆方式

把刀具号和刀库上存刀位置(地址)对应地记忆在计算机存储器或可编程序控制器的存储器内。刀库上安装位置检测装置，刀库上每个存刀位置(地址)都可以通过位置检测装置测出。每次换刀的同时改变存储器内容，始终跟踪记忆哪号刀具放于哪把存刀位置(地址)。用这种方式选刀，刀具可任意取出，任意送回，而且刀具本身不必设编码元件，省去编码识别装置，使控制大为简化。非常适用于计算机控制的自动换刀数控机床，是刀库选刀的发展方向，正被越来越多的各类数控机床自动换刀装置采用。

(5) 刀具的识别

刀具编码的识别方式有接触式和非接触式两类。前者的编码信息载体和识别装置有磨损问题，因而当前主要采用非接触式。通常应用电磁感应或光电原理实现代码的识别。主要的识别方法有：

① 条形码识别

此方法的刀具编码与刀具预调工作相结合。预调时，即对刀具进行编码，并通过与预调装置相连的打印机打印出条型码表，由操作者贴到刀具上，然后将刀具投入系统。选刀时，用条型码阅读器进行精确的刀具识别。此方式的编码作业简单，但由于目前大部分机床安装刀具的操作仍然由人工完成，装错的可能性仍然存在。另外，在较脏的环境下，条型码容易从工具上脱落。

② 存储器识别

此方法在刀具上埋入一种以硅片为基本元件的刀具数据载体，用以存储刀具编码及其他特征数据(一般每个载体能够储 64 个刀具特征)。这种装置的优点是一旦刀具准备好，就可以用于系统中任意一台机床的任何刀位上,而不需要"对号入座";缺点是存储次数太多会降低刀具数据载体的寿命。一般在刀具数据载体的寿命期限内,可以进行一万多次存储循环。此方法可存储信息量多,使用也较方便可靠,因而颇受欢迎。

此外,图像识别技术也开始用于刀具识别中。

2) 换刀机械手

在加工中心的自动换刀系统中,机械手具体执行刀具的自动更换,对其要求是迅速可靠、准确协调。由于加工中心机床的刀库和主轴,其相对位置距离不同,相应的换刀机械手的运动过程也不尽相同,它们由各种形式的机械手来完成。常见的机械手有:

(1) 单臂单爪回转式机械手。机械手的手臂可回转不同角度来进行自动换刀,手臂上一个卡爪要执行刀库或主轴上的装卸刀,对更换刀具所花时间较长。

(2) 单臂双爪回转式机械手。在它的手臂上躺个卡爪,其中一个卡爪执行从主轴取下"旧刀"送回刀库,另一卡爪则执行由刀库取出"新刀"送到主轴。换刀时间比单爪机械手短。

(3) 双臂回转式机械手(俗称扁担式)。这种机械手的两臂各有一个卡爪,可同时抓取刀库及主轴上的刀具,在回转 180°之后又同时将刀具归回刀库及装入主轴,是目前加工中心机床上最为常用的一种形式,换刀时间要比前两种都短。这种机械手在有的设计中还采用了可伸缩的臂。图 8-13 所示为上面 3 种机械手的示意图。

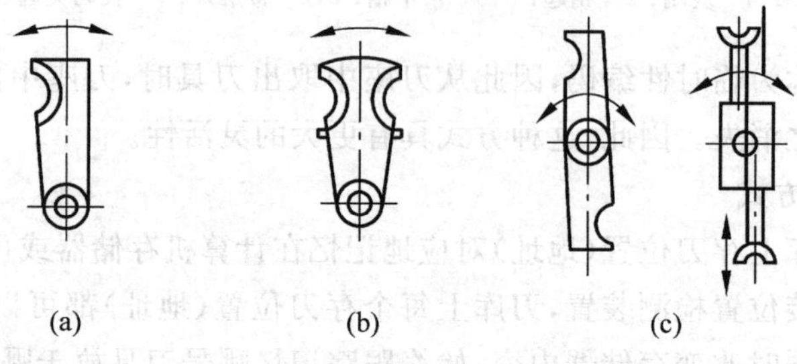

图 8-13 前 3 种机械手示意图

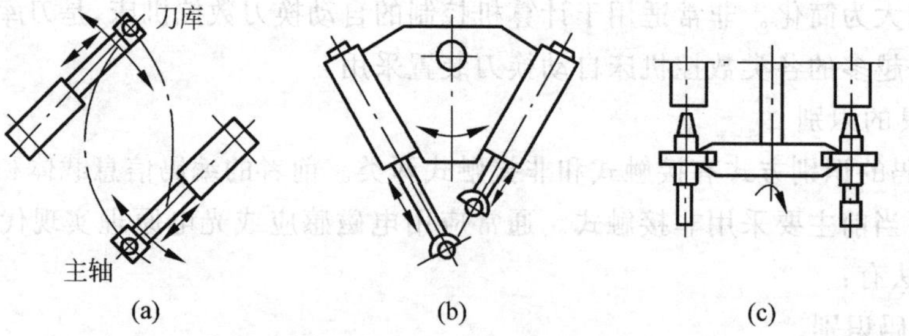

图 8-14 后 3 种机械手示意图

(4) 双机械手相当于两个单臂单爪机械手经配合一起执行自动换刀。其中一个机械手执行拔"旧刀"归回刀库,另一个机械手执行从刀库取"新刀"插入机床主轴上。

(5) 双臂往复交叉式机械手。这种机械手两臂可往复运动并交加一定角度,两个手臂分别称作装刀手和卸刀手。卸刀手完成往主轴上取下"旧刀"归回刀库,装刀手执行从刀库取出"新刀"装入主轴。整个机械手可沿导轨或丝杠作直线移动或绕某个转轴回转,以实现刀库与主轴之间的运送刀具工作。

(6) 双臂端面夹紧式机械手。它仅在夹紧部位上和前述几种不同,上述几种机械手均靠夹紧刀柄的外圆表面来抓住刀具，而此种机械手则是夹紧刀柄的两个端面。图 8-14 所示为后 3 种机械手示意图。

3. 有机械手的换刀系统换刀过程示例

1) JCS-081A 加工中心机械手自动换刀的工作过程

如图 8-15 所示为 JCS-081A 加工中心刀库结构示意图。如图 8-15(a)所示，当数控系统发出换刀指令后，直流伺服电动机 1 接通，其运动经过十字联轴节 2、蜗杆 4、蜗轮 3 传到图 8-15(b)所示的刀盘 14，刀盘带动其上面的 16 个刀套 13 转动，完成选刀的工作。每个刀套尾部有一个滚子 11，当待换刀具转到换刀位置时，滚子 11 进入拨叉 7 的槽内。同时气缸 5 的下腔通压缩空气(如图(a)所示)，活塞杆 6 带动拨叉 7 上升，放开位置开关 9，用以断开相关的电路，防止刀库、主轴等有误动作。如图 8-15(b)所示，拨叉 7 在上升的过程中，带动刀套绕着销轴 12 逆时针向下翻转 90°，从而使刀具轴线与主轴轴线平行。

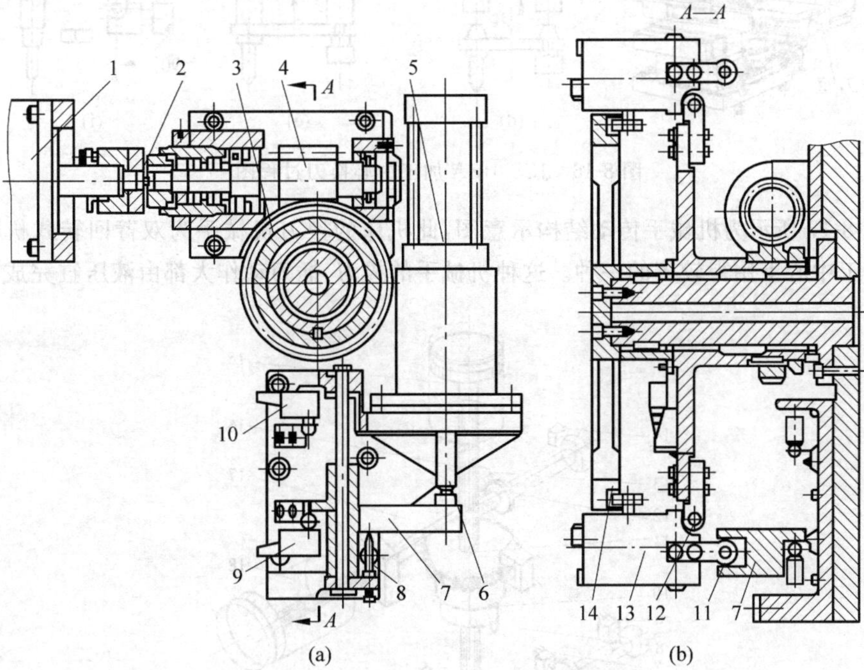

图 8-15 JCS-018A 加工中心刀库结构

1—电动机；2—十字联轴节；3—蜗轮；4—蜗杆；5—气缸；6—活塞杆；7—拨叉；8—螺杆；9—位置开关；10—定位开关；11—滚子；12—销轴；13—刀套；14—刀盘

刀套下转 90°后，拨叉 7 上升到终点，压住定位开关 10，发出信号使机械手抓刀。通过螺杆 8，可以调整拨叉的行程，而拨叉的行程又决定刀具轴线相对主轴轴线的位置。

如图 8-16 所示为 JCS-081A 加工中心换刀过程图，具体过程如下：

(1) 如图 8-16(a)所示，刀库预先按程序中的刀具指令，将准备更换的刀具转到待换刀位置。

(2) 如图 8-16(b)所示，按换刀指令，待换刀刀座逆时针转动 90°，处于垂直向下的位置，主轴箱上升到换刀位置，机械手旋转 75°，两个手爪分别抓住主轴和刀座中的刀具。

(3) 如图 8-16(c)所示，待主轴孔内的刀具自动夹紧机构松开后，机械手向下移动，将主轴和刀座中的刀具拔出。

(4) 如图 8-16(d)所示，松刀的同时主轴孔中吹出压缩空气，清洁主轴和刀柄，然后机械手旋转 180°。

(5) 如图 8-16(e)所示，机械手向上移动，将新刀插入主轴，将旧刀插入刀座。

(6) 如图 8-16(f)所示，刀具装入后主轴孔内拉杆上移夹紧刀具，同时关掉压缩空气；然后机械手回转 75°复位，刀座向上顺时针旋转 90°至水平位置，换刀过程结束。

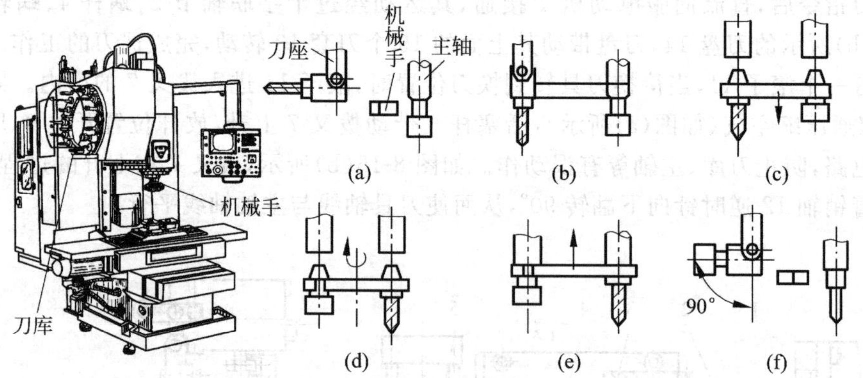

图 8-16　JCS-018A 加工中心换刀过程图

如图 8-17 所示为机械手传动结构示意图，此机床的换刀机械手为双臂回转式机械手，它是目前加工中心上用得较多的一种。这种机械手的拔刀、插刀动作大都由液压缸完成，根据结

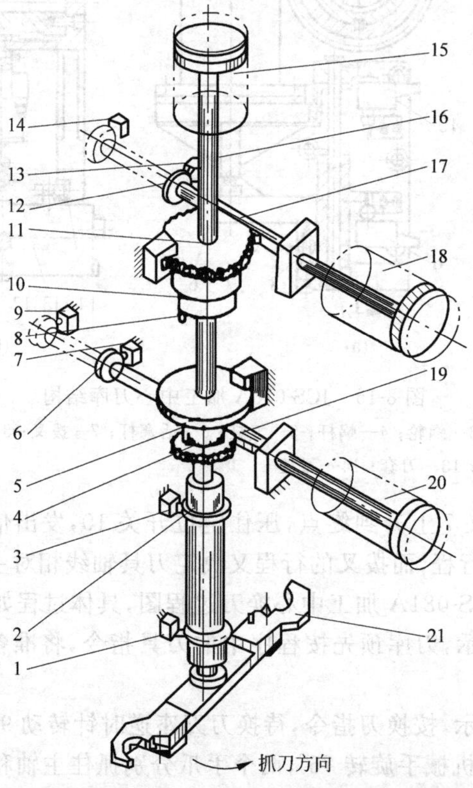

图 8-17　JCS-018A 机械手传动结构示意图

1,3,7,9,13,14—位置开关；2,6,12—挡环；4,11—齿轮；5—连接盘；8—销钉；10—传动盘；15,18,20—液压缸；16—手臂轴；17,19—齿条；21—机械手

构要求可以采取“液压缸动、活塞固定”或“活塞动、液压缸固定”的结构形式。它的手臂的回转动作通过活塞带动齿条齿轮传动来实现，并且活塞的可调行程可保证机械手臂的不同回转角度。

2）卧式中心机械手自动换刀的工作过程

图 8-18 所示为一卧式加工中心，它的自动换刀装置由一个链式刀库和双手交叉式机械手构成。四排链式刀库独立安装在机床左侧，在刀库与主轴之间装有机械手，机械手的滑座沿导柱上、下移动，能在四排刀链的任意一排刀链上选择所需刀具。

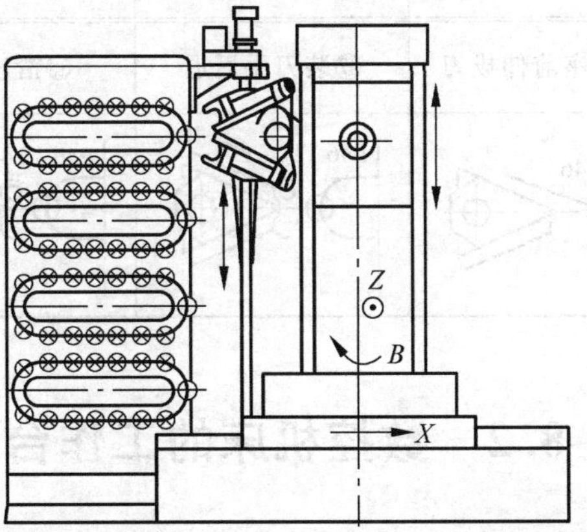

图 8-18 JCS-013 卧式加工中心自动换刀装置示意图

自动刀具交换过程由表 8-1 所示的步骤给出，可分为 3 个阶段。

(1) 完成主轴的刀具交换。主轴停止切削工件，主轴箱上升，立柱后退，把主轴箱带到换刀位置，同时主轴定位准停。待换刀指令发出后，即进行换刀，如表 8-19 中步骤①～⑦所示。主轴换刀后，即由主轴箱带着它快速接近工件，以进行下一工序的加工。

(2) 把用过的刀具送还刀库。如表 8-19 中步骤⑧～⑬所示。

(3) 选取新刀，为下一换刀过程做准备，如表 8-19 中步骤⑭～⑲所示。

如表 8-1 所示，刀库把已选取的下工序使用的刀具 T09 安装到主轴上，同时把已用过的刀具 T05 放回对应的刀座中，并预选好再下一工序使用的刀具 T46，并把它从刀库中取出放在装刀机械手中，等待下一次换刀指令的到来。

至此，加工中心机床完成了一次自动刀具交换（ATC）动作。

表 8-1 JCS-013 卧式加工中心换刀过程

开始换刀状态	①手架转向主轴	②卸刀手前伸抓主轴上 T05 刀	③滑座前伸拔刀	④卸刀手缩回
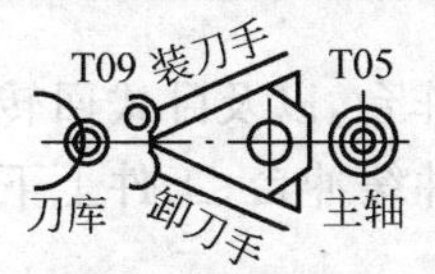	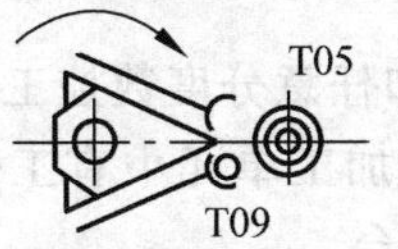	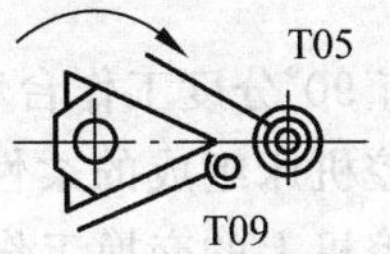	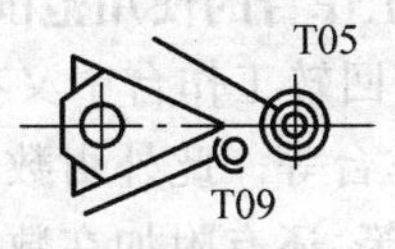	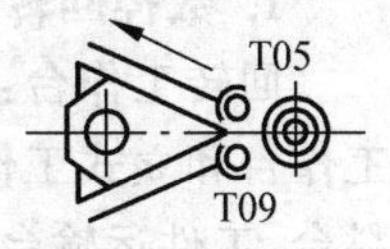
⑤装刀手前伸	⑥滑座后退插刀	⑦装刀手缩回	⑧手架转向刀库	⑨手架下降找第二排刀链
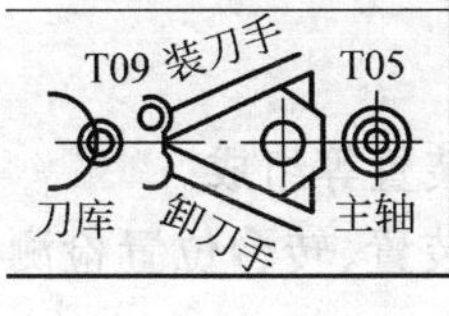	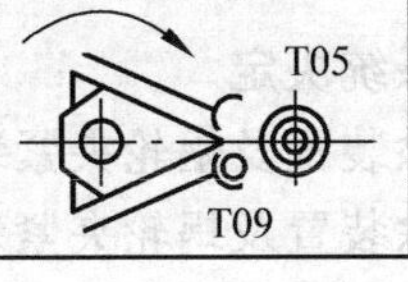	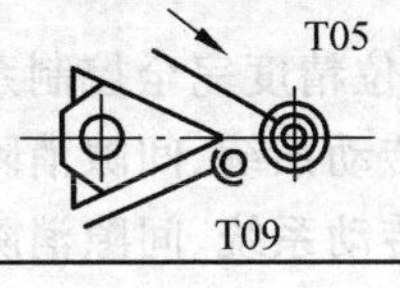	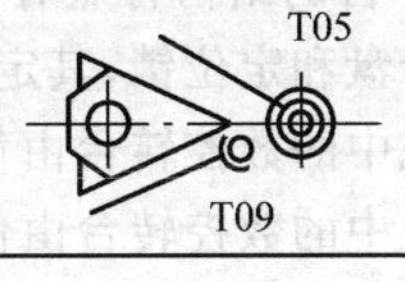	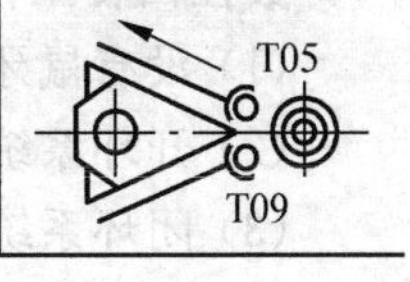

续表

⑩滑座前伸	⑪卸刀手前伸	⑫滑座后退插刀	⑬卸刀手后退	⑭手架下降找第三排刀链
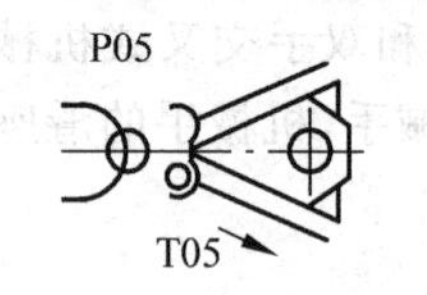	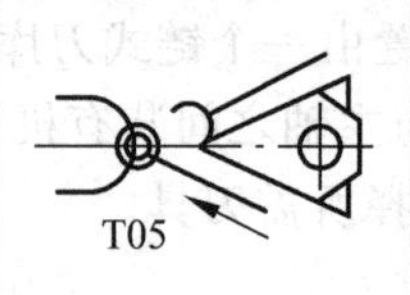	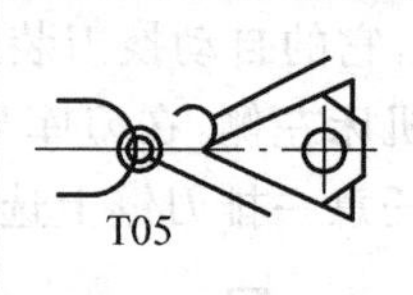	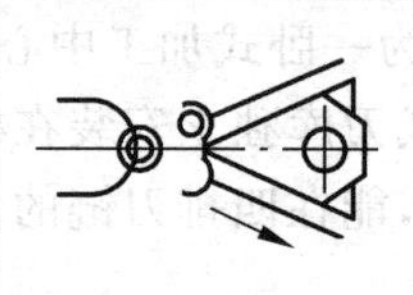	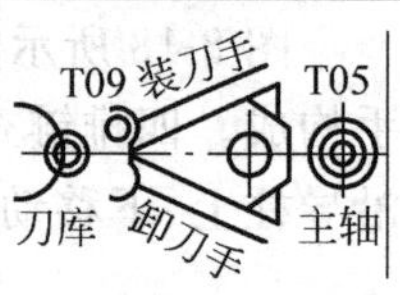
⑮装刀手前伸	⑯滑座前伸拔刀	⑰装刀手后退	⑱滑座后退	⑲手架返回最高位置
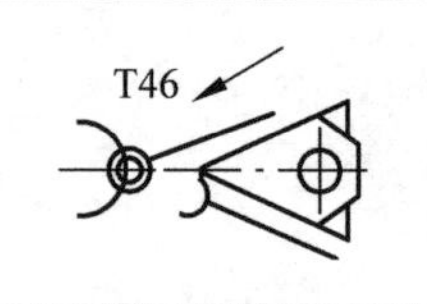	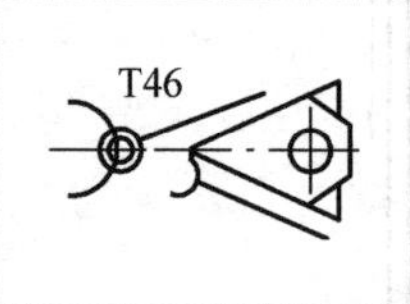	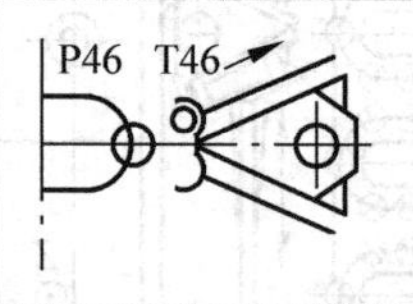	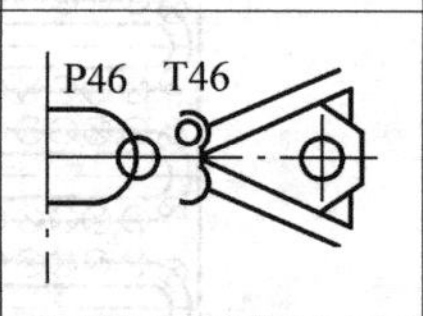	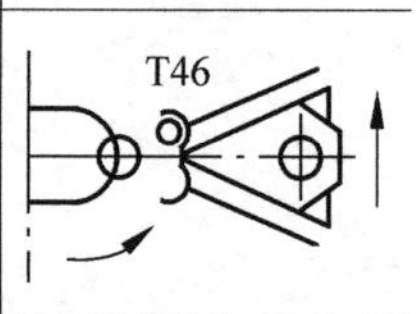

8.2 数控机床的工作台

工作台是数控机床的重要部件。其形式尺寸通常表示数控机床的规格和性能。工作台按机床性能来看主要有直线工作台、回转工作台及摆动工作台，主要结构形式有矩形、回转式以及倾斜式成各种角度的万能式等 3 种。直线工作台比较常见，其结构和控制也比较简单，本节不作介绍。这里主要介绍回转工作台和分度工作台。

8.2.1 数控回转工作台

为了提高生产效率、扩大工艺范围，数控机床除了要求机床有沿 X 轴、Y 轴、Z 轴 3 个坐标轴的直线运动外，还要求工作台有绕 X 轴、Y 轴或 Z 轴的圆周进给运动和分度运动，通常数控机床是由回转工作台来实现这些运动的。在自动换刀多工序数控机床和加工中心上，回转工作台已成为不可缺少的部件。

数控回转工作台的定位精度完全由控制系统决定。因此，对于开环系统的数控回转工作台，要求它的传动系统中没有间隙，否则在反向回转时会产生误差。

数控机床中常用的回转工作台主要有两种：数控进给回转工作台和分度回转工作台，其工作台的形式有带托板交换装置和不带托板交换装置两种。为了快速更换工件，带有托板交换装置的工作台应用得越来越多。

1. 数控回转工作台的使用范围

回转工作台：回转工作台中又有 90°分度工作台和任意分度数控工作台，以及卧式回转工作台和立式工作台等。此外由数控机床组成的柔性加工单元中有工件缓冲台、工件上下料台、工件运输台等，还有附加在数控机上的交换工作台。

数控回转工作台的功能是使工作台进行圆周进给，以完成切削，并使工作台进行分度。

数控回转工作台的结构特点有：

(1) 没有鼠牙盘和定位销，其定位精度完全控制系统决定。

(2) 开环系统中的数控转台由传动系统、间隙消除装置及蜗轮夹紧装置等组成。

(3) 闭环系统中的数控转台由传动系统、间隙消除装置及蜗轮夹紧装置、转台位置检测装置(圆光栅)等组成。

2. 数控回转工作台的工作原理

数控回转工作台的工作原理如图 8-19 所示,它的进给、分度转位和定位锁紧由指定的指令完成。回转工作台可以与 X、Y、Z 3 个坐标轴联动,从而加工出各种球、圆弧曲线等。回转工作台可以实现精确的自动分度,扩大了数控机床加工范围。数控回转工作台主要用于数控镗床和铣床,其外形和通用工作台几乎一样,但它的驱动是伺服系统的驱动方式。根据安装的位置,按照笛卡儿坐标原则,可以构成 B 轴(回转中心线和 X 轴平行时),C 轴(回转中心线和 Z 轴平行时),它们可以与其他伺服进给轴联动参与插补,也可以单独运行,任意分度。数控回转工作台从形式上可以分为卧式和立式。

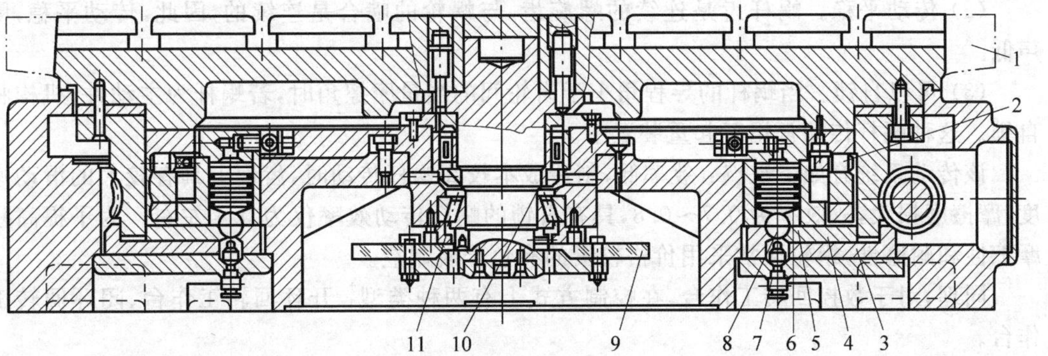

图 8-19　数控回转工作台

1—工作台;2—滚柱导轨;3,4—夹紧瓦;5—小液压缸;6—活塞;7—弹簧;8—钢球;9—圆光栅;10—双列圆柱滚子轴承;11—圆锥滚子轴承

数控回转工作台由传动系统、间隙消除装置及蜗轮夹紧装置等组成。

为了消除蜗杆副的传动间隙,工作台采用了双螺距渐厚蜗杆,通过移动蜗杆的轴向位置来调整间隙。这种蜗杆的左右两侧面具有不同的螺距,因此蜗杆齿厚从头到尾逐渐增厚。但由于同一侧的螺距是相同的,所以仍然可以保持正常的啮合。

当工作台静止时,必须处于锁紧状态。为此,在蜗轮底部的辐射方向装有 8 对夹紧瓦 4 和 3,并在底座上均布同样数量的小液压缸 5。当小液压缸的上腔接通压力油时,活塞 6 便压向钢球 8,撑开夹紧瓦,并夹紧蜗轮。在工作台需要回转时,先使小液压缸的上腔接通回油路,在弹簧 7 的作用下,钢球 8 抬起,夹紧瓦将蜗轮松开。

回转工作台的导轨面由大型滚动轴承支承,并由圆锥滚子轴承 11 及双列向心圆柱滚子轴承 10 保持准确的回转中心。数控回转工作台的定位精度主要取决于蜗杆副的传动精度,因而必须采用高精度蜗杆副。

在半闭环控制系统中,可以在实际测量工作台静态定位误差之后,确定需要补偿角度的位置和补偿的值,记忆在补偿回路中,由数控装置进行误差补偿。

在全闭环控制系统中,由高精度的圆光栅 10 发出工作台精确到位信号,反馈给数控装置进行控制。

回转工作台设有零点,当它做回零运动时,先用挡铁压下限位开关,使工作台降速,然后由圆光栅或编码器发出零位信号,使工作台准确地停在零位。数控回转工作台可以做任意角度的回转和分度,也可以做连续回转进给运动。

3. 数控回转工作台的工作参数

主要技术参数有回转半径、重复定位精度、电动机功率、电动机转矩、总传动比及最大承载质量等。

4. 数控回转工作台的传动特点

数控回转工作台传动方案：伺服电动机—齿轮传动—蜗杆传动—工作台。该传动系统有如下优点：齿轮传动承受载荷能力较高，传递运动准确、平稳，传递功率和圆周速度范围很大，传动效率高，结构紧凑。其中，蜗杆传动有以下特点：

(1) 传动比大。在分度机构中可达1000以上，与其他传动形式相比，传动比相同时，机构尺寸小，因而结构紧凑。

(2) 传动平稳。蜗杆齿是连续的螺旋齿，与蜗轮的啮合是连续的，因此，传动平稳，噪声低。

(3) 可以自锁。当蜗杆的导程角小于齿轮间的当量摩擦角时，若蜗杆为主动件，机构将自锁。这种蜗杆传动常用于起重装置中。

该传动系统有如下缺点：效率低，制造成本较高蜗杆传动时，齿面上具有较大的滑动速度，摩擦磨损大，故效率为0.7～0.8，具有自锁的蜗杆传动效率仅为0.4左右。为了提高减摩擦性和耐磨性，蜗轮通常采用价格较贵的有色金属制造。

同理，对于数控回转工作台，在控制方式上有两种类型：开环回转工作台、闭环回转工作台。

当要求的精度不高时采用开环回转工作台。开环回转工作台和开环直线进给机构一样，都可以用电液脉冲马达、功率步进电动机、伺服电动机来驱动。采用步进电动机，容易丢步控制精度差，响应慢，相同规格的扭矩小。

当要求较高时采用闭环回转工作台。闭环回转工作台和开环回转工作台相同，其区别在于闭环回转工作台有转动角度的测量元件(圆光栅)。所测量的结果经反馈与指令值进行比较，按闭环原理进行工作，使转台分度定位精度更高。由于闭环控制是动态调整的(位置环实时进行位置检测)对机械制造加工的精度提出更高的要求，制造加工的误差过大时难以达到对位置的精确控制。

8.2.2 分度工作台

数控机床(主要是钻床、镗床和铣镗床)的分度工作台与数控回转工作台不同，它只能完成分度运动，不能实现圆周进给运动。由于结构上的原因，通常分度工作台的分度运动只限于某些规定的角度(如90°、60°或45°)。机床上的分度传动机构本身很难保证工作台分度的高精度要求，因此常需要定位机构和分度机构结合在一起，并由夹紧装置保证机床工作时的安全可靠。

数控机床的分度工作台的定位机构有鼠牙盘式和定位销式两类。

1. 鼠牙盘式分度台

1) 鼠牙式分度工作台的特点

(1) 定位精度高(定心和分度)。分度精度可达±2″，最高可达±0.4″。

(2) 重复定位精度稳定。由于采用多齿重复定位，从而可以使重复定位精度稳定。

(3) 定位刚度高。因为采用多齿啮合，一般齿面啮合度大于60%，齿数啮合度大于90%，所以刚度高。

(4) 分度位置多。分度位置用分度数目除以鼠牙盘的齿数，即 $N=\frac{360}{Z}$，适于多工位分度。

(5) 使用寿命长。磨损小，随着使用时间的延续，其定位精度不断提高，使用寿命也增长。

(6) 鼠牙盘的制造比较困难。如图 8-20 所示为鼠牙盘的外形图。

图 8-20　鼠牙盘的外形图

2) 齿盘分度的过程

鼠牙盘式结构如图 8-21 所示，主要由一对分度齿盘 13、14，升夹液压缸 12，活塞 8，液压

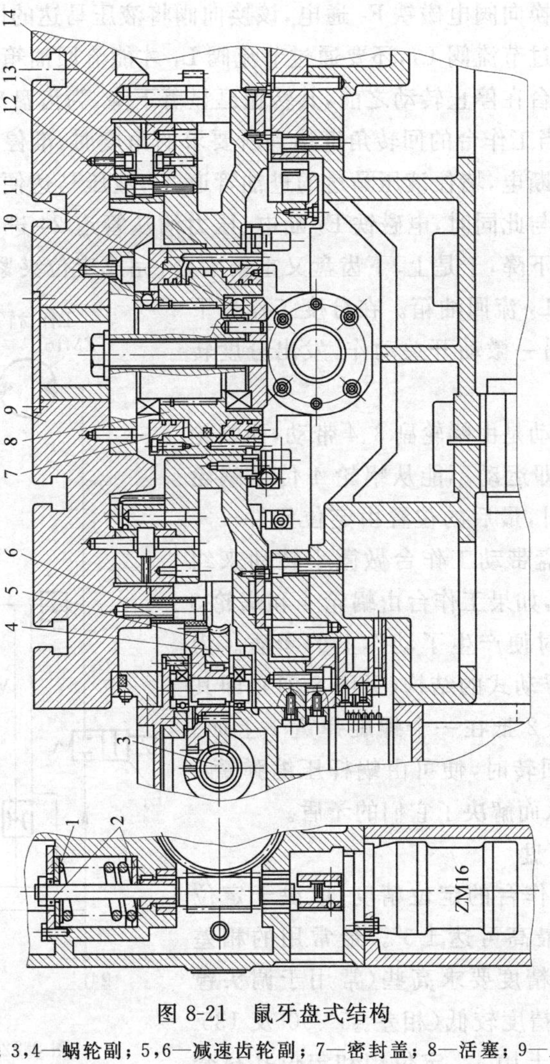

图 8-21　鼠牙盘式结构

1—螺旋弹簧；2—止推轴承；3,4—蜗轮副；5,6—减速齿轮副；7—密封盖；8—活塞；9—工作台；10,11—止推轴承；12—升夹液压缸；13,14—一对分度齿盘

马达，蜗轮副 3、4 和减速齿轮副 5、6 等组成。分度转位动作包括：①工作台抬起，齿盘脱离啮合，完成分度前的准备工作；②回转分度；③工作台下降，齿盘重新啮合，完成定位夹紧。

(1) 分度准备：工作台 9 的抬起是由升夹液压缸的活塞 8 来完成，其油路的工作原理如图 8-22 所示。当需要分度时，控制系统发出分度指令，工作台升夹液压缸的换向阀电磁铁 E_2 通电，压力油便从管道 24 进入分度工作台 9 中央的升夹液压缸 12 的下腔，于是活塞 8 向上移动，通过止推轴承 10 和 11 带动工作台 9 也向上抬起，使上、下齿盘 13、14 相互脱离啮合，液压缸上腔的油则经管道 23 排出，通过节流阀 L_3 滚回油箱，完成了分度前的准备工作。

(2) 回转分度：当分度工作台 9 向上抬起时，通过推杆和微动开关，发出信号，使控制液压马达 ZM-16 的换向阀电磁铁 E_3 通电。压力油从管道 25 进入液压马达使其旋转。通过蜗轮副 3、4 和齿轮副 5、6 带动工作台 9 进行分度回转运动。液压马达的回油是经过管道 26，节流阀 L_2 及换向阀 E_5 流回油箱。调节节流阀 L_2 开口的大小，便可改变工作台的分度回转速度(一般调在 2r/min 左右)。工作台分度回转角度的大小由指令给出，其有 8 个等分，即为 45°的整数倍。当工作台的回转角度接近所要分度的角度时，减速挡块使微动开关动作，发出减速信号，换向阀电磁铁 E_5 通电，该换向阀将液压马达的回油管道关闭，此时，液压马达的回油除了通过节流阀 L_2，还要通过节流阀 L_4 才能流回油箱。节流阀 L_4 的作用是使其减速，因此，工作台在停止转动之前，其转速已显著下降，为齿盘准确定位创造了条件。

(3) 定位夹紧：当工作台的回转角度达到所要求的角度时，准停挡块压合微动开关，发出信号，使电磁铁 E_3 断电，堵住液压马达的进油管道 25，液压马达便停止转动。到此，工作台完成了准停动作。与此同时，电磁铁 E_2 断电、压力油从管道 24 进入升夹液压缸上腔，推动活塞 8 带着工作台下降，于是上、下齿盘又重新啮合，完成定位夹紧。液压缸下腔的油便从管道 23，经节流阀 L_3 流回油箱。在分度工作台下降的同时，由推杆使另一微动开关动作，发出分度转位完成的回答信号。

分度工作台的转动是由蜗轮副 3、4 带动，而蜗轮副传动具有自锁性，即运动不能从蜗轮 4 传至蜗轮 3。但是工作台下降时，最后的位置由定位元件——齿盘所决定，即由齿盘带动工作台做微小转动来纠正准停时的位置偏差，如果工作台由蜗轮 4 和蜗轮 3 锁住而不能转动，这时便产生了动作上的矛盾。为此，将蜗杆轴设计成浮动式的结构(见图 8-21)，即其轴向用两个止推轴承 2 抵在一个螺旋弹簧 1 上面。这样，工作台做微小回转时，便可由蜗杆压缩弹簧 1 做微量的轴向移动，从而解决了它们的矛盾。

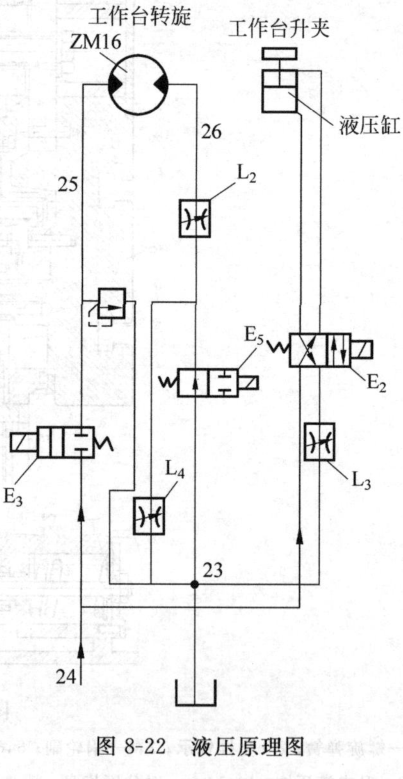

图 8-22 液压原理图

2. 定位销式分度盘

定位销式分度工作台的定位精度，取决于定位销和定位孔的精度，最高可达±5″。最常用的相差 180°同轴线孔的定位精度要求高些(常用于调头镗孔)，其他角度的定位精度较低(相差 45°、90°及 135°轴线孔的定位精度为±10″)。定位销和定位孔衬套的制造和装配精度要求都很高，硬度的要求也很高，而且耐磨性要好。

分度原理：主要靠工作台的定位销和定位孔实现，分度的角度和鼠牙盘式的有所差别，它取决于定位孔在圆周上的分度。

分度的工作过程如图 8-23 所示，可分为以下几个步骤：

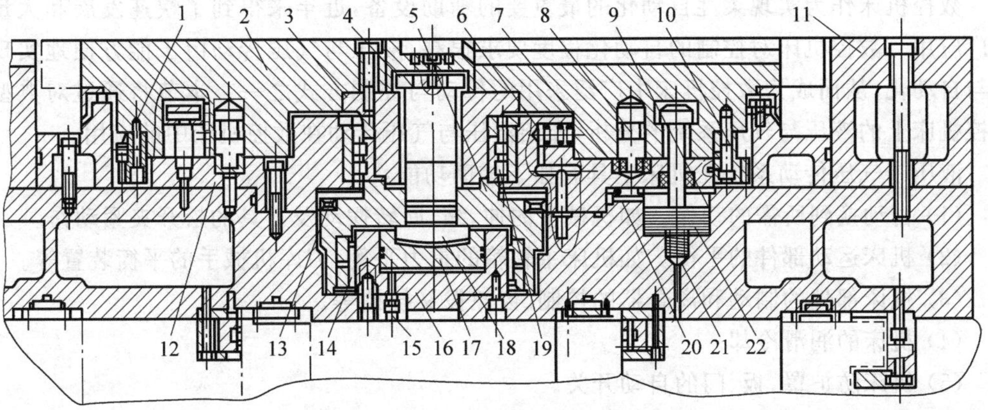

图 8-23　定位销式分度工作台

1—挡块；2—工作台；3—锥套；4—螺钉；5—支座；6—液压缸；7—定位衬套；8—定位销；9—油液压；10—大齿轮；11—长方形工作台；12—上底座；13—止推轴承；14—滚针轴承；15—进油管道；16—中央液压缸；17—活塞；18—螺栓柱；19—双列螺柱滚子轴承；20—下底座；21—弹簧；22—活塞拉杆

1) 工作台松开并抬起

数控系统接到工作台松开并抬起的命令，发出指令是液压马达转动，驱动两对减速齿轮，带动固定在分度工作台 2 下面的大齿轮 10 转动进行分度。分度时工作台的旋转速度有液压马达和液压系统中的单向节流阀调节，分度开始时快速移动，在将要到达规定位置前减速，减速信号由大齿轮 10 上的挡块 1(共 8 个，周向均布)碰到限位开关时由快速变为慢速。当挡块 1 碰到第 2 个限位开关式，分度工作台停止转动，同时另一定位销 8 正好对准定位衬套 7 的孔。

2) 工作台回转分度

分度时，数控系统发出指令，电磁阀得电，下底座 20 上的 6 个均布的油液压 9 中的压力油经环形槽流回油箱，活塞拉杆 22 被弹簧 21 顶起，工作台处于松开状态。这时消除间隙液压缸 6 卸荷，液压缸中的压力油进入中央液压缸 16 使活塞 17 上升，并通过螺栓柱 18，支座 5 把止推轴承 13 向上抬起 15mm，固定在工作台面上的定位销 8 从定位衬套 7 中拔出，完成了分度前的准备。

3) 工作台下降并锁紧

分度完成后，数控系统发出指令使中央液压缸 16 卸荷。液压油经进油管道 15 流回油箱，分度工作台 2 在重力作用下下降，定位销 8 进入定位衬套 7 孔中，完成定位。定位完成后，消除间隙液压缸 6 的活塞顶住分度工作台 2，使径向间隙消除，并进行锁紧，压力有进入油液压 9 推动活塞拉杆 22 下降，通过活塞拉杆 22 上的 T 形头压紧工作台。分度完成，机床可以进行下一工位的工作。

从结构上看鼠牙式的分度工作台定位精度比定位销式分度工作台要高，加工的精度要求也高。在要求较高的情况下可以选择用鼠牙式的分度工作台定位。

8.3 液压与气压传动系统在数控机床中的应用

数控机床作为实现柔性自动化的最重要的辅助设备,近年来得到了快速发展和大量的推广应用。数控机床对控制的自动化程度要求很高,液压与气压传动由于能方便地实现电气与自动化,从而成为数控机床中广泛采用的传动与控制方式之一。本节将通过对典型的数控机床上的液压与气压系统的分析,介绍液压与气压传动在数控机床中的应用。

液压与气压传动系统在机床中具有如下辅助功能:

(1) 自动换到所需的动作。如机械手的伸、缩、回转摆动及刀具的松开夹紧动作。

(2) 机床运动部件的平衡。如机床主轴箱的重力平衡,刀库机械手的平衡装置等。

(3) 机床部件的制动和离合器的控制、齿轮拨叉挂挡等。

(4) 机床的润滑冷却。

(5) 机床防护罩、板、门的自动开关。

(6) 工作台的松开、夹紧,交换工作台的自动交换动作。

(7) 夹具的自动松开、夹紧。

(8) 工件、工具定位面和交换工作台的自动吹屑清理定位基准面等。

在分析液压系统前,看懂液压系统系统图是分析液压系统的前提。要正确地理解液压系统图,必须熟悉液压元件的工作原理和符号,以及各种典型回路的组成。

阅读液压系统图时,一般按下列步骤进行:

(1) 了解该设备的用途、要求、动作循环和特点;

(2) 从执行元件开始,逐个认定系统图中所有的各个液压元件;

(3) 分析动作循环的各个工况,如工作进给等,列写出油的流向路线;

(4) 注意换向元件和转接元件,命令的发出来源以及相关信号的前后关系;

(5) 按照要求的运动参数估算液压元件的参数,看看系统图中所用的元件规格是否合理。

8.3.1 TND360 机床的液压系统

如图 8-24 所示为 TND360 机床的液压系统图,该机床液压系统由液压站和 5 条支路组成。5 条支路分别是卡盘夹紧支路、尾座套筒移动支路、主轴变速支路、两条预留支路。

1. 液压工作站

液压工作站的原理是由液压电动机 1(交流电动机,1.1kW)通过联轴器 2 驱动反馈式变量泵 3 产生压力油,压力油经过单向阀 4 后过滤器 8 输出。在单向阀与过滤器之间,油路上并联蓄能器 5、溢流阀 6 和手动二位换向阀 7。蓄能器 5 用于系统中油压的稳定与补偿量的变化;溢流阀 6 作为系统的安全阀,限制系统的最高压力;手动换向阀 11 是为了检修而设置的,在需要时卸掉油路中的负荷,使压力油经手动阀直接流回油箱。这样可判断故障是在油路还是在油泵上,一般情况下手动换向阀 11 在截止位置上。

过滤器 8 的两端加压力检测开关 14 检测过滤器的堵塞情况,但过滤器被污染堵塞后,压力升高,压力检测开关发出信号反馈给系统,产生报警提示信息,通知操作人员以便进行

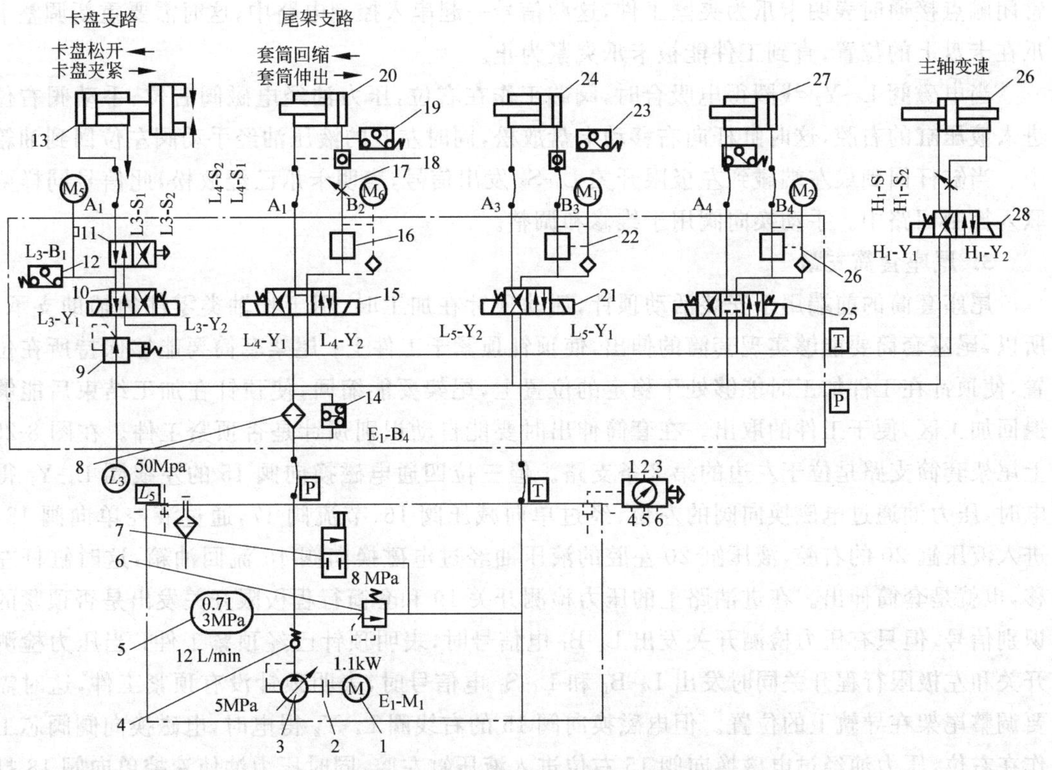

图 8-24　TND360 机床的液压系统图

1—液压电动机；2—联轴器；3—变量泵；4—单向阀；5—蓄能器；6—溢流阀；7—手动二位换向阀；8—过滤器；9—减压阀；10,15,21,25,28—电磁换向阀；11—手动换向阀；12,14,19,23—压力检测开关；13,20,24,27—液压缸；16,22,26—单向减压阀；17—节流阀；18—液控单向阀

清洗或者更换过滤网，排除故障，恢复系统正常工作状态。在液压油箱上为防止灰尘进入油箱，油箱的空气入口处安装空气过滤器。在油箱的下侧面装有油标，方便随时观测油箱中油的液位高低以便及时补油。液压工作站是整个油路的动力供给站，为控制其他油路提供了安全可靠的保障。

2. 卡盘夹紧支路

卡盘是通过卡爪的夹紧和松开来实现对工件的夹紧和放松的机构。工作中通过位置检测信号来判断是夹紧还是松开的，如果未能夹紧那么在旋转中工件会飞出来，造成事故。这一信号作为主轴旋转的一个条件串接在控制电路中，即使发出了主轴旋转的命令，主轴也不会旋转，同时在数控系统中做一个信息提示文本：卡盘为夹紧，提示操作者。

卡盘夹紧支路如图 8-24 中最左侧支路。压力油经减压阀 9 的作用进入液压缸 13，但电磁换向阀左边的线圈 L_3-Y_1 得电吸合时，阀芯被吸在左位，压力油进入液压缸 13 的左腔推动活塞缸杆右移卡盘夹紧，右腔的液压油被推回油箱；是否夹紧到位是由装在液压缸上的磁块碰到左极限的限位开关 L_3-S_1 与压力检测开关 L_2（L_3-B_1）的组合来判断的。调整限位开关的位置，也就是调整液压缸缸杆的行程，夹紧的力大小可以调整压力表来实现。当压力达到设定值时，压力检测开关 L_3-B_1 常开触点接通，表明卡盘上的卡爪已经夹紧工件，此信号串入控制电路中，当左限位开关 L_3-S_1 未被压下常触点仍然接通和压力检测开关 L_3-B_1

常闭触点接通时表明卡爪为夹紧工件，这两信号一起串入控制电路中，这时需要重新调整卡爪在卡盘上的位置，直到工件能被卡爪夹紧为止。

当电磁阀 L_3-Y_2 线圈得电吸合时，阀芯工作在右位，压力油经电磁阀右位、手动阀右位进入液压缸的右腔，这时缸杆向右移动卡盘放松，同时左腔的液压油经手动阀左位回到油箱中。当缸杆回到最左端碰到左极限开关 L_3-S_2 发出信号，表明卡爪已经放松，此信号同样要联入控制回路中。手动换向阀用于维修和调整。

3. 尾座套筒支路

尾座套筒的前端用于安装活动顶针，活动顶针在加工时，用于长轴类零件的辅助支承。所以，尾座套筒要能够实现套筒的伸出，使顶针顶紧于工件上；尾架套筒要能够保持所在位置，使顶针在工件加工时能够处于稳定的位置上，尾架要能缩回，使顶针在加工结束后能够退回加工区，便于工件的取出。在套筒伸出时要能自动识别顶针是否顶紧工件。在图 8-25 上尾架套筒支路是位于左边的第 2 条支路。但三位四通电磁换向阀 15 的左线圈 L_4-Y_1 得电时，压力油通过电磁换向阀的左位，经过单向减压阀 16、节流阀 17，通过液控单向阀 18，进入液压缸 20 的右腔，液压缸 20 左腔的液压油经过电磁换向阀 15 流回油箱，这时缸杆左移，也就是套筒伸出。在进油路上的压力检测开关 19 和套筒行程极限开关发出是否顶紧的识别信号，但只有压力检测开关发出 L_4-B_1 电信号时，表明顶针已经顶紧工件；当压力检测开关和左极限行程开关同时发出 L_4-B_1 和 L_4-S_1 电信号时，表明顶针没有顶紧工件，这时需要调整尾架在导轨上的位置。但电磁换向阀 15 的右线圈 L_4-Y_2 得电时，电磁换向阀阀芯工作在右位，压力油经过电磁换向阀 15 右位进入液压缸左腔，同时压力油使液控单向阀 18 打开，液压缸右腔的压力油经液控单向阀 18、节流阀 17、单向减压阀 16 的单向阀和电磁换向阀 15 流回油箱，使得缸杆右移，实现套筒回缩。地暖管缸杆右移到右极限位置时，压下极限行程开关 L_4-S_2，这表明尾架套筒已经缩回到底部位置。但电磁换向阀 15 的两个线圈没有通电时，电磁换向阀 15 工作在中位。由于两个油口全部结汇油口，液控单向阀关闭，使得液压缸右腔中的压力油不能流入，也不能流出，使液压缸缸杆保持在固定的位置，也就是尾架套筒处在保持位置状态。

4. 主轴变速支路

这是在图 8-24 上最右边的一条支路，液压缸缸杆使主轴箱内变速齿轮的移动，实现变速齿轮的左右移动，变速箱齿轮与不同的齿轮啮合，实现主轴在高低速区不同的转动。

5. 预留支路

其他两条支路是为机床增加其他液压驱动部件或附加控制而预留的支路，使机床在使用中可随时安装使用液压中心的刀架、液压回转刀架和自动送料机构等辅助部件。

8.3.2 数控加工中心气动换刀系统

图 8-25 所示为某数控加工中心气动换刀系统原理图，该系统在换刀过程中实现主轴定位、主轴松刀、拔刀、向主轴锥孔吹气和插刀动作。具体工作原理如下：

当数控系统发出换刀指令时，主轴停止旋转，同时 4YA 通电，压缩空气经气动三联件 1、换向阀 2、单向节流阀 4 进入主轴定位缸 *A* 的右腔，缸 *A* 的活塞左移，使主轴自动定位。定位后压下无触点开关，使 6YA 通电，压缩空气经换向阀 6、或门型梭阀 8 进入气液增压器 *B* 的上腔，增压腔的高压油使活塞伸出，实现主轴松刀，同时使 8YA 通电，压缩空气经换向

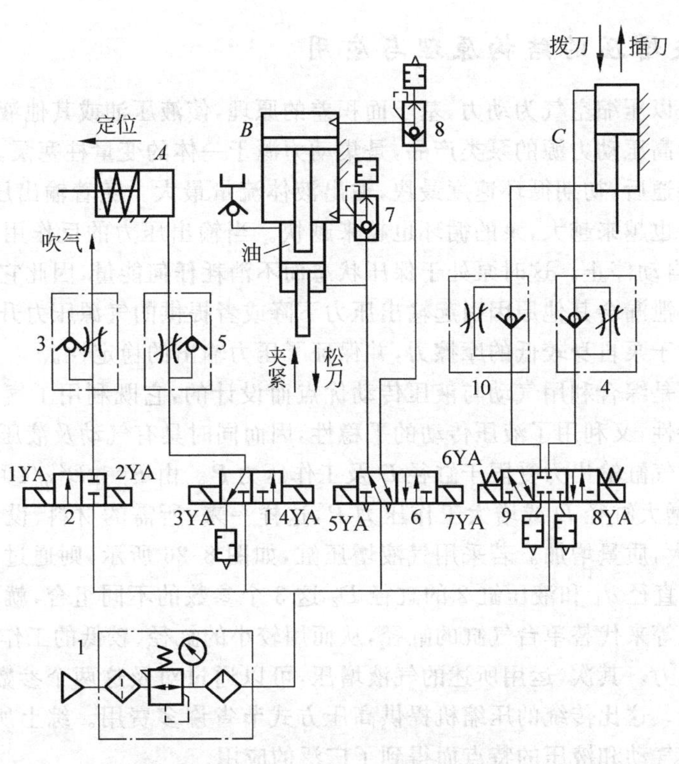

图 8-25 气动换刀系统原理图

1—气动三联件；2—二位二通换向阀；3～5,10—单向节流阀；6,9—三位五通换向阀；7,8—或门型梭阀

阀 9、单向节流阀 4 进入缸 C 的上腔，缸 C 下腔排气，活塞下移实现拔刀。由回转刀库交换刀具，同时 1YA 通电，压缩空气经换向阀 2、单向节流阀 3 向主轴锥孔吹气。稍后 1YA 断电、2YA 通电，停止吹气，8YA 断电、7YA 通电，压缩空气经换向阀 9、单向节流阀 10 进入缸 C 的下腔，活塞上移，实现插刀动作。6YA 断电、5YA 通电，压缩空气经阀 6 进入气液增压器 B 的下腔，使活塞退回，主轴的机械机构使刀具夹紧。4YA 断电、3YA 通电，缸 A 的活塞在弹簧力复位，回复到开始状态，换刀结束。电磁铁通断对应的系统动作如表 8-2 所示。

表 8-2 电磁铁通断表

动作 \ 电磁铁	1YA	2YA	3YA	4YA	5YA	6YA	7YA	8YA
主轴定位				+				
主轴松刀						+		
机械手拔刀								+
吹气清洁主轴锥孔	+							
主机械手插刀	−	+					+	−
主轴夹紧刀具					+	−		
复位换刀结束			+	−				

8.3.3 气液增压的结构原理与应用

气液增压是以压缩空气为动力，基于面积差的原理，使液压油或其他液体按固定增压比连续输出并作为高压动力源的泵类产品，是集动力源于一体的变量柱塞泵。

压缩空气接通后，初期循环速度最快，输出液体流量最大。随着输出压力的逐渐提高，活塞承受的阻力也越来越大，泵的循环也越来越快。当输出压力的反作用力与气动驱动达到平衡时，泵将自动停止。这时泵处于保压状态而不消耗任何能量，因此它提供了一种经济的动力源。当因泄漏会其他原因引起输出压力下降或者提供的气源压力升高时泵会立即起动。这些都得益于泵自身较低的摩擦力，并保证了压力输出的稳定性。

气液增压缸是综合利用气动与液压传动优点而设计的，它既利用了气动的低工作压力及操作方便的特性，又利用了液压传动的平稳性，因而同时具有气动及液压的优点。传统的气动执行元件的气缸输出力受限于缸径 D 及工作压力 P。由 $F=\pi D^2\eta/4$ 可知，想获得较大的输出力，就得增大缸径 D 或增大工作压力 P，这样一来，所需的材料、设备费用等势必增多，而且体积较大，质量增加。若采用气液增压缸，如图 8-26 所示，则通过对气缸 7 的活塞直径 D_1、活塞杆直径 d_1 和液压缸 2 的缸径 D_2 这 3 个参数的不同组合，就可以获得足够大的等效气缸直径等来代替单台气缸的缸径，从而用较小的缸径、较低的工作气压就可方便地获得较大的输出力。其次，运用所述的气液增压，可以通过对及这两个参数的不同组合，获得足够高的气压。这比传统的压缩机提供高压方式节省许多费用。综上所述可知，气液增压缸因同时具有气动和液压的特点而得到了广泛的应用。

气缸与液压缸专利密封结构设计，集气缸与液压系统的优势于一体，完善的结构是高效率、高质量、长寿命和运行成本低的可靠保证。

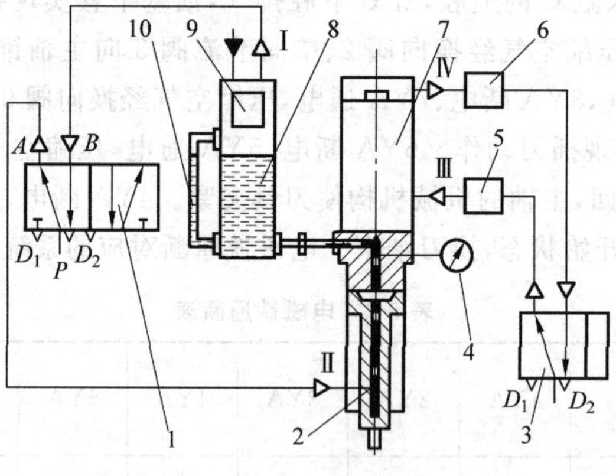

图 8-26 气动增压缸的原理图

1—二位五通阀；2—液压缸；3—二位二位五通阀；4—压力表；5,6—快速排气阀；7—气缸；8—气液转换器；9—隔油板；10—液位显示器

1. 气液增压缸的结构

气液增压缸的结构原理图如图 8-26 所示。气液增压缸主要是由一个气缸 7 及一个液压缸 2 串接而成。气缸 7 是个带后缓冲的普通气缸，其活塞面积与活塞杆面积之比就是气液增压缸的增压比 β，即＝活塞面积/活塞杆面积 $=\dfrac{D^2}{d^2}$（D，d 分别为气缸活塞与活塞杆的直径）。液压缸 2 的活塞与活塞杆由于要承受高压，故一般做成连体式且在轴内有一个比气缸

活塞杆直径稍大的孔，以便让其自由伸缩，还应让孔中的油液从它们的间隙中排出。

在气液转换器8顶部有隔油板9，用来阻挡因液压缸2复位时从气液转换器8顶部气孔Ⅰ喷到外面的油液，使喷油量减少以至完全消失。

二位五通阀1的A口接气孔Ⅱ，B口接气孔Ⅰ，用来控制液压缸2的工作与复位。

另一个二位五通3的A口经过快速排气阀5与气孔Ⅲ连接，而B则经过快速排气阀6与气孔Ⅳ连接，以便控制气缸7的工作与复位。快速排气阀5、6可以提高排气速度，从而缩短气液增压缸的工作周期。

2. 工作原理与过程

气液增压缸的工作过程比较复杂，为了便于分析，先将工作步骤列于表8-3。

表8-3　气液增压缸的工作步骤

项　目		二位五通阀1				二位五通阀3			
		复位		换向		复位		换向	
		Ⅰ	Ⅱ	Ⅰ	Ⅱ	Ⅲ	Ⅳ	Ⅲ	Ⅵ
1	气缸7活塞杆缩入	排气	进气			进气	排气		
2	液压缸2活塞杆缩入	排气	进气			进气	排气		
3	液压缸2活塞杆伸出			进气	排气	进气	排气		
4	两缸同时增力			进气	排气			进气	排气

(1) 气缸7复位。为此，将二位五通阀3处于复位状态，此时气源P经A口，快速排气阀5及气孔Ⅲ进入气缸7的有杆腔，使活塞与活塞杆向上复位。与此同时，气缸7的无杆腔内的空气经气孔快速排气阀6迅速排到大气。

(2) 液压缸2复位。为此，将二位五通阀1处于复位状态。此时，气源P经A口、气孔Ⅱ进入液压缸2的有杆腔，使活塞与活塞杆向上复位。与此同时，其无杆腔即油腔的油液受压而通过中端盖上的油孔及管道进入气液转换器的8底部，而气液转换器8的顶部气腔的空气则经过隔油板9、气孔Ⅰ及二位五通阀1的B口及排气口O_1，排到大气中。

(3) 液压缸2活塞杆出。为此，将二位五通阀1处于换向状态，此时，气源P经二位五通阀1的B口，气孔Ⅰ进入气液转换器8的顶部，经隔油板9作用于油液表面，使油液经管道流入中端盖的油孔，再进入液压缸2的无杆腔，使液压缸2的活塞与活塞杆迅速伸出，直至该活塞杆前端面与负载物相碰并且不能继续前进为止。与此同时，液压缸2的有杆腔内的空气经气孔Ⅱ，二位五通阀1的A口及排气孔O_1排到大气。

(4) 气缸7的活塞杆伸出使液压缸2的活塞杆同时伸出。为此，将二位五通阀3处于换向状态，此时气源P经B、快速排气阀6及气孔Ⅳ进入气缸7的无杆腔，推动其活塞及活塞杆向下伸出，并进入液压缸2的无杆腔的油液内部，排开油液同体积的油量。由于此时液压缸2的无杆腔处于密封状态，因此被活塞杆排开的油液以β_p的油压力推动液压缸2的活塞及活塞杆继续向前伸出，以很大的推力作用于压塑机构，从而将已预热的塑料注射入模具内使之压塑成形。与此同时，液压缸2的有杆腔内的空气经气孔Ⅱ、二位五通阀1的A口及排气孔O_1排到大气。这些动作完成后实现了气液增压缸的增压增力并且压塑成形的目的。

至此已完成了一个工作周期，以后再重复第1步至第4步，周而复始。因此，气液增压缸的工作可以由程序控制,实现生产过程自动化。

3. 气液增压缸的应用

(1) 小流量、高压力、保压时间长的场合。可用在管件,软管,阀门,压力容器,气缸等耐压、泄漏和爆破测试。测试内容包括: 仪器仪表的性能测试及校订; 制动系统及喷油嘴测试; 夹紧、成形、钻孔、剪切液压设备的力; 千斤顶提升; 大型压力机过载保护,模具缓冲及托起动力; 建材实验机的水压试验; 大型或重负载驱动; 在危险地区输送液体; 液压扳手等工具的动力。

(2) 大型局部有高压需求和瞬时大流量的场合。

8.4 数控机床用附件

8.4.1 卡盘

1. 三爪卡盘

如图 8-27 所示为三爪卡盘,它是最常用的车床通用卡具,三爪卡盘最大的优点是可以自动定心,夹持范围大,装夹速度快,但定心精度存在误差,不适于同轴度要求高的工件的二次装夹。

为防止车削时因工件变形和振动而影响加工质量,工件在三爪自定心卡盘中装夹时,若工件直径 $D\leqslant30$mm,其悬伸长度不应大于直径的 3 倍; 若工件直径 $D>30$mm,其悬伸长度不应大于直径的 4 倍。同时也可避免工件被车刀顶弯、顶落而造成打刀事故。

三爪自定心卡盘上安装大直径工件时,不宜用正爪装夹(如图 8-27(a)所示)。三爪自定心卡盘的卡爪可装成正爪和反爪,卡爪伸出卡盘圆周一般不应超过卡爪长度的 1/3,否则卡爪与平面螺纹只有 1～2 牙啮合,受力时容易使卡爪的牙齿碎裂。故在装夹大直径工件时,应尽量采用反爪装夹(如图 8-27(b)所示)。当较大的空心工件需车外圆时,可使 3 个卡爪做离心移动,把工件内孔撑住车削。

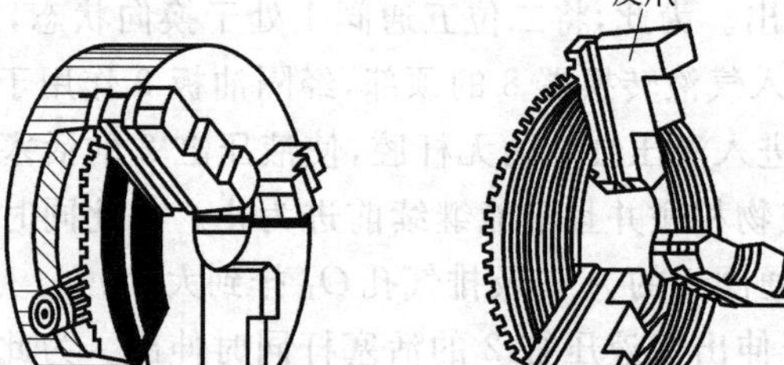

图 8-27 三爪自定心卡盘正、反爪的应用

2. 液压动力卡盘

为提高生产率和减轻劳动强度,数控车床广泛采用液压自定心卡盘。如图 8-28 所示,当数控装置发出夹紧和松开指令时,直接由电磁阀控制压力油进入缸体的左腔或右腔,使活塞向左或向右移动,并由拉杆 2 通过主轴通孔拉动主轴前端卡盘上的滑体 3,滑体 3 又与 3

个可在盘体上T型槽内做径向移动的卡爪滑座4(图8-28中仅画出一个)以斜楔连接。这样,主轴尾部缸体内活塞的左右移动就转变为卡爪滑座的径向移动,再由装在滑座上的卡爪将工件夹紧和松开。又因3个卡爪滑座径向移动是同步的,故装夹时能实现自动定心。

这种液压动力卡盘夹紧力的大小可通过调整液压系统的油压进行控制,以适应棒料、盘类零件和薄壁套筒零件的装夹。另外,该种卡盘还具有结构紧凑、动作灵敏、能实现较大压紧力的特点。

3. 可调卡爪式卡盘

可调卡爪式卡盘的结构如图8-29所示。基体卡座2上对应配有不淬火的卡爪1,其径向夹紧所需位置可以通过卡爪上的端齿和螺钉单独进行粗调整(错齿移动),或通过差动螺杆3单独进行细调整。为了便于对较特殊的、批量大的盘类零件进行准确定位及装夹,还可按实际需要,通过简单的加工程序或数控系统的手动功能,用车刀将不淬火卡爪的夹持面车至所需的尺寸。

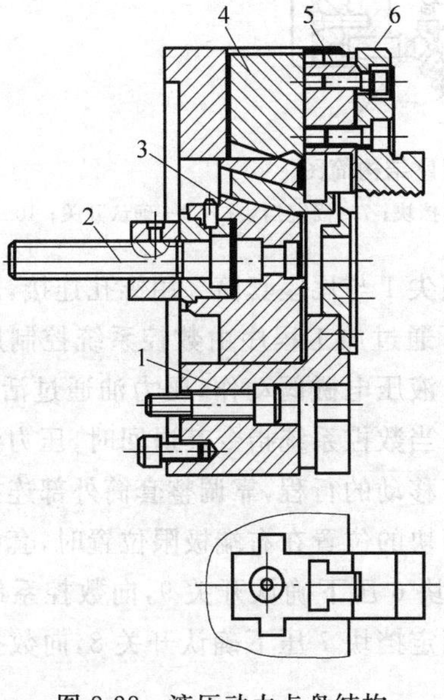

图8-28 液压动力卡盘结构

1—扭体;2—拉杆;3—滑体;4—卡爪滑座;5—T型滑块;6—卡爪

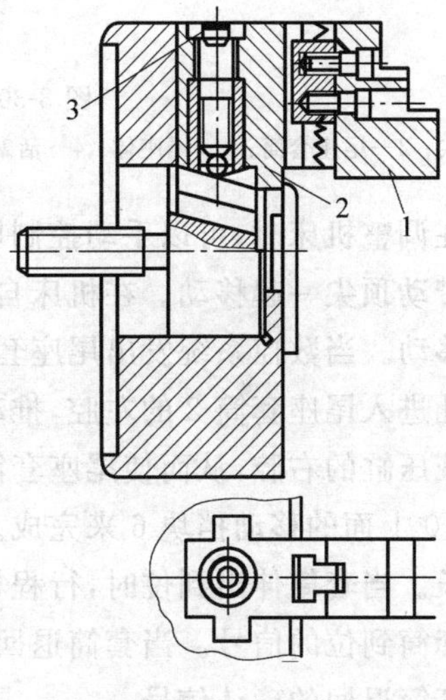

图8-29 可调卡爪式卡盘

1—卡爪;2—基体卡座;3—差动螺杆

4. 高速动力卡盘

为了提高数控车床的生产效率,对其主轴提出越来越高的要求,以实现高速甚至超高速切削。现在有的数控车床可达到100 000r/min。对于这样高的转速,一般的卡盘已不适用,而必须采用高速动力卡盘才能保证安全可靠地进行加工。

随着卡盘的转速提高,由卡爪、滑座和紧固螺钉组成的卡爪组件离心力急剧增大,卡爪对零件的夹紧力下降。试验表明:楔式动力卡盘在转速为2000r/min时,动态夹紧力只有静态的1/4。增大动态夹紧力有如下几种途径:一是加大静态夹紧力,但这会消耗更多的能源和因夹紧力过大造成零件变形;二是减轻卡爪组件质量以减小离心力,为此常采用斜齿条式结构;三是增加离心力补偿装置,利用补偿装置的离心力抵消卡爪组件离心力造成的夹紧力损失。后两种是常用的方式。

8.4.2 尾座

数控车床尾座一般在加工时对工件起辅助支承作用，它由尾座体和尾座套筒两部分组成。尾座体可在床身上移动和固定。尾座套筒前端安装顶针，套筒可以自动伸出和缩回，实现顶尖对工件的支撑作用。

MU-50 型数控车床出厂时配置标准尾座，图 8-30 为尾座结构简图。尾座体的移动由滑板带动实现。尾座体移动后，由手动控制的液压缸将其锁紧在床身上。

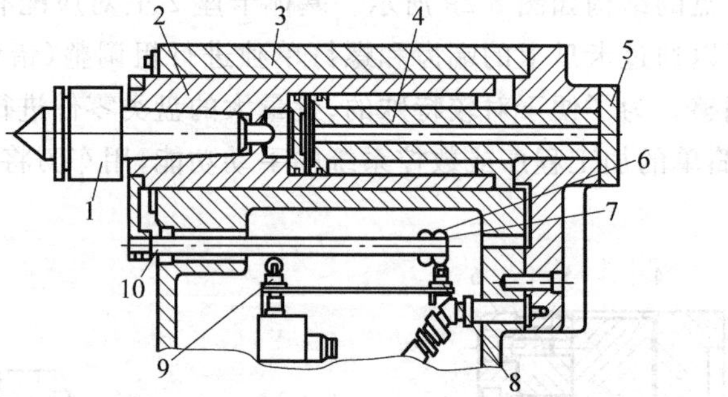

图 8-30 MJ-50 数控车床尾座结构简图

1—顶尖；2—尾座套筒；3—尾座体；4—活塞杆；5—端盖；6—移动挡块；7—固定挡块；8,9—确认开关；10—行程杆

在调整机床时，可以手动控制尾座套筒移动。顶尖 1 与尾座套筒 2 用锥孔连接，尾座套筒可带动顶尖一起移动。在机床自动工作循环中，可通过加工程序由数控系统控制尾座套筒的移动。当数控系统发出尾座套筒伸出的指令后，液压电磁阀动作，压力油通过活塞杆 4 的内孔进入尾座套筒 2 的左腔，推动尾座套筒伸出。当数控系统指令其退回时，压力油进入套筒液压缸的右腔，从而使尾座套筒退回。尾座套筒移动的行程，靠调整套筒外部连接的行程杆 10 上面的移动挡块 6 来完成。图中所示移动挡块的位置在右端极限位置时，套筒的行程最长。当套筒伸出到位时，行程杆 10 上的移动挡块 6 压下确认开关 9，向数控系统发出尾座套筒到位的信号。当套筒退回时，行程杆上的固定挡块 7 压下确认开关 8，向数控系统发出套筒退回的确认信号。

8.4.3 分度头

数控分度头是数控铣床和加工中心等常用的附件。它的作用是按照控制装置的信号或指令做回转分度或连续回转进给运动，以使数控机床能完成指定的加工工序。数控分度头一般与数控铣床、立式加工中心配套，用于加工轴、套类工件。数控分度头可以由独立的控制装置控制，也可以通过相应的接口由主机的数控装置控制。

等分式的 FKNQ 系列数控分度头的最终分度定位采用齿数为 72 牙的端齿盘来完成。万能式的 FK14 系列数控分度头角精密蜗杆副作为分度定位元件，用于完成任意角度的分度工作，采用双导程蜗杆消除传动间隙。

如图 8-31 所示的 FKNQ160 型数控气动等分分度头的动作原理如下：滑动端齿盘 4 的前腔通入压缩空气后，借助弹簧 6 和滑动销轴 3 在镶套内平稳地沿轴向右移。齿盘完全松开后，无触点传感器 7 发信号给控制装置，这时分度活塞 17 开始运动，使棘爪 15 带动棘轮

16 进行分度，每次分度角度为 50°。在分度活塞 17 下方有两个传感器 14，用于检测分度活塞 17 的到位、返回位置并发出分度信号。当分度信号与控制装置预置信号重合时，分度台刹紧，这时滑动端齿盘 4 的后腔通入压缩空气，端齿盘啮合，分度过程结束。为了防止棘爪返回时主轴反转，在分度活塞 17 上安装凸块 11，使驱动销 10 返回过程中插入定位轮 9 的槽中，以防转过位。

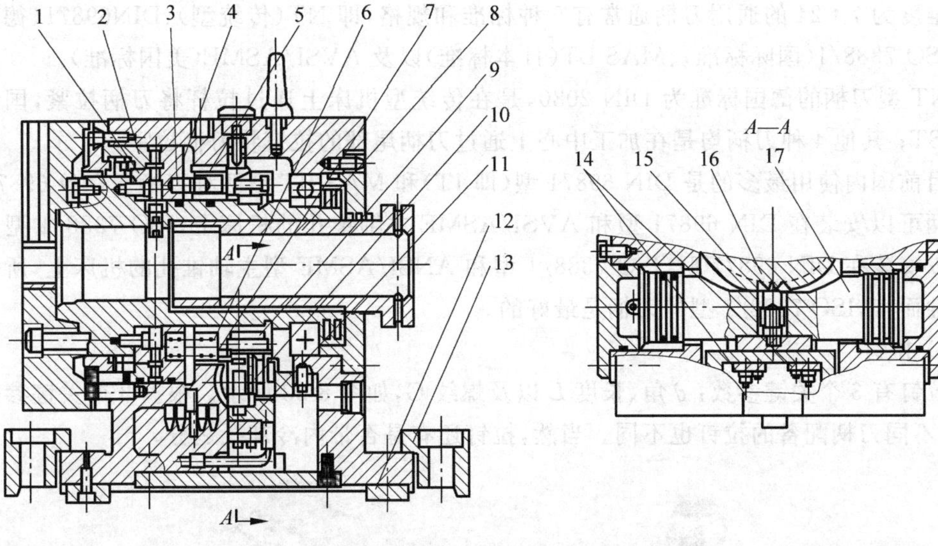

图 8-31 FKNQ160 型数控气动等分分度头结构

1—转动端齿盘；2—定位端断盘；3—滑动销釉；4—滑动端齿盘；5—镶装套；6—弹簧；7—无触点传感器；8—主轴；9—定位轮；10—驱动销；11—凸块；12—定位键；13—压板；14—传感器；15—棘爪；16—棘轮；17—分度活塞

如图 8-32 所示为 FK14160B 型数控分度头，其工作原理如下：刹紧液压缸活塞 4 的后腔（活塞右侧）通入压缩空气后，主轴松开。松开信号由传感器 6 发出。伺服电动机旋转至选定的角度后，刹紧液压缸的活塞 4 的前腔（活塞左侧）通入压缩空气，刹紧信号由传感器 5 发出，刹紧完毕后，主机发信号，开始切削加工。当工作台完成一个工作循环后，工作台返回零位，零位信号传感器 8 发出零位到位信号。

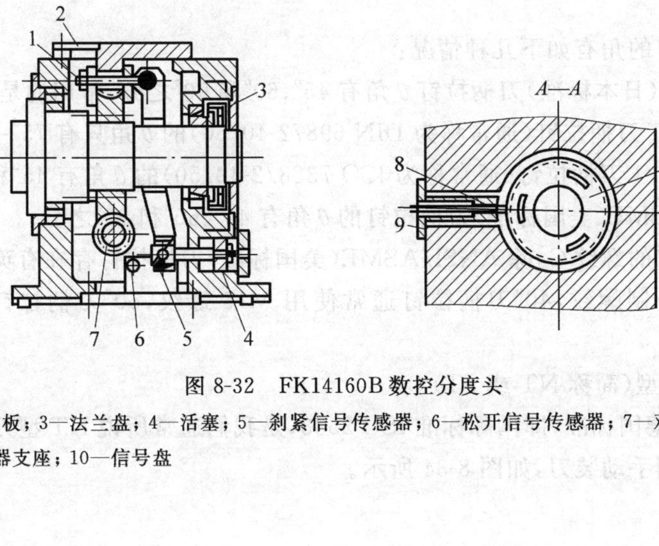

图 8-32 FK14160B 数控分度头

1—调整螺母；2—压板；3—法兰盘；4—活塞；5—刹紧信号传感器；6—松开信号传感器；7—双导程蜗杆；8—零位信号传感器；9—传感器支座；10—信号盘

8.4.4 常用铣削刀柄

加工中心的主轴锥孔通常分为两大类，即锥度为 7∶24 的通用系统和 1∶10 的 HSK 真空系统，因此对应主轴锥孔的刀柄也有两种。

1. 7∶24 锥度的通用刀柄

锥度为 7∶24 的通用刀柄通常有 5 种标准和规格，即 NT(传统型)、DIN69871(德国标准)、ISO 7388/1(国际标准)、MAS BT(日本标准)以及 AVSI/ASME(美国标准)。

NT 型刀柄的德国标准为 DIN 2080，是在传统型机床上通过拉杆将刀柄拉紧，国内也称为 ST；其他 4 种刀柄均是在加工中心上通过刀柄尾部的拉钉将刀柄拉紧。

目前国内使用最多的是 DIN 69871 型(即 JT)和 MAS BT 型两种刀柄。DIN 69871 型的刀柄可以安装在 DIN 69871 型和 AVSI/ASME 主轴锥孔的机床上，ISO 7388/1 型的刀柄可以安装在 DIN 69871 型、ISO 7388/1 型和 ANSI/ASME 型主轴锥孔的机床上，所以就通用性而言，ISO 7388/1 型的刀柄是最好的。

1) 拉钉

拉钉有 3 个关键参数：θ 角、长度 L 以及螺纹 G，如图 8-33 所示。根据 3 个关键参数的不同，不同刀柄配备的拉钉也不同。当然，拉钉还有是否带内冷却孔之分。

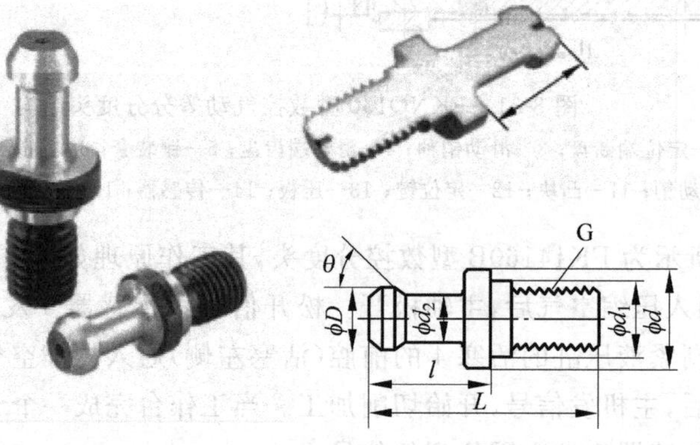

图 8-33 拉钉

关于刀柄拉钉的角有如下几种情况：

(1) MAS BT(日本标准)刀柄拉钉 θ 角有 45°、60°和 90°之分，常用的是 45°和 60°；

(2) DIN69871 刀柄拉钉(通常称为 DIN 69872-40/50)的 θ 角只有 75°一种；

(3) ISO 7388/1 刀柄拉钉(通常称为 ISO 7388/2-40/50)的 θ 角有 45°和 75°之分；

(4) ANSI/ASME(美国标准)刀柄拉钉的 θ 角有 45°、60°和 90°之分。

关于刀柄拉钉的螺纹 G，除 ANSI/ASME(美国标准)刀柄拉钉存在有英制螺纹标准外，其他 3 种均使用公制螺纹，40°刀柄拉钉通常使用 M16 螺纹，50°刀柄拉钉通常使用 M24 螺纹。

2) DIN 2080 型(简称 NT 或 ST)

DIN 2080 是德国标准，即国际标准 ISO 2583，是我们通常所说 NT 型刀柄，不能用机床的机械手装刀而用手动装刀，如图 8-34 所示。

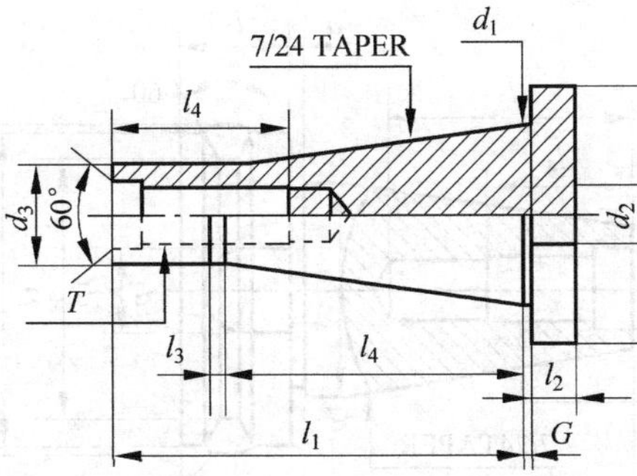

图 8-34　DIN 2080 型刀柄

3）DIN 69871 型（简称 JT、DIV、DAT 或 DV）

DIN 69871 型分为两种，即 DIN 69871A/AD 型和 DIN 69871 B 型，前者是中心内冷，后者是法兰盘内冷，其他尺寸相同，如图 8-35 所示。

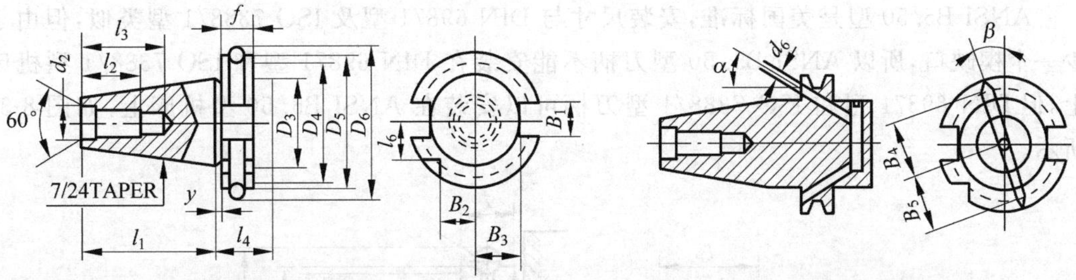

(a) DIN 69871 A/AD型　　(b) DIN 69871 B型

图 8-35　DIN 69871 型刀柄

4）ISO 7388/1 型（简称 IV 或 IT）

其刀柄安装尺寸与 DIN 69871 型没有区别，但由于 ISO 7388/1 型刀柄的 D_4 值小于 DIN 69871 型刀柄的 D_4 值，所以将 ISO 7388/1 型刀柄安装在 DIN 69871 型锥孔的机床上是没有问题的，但将 DIN 69871 型刀柄安装在 ISO 7388/1 型机床上则有可能会发生干涉。如图 8-36 所示。

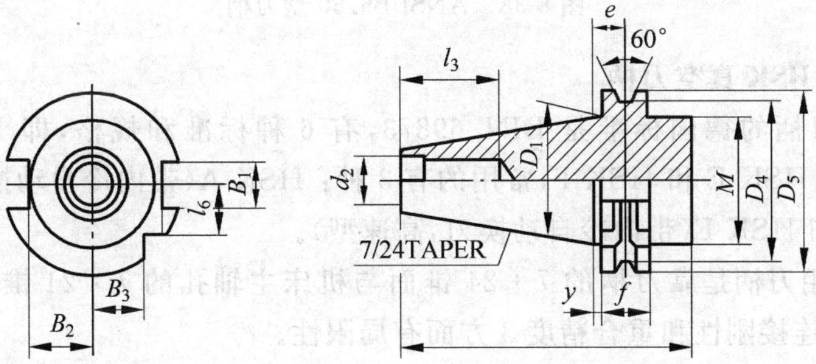

图 8-36　ISO 7388/1 型刀柄

5）MAS BT 型（简称 BT）

BT 型是日本标准，安装尺寸与 DIN 69871 型、ISO 7388/1 型及 ANSI 型完全不同，不能换用。BT 型刀柄的对称性结构使它比其他 3 种刀柄的高速稳定性要好，如图 8-37 所示。

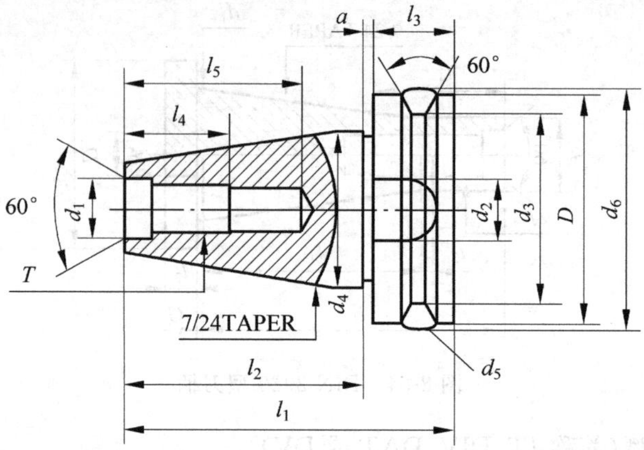

图 8-37 MAS BT 型刀柄

6) ANSI B5.50 型(简称 CAT)

ANSI B5.50 型是美国标准,安装尺寸与 DIN 69871 型及 ISO 7388/1 型类似,但由于少一个楔缺口,所以 ANSI B5.50 型刀柄不能安装在 DIN 69871 型和 ISO 7388/1 型机床上,但 DIN 69871 型和 ISO 7388/1 型刀柄可以安装在 ANSI B5.50 型机床上,如图 8-38 所示。

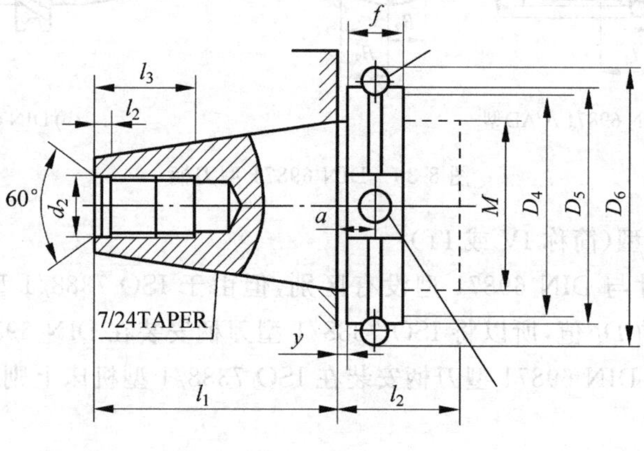

图 8-38 ANSI B5.50 型刀柄

2. 1∶10 的 HSK 真空刀柄

HSK 真空刀柄的德国标准是 DIN 69873,有 6 种标准和规格,即 HSK-A、HSK-B、HSK-C、HSK-D、HSK-E 和 HSK-F,常用的有 3 种: HSK-A(带内冷自动换刀)、HSK-C(带内冷手动换刀)和 HSK-E(带内冷自动换刀,高速型)。

7∶24 的通用刀柄是靠刀柄的 7∶24 锥面与机床主轴孔的 7∶24 锥面接触定位连接的,在高速加工、连接刚性和重合精度 3 方面有局限性。

HSK 真空刀柄靠刀柄的弹性变形,不但刀柄的 1∶10 锥面与机床主轴孔的 1∶10 锥面接触,而且使刀柄的法兰盘面与主轴面也紧密接触,这种双面接触系统在高速加工、连接刚性重合精度上均优于 7∶24 的通用刀柄。

不论是 7∶24 的通用刀柄还是 1∶10 的 HSK 真空刀柄,都可以构成整体式和模块式两类刀柄。下面我们以 7∶24 的通用刀柄来介绍整体式刀柄。

整体式刀柄通常有弹簧夹头刀柄、莫氏锥刀柄、钻夹头刀柄、侧固式刀柄、攻螺纹刀柄、面铣刀柄、强力铣刀柄、整体式撞刀体等。

1）弹簧夹头刀柄

即我们通常所说的ER刀柄系统，其型号如图8-39所示。它是目前加工中心上最常用的刀柄，可以用来夹持直柄的钻头、立铣刀以及丝锥等，如图8-40所示。

T50	—	ER32	—	150
刀柄型号		弹性筒型号		刀柄长度(单位：mm)

图8-39 弹簧夹头刀柄型号

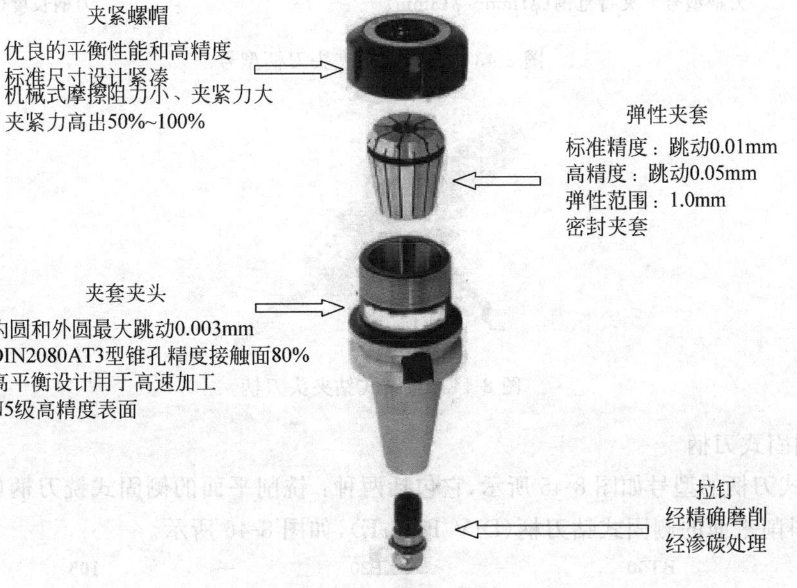

图8-40 弹簧夹头刀柄

2）莫氏锥刀柄

莫氏锥刀柄分两种：带扁尾型和不带扁尾型，其型号分别如图8-41(a)和(b)所示。莫氏锥刀柄的内孔有莫氏锥＃1～莫氏锥＃5共5种锥号规格，如图8-42(a)和(b)所示。

BT50	—	MTA1	—	120
刀柄型号	莫氏锥型号(带扁尾型，＃1莫氏锥)			刀柄长度(单位：mm)

(a)

BT50	—	MTB3	—	60
刀柄型号	莫氏锥型号(不带扁尾型，＃3莫氏锥)			刀柄长度(单位：mm)

(b)

图8-41 带扁尾型莫氏锥刀柄型号

3）直结式钻夹头刀柄

又称为整体式精密钻夹头刀柄，型号如图8-43所示。不需要弹性套筒而可以在一个大的尺寸范围内锁紧刀具，具有钻孔、攻螺纹、立铣以及铰孔等功能，如图8-44所示。

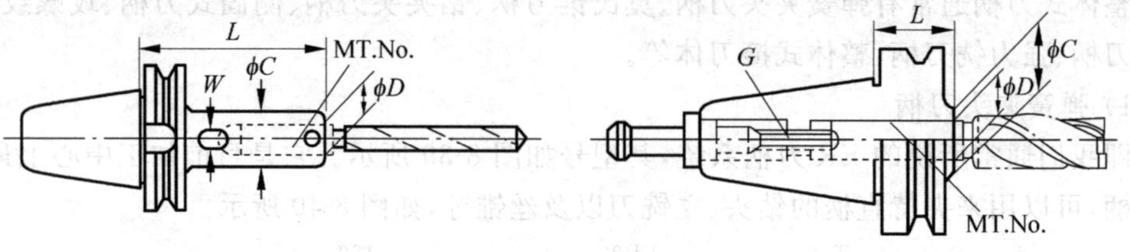

(a) 带扁尾型莫氏锥刀柄型号　　(b) 不带扁尾型莫氏锥刀柄型号

图 8-42　莫氏锥刀柄

BT50	—	ZZJT13	—	150
刀柄型号	夹持范围(ϕ1mm～ϕ13mm)			刀柄长度(单位：mm)

图 8-43　直结式钻夹头刀柄型号

图 8-44　直结式钻夹头刀柄

4）侧固式刀柄

侧固式刀柄的型号如图 8-45 所示，它包括两种：铣削平面的侧固式铣刀柄(DIN 1835-8)和带 20°斜削平面的侧固式钻刀柄(DIV 1835-E)，如图 8-46 所示。

BT50	—	XP20	—	105
刀柄型号	夹持直径(20mm)			刀柄长度(单位：mm)

图 8-45　侧固式刀柄型号

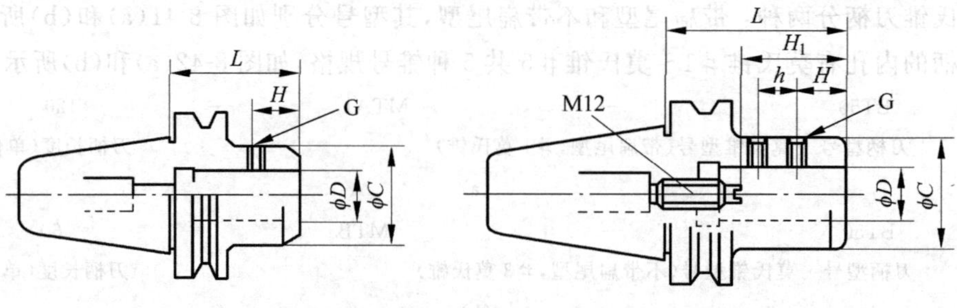

图 8-46　侧固式刀柄

5）面铣刀柄

面铣刀柄的型号如图 8-47 所示，其结构如图 8-48 所示。

JT50	—	XM27	—	60
刀柄型号	面铣刀中心孔直径(27mm)			刀柄长度(单位：mm)

图 8-47　面铣刀柄型号

图 8-48 面铣刀柄

6）强力铣刀柄

强力铣刀柄的刀体厚实，刚性高且振动少；刀头内部带有螺旋槽和窄槽，夹持力强、跳动精度高(5μm 以内)并防止刀具高速时脱落，其型号如图 8-49 所示。

BT50	—	ZC32	—	110
刀柄型号	夹持直径(32mm)			刀柄长度(单位：mm)

图 8-49 强力铣刀柄型号

主要用于强力铣削、钻孔以及刚性攻螺纹，同时也可用于夹持直杆撞刀、直杆弹簧夹头延长杆、直杆攻螺纹夹头，结构如图 8-50 所示。

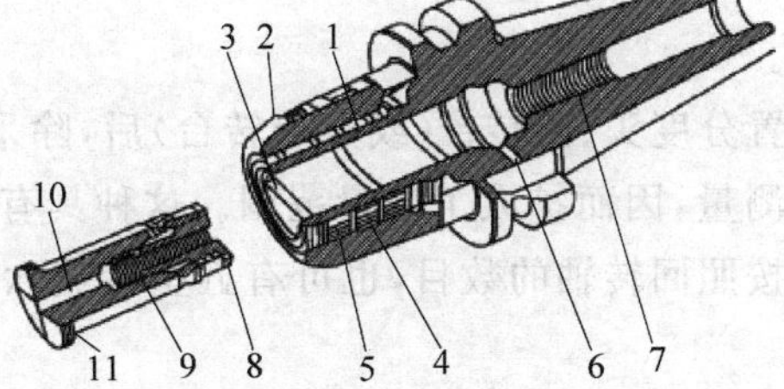

图 8-50 强力铣刀柄

1—薄锥前端；2—夹紧螺母；3—螺旋槽；4—滚针轴承隔离环；5—前端密封口；6—通气孔；7—调整螺母；8—有头螺钉(配调整螺钉)；9—调整螺钉；10—碾磨孔；11—夹持槽(配有缝夹套)

8.4.5 三坐标测量机

三坐标测量机(CMM)是 20 世纪 60 年代发展起来的一种新型高效的精密测量仪器。它的出现，一方面是由于自动机床、数控机床高效率加工以及越来越多复杂形状零件加工需要有快速可靠的测量设备与之配套；另一方面是由于电子技术、计算机技术、数字控制技术以及精密加工技术的发展为三坐标测量机的产生提供了技术基础。1960 年，英国 FERRAVTI 公司研制成功世界上第一台三坐标测量机，到 20 世纪 60 年代末，已有近 10 个国家的 30 多家公司在生产 CMM，不过这一时期生产的 CMM 尚处于初级阶段。进入 20 世纪 80 年代后，以 ZEISS、LEITZ、DEA、LK、三丰、SIP、FER-RAVTI、MOORE 等为代表的众多公司不断推出新产品，使得 CMM 的发展速度加快。现代 CMM 不仅能在计算机控制下完成各种复杂测量，而且可以通过与数控机床交换信息，实现对加工的控制，并且还可以根据测量数据，实现反求工程。

目前，CMM 已广泛用于机械制造业、汽车工业、电子工业、航空航天工业和国防工业等各部门，成为现代工业检测和质量控制不可缺少的万能测量设备。CMM 具有如下优点：通用性强，可实现空间坐标点位的测量，方便地测量出各种零件的三维轮廓尺寸和位置精度；测量精度可靠；可方便地进行数据处理与程序控制。

1. 三坐标测量机的原理

三维测量的原理是：将被测物体置于三坐标测量机的测量空间，可获得被测物体上各测点的坐标位置，根据这些点的空间坐标值，经过数学运算，求出被测的几何尺寸、形状和位置。如图 8-51 所示，要测量工件上一圆柱孔的直径，可以在垂直于孔轴线的截面Ⅰ内，触测内孔壁上 3 个点（点 1,2,3），则根据这 3 点的坐标值就可计算出孔的直径及圆心坐标 O_{I}；如果在该截面内触测更多的点（点 $1,2,\cdots,n$ 为测点数），则可根据最小二乘法或最小条件法计算出该截面圆的圆度误差；如果对多个垂直于孔轴线的截面圆（Ⅰ，Ⅱ，…，m，m 为测量的截面圆数）进行测量，则根据测得点的坐标值可计算出孔的圆柱度误差以及各截面圆的圆心坐标，再根据各圆心坐标值又可计算出孔轴线位置；如果再在孔端面上触测 3 点，则可计算出孔轴线对端面的位置度误差。由此可见，CMM 的这一工作原理使得其具有很大的通用性与柔性。从原理上说，它可以测量任何工件的任何几何元素的任何参数。

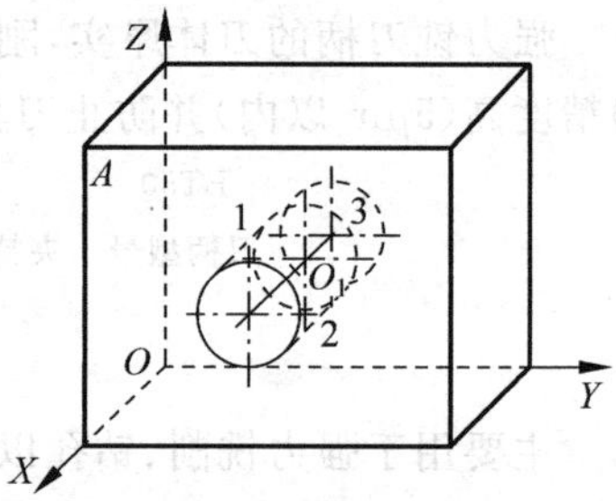

图 8-51 坐标测量原理

在三坐标测量机上装置分度头、回转台（或数控转台）后，除采用直角坐标系测量外，还可采用极坐标（柱坐标）系测量，因而扩大了测量范围。这种具有 X,Y,Z,C 四轴的坐标测量机称为四坐标测量机。按照回转轴的数目，也可有五坐标或六坐标（X,Y,Z 三轴上各具有一回转轴）测量机。

2. 三坐标测量机的组成

三坐标测量机是典型的机电一体化设备，它由机械系统和电子系统两大部分组成，如图 8-52 所示。

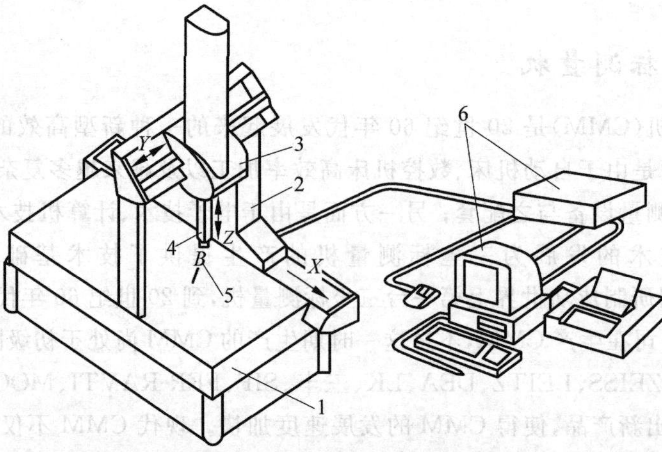

图 8-52 三坐标测量机的组成

1—工作台；2—移动桥架；3—中央滑架；4—Z 轴；5—测头；6—电子系统

(1) 机械系统：一般由3个正交的直线运动轴构成。如图8-52所示结构中，X向导轨系统装在工作台上，移动桥架横梁是Y向导轨系统，Z向导轨系统装在中央滑架内。3个方向轴上均装有光栅尺用以度量各轴位移值。人工驱动的手轮及机动、数控驱动的电动机一般都在各轴附近，用来触测被检测零件表面的测头装在Z轴端部。

(2) 电子系统：一般由光栅计数系统、测头信号接口和计算机等组成，用于获得被测坐标点数据，并对数据进行处理。

3. 三坐标测量机的类型

1) 按CMM的技术水平分类

(1) 数字显示及打印机型。这类CMM主要用于几何测量，可以显示并打印出测得点的坐标数据，但是要获得所需的几何尺寸行为误差，还需要进行人工运算，其技术水平较低，目前已基本被淘汰。

(2) 带有计算机进行数据处理型。这类CMM技术水平略高，目前应用较多，其测量手段可为手动或机动，用计算机测量数据，可完成诸如工件安装倾斜的自动校正计算、坐标变换、孔心距计算、偏差值计算等数据处理工作。

(3) 计算机数字控制型。这类CMM技术水平较高，可以像数控机床一样，按照编制好的程序自动测量。

2) 按CMM的测量范围分类

(1) 小型坐标测量机。这类CMM在其最长一个坐标轴方向(一般为X轴方向)上的测量范围小于500mm，主要用于小型精密模具、工具和刀具等的测量。

(2) 中型坐标测量机。这类CMM在其最长一个坐标轴方向上的测量范围为500～2000mm，是应用最多的机型，主要用于箱体、模具类零件的测量。

(3) 大型坐标测量机。这类CMM在其最长一个坐标轴方向上的测量范围大于2000mm，主要用于汽车与发动机外壳、航空发动机叶片等大型零件的测量。

3) 按CMM的精度分类

(1) 精密型CMM。其单轴最大测量不确定度小于$1\times10^{-6}L$(L为最大量程，单位为mm)，空间最大测量不确定度小于$(2\sim3)\times10^{-6}L$，一般放在具有恒温条件的计量室内，用于精密测量。

(2) 中、低精度CMM。低精度CMM的单轴最大测量不确定度大体在$1\times10^{-4}L$左右，空间最大测量不确定度为$(2\sim3)\times10^{-4}L$，中等精度CMM的单轴最大测量不确定度约为$1\times10^{-5}L$，空间最大测量不确定度为$(2\sim3)\times10^{-5}L$。这类CMM一般放在生产车间内，用于生产过程检测。

4) 按CMM的结构形式分类

按照结构形式，CMM可分为移动桥式、固定桥式、龙门式、悬臂式、立柱式等。

8.4.6 机外对刀仪

机外对刀的本质是测量出刀具假想刀尖点到刀具台基准之间在X轴及Z轴方向的距离，即刀具X和Z向的长度。利用机外对刀仪可将刀具预先在机床外校正好，以便装上机床即可以使用，缩短了对刀的辅助时间。

如图8-53所示是一种比较典型的机外对刀仪，它可适用于各种数控车床，针对某台具体的数控车床，应制作相应的对刀刀具台，将其安装在刀具台安装座上。这个对刀刀具台与刀座的连接结构及尺寸，应与机床刀架相应结构及尺寸相同，甚至制造精度也要求与机床刀架该部位一致。此外，还应制作一个刀座、刀具联合体，把此联合体装在机床刀架上，尽可能精确地对出 X 和 Z 向的长度，并将这两个值刻在联合体表面，对刀仪使用若干时间后就应装上这个联合体做一次调整。

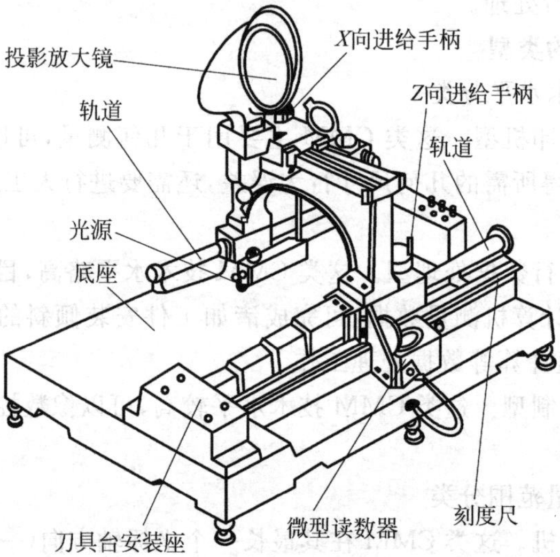

图 8-53 机外对刀仪

机外对刀的大体顺序是：将刀具随刀座一起紧固在对刀刀具台上，摇动 X 向和 Z 向进给手柄，使移动部件载着投影放大镜沿着两个方向移动，甚至假想刀尖点与放大镜中十字线交点重合位置，如图 8-54 所示，这时通过 X 向和 Z 向的微型读数器分别读出 X 和 Z 向的长度值，就是这把刀具的对刀长度。如果这把刀具马上使用，那么将它连同刀座一起装到机床某刀位上之后，将对刀长度输到相应刀具补偿号或程序中就可以了。如果这把刀是备用的，应做好记录。

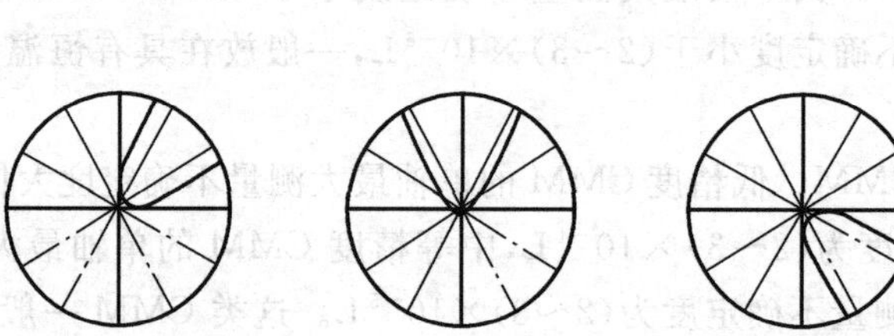

(a) 端面外径刀尖　(b) 对称刀尖　(c) 端面内径刀尖

图 8-54 刀尖在放大镜中的对刀投影

8.4.7 寻边器与 Z 轴设定器

1. 寻边器

目前，寻边器在数控铣床或加工中心中应用较多，主要有机械式寻边器和光电式寻边器两种类型，如图 8-55(a)和(b)所示。

机械式寻边器价格低，但精度不高；光电式寻边器价格较高，精度比机械式寻边器的高。在数控铣床或加工中心中主要用于 X 向和 Y 向的对刀，光电式寻边器的使用方法如图 8-56 所示。其中图 8-56(a)为正确使用方法，图 8-56(b)和(c)是错误方法，使用者应特别注意。

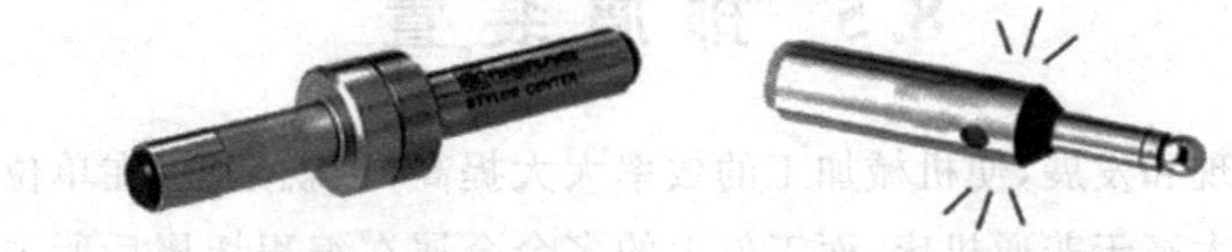

(a) 机械式寻边器　　(b) 光电式寻边器

图 8-55　寻边器

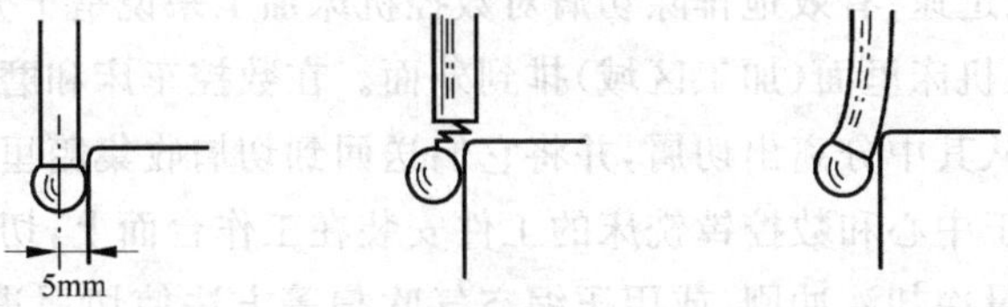

(a)　　(b)　　(c)

图 8-56　光电式寻边器的使用方法

2. Z 轴设定器

光电式 Z 轴设定器主要应用在数控铣床或加工中心的 Z 向对刀，同时也可用于 X 向和 Y 向的对刀。如图 8-57 所示为光电式 Z 轴设定器。

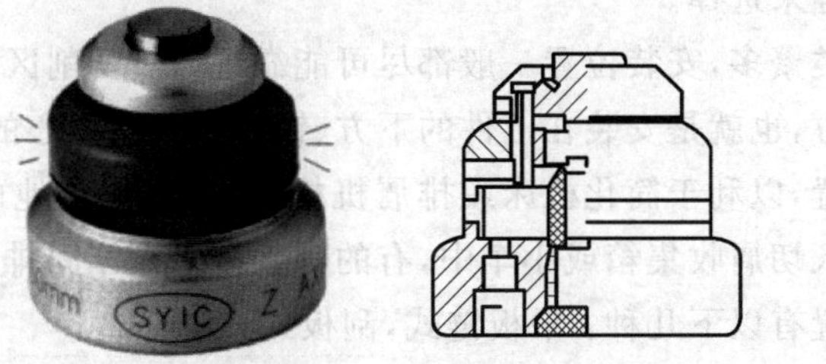

图 8-57　光电式 Z 轴设定器

光电式 Z 轴设定器的使用方法如图 8-58 所示。

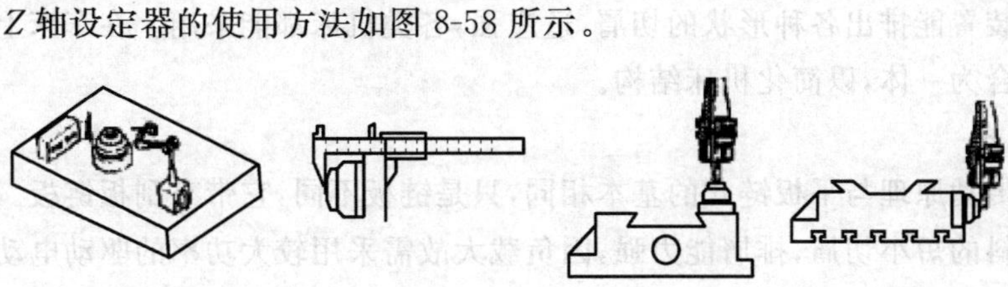

(a)　　(b)　　(c)　　(d)

图 8-58　光电式 Z 轴设定器的使用方法

(1) 探测面下方有微调机构，调整高度使用平行块规来测。如图 8-58(a)所示。

(2) 高精度零件加工，不适合用游标卡尺检测精度。如图 8-58(b)所示。

(3) 快速进刀至灯亮时，轻微后退至灯熄，再慢速前进至灯亮，以利于确保掌握精度。

如图 8-58(c)所示。

(4) 侧面探测时,使用刀刃最高点接触探测面。如图 8-58(d)所示。

8.5 排屑装置

数控机床的出现和发展,使机械加工的效率大大提高,也就是说,在单位时间内数控机床的金属切削量大大高于普通机床,而工件上的多余金属在编程切屑后所占的空间将成倍加大,这些切屑堆占加工区域,如果不及时排除,必然会覆盖或者缠绕在工件上使自动加工无法继续进行。此外,炽热的切屑向机床或工件发出的热量,会使机床或工件产生变形,影响加工的精度。因此迅速、有效地排除切屑对数控机床加工来说是十分重要的,而排屑装置的作用就是将切屑从机床里面(加工区域)排到外面。在数控车床和磨床上的切屑往往混合着切屑液,排屑装置从其中分离出切屑,并将它们送回到切屑收集箱里;而切屑液回到冷却箱里。数控铣床、加工中心和数控镗铣床的工件安装在工作台面上,切屑不能直接落入排屑装置,故往往要用大量冷却液冲刷,或用压缩空气吹扫等方法使切屑进入排屑槽,然后再回收冷却液并排出切屑。

如图 8-59 所示,排屑装置是一种具有独立功能的附件,它的工作可靠性和自动化程度随着数控机床技术的发展而不断提高。各种主要工业国家已经研发了各种类型的排屑装置,并广泛应用在各类数控机床上。这些装置已经逐步标准化和系列化,并由专业的生产厂家生产。数控机床的排屑装置应根据数控机床的种类、特点、规格、加工工艺、工件的材质和使用的冷却液种类等来选择。

排屑装置的种类繁多,安装位置一般都尽可能靠近刀具切削区域。如车床的排屑装置、装在回转工件的下方,也就是安装在工件的下方、铣床和加工中心的排屑装置在床身的回水槽或工作台侧边位置,以利于简化机床或排屑机构结构,减小占地面积,提高排屑效率。排出的切屑一般都落入切屑收集箱或小车中,有的则直接排入车间排屑系统。

常见的排屑装置有以下几种:平板链式,刮板式,螺旋式。

1. 平板链式

该装置以滚动链轮牵引感知平板链带在封闭箱中运转,加工的切屑落到链带上被带出机床。这种装置能排出各种形状的切屑,适应强,各类机床都能采用。在车床上使用时多与机床冷却液合为一体,以简化机床结构。

2. 刮板式

该装置传动原理与平板链式的基本相同,只是链板不同,它带有刮板链板。这种装置常用于输送材料的短小切屑,排屑能力强,因负载大故需采用较大功率的驱动电动机。

3. 螺旋式

该装置采用电动机经过减速装置驱动安装在沟槽中的一根螺旋杆进行驱动,如图 8-60 所示。螺旋杆转动时,沟槽中的切屑即由螺旋杆推动连续向前运动,最终排入切屑收集箱中。螺旋杆有两种形式,一种采用扁形钢条卷成螺旋弹簧状;另一种是在轴上焊接螺旋形钢板。这种装置结构简单,排屑性能好,但是只能沿水平或小角度倾斜直线方向排运切屑,不能大角度倾斜、提升或转向排屑。

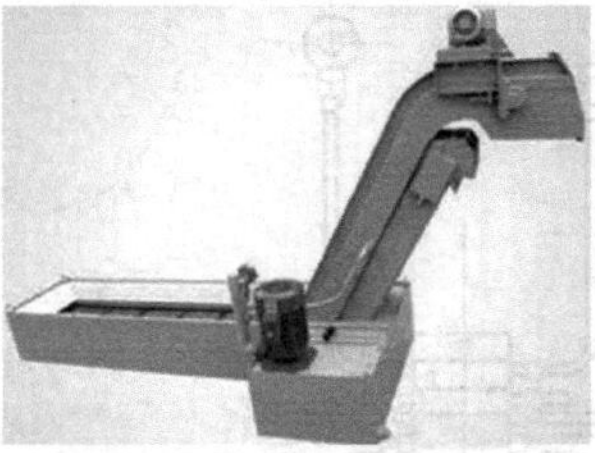

图 8-59　排屑装置

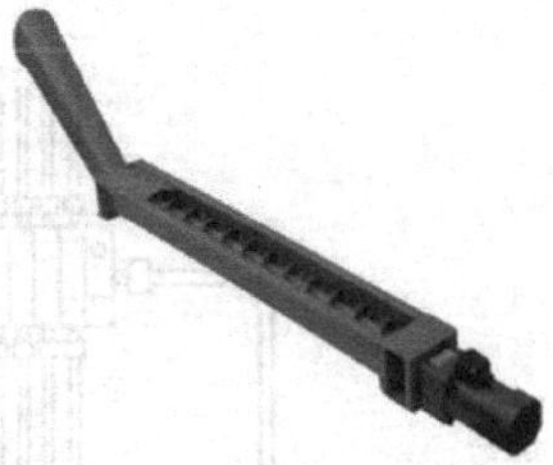

图 8-60　螺旋式排屑装置

8.6　润滑系统

1. 机床润滑系统的特点

机床润滑系统在机床整机中占有十分重要的位置，其设计、调试和维修保养，对于提高机床加工精度、延长机床使用寿命等都有着十分重要的作用。现代机床导轨、丝杠等滑动副的润滑，基本上都是采用集中润滑系统。集中润滑系统是由一个液压泵提供一定排量、一定压力的润滑油，为系统中所有的主、次油路上的分流器供油，而由分流器将油按所需油量分配到各润滑点。同时，由控制器完成润滑时间、次数的监控和故障报警以及停机等功能，以实现自动润滑的目的。集中润滑系统的特点是定时、定量、准确、效率高，使用方便可靠，有利于提高机器寿命，保障使用性能。

2. 机床润滑系统的分类

集中润滑系统按使用的润滑元件可分为递进式润滑系统、阻尼式润滑系统和容积式润滑系统。

1）递进式润滑系统

递进式润滑系统主要由泵站、递进片式分流器组成，并可附加控制装置加以监控。其特点是能对任一润滑点的堵塞进行报警并终止运行，以保护设备；定量准确、压力高，不但可以使用稀油，而且还适用于使用油脂润滑的情况。润滑点可达 100 个，压力可达 21MPa。

递进式分流器由一块底板、一块端板及最少 3 块中间板组成。一组阀最多可有 8 块中间板，可润滑 18 个点。其工作原理是由中间板中的柱塞从一定位置起依次动作供油，若某一点产生堵塞，则下一个出油口就不会动作，因而整个分流器停止供油。堵塞指示器可以指示堵塞位置，便于维修。如图 8-61 所示为递进式润滑系统。

2）单线阻尼式润滑系统

此系统适合于机床润滑点需油量相对较少，并需周期供油的场合。它是利用阻尼式分配器，把泵打出的油按一定比例分配到润滑点。一般用于循环系统，也可以用于开放系统，可通过控制时间，以控制润滑点的油量。该润滑系统非常灵活，多一个润滑点或少一个都可以，并可由用户安装，且当某一点发生阻塞时，不影响其他点的使用，故应用十分广泛。如图 8-62 所示为单线阻尼式润滑系统。

3）容积式润滑系统

该系统以定量阀为分配器向润滑点供油，在系统中配有压力继电器，使得系统油压达到预定值后发讯，使电动机延时停止，润滑油从定量分配器供给，系统通过换向阀卸荷，并保持

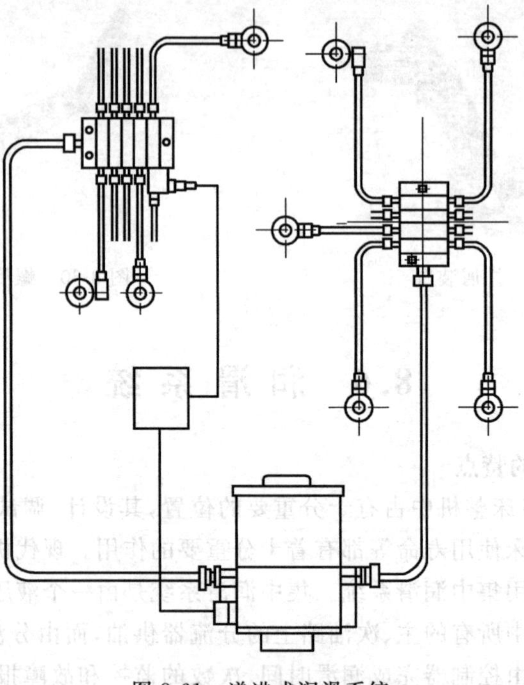

图 8-61　递进式润滑系统

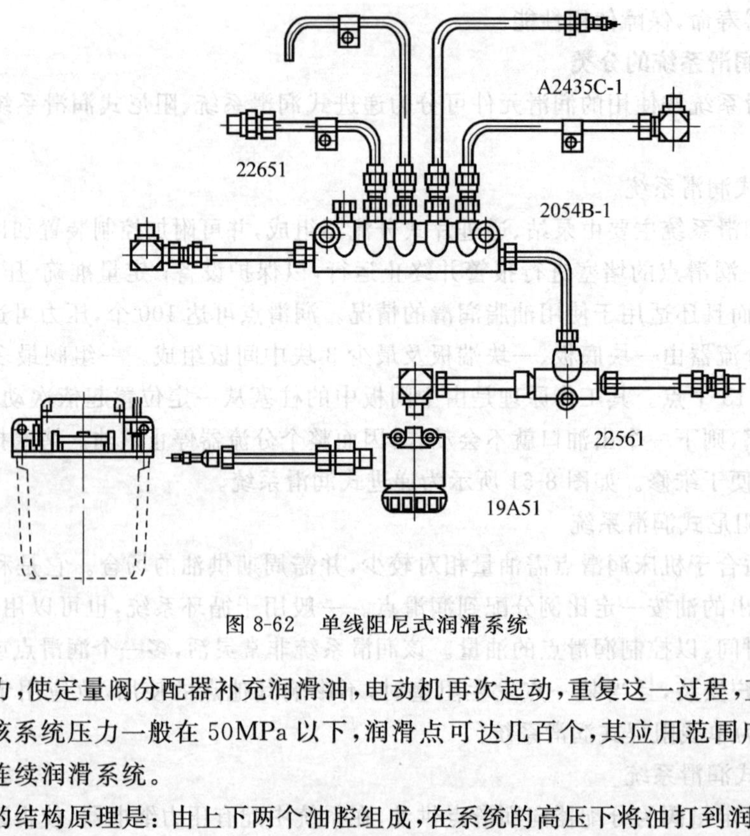

图 8-62　单线阻尼式润滑系统

一个最低压力，使定量阀分配器补充润滑油，电动机再次起动，重复这一过程，直至达到规定润滑时间。该系统压力一般在 50MPa 以下，润滑点可达几百个，其应用范围广、性能可靠，但不能作为连续润滑系统。

定量阀的结构原理是：由上下两个油腔组成，在系统的高压下将油打到润滑点，在低压时，靠自身弹簧复位和碗形密封将存于下腔的油压入位于上腔的排油腔，排量为 0.1～

1.6mL,并可按实际需要进行组合。如图 8-63 所示为容积式润滑系统。

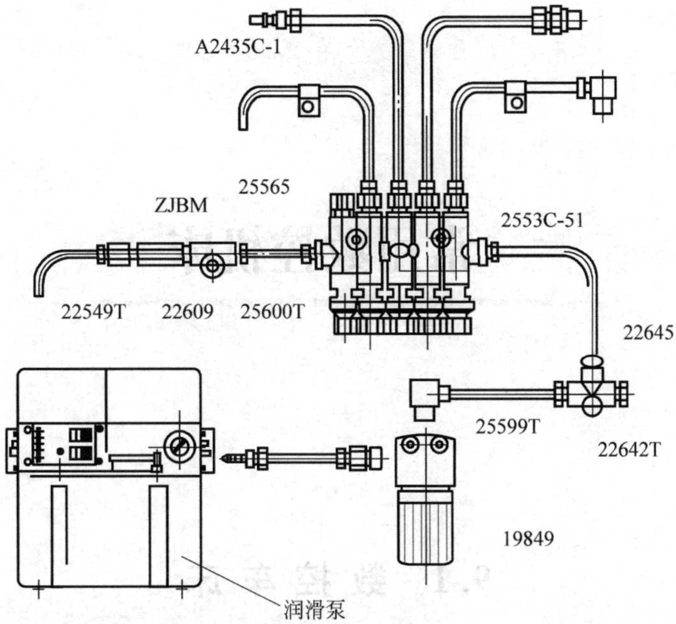

图 8-63 容积式润滑系统

思考与练习题

8-1 数控机床对自动换刀的基本要求是什么?

8-2 简述刀具的选刀方式、刀库的类型、机械手换刀的形式与种类。

8-3 在数控机床中,自动换刀装置应满足的基本要求是什么?

8-4 气液增压的原理是什么?其优点是什么?

8-5 常用数控机床的附件有哪些?

8-6 常用铣刀柄的类型有哪些?

8-7 简述三坐标测量机的原理、组成及分类。

8-8 怎样进行机外对刀?

8-9 根据什么原则选择排屑装置的种类?

8-10 简述数控机床润滑系统的分类与特点。

第9章

常用数控机床

9.1 数 控 车 床

数控车床的外形与普通车床相似，即由床身、主轴箱、刀架、进给系统、冷却和润滑系统等部分组成。数控车床的传动系统与普通车床有质的区别，传统普通车床有进给箱和交换齿轮架，而数控车床直接用伺服电动机通过滚珠丝杠驱动溜板和刀架实现进给运动，因而进给系统的结构大为简化。

数控车床的用途与普通卧式车床一样，它主要用来加工轴类零件的内外圆柱面、圆锥面、螺纹表面、成形回转体表面。对于盘类零件可以进行钻、扩、铰和镗孔加工。机床还可以完成车削端面、切槽、倒角等加工。但是由于数控机床是自动完成内外圆柱面、圆锥面、端面、螺纹等工序的切削加工，所以与普通车床相比，数控车床具有加工精度高、加工质量稳定、效率高、适应性强、操作劳动强度低等特点，数控车床尤其适合加工形状复杂的轴类或盘类零件，它是目前使用较为广泛的一种数控机床。

数控车床上所使用的刀具有车刀、钻头、铰刀、镗刀以及螺纹刀具等孔加工刀具。加工零件的尺寸精度可达 IT5～IT6，表面粗糙度 Ra 可达 1.6μm 以下。

数控车床具有加工灵活、通用性强、能适应产品的品种和规格频繁变化的特点，同时能够满足新产品的开发和多品种、小批量、生产自动化的要求，因此被广泛应用于机械制造业，例如汽车制造厂、发动机制造厂等。随着数控车床制造技术的不断发展，形成了产品繁多、规格不一的局面。对数控车床的分类可以采用不同的方法。

9.1.1 数控车床的分类

数控车床品种繁多，规格不一，可按如下方法进行分类。

1. 按车床主轴位置分类

1）卧式数控车床

卧式数控车床外形如图 9-1 所示，又分为数控水平导轨卧式车床和数控倾斜导轨卧式车床，其中倾斜导轨结构可以使车床具有更大的刚性，并易于排除切屑。

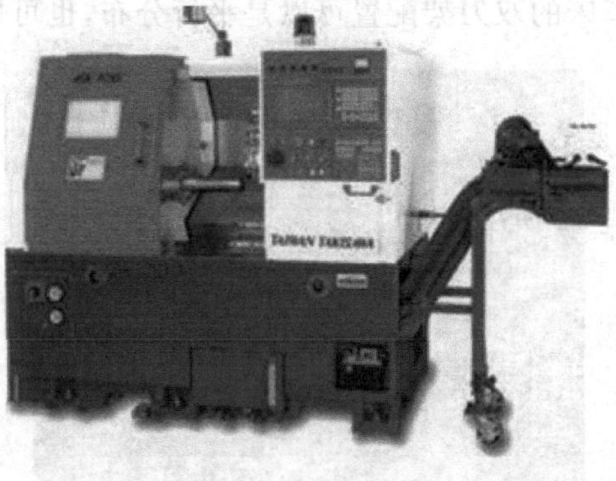

图 9-1 卧式数控车床

2）立式数控车床

立式数控车床简称为数控立车，如图 9-2 所示，其车床主轴垂直于水平面，有一个直径很大的圆形工作台，用来装夹工件。这类机床主要用于加工径向尺寸大、轴向尺寸相对较小的大型复杂零件。

图 9-2 立式数控车床

2. 按刀架数目分类

1）单刀架数控车床

数控车床一般都配置有各种形式的单刀架，如四工位卧式转位刀架或多工位转塔式自动转位刀架。单刀架数控车床外形如图 9-3 所示。

图 9-3 单刀架数控车床

2）双刀架数控车床

如图 9-4 所示，这类车床的双刀架配置可以是平行分布，也可以是相互垂直分布。

图 9-4　双刀架数控车床

3. 按功能分类

1）经济型数控车床

如图 9-5 所示，这类车床是采用步进电动机和单片机对普通车床的进给系统进行改造后形成的简易型数控车床，成本较低，但自动化程度和功能都比较差，车削加工精度也不高，适用于要求不高的回转类零件的车削加工。

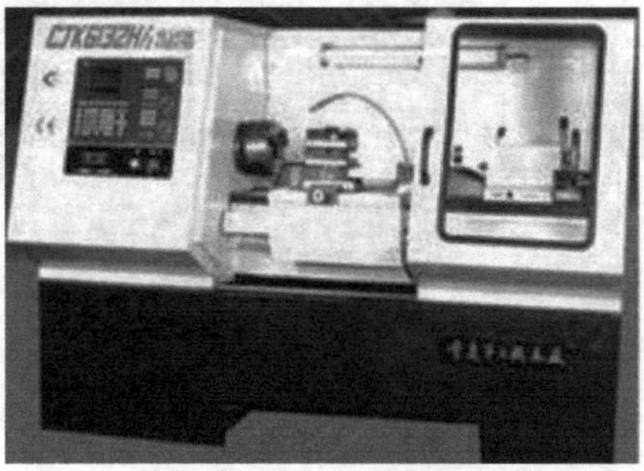

图 9-5　经济型数控车床

2）普通数控车床

如图 9-6 所示，这类车床是根据车削加工要求在结构上进行专门设计并配备通用数控系统而形成的数控车床，数控系统功能强，自动化程度和加工精度也比较高，适用于一般回转类零件的车削加工。这种数控车床可同时控制两个坐标轴，即 X 轴和 Z 轴。

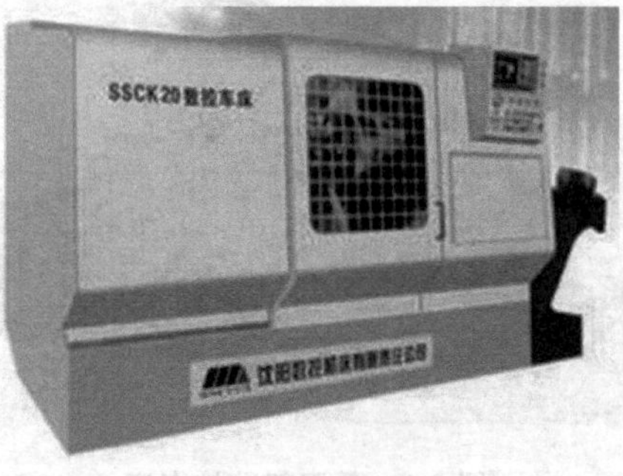

图 9-6　普通数控车床

3）车削加工中心

这类车床在普通数控车床的基础上，增加了 C 轴和动力头，更高级的数控车床带有刀库，可控制 X、Z 和 C 3 个坐标轴，联动控制轴可以是(X-Z)、(X-C)或(Z-C)。由于增加了 C 轴和铣削动力头，这种数控车床的加工功能大大增强，除可以进行一般车削外，还可以进行径向和轴向铣削、曲面铣削、中心线不在零件回转中心的孔和径向孔的钻削等加工。车削加工中心内部示意图如图 9-7 所示。

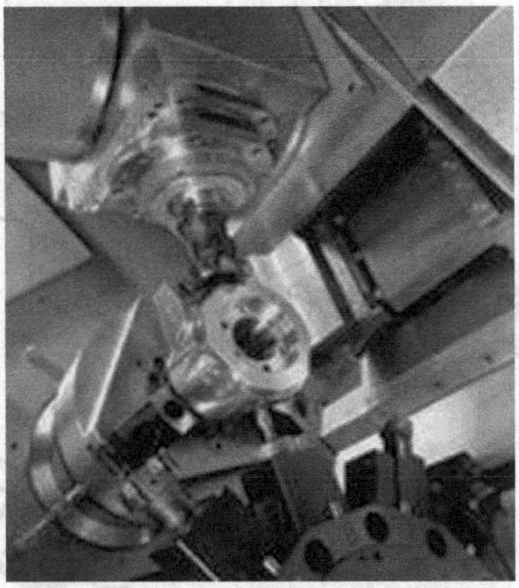

图 9-7　车削加工中心内部示意图

9.1.2　数控车床的结构特点

数控车床品种很多，结构各异，数控车床根据各自不同的机型和数控系统的配置，加工范围与加工能力有一定的差别。

1. 数控车床的组成

图 9-8 为典型数控车床的机械结构系统组成，包括主轴传动机构、进给传动机构、刀架、床身、辅助装置(刀具自动交换机构、润滑与切削液装置、排屑、过载限位)等部分。

与传统车床相比，数控车床的结构有以下特点：

(1) 由于数控车床刀架的两个方向运动分别由两台伺服电动机驱动，所以它的传动链短。不必使用挂轮、光杠等传动部件，用伺服电动机直接与丝杠连接带动刀架运动。伺服电动机丝杠间也可以用同步皮带副或齿轮副连接。

(2) 多功能数控车床采用直流或交流主轴控制单元来驱动主轴，按控制指令做无级变速，主轴之间不必用多级齿轮副来进行变速。为扩大变速范围，现在一般还要通过一级齿轮副，以实现分段无级调速，即使这样，床头箱内的结构已比传统车床简单得多。数控车床的另一个结构特点是刚度大，这是为了与控制系统的高精度控制相匹配，以便适应高精度的加工。

(3) 数控车床的第 3 个结构特点是轻拖动。刀架移动一般采用滚珠丝杠副。滚珠丝杠副是数控车床的关键机械部件之一，滚珠丝杠两端安装的滚动轴承是专用轴承，它的压力角比常用的向心推力球轴承要大得多。这种专用轴承配对安装，是选配的，最好在轴承出厂时就是成对的。

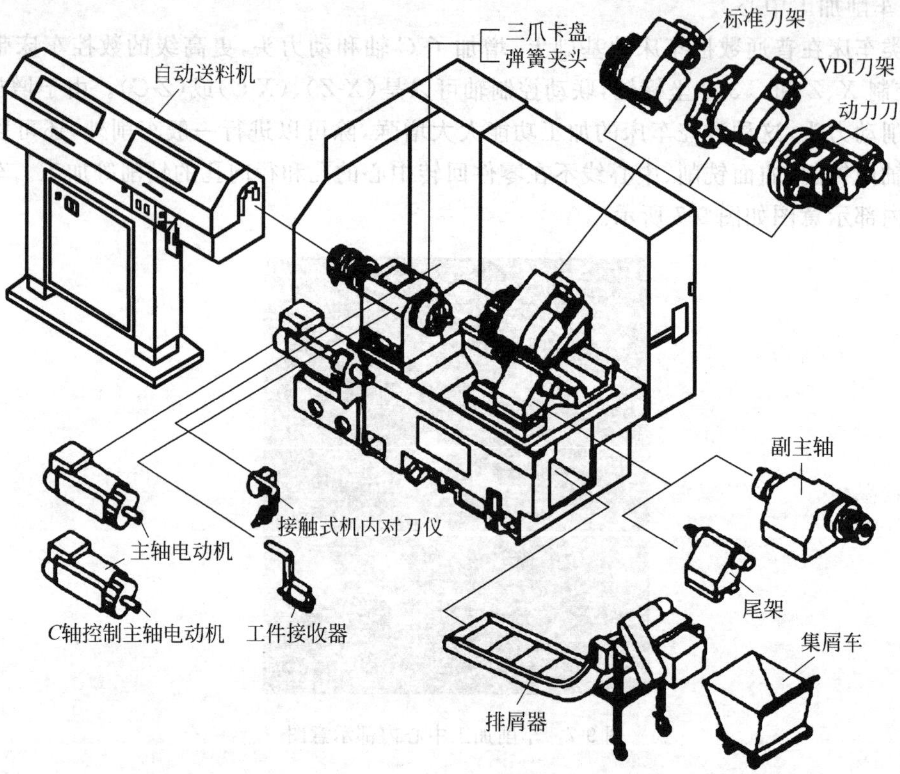

图 9-8 典型数控车床的机械结构系统

(4) 为了拖动轻便，数控车床的润滑都比较充分，大部分采用油雾自动润滑。

(5) 由于数控机床的价格较高、控制系统的寿命较长，所以数控车床的滑动导轨也要求耐磨性好。数控车床一般采用镶钢导轨，这样机床精度保持的时间就比较长，其使用寿命也可延长很多。

(6) 数控车床还具有加工冷却充分、防护较严密等特点，自动运转时一般都处于全封闭或半封闭状态。

(7) 数控车床一般还配有自动排屑装置。

数控车床与卧式车床相比较，其结构上仍然是由主轴箱、刀架、进给传动系统、床身、液压系统、冷却系统、润滑系统等部分组成，只是数控车床的进给系统与卧式车床的进给系统在结构上存在着本质上的差别。卧式车床主轴的运动经过挂轮架、进给箱、溜板箱再传到刀架实现纵向和横向进给运动。而数控车床是采用伺服电动机经滚珠丝杠传到滑板和刀架，实现 Z 轴向(纵向)和 X 轴向(横向)进给运动。可见数控车床进给传动系统的结构较普通车床大为简化。

2. 数控车床配置与加工能力

数控车床的结构配置不同，其加工能力也不相同。

表 9-1 给出了机型配置与加工能力范围。刀架是数控车床非常重要的部件，数控车床根据其功能，刀架上可以安装的刀具数量一般为 4 把、8 把、10 把、12 把或 16 把，有些数控车床还可以安装更多的刀具。当数控车床刀架上安装铣削动力头后，可以大大扩展数控车

床的能力，例如利用铣削动力头可以进行轴向钻孔和铣削轴向槽。

表 9-1 数控车床机型配置与加工能力范围

机 型 配 置	加 工 能 力
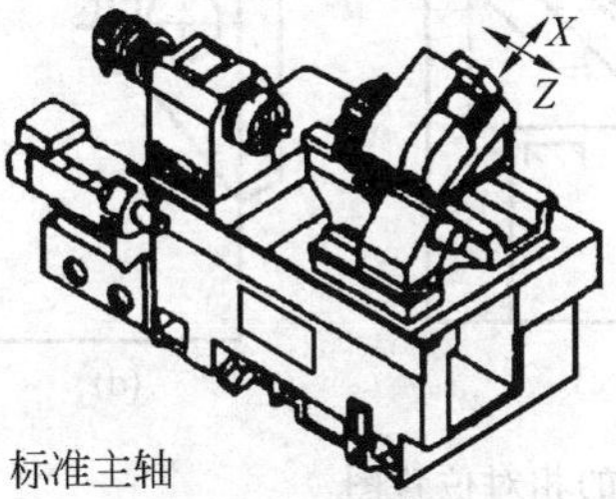 标准主轴	
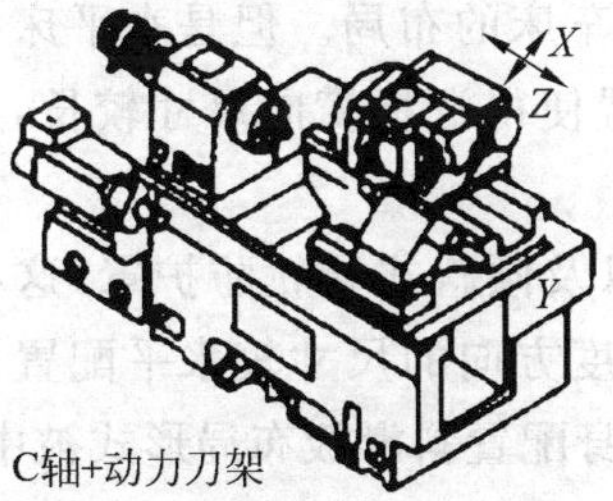 C轴+动力刀架	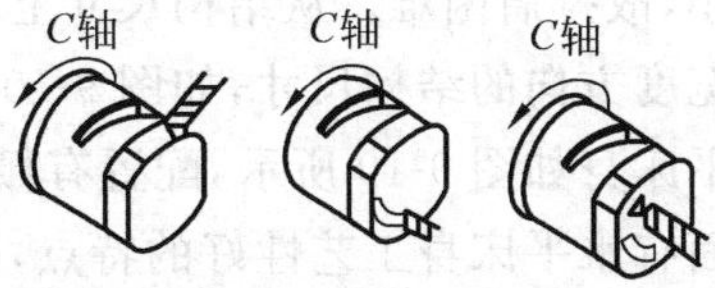
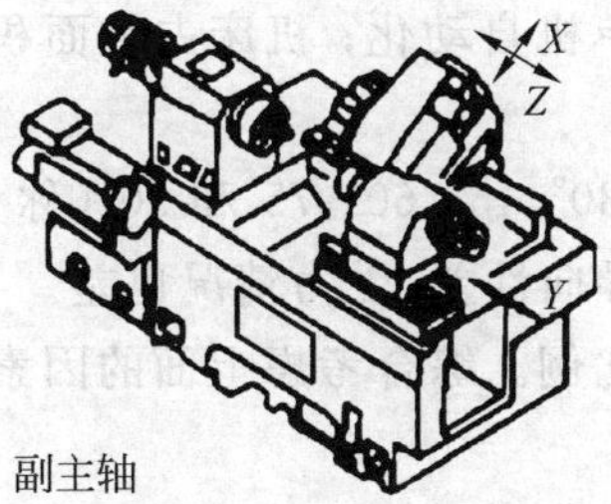 副主轴	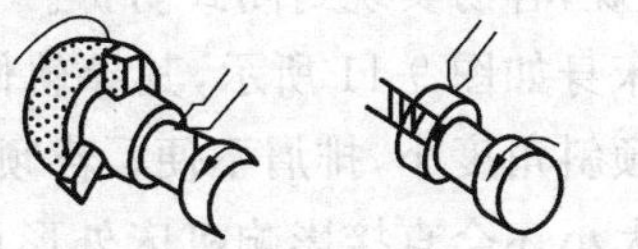

3. 数控车床机械结构特点

数控车床本体结构特点包括下面几个方面：

(1) 采用高性能的主轴部件，具有传递功率大、刚度高、抗振性好及热变形小等优点。

(2) 进给伺服传动采用高性能传动件，具有传动链短、结构简单、传动精度高等特点，并采用滚珠丝杠副、直线滚动导轨副等。

(3) 高档数控车床有较完善的刀具自动交换和管理系统。工件在车床上一次安装后能自动地完成或接近完成工件各面的加工工序。

9.1.3 数控车床的布局

典型数控车床的机械结构的系统组成包括主轴传动机构、进给传动机构、刀架、床身、辅助装置(刀具自动交换机构、润滑与切削液装置、排屑、过载限位)等部分。

数控车床床身导轨与水平面的相对位置如图 9-9 所示，它有 4 种布局形式：图 9-9(a)为平床身，图 9-9(b)为斜床身，图 9-9(c)为平床身斜滑板，图 9-9(d)为立床身。

水平床身的工艺性好，便于导轨面的加工。水平床身配上水平放置的刀架可提高刀架

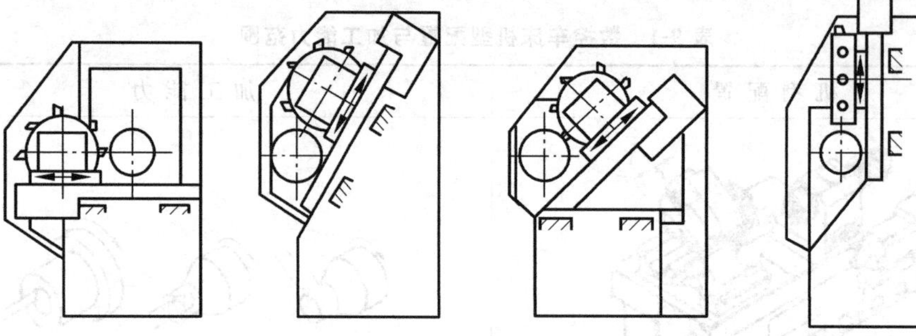

图 9-9 数控车床床身导轨与水平面的相对位置图

的运动精度，一般可用于大型数控车床或小型精密数控车床的布局。但是水平床身由于下部空间小，故排屑困难。从结构尺寸上看，刀架水平放置使得滑板横向尺寸较长，从而加大了机床宽度方向的结构尺寸，如图 9-10 所示。

水平床身如图 9-10 所示，配置有倾斜放置的滑板以及倾斜式导轨防护罩，这种布局形式一方面有水平床身工艺性好的特点，另一方面机床宽度方向的尺寸较水平配置滑板的要小，且排屑方便。水平床身配上倾斜放置的滑板和斜床身配置斜滑板布局形式被中、小型数控车床所普遍采用。此两种布局形式的特点是排屑容易，热铁屑不会堆积在导轨上，也便于安装自动排屑器；操纵方便，易于安装机械手，以实现单机自动化；机床占地面积小，外形简单、美观，容易实现封闭式防护。

斜床身如图 9-11 所示，其导轨倾斜的角度分别为 30°、45°、60°、75°和 90°（称为立式床身），若倾斜角度小，排屑不便；若倾斜角度大，导轨的导向性差，受力情况也差。导轨倾斜角度的大小还会直接影响机床外形尺寸高度与宽度的比例。综合考虑上面的因素，中小规格的数控车床其床身的倾斜度以 60°为宜。

图 9-10 数控车床水平床身

图 9-11 数控车床倾斜床身

9.1.4 数控车床的传动系统和机械结构

在数控车床上有 3 种运动传动系统。这就是主运动传动系统、进给运动传动系统和辅助运动传动系统。每种传动系统的组成和特点各不相同，它们一起组成数控车床的传动系统。

下面以 MU-50 数控车床的主传动系统为例来说明机床主传动系统的传动原理。

MU-50型全功能数控车床配有日本FANUC、德国SIEMENS等多种数控系统。它由主机(包括床身、主轴箱、刀架、尾座、进给机构等)、数控装置(其主体是一台计算机,包括CPU存储器、CRT等)、伺服驱动系统(它由伺服驱动电路和驱动装置组成)、辅助装置(包括液压气动装置及冷却系统、润滑系统和排屑装置等)等几部分组成。

MU-50型数控车床为两坐标连续控制的卧式车床。如图9-12所示,床身14为平床身,床身导轨面上支承着30°倾斜布置的床鞍13,排屑方便。导轨的横截面为矩形,支承刚性好,且导轨上配置有导轨防护罩8。床身的左上方安装有主轴箱4,主轴由交流伺服电动机驱动,免去变速传动装置,因此使主轴箱的结构变得十分简单。为了快速而省力地装夹工件,主轴卡盘3夹紧与松开是由主轴尾端的液压缸来控制的。床身右方安装有尾座12。滑板的倾斜导轨上安装有回转刀架11,其刀盘上有10个工位,最多安装10把刀具。滑板上分别安装有X轴和Z轴的进给传动装置。

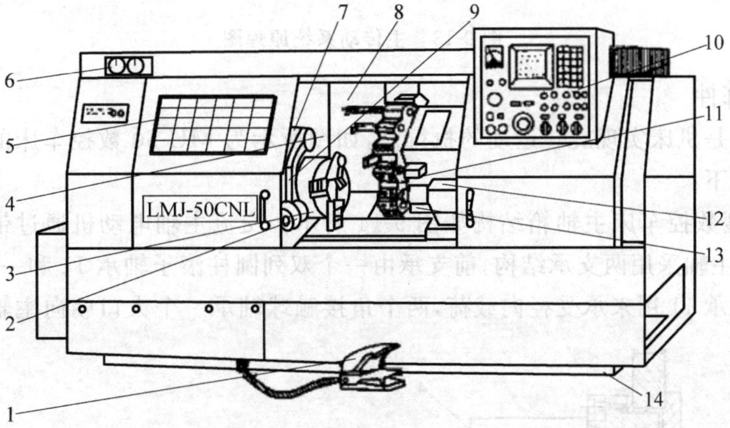

图9-12 MU-50数控车床的外观图

1—主轴卡盘松、夹开关;2—对刀仪;3—主轴卡盘;4—主轴箱;5—机床防护门;6—压力表;7—对刀仪防护罩;8—导轨防护罩;9—对刀仪转臂;10—操作面板;11—回转刀架;12—尾座;13—床鞍;14—床身

根据用户的要求,主轴箱前端面上可以安装对刀仪2,用于机床的机内对刀。检测刀具时,对刀仪转臂9摆出,其上端的接触式传感器测头对所用刀具进行检测。检测完成后,对刀仪转留摆回原位,且测头被锁在对刀仪防护罩7中。10是操作面板。5是机床防护门。液压系统的压力由压力表6显示。1是主轴卡盘夹紧或松开的脚踏开关。

1. 主传动系统

1) 主运动传动系统

数控车床主运动要求速度在一定范围内可调,有足够的驱动功率,主轴回转轴心线的位置准确稳定,并有足够的刚性和抗振性,如图9-13所示。

主传动链:由功率为11~15kW的交流伺服电动机驱动。经一级变速比为1∶1的皮带传动,直接带动主轴旋转。

主轴能在35~3500r/min的转速范围内实现无级调速。由于主轴的调速范围不是很大,所以在主轴内省去了齿轮传动变速机构,因此减少了齿轮传动对主轴精度的影响,并且维修方便。

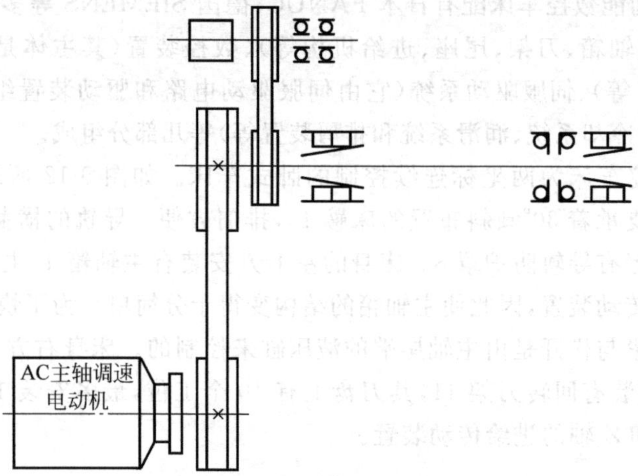

图 9-13 主传动系统原理图

2）主轴部件

主轴部件是机床实现旋转运动的执行件，如图所示为 MU-50 数控车床的主轴箱结构，其工作原理如下：

MU-50 型数控车床主轴箱结构如图 9-14 所示。交流主轴电动机通过带轮 15 把运动传给主轴 7。主轴采用两支承结构，前支承由一个双列圆柱滚子轴承 11 和一对角接触球轴承 10 组成，轴承 11 用来承受径向载荷，两个角接触球轴承一个大口朝向主轴前端，另一个

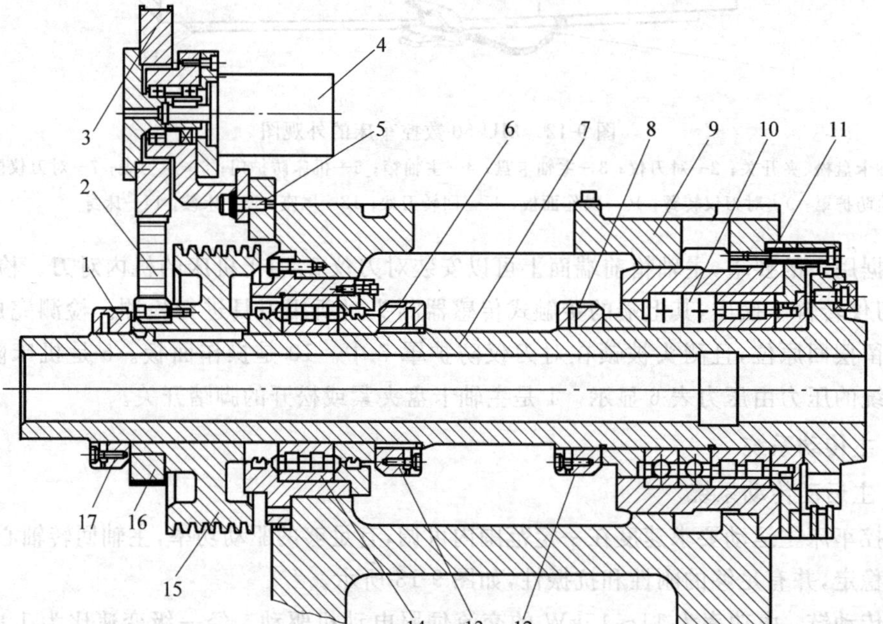

图 9-14 MU-50 数控车床主轴箱结构简图

1,6,8—螺母；2—同步带；3,16—同步带轮；4—脉冲编码器；5,12,13,17—螺钉；7—主轴；9—主轴箱体；10—角接触球轴承；11,14—双列圆柱滚子轴承；15—带轮

大口朝向主轴后端，用来承受双向的轴向载荷和径向载荷。前支承轴承的间隙用螺母 8 来调整。螺钉 12 用来防止螺母 8 回松。主轴的后支承为双列圆柱滚子轴承 14，轴承间隙由螺母 1 和 6 来调整。螺钉 17 和 13 是防止螺母 1 和 6 回松的。主轴的支承形式为前端定位，主轴受热膨胀向后伸长。前后支承所用的双列圆柱滚子轴承的支承刚性好，允许的极限转速高。前支承中的角接触球轴承能承受较大的轴向载荷，允许的极限转速高。主轴所采用的支承结构适宜高速大载荷切削的需要。主轴的运动经过同步带轮 3 和 16 以及同步带 2 带动脉冲编码器 4，使其与主轴同速运转。脉冲编码器用螺钉 5 固定在主轴箱体 9 上。

2. 进给传动系统及传动装置

1）*X* 轴进给传动装置结构

图 9-15 是 MU-50 型数控车床 *X* 轴进给传动装置的结构简图。如图 9-16(a)所示，从伺服电动机 15 经同步带轮 10 和 14 以及同步带 12 带动滚珠丝杠 6 回转，其上螺母 7 带动刀架 21 沿滑板 1 的导轨移动，实现 *X* 轴的进给运动如图 9-16(b)所示。电动机轴与同步带轮 14 用键 13 连接。滚珠丝杠有前后两个支承。前支承 3 由 3 个角接触球轴承组成，其中一个轴承大口向前，其余两个轴承大口向后，分别承受双向的轴向载荷。前支承的轴承由螺母 2 进行预紧。后支承为一对角接触球轴承 9，主要用于承受径向载荷，同时也承受一定的轴向载荷。这种丝杠两端固定的支承形式，其结构工艺都较复杂，但可以保证和提高丝杠的轴向刚度。脉冲编码器 16 安装在伺服电动机的尾部。缓冲块 5 和 8 是在出现意外碰撞时起保护作用的。

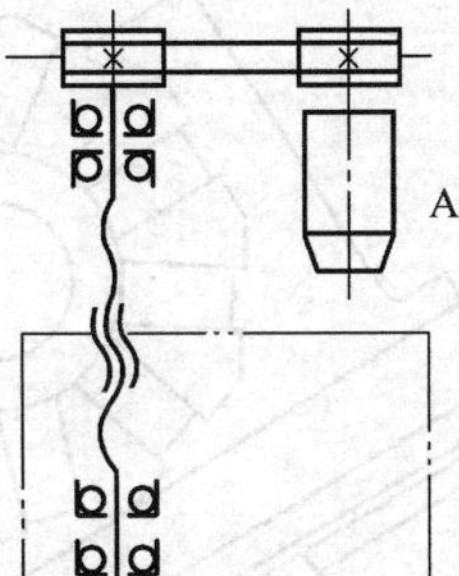

图 9-15 *X* 轴进给传动原理图

A—*A* 剖面图表示滚珠丝杠前支承的轴承座 4 用螺钉 20 固定在滑板上。滑板导轨如 *B*—*B*剖面图所示，为矩形导轨，镶条 17、18、19 用来调整刀架与滑板导轨的间隙。

如图 9-16(b)所示 22 为导轨护板，26、27 为机床参考点的限位开关和撞块。镶条 23、24、25 用于调整滑板与床身导轨的间隙。

因为滑板顶面导轨与水平面倾斜 30°，用于回转刀架的自身重力使其下滑，滚珠丝杠和螺母不能以自锁来阻止其下滑，故机床依靠 AC 伺服电动机的电磁制动来实现自锁。

2）*Z* 轴进给传动装置结构

Z 轴进给传动原理如图 9-17 所示。

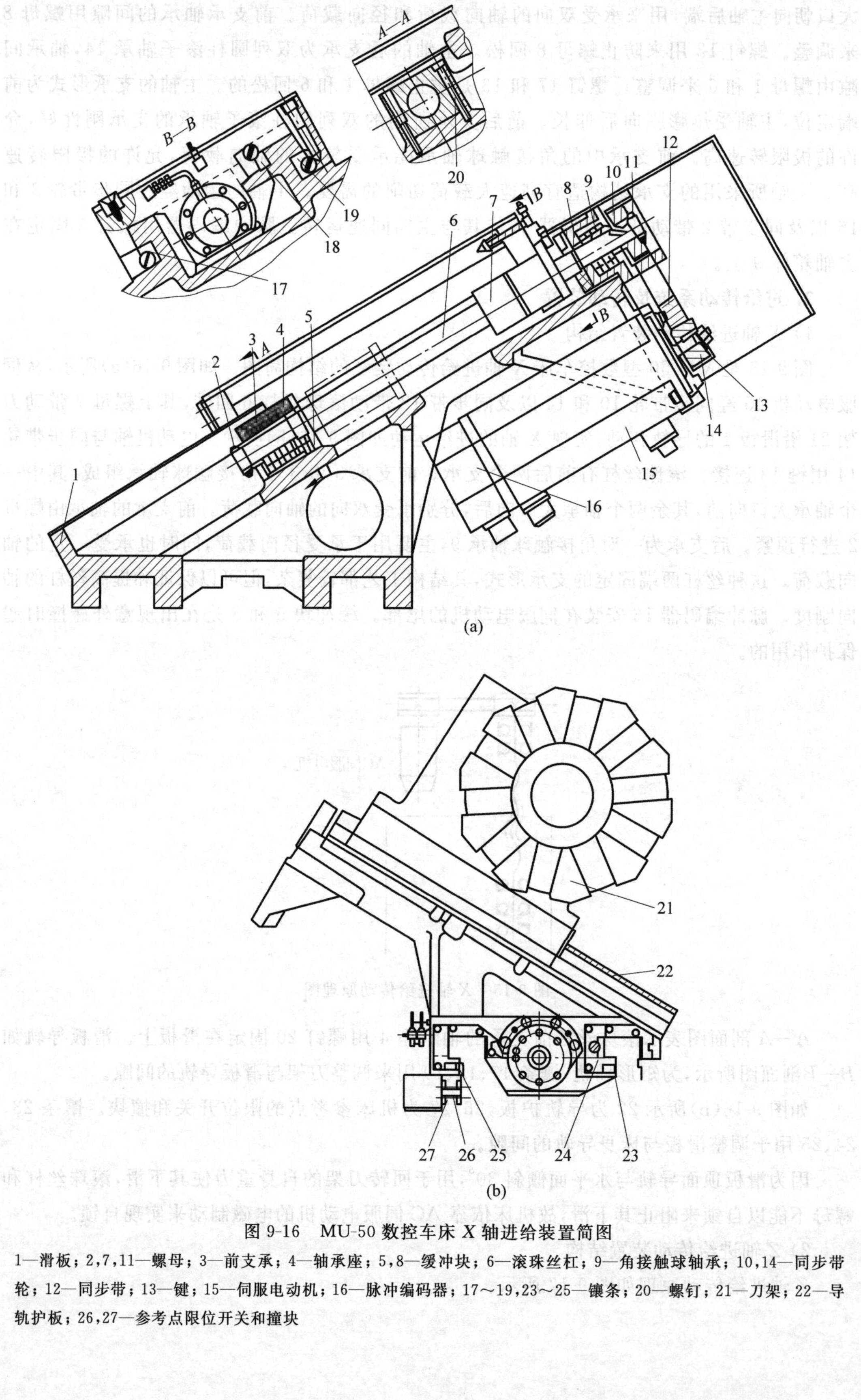

图 9-16　MU-50 数控车床 X 轴进给装置简图

1—滑板；2,7,11—螺母；3—前支承；4—轴承座；5,8—缓冲块；6—滚珠丝杠；9—角接触球轴承；10,14—同步带轮；12—同步带；13—键；15—伺服电动机；16—脉冲编码器；17～19,23～25—镶条；20—螺钉；21—刀架；22—导轨护板；26,27—参考点限位开关和撞块

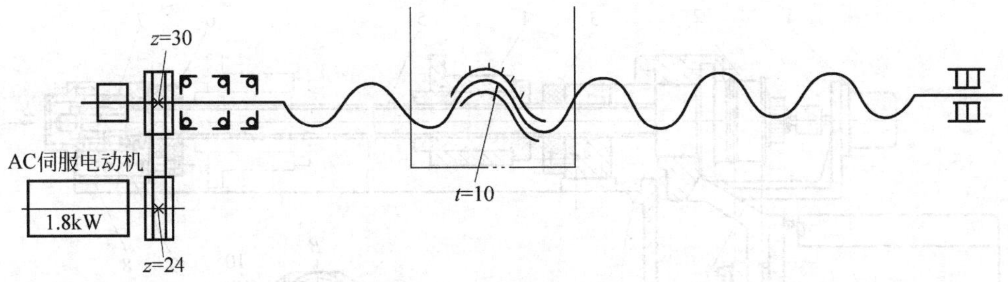

图 9-17 Z 轴进给传动原理图

MU-50 型数控车床 Z 轴进给传动装置简图如图 9-18 所示。AC 伺服电动机 14 经同步带轮 2 和 12 以及同步带 11 传动到滚珠丝杠 5，由螺母 4 带动滑板连同刀架沿床身 13 的矩形导轨移动，实现 Z 轴的进给运动，如图 9-18(b)所示。电动机轴与同步带轮 12 之间用锥环无键连接，如脉冲编码器 1 的放大视图所示，19、20 是锥面相互配合的内、外锥环，当拧紧螺钉 17 时，法兰 18 的端面压迫外锥环 20，使其向外膨胀，内锥环 19 受力后向电动机轴收缩、从而使电动机轴与同步带轮连接在一起。这种连接方式无需在被连接件上开键槽，而且两锥环的内外因锥面压紧后，使连接配合面无间隙，对中性较好。选用锥环对数的多少，取决于所传递转矩的大小。滚珠丝杠的左支承由 3 个角接触球轴承 15 组成。其中右边两个轴承与左边一个轴承的大口相对布置由螺母 16 进行预紧。如图 9-18(a)所示，滚珠丝杠的右支承为一个圆柱滚子轴承 7，只用于承受径向载荷，轴承间隙用螺母 8 来调整。滚珠丝杠的支承形式为左端固定，右端浮动，留有丝杠受热膨胀后轴向伸长的余地。3 和 6 为缓冲挡块，起超程保护用。B 向视图中的螺钉 10 将滚珠丝杠的右支承轴承座 9 固定在床身 13 上。如图 9-18(b)所示，Z 轴进给装置的脉冲编码器 1 与滚珠丝杠 5 相连接，直接检测丝杠的回转角度，从而提高系统对 Z 轴向进给的精度控制。

3. 液压卡盘结构

图 9-19(a)所示，MU-50 型数控车床液压卡盘固定安装在主轴前端，回转液压缸 1 与接套 5 用螺钉 7 连接，接套通过螺钉与主轴后端面连接，使回转液压缸随主轴一起转动。卡盘的夹紧与松开，由回转液压缸通过一根空心拉杆 2 来驱动。拉杆后端与液压缸内的活塞 6 用螺纹连接，连接套 3 两端的螺纹分别与拉杆 2 和滑套 4 连接。图 9-19(b)为卡盘内楔形机构示意图，当液压缸内的压力油推动活塞和拉杆向卡盘方向移动时，滑套 4 向右移动，由于滑套上楔形机构的作用，使得卡爪座 11 带着卡爪 12 沿径向向外移动，则卡盘松开。反之液压缸内的压力油推动活塞和拉杆向主轴后端移动时，通过楔形机构使卡盘夹紧工件。卡盘体 9 用螺钉 10 固定安装在主轴前端。8 为回转液压缸的箱体。

4. 自动回转刀架

图 9-20 为 MU-50 型数控车床的自动回转刀架结构简图，其转位换刀的过程为：当接收到数控系统的换刀指令后，刀盘松开，刀盘旋转到指令要求的刀位，刀盘夹紧并发出转位结束信号。

该回转刀架的夹紧与松开、刀盘的转位均由液压系统驱动、PLC 程序控制来实现。11 是安装刀具的刀盘，它与轴 6 固定连接。当刀架主轴 6 带动刀盘旋转时，其上的鼠牙盘 13 和固定在刀架上的鼠牙盘 10 脱开，旋转到指定刀位后，刀盘的定位由鼠牙盘的啮合来完成。

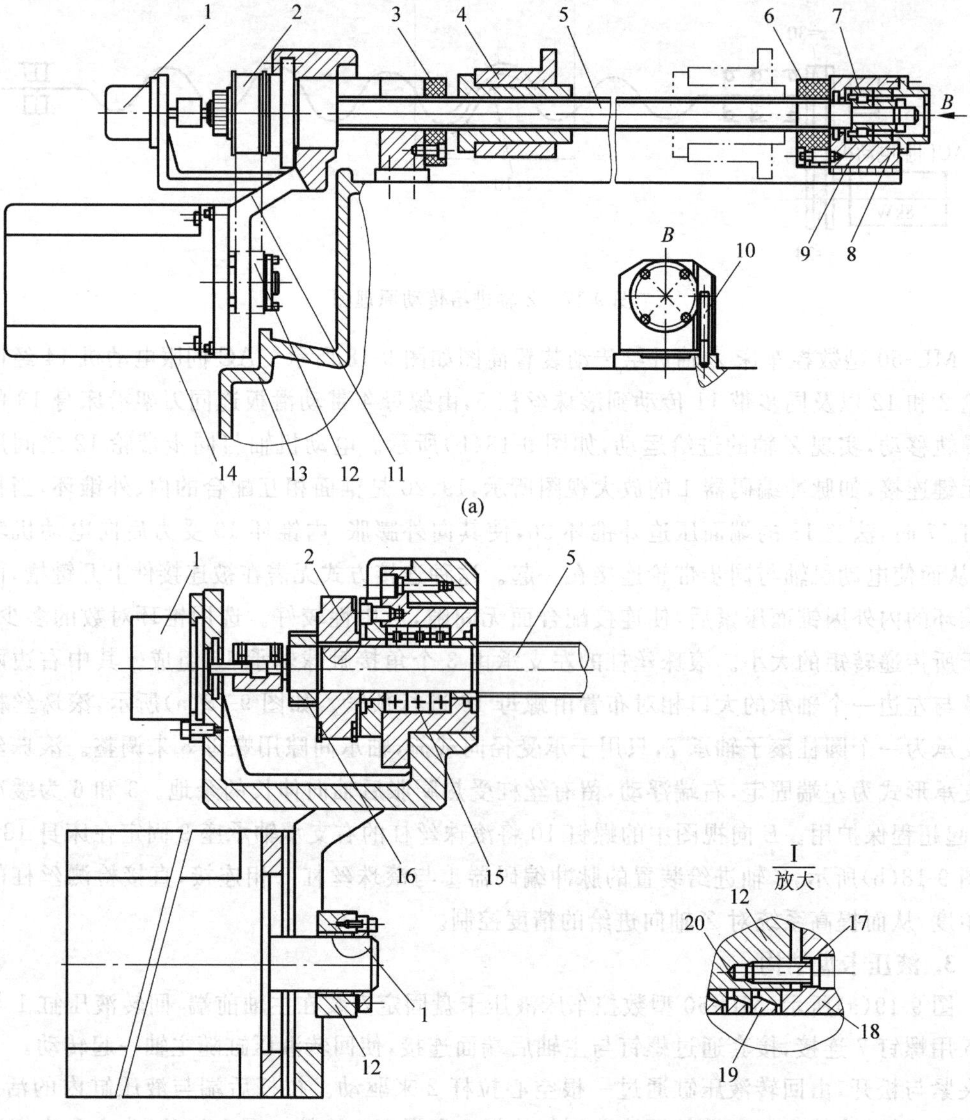

图 9-18　MU-50 数控车床 Z 轴进给传动装置结构简图

1—脉冲编码器；2,12—同步带轮；3,6—缓冲挡块；4,8,16—螺母；5—滚珠丝杠；7—圆柱滚子轴承；9—轴承座；10,17—螺钉；11—同步带；13—床身；14—AC 伺服电动机；15—角接触球轴承；18—法兰；19—内锥环；20—外锥环

活塞 9 支承在一对推力球轴承 7 和 12 及双列滚针轴承 8 上，它可带动刀架主轴移动。当接到换刀指令时，活塞 9 及轴 6 在压力油推动下向左移动，使鼠牙盘 10 与 13 脱开，液压电动机 2 起动并带动平板共轭分度凸轮 1 转动，经齿轮 4 和 5 带动刀架主轴及刀盘旋转。刀盘旋转的准确位置，通过开关 PRS_1、PRS_2、PRS_3、PRS_4 的通断组合来检测确认。当刀盘旋转到指定的刀位后，开关 PRS_7 通电，并向数控系统发出信号，指令液压马达停转，这时压力油推动活塞 9 向右移动，使鼠牙盘 10 和 13 啮合，刀盘被定位夹紧。开关 PRS_6 确认夹紧并向数控系统发出信号，于是刀架的转位换刀循环完成。

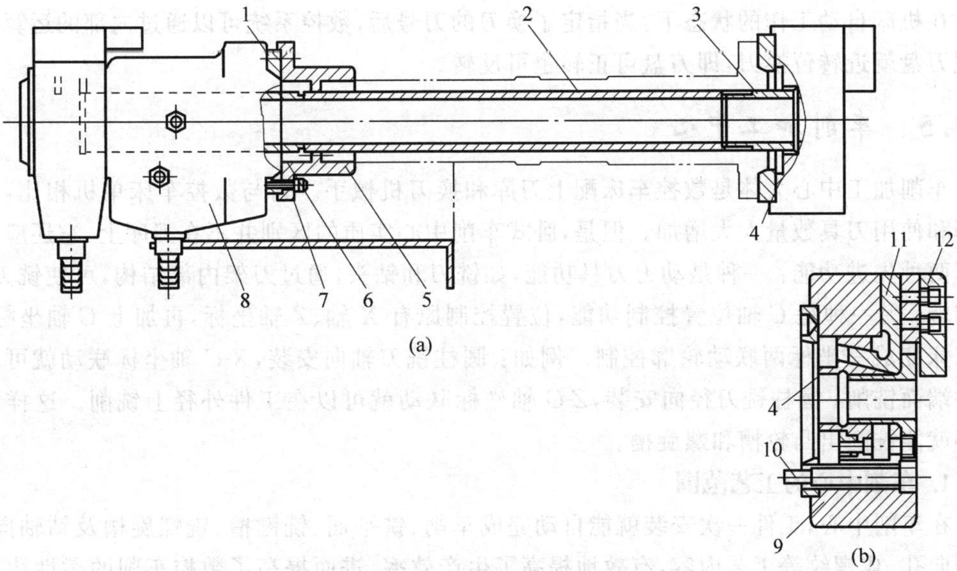

图 9-19 MU-50 液压卡盘结构简图

1—回转液压缸；2—拉杆；3—连接套；4—滑套；5—接套；6—活塞；7,10—螺钉；8—回转液压缸箱体；9—卡盘体；11—卡爪座；12—卡爪

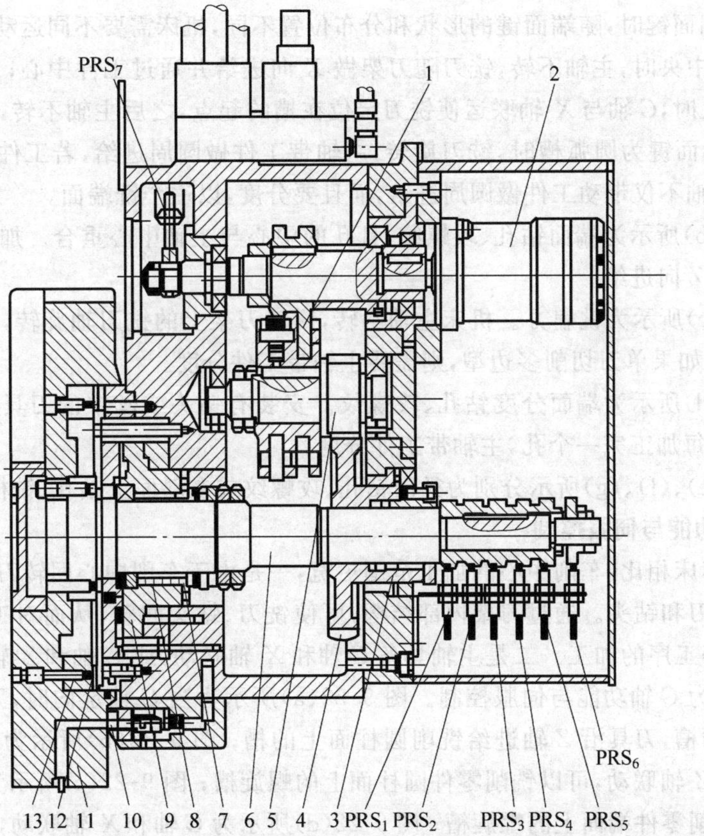

图 9-20 MU-50 数控车床的自动回转刀架结构简图

1—分度凸轮；2—液压电动机；3—锥环；4,5—齿轮；6—轴；7,12—推力球轴承；8—滚针轴承；9—活塞；10,13—鼠牙盘；11—刀盘

在机床自动工作的状态下，当指定了换刀的刀号后，数控系统可以通过内部的运算判断实现刀盘就近转位换刀，即刀盘可正转也可反转。

9.1.5 车削加工中心

车削加工中心大体是数控车床配上刀库和换刀机械手。它与数控车床单机相比，自动选择和使用刀具数量大大增加。但是，卧式车削中心实质的区别并不在刀库上，它还应具备如下两种先进功能：一种是动力刀具功能，如铣刀和钻头，通过刀架内部结构，可使铣刀、钻头回转；另一种是 C 轴位置控制功能，位置控制原有 X 轴、Z 轴坐标，再加上 C 轴坐标，就使车床变成三坐标两联动轮廓控制。例如：圆柱铣刀轴向安装，X-C 轴坐标联动就可以在工件端面铣削；圆柱铣刀径向安装，Z-C 轴坐标联动就可以在工件外径上铣削。这样车削中心就能铣削出凸轮槽和螺旋槽。

1. 车削中心的工艺范围

在车削中心，工件一次安装就能自动完成车削、铣平面、铣键槽、铣螺旋槽及钻轴向孔、钻径向孔、攻螺纹等工艺内容，有效地提高了生产效率，进而提高了数控车削的柔性化和自动化水平。如图 9-21 所示，车削中心除了对工件进行车削工序的加工外，还可以进行铣削、轴向或径向钻削和攻螺纹等加工。

图 9-21(a)所示为铣端面键。加工中心主轴不转，安装在回转刀架上的铣刀轴带动铣刀旋转。铣削端面键时，随端面键的形状和分布位置不同，机床需要不同运动。当端面键为直槽，位于端面中央时，主轴不转，铣刀随刀架做 X 向进给并通过工件中心；当端面键为直槽不在端面中央时，C 轴与 X 轴联运使铣刀定位在槽的起点，之后主轴不转，铣刀随刀架做 X 向进给；当端面键为圆弧槽时，铣刀旋转，主轴带工件做圆周进给，若工件端面圆周上分布多个槽，则主轴不仅带动工件做圆周进给，而且要分度，以逐个铣端面。

图 9-21(b)所示为端面钻孔、攻螺纹，且孔的中心与主轴中心重合。加工时主轴或刀具旋转，刀架做 Z 向进给。

图 9-21(c)所示为铣扁方。机床主轴不转，回转刀架上的铣刀轴旋转，同时做 Z 向进给或 X 向进给，如果单刀切削多边型，则需要主轴带工件分度。

图 9-21(d)所示为端面分度钻孔、攻螺纹。安装有钻头或丝锥的刀具轴旋转并随刀架做 Z 向进给，每加工完一个孔，主轴带工件分度。

图 9-21(e)、(f)、(g)所示分别为径向钻孔、攻螺纹或在斜面上钻孔、铣槽、攻螺纹等。

2. C 轴功能与伺服控制

与数控车床相比，车削中心的加工范围更宽，一是由于车削中心回转刀架上安装有自驱动刀具，如铣刀和钻头。通过刀架内部结构，可使铣刀、钻头回转，从而对工件进行铣削、钻削和攻螺纹等工序的加工。二是主轴具备 C 轴和 X 轴联动，或 C 轴和 Z 轴联动控制功能。图 9-22 所示为 C 轴功能与伺服控制。图 9-22(a)所示为当 C 轴定向时，刀具沿 X 轴进给铣削端面上的槽，刀具沿 Z 轴进给铣削圆柱面上的槽；图 9-22(b)所示为当主轴做圆周运动时，C 轴和 Z 轴联动，可以铣削零件圆柱面上的螺旋槽；图 9-22(c)所示为当 C 轴和 X 轴联动，可以铣削零件端面上的螺旋槽；图 9-22(d)所示为 C 轴和 X 轴联动，可以在圆柱面上铣削平面。

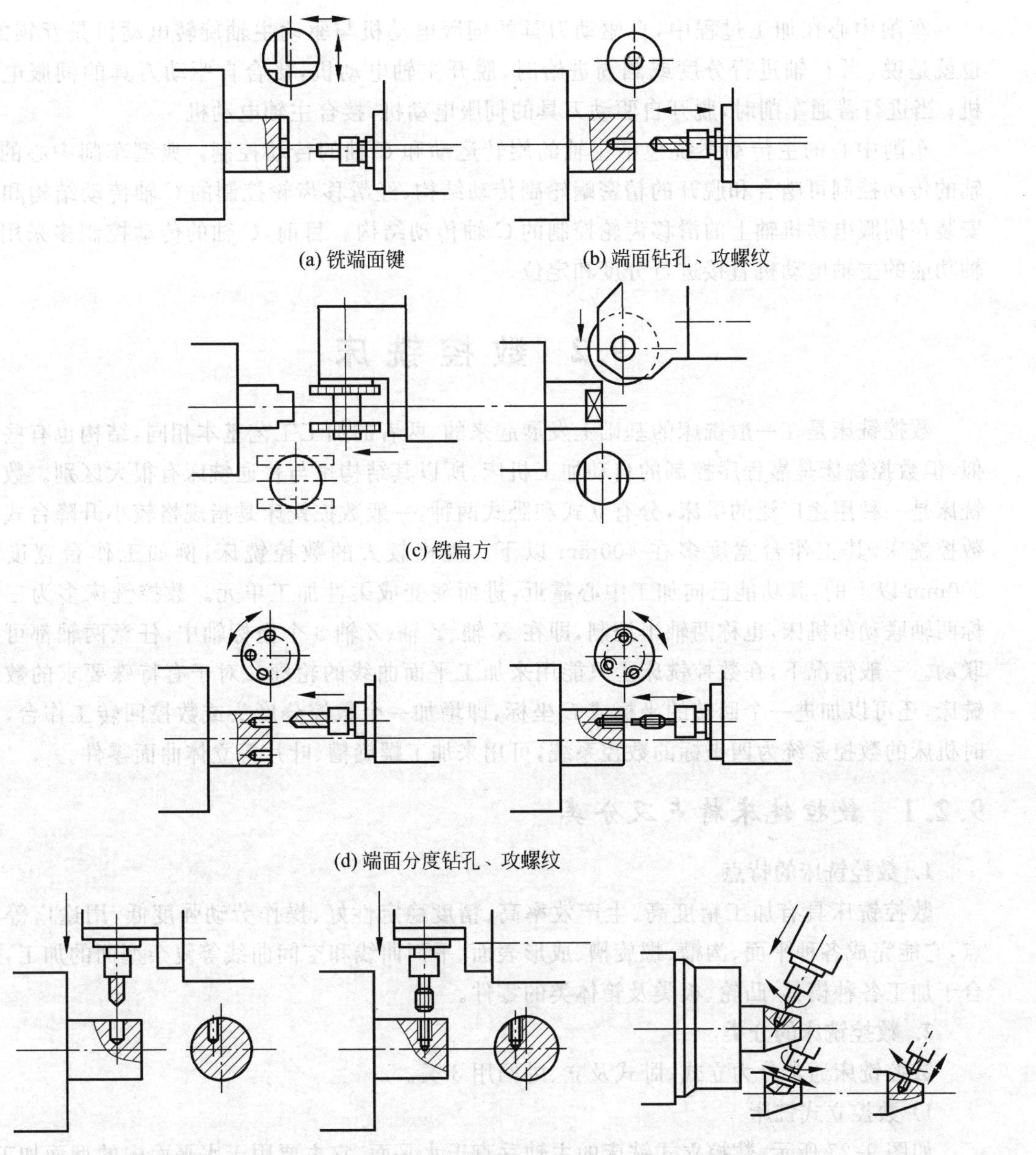

(a) 铣端面键　(b) 端面钻孔、攻螺纹

(c) 铣扁方

(d) 端面分度钻孔、攻螺纹

(e) 径向钻孔　(f) 攻螺纹　(g) 在斜面上钻孔、铣槽、攻螺纹

图 9-21　车削中心的工艺范围

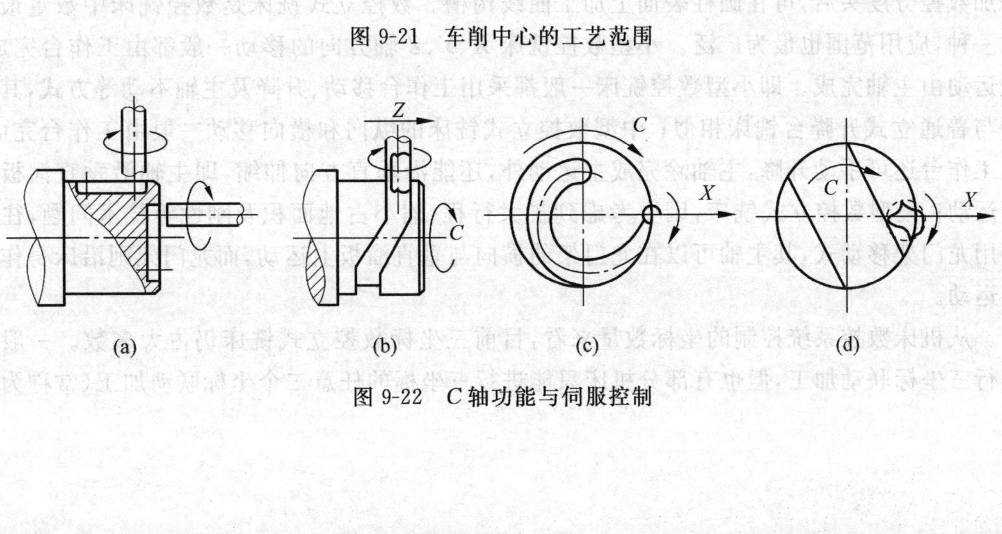

(a)　(b)　(c)　(d)

图 9-22　C 轴功能与伺服控制

车削中心在加工过程中，自驱动刀具的伺服电动机与驱动主轴旋转电动机是互锁的。也就是说，当 C 轴进行分度或圆周进给时，脱开主轴电动机，接合自驱动刀具的伺服电动机；当进行普通车削时，脱开自驱动刀具的伺服电动机，接合主轴电动机。

车削中心的主传动系统包括主轴的旋转运动和 C 轴的传动控制。典型车削中心的 C 轴的传动控制可啮合和脱开的精密蜗轮副传动结构、经滑移齿轮控制的 C 轴传动结构和由安装在伺服电动机轴上的滑移齿轮控制的 C 轴传动结构。目前，C 轴的传动控制多采用 C 轴功能的主轴电动机直接进行分度和定位。

9.2 数控铣床

数控铣床是在一般铣床的基础上发展起来的，两者的加工工艺基本相同，结构也有些相似，但数控铣床是靠程序控制的自动加工机床，所以其结构也与普通铣床有很大区别。数控铣床是一种用途广泛的机床，分有立式和卧式两种，一般数控铣床是指规格较小升降台式的数控铣床，其工作台宽度多在 400mm 以下。规格较大的数控铣床，例如工作台宽度在 500mm 以上的，其功能已向加工中心靠近，进而演变成柔性加工单元。数控铣床多为三坐标两轴联动的机床，也称两轴半控制，即在 X 轴、Y 轴、Z 轴 3 个坐标轴中，任意两轴都可以联动。一般情况下，在数控铣床上只能用来加工平面曲线的轮廓。对于有特殊要求的数控铣床，还可以加进一个回转的坐标或 C 坐标，即增加一个数控分度头或数控回转工作台，这时机床的数控系统为四坐标的数控系统，可用来加工螺旋槽、叶片等立体曲面零件。

9.2.1 数控铣床特点及分类

1. 数控铣床的特点

数控铣床具有加工精度高、生产效率高、精度稳定性好、操作劳动强度低、用途广等特点，它能完成各种平面、沟槽、螺旋槽、成形表面、平面曲线和空间曲线等复杂型面的加工，适合于加工各种模具、凸轮、板类及箱体类的零件。

2. 数控铣床的分类

数控铣床通常分为立式、卧式及立、卧两用 3 类。

1）数控立式铣床

如图 9-23 所示，数控立式铣床的主轴垂直于水平面，它主要用于水平面内的型面加工，增加数控分度头后，可在圆柱表面上加工曲线沟槽。数控立式铣床是数控铣床中数量最多的一种，应用范围也最为广泛。小型数控铣床 X、Y、Z 轴方向的移动一般都由工作台完成，主运动由主轴完成。即小型数控铣床一般都采用工作台移动、升降及主轴不动等方式，其结构与普通立式升降台铣床相似；中型数控立式铣床的纵向和横向移动一般由工作台完成，且工作台还可手动升降，主轴除完成主运动外，还能沿垂直方向伸缩，即主轴沿垂直溜板上下运动；大型数控立式铣床，因要考虑到扩大行程、缩小占地面积及刚性等技术问题，往往采用龙门架移动式，其主轴可以在龙门架的横向与垂直溜板上运动，而龙门架则沿床身作纵向运动。

从机床数控系统控制的坐标数量来看，目前三坐标数控立式铣床仍占大多数。一般可进行三坐标联动加工，但也有部分机床只能进行三坐标的任意二个坐标联动加工（常称为两轴半坐标加工)。此外,还有机床主轴可以绕 X 轴、Y 轴、Z 轴坐标轴中一个或两个轴做数控摆角运动的四坐标和五坐标数控立式铣床,如五坐标龙门式数控铣床(见图 9-24)。一般来说,机床控制的坐标轴越多,特别是要求联动的坐标轴越多,机床的功能、加工范围及可选择的加工对象也越多。但随之而来的是机床的结构更复杂,对数控系统的要求更高,编程的难度更大,设备的价格也更高。

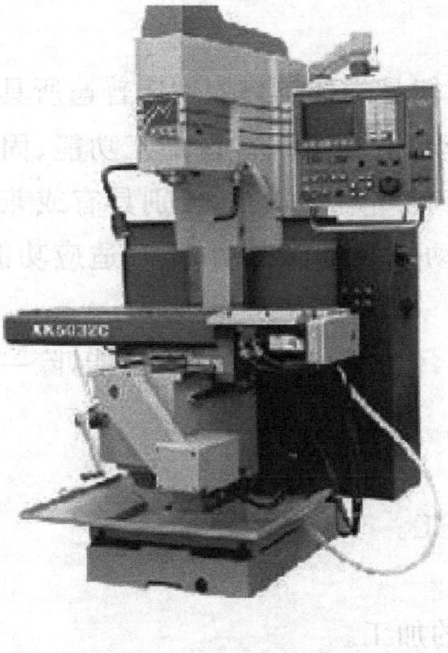

图 9-23　数控立式铣床

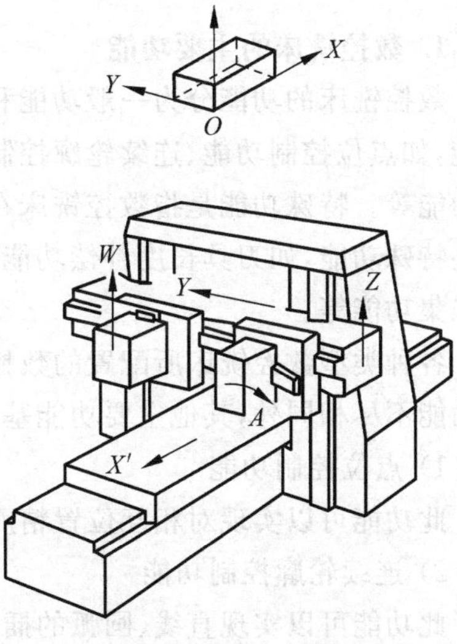

图 9-24　数控龙门铣床

数控立式铣床可以附加数控转盘、采用自动交换台、增加靠模装置等来扩大数控立式铣床的功能、加工范围和加工对象,从而进一步提高生产效率。

2) 数控卧式铣床

数控卧式铣床与通用卧式铣床相同,其主轴轴线平行于水平面。它主要用于垂直平面内的各种型面的加工。为了扩大加工范围相扩充功能,卧式数控铣床通常采用增加数控转盘或万能数控转盘来实现四、五坐标加工,如图 9-25 所示。这样,不但工件侧面上的连续回转轮廓可以加工出来,而且可以实现在一次安装中,通过转盘改变工位,进行“四面加工”。尤其是万能数控转盘可以把工件上各种不同角度或空间角度的加工面摆成水平来加工,可以省去许多专用夹具或专用角度成形铣刀。对箱体类零件或需要在一次安装中改变工位的工件来说,选择带数控转盘的卧式铣床进行加工是非常合适的。

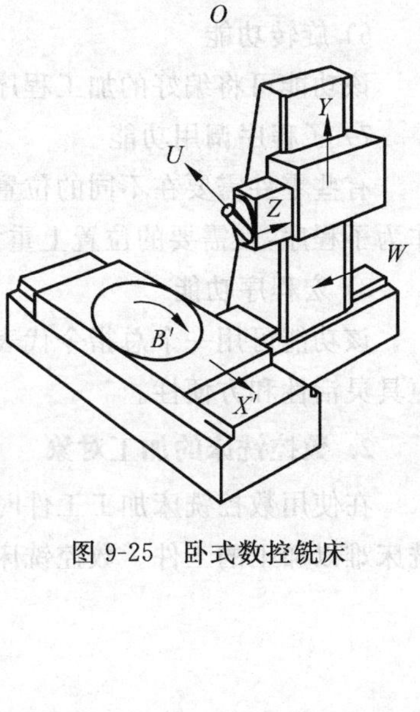

图 9-25　卧式数控铣床

3) 立、卧两用数控铣床

立、卧两用数控铣床既可以进行立式加工,又可以进行卧式加工,其使用范围更大,功能更强。这类铣床目前正在逐渐增多,该机床选择加工的对象和余地很大,给用户带来了很多方便,特别适用于小批量生产。立、卧两用数控铣床的主轴方向的更换方法有手动和自动两种,采用数控万能主轴头的立、卧两用数控铣床，其主轴头可以任意转换方向，从而加工出与水平面呈各种不同角度的工件表面。当立、卧两用数控铣床采用数控回转工作台，就可以实现对工件的“五面加工”。即除了工件与转盘贴合的定位面外，其他表面可以在一次安装中进行加工。因此，其加工性能非常优越。

9.2.2 数控铣床的主要功能及加工对象

1. 数控铣床的主要功能

数控铣床的功能分为一般功能和特殊功能。一般功能是指各类数控铣床普遍所具有的功能，如点位控制功能、连续轮廓控制功能、刀具半径自动补偿功能、镜像加工功能、固定循环功能等。特殊功能是指数控铣床在增加了某些特殊装置或附件以后，分别具有或兼备的一些特殊功能，如刀具长度补偿功能、靠模加工功能、自动变换工作台功能、自适应功能、数据采集功能等。

各种类型数控铣床所配置的数控系统虽然各有不同，但各种数控系统的功能，除一些特殊功能不尽相同外，其他主要功能基本相同。

1）点位控制功能

此功能可以实现对相互位置精度要求很高的孔系加工。

2）连续轮廓控制功能

此功能可以实现直线、圆弧的插补功能及非圆曲线的加工。

3）刀具半径补偿功能

此功能可以根据零件图样的标注尺寸来编程，而不必考虑所用刀具的实际半径尺寸，从而减少编程时的复杂数值计算。

4）刀具长度补偿功能

此功能可以自动补偿刀具的长短，以适应加工中对刀具长度尺寸调整的要求。

5）比例及镜像加工功能

比例功能可将编好的加工程序按指定比例改变坐标值来执行。镜像加工又称轴对称加工，如果一个零件的形状关于坐标轴对称，那么只要编出一个或两个象限的程序，而其余象限的轮廓就可以通过镜像加工来实现。

6）旋转功能

该功能可将编好的加工程序在加工平面内旋转任意角度来执行。

7）子程序调用功能

有些零件需要在不同的位置上重复加工同样的轮廓形状，将这一轮廓形状的加工程序作为子程序，在需要的位置上重复调用，就可以完成对该零件的加工。

8）宏程序功能

该功能可用一个总指令代表实现某一功能的一系列指令，并能对变量进行运算，使程序更具灵活性和方便性。

2. 数控铣床的加工对象

在使用数控铣床加工工件时，只要充分利用数控铣床的各种功能，就可以加工许多普通铣床难以加工的工件。数控铣床的主要加工对象有下列几种：

1）平面类零件

平面类零件的特点是：各个加工单元面是平面，或可以展开成为平面。数控铣床上加工的绝大多数零件属于平面类零件。

2）变斜角类零件

这类零件多为飞机零件，如飞机的整体梁、框、缘条与肋等。

3）曲面类(立体类)零件

这类零件的特点是：①加工面不能展开为平面；② 加工面与铣刀始终为点接触。如图 9-26 所示是对曲面进行两轴半坐标切削加工的示意图。

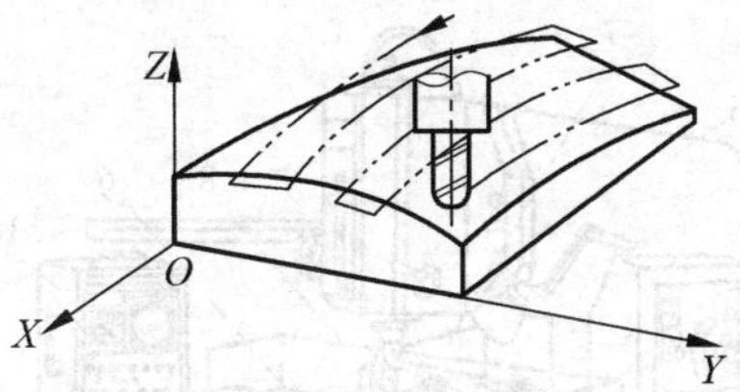

图 9-26 对曲面进行两轴半坐标切削加工示意图

9.2.3 数控铣床的机械结构

数控铣床是机械和电子技术相结合的产物，它的机械结构随着电子控制技术在铣床上的普及应用，以及对铣床性能提出的技术要求，而得到逐步发展变化。从数控铣床发展史看，早期的数控铣床是对普通铣床的进给系统进行革新、改造，而后逐步发展成一种全新的加工设备。

1. 数控铣床的结构

数控铣床的机械结构，除铣床基础部件外，由下列各部分组成：

(1) 主传动系统；

(2) 进给系统；

(3) 实现工件回转、定位装置和附件；

(4) 实现某些部件动作和辅助功能的系统和装置，如液压、气动、润滑、冷却等系统和排屑、防护等装置；

(5) 刀架或自动换刀装置(ATC)；

(6) 自动托盘交换装置(APC)；

(7) 特殊功能装置，如刀具破损监控、精度检测和监控装置；

(8) 为完成自动化控制功能的各种反馈信号装置及元件。

铣床基础部件称为铣床大件，通常是指床身、底座、立柱、横梁、滑座、工作台等。它是整台铣床的基础和框架。铣床的其他零部件，或者固定在基础件上，或者工作时在它的导轨上运动。其他机械结构的组成则按铣床的功能需要选用。如一般的数控铣床除基础件外，还有主传动系统、进给系统以及液压、润滑、冷却等其他辅助装置，这是数控铣床机械结构的基本构成。

数控铣床可根据自动化程度、可靠性要求和特殊功能需要，选用各类破损监控、铣床与工件精度检测、补偿装置和附件等。

2. 数控铣床的布局形式

图 9-27 是 XK5040A 型数控铣床的布局图。床身 6 固定在底座 1 上，用于安装与支承机床各部件。操纵台 10 上有 CRT 显示器、机床操作面板、MID 面板和相关的指示灯。纵向工作台 16、横向溜板 12 安装在升降台上，通过纵向进给伺服电动机 13、横向进给伺服电动机 14 和垂直升降进给伺服电动机 4 的驱动，完成 X 轴、Y 轴、Z 轴坐标进给。强电柜 2 中装有机床电气部分的接触器、继电器等。变压器箱 3 安装在床身立板后面。数控柜 7 内装有机床数控系统。保护开关 8、11 可控制纵向行程硬限位。挡铁 9 为纵向参考点设定挡铁。主轴变速手柄和按钮板 5 用于手动调整主轴的正转、反转、停止及切削液的开、停等。

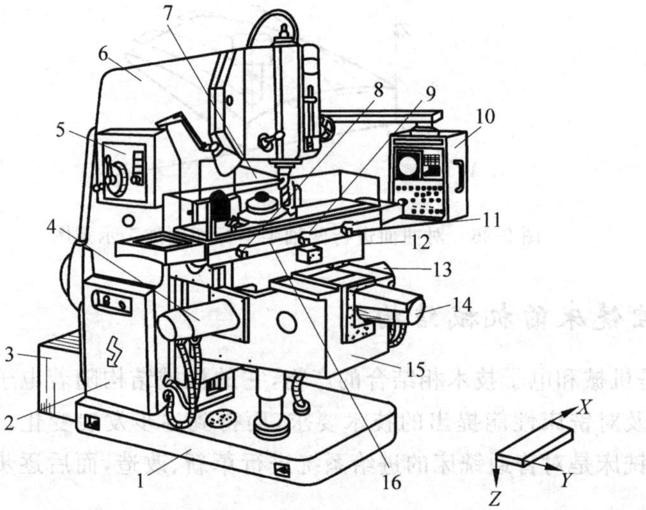

图 9-27 XK5040A 型数控铣床的布局图

1—底座；2—强电柜；3—变压器箱；4—垂直升降进给伺服电动机；5—主轴变速手柄和按钮板；6—床身；7—数控柜；8,11—保护开关；9—挡铁；10—操纵台；12—横向溜板；13—纵向进给伺服电动机；14—横向进给伺服电动机；15—升降台；16—纵向工作台

3. 数控铣床机械结构的主要特点

1）高刚度和高抗振性

铣床刚度是铣床的技术性能之一，它反映了铣床结构抵抗变形的能力。根据铣床所受载荷性质的不同，其刚度性质也不同。铣床在静态力作用下所表现的刚度称为铣床的静刚度；铣床在动态力作用下所表现的刚度称为铣床的动刚度。在铣床性能测试中，常用铣床柔度来说明铣床的该项性能，柔度是刚度的倒数。为满足数控铣床高速度、高精度、高生产率、高可靠性和高自动化的要求，与普通铣床相比，数控铣床应具有更高的静、动刚度，更好的抗振性。

提高数控铣床结构刚度的措施主要有以下几种：

(1) 提高铣床构件的静刚度和固有频率。改善薄弱环节的结构或布局，以减少所承受的弯曲负载和转矩负载。例如，数控铣床的主轴箱或滑枕等部件，可采用卸荷装置来平衡载荷，以补偿部件引起的静力变形，常用的卸荷装置有重锤和平衡液压缸来改善构件间的接触刚度和铣床与地基联结处的刚度等。

(2) 改善数控铣床结构的阻尼特性。在大件内腔充填泥芯和混凝土等阻尼材料，在振动时因相对摩擦力较大而耗散振动能。也可采用阻尼涂层法，即在大件表面喷涂一层具有高内阻尼和较高弹性的黏滞弹性材料来增大阻尼比。

(3) 采用新材料和钢板焊接结构。

2) 减少铣床热变形的影响

铣床的热变形是影响铣床加工精度的重要因素之一。由于数控铣床的主轴转速、进给速度远高于普通铣床，大切削量产生的炽热切屑对工件和铣床部件的热传导影响远比普通铣床严重，而且热变形对加工精度的影响，操作者往往难以修正。因此，应特别重视减少数控铣床热变形的影响。常用的措施有以下几种：

(1) 改进铣床布局和结构。采用热对称结构，由于这种结构相对热源是对称的，在产生热变形时，其工件或者刀具回转中心对称线的位置基本保持不变，因而可以减少对工件精度的影响；采用倾斜床身和斜滑板结构；采用热平衡措施等。

(2) 控制温度。对铣床发热部位(如主轴箱等)，采用散热、风冷或液冷等控制温升的办法来吸收热源发出的热量。这是在各类数控铣床上广泛采用的一种减少热变形影响的对策。

(3) 对切削部位采取强冷措施。在大切削量切削加工时，落在工作台、床身等部件上的炽热切屑是重要的热源。现代数控铣床，特别是加工中心和数控车床都普遍采用多喷嘴、大流量冷却液来冷却并排出这些炽热的切屑，并对冷却液进行大容量循环散热或用冷却装置制冷以控制温升。

(4) 热位移补偿。预测热变形规律，建立数学模型存入计算机中进行实时补偿。图 9-28 是热变形自动补偿装置。

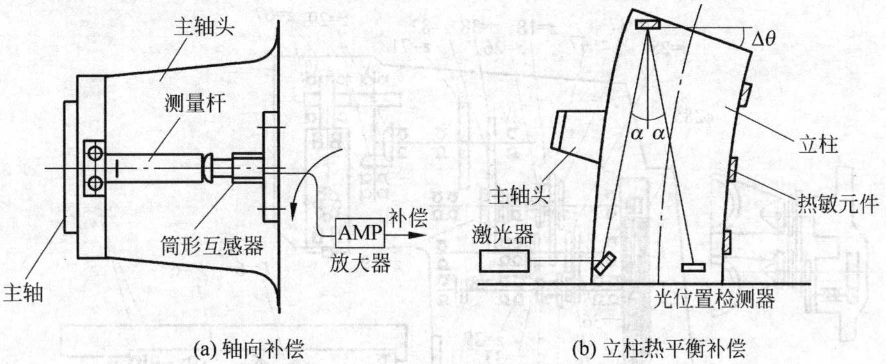

图 9-28 热变形自动补偿装置

3) 传动系统机械结构简化

数控铣床的主轴驱动系统和进给驱动系统，分别采用交流、直流主轴电动机和伺服电动机驱动。这两类电动机调速范围大，并可无级调速，由此使主轴箱、进给变速箱及传动系统大为简化，箱体结构简单，齿轮、轴承和轴类零件数量大为减少甚至不用齿轮，由电动机直接带动主轴或进给滚珠丝杠运动。

4) 传动效率和无间隙传动装置

数控铣床在高进给速度下，要求工作平稳，并有高定位精度。因此，对进给系统中的机械传动装置和元件要求具有高寿命、高刚度、无间隙、高灵敏度和低摩擦阻力的特点。目前，数控铣床进给驱动系统中常用的机械装置主要有3种：滚珠丝杠副、静压蜗杆-蜗轮机构和预加载荷双齿轮-齿条机构。

5）低摩擦因数的导轨

铣床导轨是铣床的基本结构之一。铣床加工精度和使用寿命在很大程度上取决于铣床导轨的质量，因此对数控铣床的导轨有更高的要求。如在高速进给时不振动，低速进给时不爬行，具有很高的灵敏度，能在重载下长期连续工作，耐磨性要高，精度保持性要好等。现代数控铣床使用的导轨，从类型上仍是滑动导轨、滚动导轨和静压导轨等3种，但在材料和结构上已发生了质的变化，已不同于普通铣床的导轨。

9.2.4 数控铣床的传动系统与结构

下面以XK5040A型数控铣床为例，介绍数控铣床的主要部件结构。

1. 机床传动系统图

XK5040A型数控铣床的主运动是主轴的旋转运动。图9-29为铣床传动系统图，传动系统包括主运动和进给运动两部分。

1）主运动

如图9-29所示，z表示齿轮牙数；P表示丝杠螺距，单位为mm；ϕ表示部件直径，单位为mm。XK5040A型数控铣床的主运动由7.5kW、1450r/min的主电动机驱动，经$\phi140/\phi285$mm的V带传动，再经Ⅰ-Ⅱ轴间的三联滑移齿轮变速组、Ⅲ-Ⅳ轴间的三联滑移齿轮变速组、Ⅳ-Ⅴ轴间的双联滑移齿轮变速组、Ⅳ-Ⅴ轴间的圆锥齿轮副29/29以及Ⅴ-Ⅵ轴间的齿轮副67/67传至主轴Ⅵ，使主轴获得18级转速，转速范围为30～1500r/min。

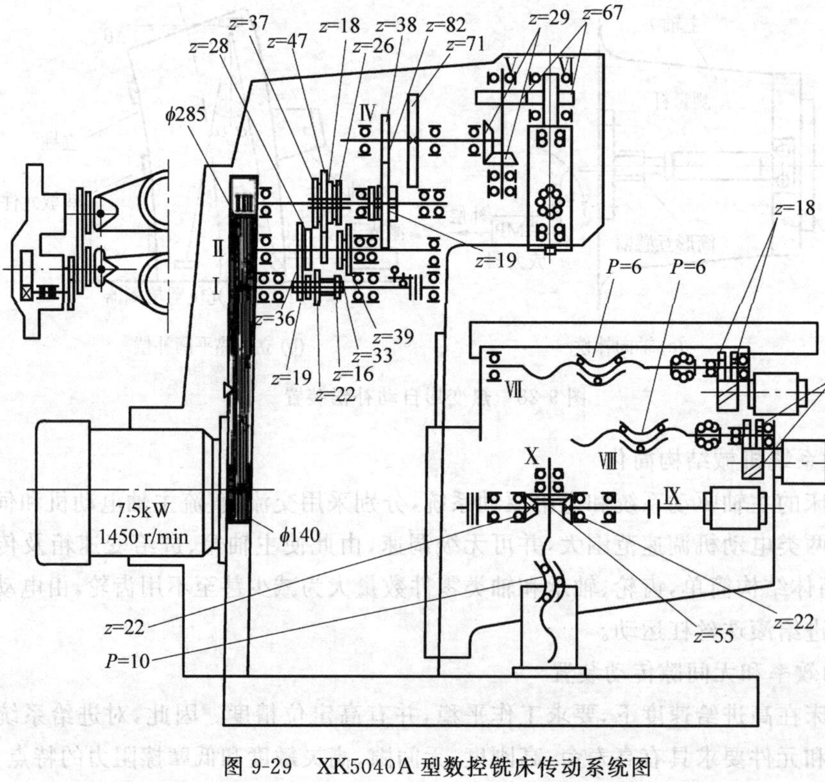

图9-29　XK5040A型数控铣床传动系统图

2）进给运动

进给运动有工作台纵向、横向和垂直3个方向。纵向、横向进给运动由FB-15型直流伺服电动机驱动，经过圆柱斜齿轮副带动滚珠丝杠转动，通过丝杠螺母机构实现。垂直方向进给运动由FB-25型带制动器的直流伺服电动机驱动，经圆锥齿轮副带动滚珠丝杠转动。实现垂直进给的直流伺服电动机带制动器的目的是：当断电时Z轴向刹紧，以防止升降台因自重而下滑。

2. 升降台自动平衡装置的工作原理及调整

XK5040A型数控铣床升降台自动平衡装置结构如图9-30所示，由摩擦离合器和单向超越离合器构成。伺服电动机1经过锥环连接带动十字联轴节以及圆锥齿轮2、3，使升降丝杠转动，工作台上升或下降，同时锥齿轮3带动圆锥齿轮4，经超越离合器和摩擦离合器相连，这一部分称作升降台自动平衡装置。

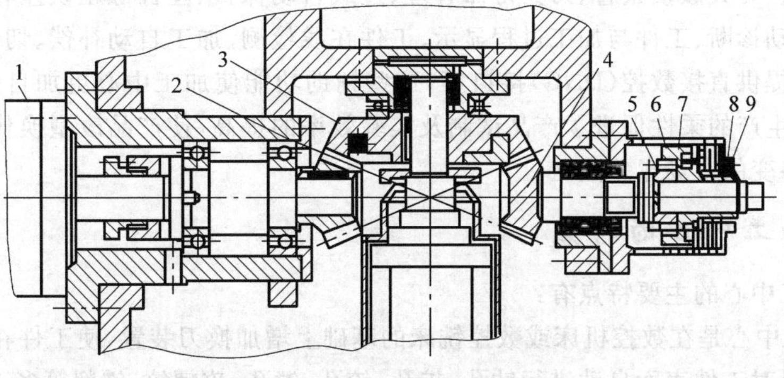

图9-30 升降台自动平衡装置

1—伺服电动机；2～4—圆锥齿轮；5—星轮；6—滚子；7—外壳；8—调整螺母；9—锁紧螺钉

升降台自动平衡装置的工作原理如下：当圆锥齿轮4转动时，通过锥销带动单向超越离合器的星轮5。工作台上升时，星轮的转向是使滚子6和外壳7脱开方向，外壳不转摩擦片不起作用；而工作台下降时，星轮的转向使滚子6楔在星轮与外壳7之间，外壳7随圆锥齿轮4一起转动。经过花键与外壳连在一起的内摩擦片与固定的外摩擦片之间产生相对运动，由于内外摩擦片之间由弹簧压紧，有一定摩擦阻力，所以起到阻尼作用，上升与下降的力量得以平衡。阻尼力的大小，可以通过螺母8来调整，调整前应先松开螺母8的锁紧螺钉9，调整后应将锁紧螺钉再锁紧。

因为滚珠丝杠无自锁作用，在一般情况下，垂直放置的滚珠丝杠会因部件的质量作用而自动下落，所以必须有阻尼或锁紧机构。XK5040A型数控铣床选用了带制动器的伺服电动机。

3. 主轴部件

机床的主轴部件是机床重要部件之一，它带动工件或刀具执行机床的切削运动。因此，数控机床主轴部件的精度、抗振性和热变形对加工质量有直接的影响，并且由于数控机床在加工过程中不进行人工调整，这些影响就更为严重。

主轴在结构上要处理好卡盘和刀具的装夹，主轴的载荷，主轴轴承的定位和间隙的调整，主轴部件的润滑和密封，以及主轴定向停止和主轴孔内的切屑清除等一系列问题。

9.3 加工中心

加工中心是目前世界上产量最高、应用最广泛的数控机床之一。一般它把铣削、镗削、钻削、螺纹和切削螺纹等功能集中在一台设备上,使其具有多种工艺手段,又由于工件经一次装夹后,能对两个以上的表面自动完成加工,并且有多种换刀或选刀功能及自动工作台交换装置(ATC),从而使生产效率和自动化程度大大提高。加工中心为了加工出零件所需的形状,至少要有3个坐标运动、即由3个直线运动坐标 X 轴、Y 轴、Z 轴和3个转动坐标 A 轴、B 轴、C 轴适当组合而成,多者能达到十几个运动坐标。其控制功能应最少两轴半联动,多的可实现五轴联动、六轴联动,现在又出现了并联数控机床,从而保证刀具按复杂的轨迹运动。加工中心应具有各种辅助功能,例如:各种加工固定循环、刀具半径自动补偿、刀具长度自动补偿、刀具破损报警、刀具寿命管理、过载自动保护、丝杠螺距误差补偿、丝杠间隙补偿、故障自动诊断、工件与加工过程显示、工件在线检测、加工自动补偿、切削力控制或切削功率控制、提供直接数控(DNC)接口等,这些辅助功能使加工中心更加自动化、高效、高精度。同样,生产的柔性促进了产品试制及实验效率的提高,使产品改型换代成为易事,从而适应灵活多变的市场竞争战略。

9.3.1 加工中心的特点

现代加工中心的主要特点有:

(1) 加工中心是在数控机床或数控铣床的基础上增加换刀装置,使工件在一次装夹后,可以连续完成对工件表面自动进行钻孔、扩孔、铰孔、镗孔、攻螺纹、铣削等多工步的加工,工序高度集中;

(2) 加工中心一般带有自动分度回转工作台或可自动转角度的主轴箱,从而使工件在一次装夹后,能自动完成多个平面或多个角度位置的多工序加工;

(3) 加工中心能自动改变机床主轴转速、进给量和刀具相对工件的运动轨迹及其他辅助功能;

(4) 加工中心如果带有自动交换工作台,工件在工作位置的工作台上进行加工的同时,另外的工件在装卸位置的工作台上进行装卸,不影响正常的工件加工。

由于加工中心具有上述功能,因而可以大大减少工件装夹、测量和机床的调整时间,减少工件的周转、搬运和存放时间,使机床的切削时间利用率高于普通机床3~4倍,大大提高了生产率,尤其是在加工形状比较复杂、精度要求较高、品种更换频率高的工件时,更具有良好的经济性。

加工中心是一种备有刀库并能自动更换刀具,对工件进行多工序加工的数控机床。箱体类零件的加工中心,一般是在镗、铣床的基础上发展起来的,可称为镗铣类加工中心,习惯上简称为加工中心。

9.3.2 加工中心的分类

1. 按机床形态分类

1) 立式加工中心

立式加工中心是指主轴轴心垂直于水平面设置的加工中心,具有高速、高刚性、高精度等特点，其结构形式多为固定立柱式，如图 9-31 所示，适合加工盘类零件。它能完成铣、钻、铰、攻螺纹和切削螺纹等工序。立式加工中心最少是三轴二联动，一般可实现三轴三联动，有的甚至可进行五轴、六轴控制，能完成复杂零件的加工。立式加工中心最适宜加工高度、方向、尺寸相对较小的工件，一般情况下，除底部不能加工外，其余 5 个面都可以用不同的刀具进行轮廓和表面加工。立式加工中心可在工作台上安装一个水平轴的数控转台用以加工螺旋线类零件。

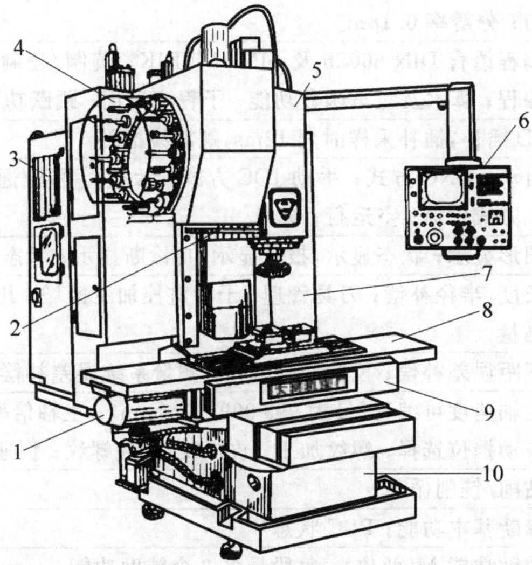

图 9-31 立式加工中心

1—X 轴进给伺服电动机；2—换刀机械手；3—数控柜；4—盘式刀库；5—主轴箱；6—机床操作面板；7—驱动电源柜；8—工作台；9—滑座；10—床身

立式加工中心由数控系统、机体、主轴、进给系统、刀库、换刀机构、操作面板、工作台和辅助系统等组成。其主轴可以具有单主轴、双主轴或多主轴等形式，主轴数越多，加工效率越高。

立式加工中心坐标轴的运动形式具有两种方式，一种是 X 轴、Y 轴方向工作台移动，Z 轴方向主轴箱移动；另一种是工作台固定，X 轴、Y 轴和 Z 轴的运动由主轴立柱和主轴箱移动来实现。

立式加工中心的主要特点有：

(1) 强力切削。交流主轴电动机与附属的驱动元件构成了机床的主驱动，动力从交流主轴电动机经齿轮变速装置传到主轴，主轴转速恒功率范围宽，低速扭矩大，机床的主要构件刚度高，能进行强力切削。

(2) 高速定位。X 轴、Y 轴、Z 轴交流伺服电动机经弹性联轴节直接带动滚珠丝杠，因弹性联轴节可以消除正、反向间隙，补偿电动机轴与丝杠轴之间的安装误差，所以机床的 X 轴、Y 轴、Z 轴 3 个坐标轴均可以进行高速运动。一般立式加工中心的伺服电动机带有高精度脉冲编码器，X 轴、Y 轴、Z 轴坐标轴可带光栅尺，能进行精确定位，滚珠丝杠副采用双螺母预紧，导轨副采用贴塑导轨，因而机床在高速进给时振动小，在低速进给时无爬行，具有精度稳定性高的特点。

(3) 机电一体化机床设计采用了机电一体化结构，控制柜、润滑气动装置都安装在立柱和床身上，减少了占地面积，简化了搬运和安装，机床操作都集中在机床的右前方，操作方便。

表 9-2 是以 SIEMENS 802D 立式加工中心的数控系统为例说明其各项目的主要功能。

表 9-2　SIEMENS 802D 立式加工中心的各项目功能

项　　目	TH5660(SIEMENS 802D 数控系统)
控制部件/应用	控制轴数 4 个数字进给轴加 1 个主轴；256KB 用户零件加工程序存储；主轴定向；分辨率 0.1μm
CNC 编程	编程语言 DIN 66025 及 SINUMERIK；英制/公制定义；轮廓编程；绝对/增量编程；算术及三角函数功能；子程序调用；跳跃功能
插补功能	3D 插补，插补采样时间 12ms，螺旋线插补
操作方式	自动；DNC 方式；手动 JOC 方式；示教；手动/通过 CNC 程序返回参考点；人工方式中断；空运行；单段
显示	图形显示；状态显示，报警显示，自诊断显示；状态信号输出
刀具偏置	长度/半径补偿；刀具管理；干涉监控加工区域；几何/磨损补偿；自动刀具长度测量
补偿	螺距误差补偿；反向间隙补偿；测量系统误差补偿；模拟设定点的零漂补偿
主轴功能	主轴速度可编程(最大 999 999.99r/min)；主轴倍率 50%～120%；自动挡位选择；螺纹加工；攻螺纹/刚性螺纹；恒速切削
循环	钻削/铣削循环
诊断	诊断基本功能；PLC 状态
辅助功能	辅助功能 M(两位)；每段最多 3 个辅助功能
报警及信息	零件程序中的报警；PLC 的报警及信息

2) 卧式加工中心

卧式加工中心其主轴是水平设置的，如图 9-32 所示。

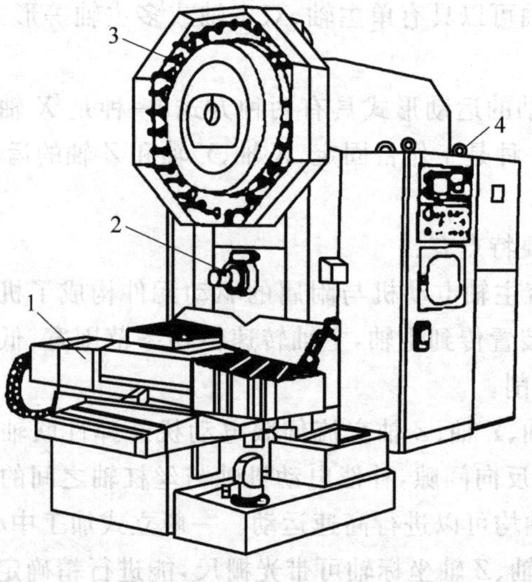

图 9-32　卧式加工中心

1—工作台；2—主轴；3—刀库；4—数控柜

(1) 卧式加工中心的主要部件结构

卧式加工中心较适于加工箱体类的零件。只要一次装夹在回转工作台上，即可对箱体(除顶面和底面之外)的4个面进行铣、镗、钻、攻螺纹等加工，特别是箱体类零件上的一些有位置公差要求的孔和型腔(如孔系之间的平行度、孔与端面的垂直度、端面与底面的垂直度等)，以及有严格尺寸精度要求的孔和型腔与基准面(底面)，在卧式加工中心上通过一次装夹加工，精度容易得到保证，适合于批量工件的加工。卧式加工中心程序调试时，不如立式加工中心直观、易观察，对工件校正和测量也感觉不便，且对复杂零件加工程序的调试时间是正常加工程序的几倍，所以加工的工件数量越多，平均每件占用机床的时间就越少，因此用卧式加工中心进行批量加工才合算。但它可实现普通设备难以达到的精度和质量要求，因此一些精度要求高，其他设备无法达到其精度要求的工件，特别是一些空间曲面和形状复杂的工件，即使是单件产品，也可考虑在卧式加工中心上加工。由此可见加工中心既是高效、高质量的自动化生产设备，又是攻克工艺难题的设备。

卧式加工中心的冷却条件不如立式的好，特别是对深孔的镗、铣、钻等，切削液难以到达切削深处，因此，必须降低机床的转速和进给量。与立式加工中心相比，卧式加工中心的功能多，在立式加工中心加工不了的工件，在卧式加工中心一般都能加工。此外，卧式加工中心的回转工作台有的是数控的，有的是分度的，工件一次装夹可实现多个工位的加工。总的来说卧式加工中心既有优点，又有不足。

多工作台卧式加工中心有时称为柔性加工单元。它有两个以上可更换的工作台，通过运送导轨可把加工完的工件连同工作台(托盘)移出加工部位，然后把装有待加工工件的工作台(托盘)送上加工部位，这种可交换的工作台可设置多个，实现多工作台加工。其优点是可实现在线装夹，即在进行加工的同时，下边的工作台进行装、卸工件，另外可在其他工作台上都装上待加工的工件，开动机床后，能完成对这一批工件的自动加工。工作台上的工件可以是相同的，也可以是不同的。多工作台卧式加工中心刀库容量较大，机床占地面积大，数控系统功能较全。计算速度快，内存容量大。采用的都是最先进的CNC系统，所以价格昂贵。

(2) 卧式加工中心的布局

立柱不动式卧式加工中心的机床由工作台实现 X 轴、Z 轴两个方向进给，刚性较差，往往用于小型经济型卧式加工中心。

立柱移动式卧式加工中心又分为两类。一类是立柱做 Z 轴向进给运动，X 轴向运动由工作台或交换工作台进行，床身和工作台的刚性较高，通过立柱进给，有利于保证被加工孔的形位精度，如图9-33所示。当采用双立柱时，主轴中心线位于两立柱之间，受力时不影响精度，主轴中心也能避免因发热而产生的沿 X 轴方向的漂移。近年来，卧式加工中心多采用这种布局形式。另一类是立柱双向移动式，即立柱装在十字拖板上，进行 Z 轴方向及 X 轴方向运动，适用于大型工件加工。立柱移动式卧式加工中心的最大优点就是工作台能够适应不同的工件进行柔性组合，它可以用长工作台或圆工作台，也可以用交换工作台，由于机床的前后床身可以分离，故甚至于加工大型工件时，不安置工作台也可以，特别适合组成FMS和FMC。

滑枕式卧式加工中心的主轴箱大多数均采用侧挂式，如图9-34所示，由滑枕带动刀具前后运动。这类机床最大优点是由滑枕运动代替立柱式工作台运动，从而使工件以良好的固定状态受切削加工，故解决好滑枕悬臂的自重平衡是保证切削精度的关键。

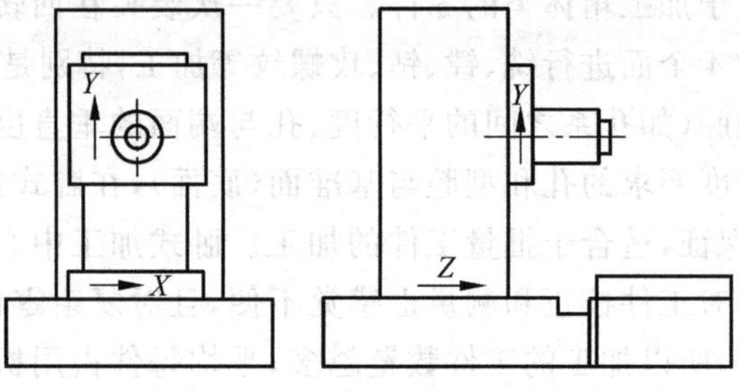

图 9-33　立柱移动式加工中心

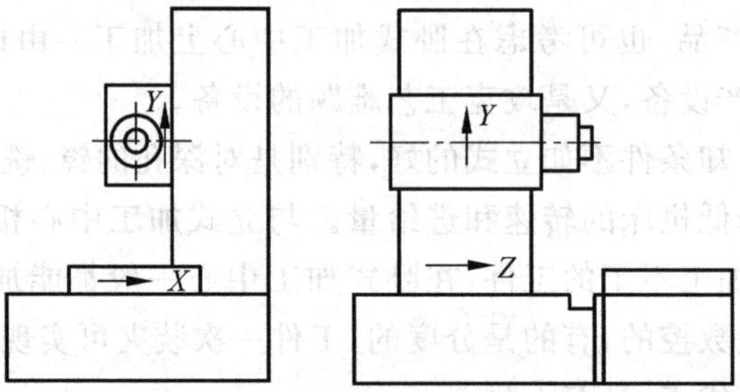

图 9-34　主轴箱侧挂式加工中心

3）龙门式加工中心

龙门式加工中心的形状与龙门铣床相似，如图 9-35 所示。主轴多为垂直设置，带有自动换刀装置和可更换的主轴头附件，数控装置的软件功能也较齐全，能够一机多用，尤其适合于加工大型或形状复杂的工件，如航天工业及大型汽轮机上的某些零件。

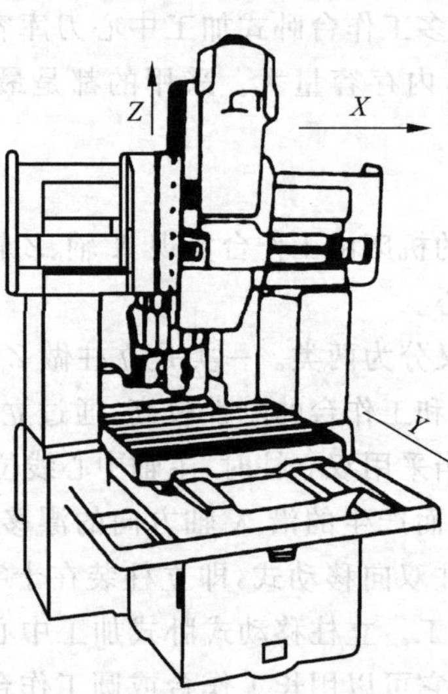

图 9-35　龙门式加工中心

4）万能加工中心

万能加工中心兼有立式和卧式加工中心的功能。工件一次装夹后能完成除安装面以外的所有侧面和顶面等5个面的加工，也叫五面加工中心，如图9-36所示。常见的五面加工中心有两种形式：一种是主轴可以旋转90°，既可以像立式加工中心那样工作，也可以像卧式加工中心那样工作；另一种是主轴不改变方向，而工作台可以带着工件旋转完成对工件5个表面的加工。

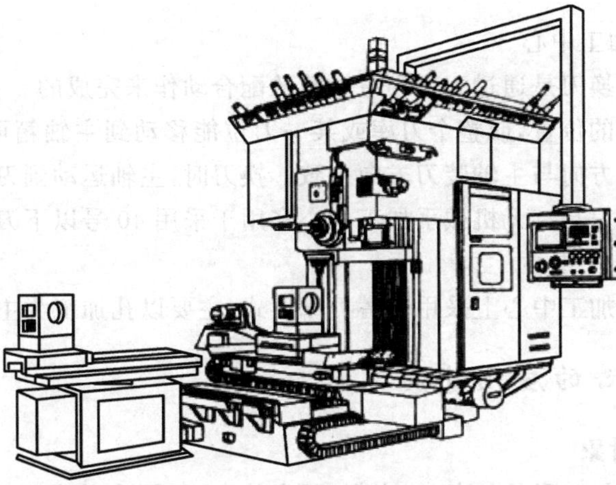

图9-36 五面加工中心

这种加工方式可以使工件的形位误差降到最低，省去了工件的二次装夹，从而提高生产效率，降低加工成本。但是由于五面加工中心存在着结构复杂、造价高、占地面积大等缺点，所以它的使用和生产在数量上远不如其他类型的加工中心。

2. 按工艺用途分类

(1) 铣加工中心。镗铣加工中心是机械加工行业应用最多的一类加工设备。其加工范围主要是铣削、钻削和镗削，适用于箱体、壳体以及各类复杂零件的特殊曲线和曲面轮廓的多工序加工，适用于多品种小批量加工。

(2) 钻削加工中心。钻削加工中心的加工以钻削为主，刀库形式多为转塔头，适用于中小零件的钻孔、扩孔、铰孔、攻螺纹等多工序加工。

(3) 车削加工中心。车削加工中心以车削为主，主体是数控车床，机床上配备有转塔式刀库或由换刀机械手和链式刀库组成的刀库。机床数控系统多为X轴、Z轴、C轴配制，部分高性能车削中心配备有铣削动力头。

(4) 复合加工中心。在一台设备上可以完成车、铣、镗、钻等多工序加工的加工中心称之为复合加工中心，可代替多台机床实现多工序加工。这种方式既能减少装卸时间提高生产效率，又能保证和提高形位精度。复合加工中心多指五面复合加工中心，它的主轴头可自动回转，进行立卧式加工。

3. 按运动坐标数和同时控制的坐标数分类

加工中心可分为三轴二联动、三轴三联动、四轴三联动、五轴四联动、六轴五联动等。

4. 按工作台数量和功能分类

加工中心可分为单工作台加工中心、双工作台加工中心、多工作台加工中心等。

5. 按换刀形式分类

1）带刀库、机械手的加工中心

加工中心的换刀装置(ATC)由刀库和机械手组成，换刀机械手当主轴上的刀具完成一个工步后，把这一工步的刀具送回刀库，并把下一工步所需用的刀具从刀库取出装入主轴继续进行工作。

2）无机械手的加工中心

这种加工中心的换刀是通过刀库和主轴箱的配合动作来完成的。一般是采用把刀库放在主轴箱可以运动到的位置，或整个刀库或某一刀位能移动到主轴箱可以达到的位置。刀库中刀具的存放位置方向与主轴装刀方向一致。换刀时，主轴运动到刀位上的换刀位置，由主轴直接取走或带回刀具。无机械手加工中心多用于采用 40 号以下刀柄的小型加工中心。

3）转塔刀库式加工中心

一般在小型立式加工中心上采用转塔刀库形式，主要以孔加工为主。

9.3.3 加工中心的应用范围

1. 适宜的加工对象

加工中心适宜于加工形状复杂、工序多、要求较高、需用多种类型的普通机床和众多的刀具夹具，且经多次装夹和调整才能完成加工的零件。其加工的主要对象有下列几类：

1）箱体类零件

箱体类零件一般是指具有一个以上孔系，内部有一定型腔，在长、宽、高方向有一定比例的零件，特别是要用短镗刀杆、工件回转 180°镗同一孔系的零件。这类零件在机械、汽车、飞机等行业较多，如汽车的发动机缸体、变速箱体，机床的床头箱、主轴箱，柴油机缸体、齿轮泵壳体等。

箱体类零件一般都需要进行多工位孔及平面加工，公差要求高，特别是形位公差要求较为严格，通常要经过钻、扩、铰、锪、镗、攻螺纹、铣等工序，需要的刀具、工装较在普通机床上多，需多次装夹和找正，手工测量次数多，因此导致工艺复杂、加工周期长、成本高，更重要的是精度难以保证。这类零件在加工中心上加工，一次装夹可以完成普通机床 60%～95%的工序内容，零件各项精度一致性好，质量稳定，同时可缩短生产周期，降低成本。

对于加工工位较多，工作台需多次旋转角度才能完成的零件，一般选用卧式加工中心；当加工的工位较少，且跨距不大时，可选立式加工中心，从一端进行加工。

2）复杂曲面

复杂曲面如飞机、汽车型面、叶轮、螺旋桨、各种曲面成形模具等在机械制造业，特别是在航空航天、汽车、船舶、国防工业中占有重要地位。而复杂曲面采用普通机械加工方法是难以胜任甚至是无法完成的，这类零件也是数控机床的主要加工对象。

3）异形件

异形件一般是指外形不规则的零件。这类零件大多需要点、线、面多工位混合加工，如支架、基座、样板、靠模等。异形件的刚性一般较差，夹压及切削变形难以控制，加工精度也难以保证。这时可充分发挥加工中心工序集中的特点，采用合理的工艺措施，经一次或两次装夹，完成多道工序或全部的加工内容。

实践证明，加工异形件时，形状越复杂，精度要求越高，使用加工中心越能显示其优越性。

4）盘、套、板类零件

盘、套、板类零件是指带有键槽或径向孔，或端面有分布的孔系及曲面的盘、套、板类零件。

推荐下列零件为加工中心加工的主要选择对象：

(1) 小批量，周期性地进行加工，每批品种多变，并有一定复杂程度的零件；

(2) 具有多个不同位置的平面和孔系需加工的箱体或多棱体零件；

(3) 零件上不同类型表面之间有较高的位置精度要求，更换机床加工时很难保证加工要求的工件；

(4) 加工精度一致性要求较高的零件；

(5) 切削条件多变的零件。如某些零件由于形状特点需切槽、镗孔、攻螺纹等；

(6) 形状虽简单，但可同类型或不同类型零件成组安装在工作台夹具上，进行多品种混合加工的零件；

(7) 结构或形状复杂，普通加工的操作复杂困难的零件；

(8) 镜像对称加工的零件；

(9) 成组加工中的系列零件或零件族。

2. 不适宜的加工对象

下列零件建议不宜在加工中心上加工：

(1) 形状过于简单，使用加工中心并不能显著缩短工时、提高生产率的零件；

(2) 简单平面的铣削，特别是大平面的铣削，加工中刀具单一，不能发挥加工中心自动换刀(ATC)功能的优势；

(3) 批量很大的零件。因为大批量的专业化生产选择专用机床、流水生产设备或组合机床更经济合理。

各种铣削、钻削、镗削、铰削、攻螺纹等加工及粗、精加工均可在加工中心上完成，但是加工中心的台时费用高，在考虑工序负荷时，不仅要考虑机床加上的可能性，还要考虑加工的经济性。例如，用加工中心可以进行复杂的曲面加工，但如果企业数控机床类型较多，有多坐标联动的数控铣床，则在加工复杂的成形表面时，应优先选择多坐标联动的数控铣床。有些成形表面加工时间很长，刀具单一，在加工中心上加工并不是最佳选择，这要视企业拥有的数控设备类型、功能及加工能力等进行具体分析决定。

思考与练习题

9-1　简述数控车床的分类、组成和结构特点。

9-2　简述数控铣床的分类、组成和结构特点。

9-3　简述加工中心的分类、组成和结构特点。

第10章

数控机床加工程序的编制

普通机床上加工零件时，一般是由工艺人员按照设计图样事先制定好零件的加工工艺规程。在工艺规程中给出零件的加工路线、切削参数、机床的规格及刀具、卡具、量具等内容。操作人员按工艺规程的各个步骤手工操作机床，加工出图样给定的零件。也就是说，零件的加工过程是由工人手工操作的。

数控机床是按照事先编制好的加工程序，自动地对被加工零件进行加工。我们把零件的加工工艺路线、工艺参数、刀具的运动轨迹、位移量、切削参数（主轴转数、进给量、吃刀量等）以及辅助功能（换刀，主轴正转、反转，切削液开、关等），按照数控机床规定的指令代码及程序格式编写成加工程序单，再把这一程序单中的内容记录在控制介质上（如穿孔纸带、磁带、磁盘、磁泡存储器），然后输入到数控机床的数控装置中，从而指挥机床加工零件。这种从零件图的分析到制成控制介质的全部过程叫数控程序的编制。

数控机床与普通机床加工零件的区别在于数控机床是按照程序自动进行零件加工，而普通机床要由人来操作，我们只要改变控制机床动作的程序就可以达到加工不同零件的目的。因此，数控机床特别适用于加工小批量且形状复杂、精度要求高的零件。

由于数控机床要按照预先编制好的程序自动加工零件，因此，程序编制的好坏直接影响数控机床的正确使用和数控加工特点的发挥。这就要求编程员具有比较高的素质。编程员应通晓机械加工工艺以及机床、刀夹具、数控系统的性能，熟悉工厂的生产特点和生产习惯。在工作中，编程员不但要责任心强、细心，而且还能和操作人员配合默契，不断吸取别人的编程经验、积累编程经验和编程技巧，并逐步实现编程自动化，以提高编程效率。

10.1 数控编程

10.1.1 数控编程的内容与步骤

数控编程的主要内容包括：分析零件图样，确定加工工艺过程；确定走刀轨迹，计算刀位数据；编写零件加工程序；制作控制介质；校对程序及首件试加工。

数控编程的步骤一般如图 10-1 所示。

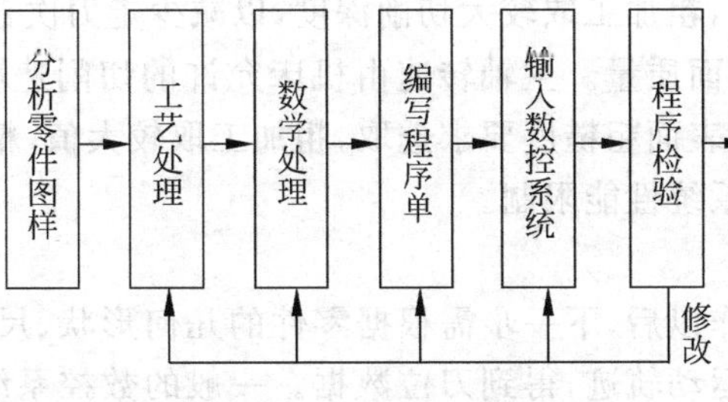

图 10-1 数控编程过程

1. 分析零件图样和工艺处理

这一步骤的内容包括：对零件图样进行分析以明确加工的内容及要求、选择加工方案、确定加工顺序、走刀路线、选择合适的数控机床、设计夹具、选择刀具、确定合理的切削用量等。工艺处理涉及的问题很多，编程人员需要注意以下几点：

1）工艺方案及工艺路线

应考虑数控机床使用的合理性及经济性，充分发挥数控机床的功能；尽量缩短加工路线，减少空行程时间和换刀次数，以提高生产率；尽量使数值计算方便，程序段少，以减少编程工作量；合理选取起刀点、切入点和切入方式，保证切入过程平稳，没有冲击；在连续铣削平面内外轮廓时，应安排好刀具的切入、切出路线。尽量沿轮廓曲线的延长线切入、切出，以免交接处出现刀痕，如图 10-2 所示。

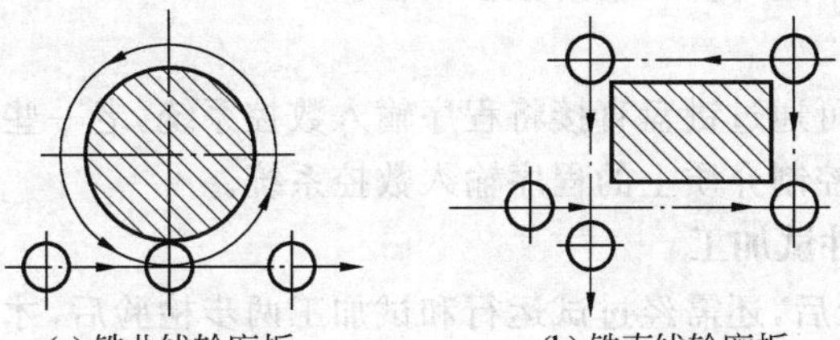

(a) 铣曲线轮廓板　(b) 铣直线轮廓板

图 10-2 刀具的切入切出路线

2）零件安装与夹具选择

尽量选择通用、组合夹具，一次安装中把零件的所有加工面都加工出来，零件的定位基准与设计基准重合，以减少定位误差；应特别注意要迅速完成工件的定位和夹紧过程，以减少辅助时间，必要时可以考虑采用专用夹具。

3）编程原点和编程坐标系

编程坐标系是指在数控编程时，在工件上确定的基准坐标系，其原点也是数控加工的对刀点。要求所选择的编程原点及编程坐标系应使程序编制简单；编程原点应尽量选择在零件的工艺基准或设计基准上，并且在加工过程中便于检查的位置；引起的加工误差要小。

4）刀具和切削用量

应根据工件材料的性能、机床的加工能力、加工工序的类型、切削用量以及其他与加工有关的因素来选择刀具。对刀具总的要求是：安装调整方便、刚性好、精度高、使用寿命长等。

切削用量包括：切削深度、主轴转速、进给速度等。切削深度由机床、刀具、工件的刚度确定，在刚度允许的条件下，粗加工取较大切削深度，以减少走刀次数，提高生产率；精加工取较小切削深度，以获得表面质量。主轴转速由机床允许的切削速度及工件直径选取。进给速度则按零件加工精度、表面粗糙度要求选取，粗加工取较大值，精加工取较小值，最大进给速度受机床刚度及进给系统性能限制。

2. 数学处理

在完成工艺处理的工作以后，下一步需根据零件的几何形状、尺寸、走刀路线及设定的坐标系，计算粗、精加工各运动轨迹，得到刀位数据。一般的数控系统均具有直线插补与圆弧插补功能。对于点定位的数控机床(如数控冲床)一般不需要计算；对于加工由圆弧与直线组成的较简单的零件轮廓加工，需要计算出零件轮廓线上各几何元素的起点、终点、圆弧的圆心坐标、两几何元素的交点或切点的坐标值；当零件图样所标尺寸的坐标系与所编程序的坐标系不一致时，需要进行相应的换算；若数控机床无刀补功能，则应计算刀心轨迹；对于形状比较复杂的非圆曲线(如渐开线、双曲线等)的加工，需要用小直线段或圆弧段逼近，按精度要求计算出其节点坐标值；自由曲线、曲面及组合曲面的数学处理更为复杂，需利用计算机进行辅助设计。

3. 编写零件加工程序单

在加工顺序、工艺参数以及刀位数据确定后，就可按数控系统的指令代码和程序段格式，逐段编写零件加工程序单。编程人员应对数控机床的性能、指令功能、代码书写格式等非常熟悉，才能编写出正确的零件加工程序。对于形状复杂(如空间自由曲线、曲面)、工序很长、计算烦琐的零件采用计算机辅助数控编程。

4. 输入数控系统

程序编写好之后，可通过键盘直接将程序输入数控系统，老一些的数控机床需要制作控制介质(穿孔带)，再将控制介质上的程序输入数控系统。

5. 程序检验和首件试加工

程序送入数控机床后，还需经过试运行和试加工两步检验后，才能进行正式加工。通过试运行检验程序语法是否有错，加工轨迹是否正确；通过试加工可以检验其加工工艺及有关切削参数指定得是否合理，加工精度能否满足零件图样要求，加工工效如何，以便进一步改进。

试运行方法对带有刀具轨迹动态模拟显示功能的数控机床，可进行数控模拟加工，检查刀具轨迹是否正确，如果程序存在语法或计算错误，运行中会自动显示编程出错报警，根据报警内容，编程员可对相应出错程序段进行检查、修改。对无此功能的数控机床可进行空运转检验。

试加工一般采用逐段运行加工的方法进行，即每按一次自动循环键，系统只执行一段程序，执行完一段停一下，通过一段一段的运行来检查机床的每次动作。不过，这里要提醒注意的是，当执行某些程序段，比如螺纹切削时，如果每一段螺纹切削程序中本身不带退刀功能时，螺纹刀尖在该段程序结束时会停在工件中，因此，应避免由此损坏刀具等。对于较复杂的零件，也先可采用石蜡、塑料或铝等易切削材料进行试切。

10.1.2 数控编程的方法

1. 手工编程

从零件图样分析、工艺处理、数值计算、编写程序单、程序输入至程序校验等各步骤均由人工完成，称为手工编程。对于加工形状简单的零件，计算比较简单，程序不多，采用手工编程较容易完成，而且经济、及时，因此，在点定位加工及由直线与圆弧组成的轮廓加工中，手工编程仍广泛应用。但对于形状复杂的零件，特别是具有非圆曲线、列表曲线及曲面的零件，用手工编程就有一定的困难，出错的几率增大，有的甚至无法编出程序，必须采用自动编程的方法编制程序。

2. 自动编程

自动编程是利用计算机专用软件编制数控加工程序的过程。它包括数控语言编程和图形交互式编程。数控语言编程，编程人员只需根据图样的要求，使用数控语言编写出零件加工源程序，送入计算机，由计算机自动地进行编译、数值计算、后置处理，编写出零件加工程序单，直至自动穿出数控加工纸带，或将加工程序通过直接通信的方式送入数控机床，指挥机床工作。

数控语言编程为解决多坐标数控机床加工曲面、曲线提供了有效方法，但这种编程方法直观性差，编程过程比较复杂不易掌握，并且不便于进行阶段性检查。随着计算机技术的发展，计算机图形处理功能已得到了极大的增强，“图形交互式自动编程”也应运而生。

图形交互式自动编程是利用计算机辅助设计(CAD)软件的图形编程功能，将零件的几何图形绘制到计算机上，形成零件的图形文件，或者直接调用由 CAD 系统完成的产品设计文件中的零件图形文件，然后再直接调用计算机内相应的数控编程模块，进行刀具轨迹处理，由计算机自动对零件加工轨迹的每一个节点进行运算和数学处理，从而生成刀位文件。之后，再经相应的后置处理，自动生成数控加工程序，并同时在计算机上动态地显示其刀具的加工轨迹图形。

图形交互式自动编程极大地提高了数控编程效率，它使从设计到编程的信息流连续，可实现 CAD/CAM 集成，为实现计算机辅助设计(CAD)和计算机辅助制造(CAM)一体化起到了必要的桥梁作用。因此，它也习惯地被称为 CAD/CAM 自动编程。

10.1.3 程序的结构与格式

每种数控系统，根据系统本身的特点及编程的需要，都有一定的程序格式。

对于不同的机床，其程序格式也不尽相同。因此，编程人员必须严格按照机床说明书的规定格式进行编程。

1. 程序结构

一个完整的程序由程序号、程序的内容和程序结束 3 部分组成。例如：

```
O0001                                        程序号
N10  G92  X40  Y30;                          ┐
N20  G90  G00  X28  T01  S800  M03;          │
N30  G01  X-8  Y8  F200;                     │
N40  X0  Y0;                                 ├ 程序内容
N50  X28  Y30;                               │
N60  G00  X40;                               ┘
N70  M02;                                    程序结束
```

1）程序号

在程序的开头要有程序号，以便进行程序检索。程序号就是给零件加工程序一个编号，并说明该零件加工程序开始。如FANUC数控系统中，一般采用英文字母O及其后4位十进制数表示（“O××××”），4位数中若前面为0，则可以省略，如“O 0101”等效于“0101”。而其他系统有时也采用符号“%”或“P”及其后4位十进制数表示程序号。

2）程序内容

程序内容部分是整个程序的核心，它由许多程序段组成，每个程序段由一个或多个指令构成，它表示数控机床要完成的全部动作。

3）程序结束

程序结束是以程序结束指令M02、M03或M99（子程序结束），作为程序结束的符号，用来结束零件加工。

2. 程序段格式

零件的加工程序是由许多程序段组成的，每个程序段由程序段号、若干个数据字和程序段结束字符组成，每个数据字是控制系统的具体指令，它是由地址符、特殊文字和数字集合而成，代表机床的一个位置或一个动作。

程序段格式是指一个程序段中字、字符和数据的书写规则。目前国内外广泛采用字—地址可变程序段格式。

所谓字—地址可变程序段格式，就是在一个程序段内数据字的数目以及字的长度（位数）都是可以变化的格式。不需要的字以及与上一程序段相同的续效字可以不写。一般的书写顺序按表10-1所示从左往右进行书写，对其中不用的功能应省略。这种格式的优点是程序简短、直观以及容易检验、修改。

例如：N20 G01 X25 Z-36 F100 S300 T02 M03 程序段内各字的说明：

表10-1 程序段书写顺序格式

1	2	3	4	5	6	7	8	9	10	11
N_	G_	X_ U_ P_ A_ D_	Y_ V_ Q_ B_ E_	Z_ W_ R_ C_	I_ J_ K_ R_	F_	S_	T_	M_	LF （或CR）
程序段序号	准备功能	坐标字				进给功能	主轴功能	刀具功能	辅助功能	结束符号
	数据字									

1）程序段序号（简称顺序号）

用以识别程序段的编号。用地址码N和后面的若干位数字来表示。如N20表示该语句的语句号为20。

2）准备功能G指令

是使数控机床作某种动作的指令，用地址G和两位数字所组成，从G00至G99共100种。G功能的代号已标准化。

3）坐标字

由坐标地址符（如X、Y等）、+、－符号及绝对值（或增量）的数值组成，且按一定的顺序进行排列。坐标字的“＋”可省略。其中坐标字的地址符含义如表 10-2 所示。

表 10-2　地址符含义

地 址 码	意　义
X_、Y_、Z_	基本直线坐标轴尺寸
U_、V_ W_	第一组附加值线坐标轴尺寸
P_、Q_、R_	第一组附加值线坐标轴尺寸
A_、B_、C_	绕 X、Y、Z 旋转坐标轴尺寸
I_、J_、K_	圆弧圆心的坐标尺寸
D_、E_	附加旋转坐标轴尺寸
R_	圆弧半径值

各坐标轴的地址符按下列顺序排列：X、Y、Z、U、V、W、P、Q、R、A、B、C、D、E。

4）进给功能 F 指令

用来指定各运动坐标轴及其任意组合的进给量或螺纹导程。该指令是续效代码，有两种表示方法：

(1) 代码法。即 F 后跟两位数字，这些数字不直接表示进给速度的大小，而是表示机床进给速度数列的序号，进给速度数列可以是算术级数，也可以是几何级数。从 F00～F99 共 100 个等级。

(2) 直接指定法。即 F 后面跟的数字就是进给速度的大小。按数控机床的进给功能，它也有两种速度表示法：一是以每分钟进给距离的形式指定刀具切削进给速度(每分钟进给量)，用 F 字母和它后继的数值表示，单位为“mm/min”，如 F100 表示进给速度为 100mm/min。对于回转轴如 F12 表示每分钟进给 12°；二是以主轴每转进给量规定的速度(每转进给量)，单位为“mm/r”。直接指定法较为直观，因此，现在大多数机床均采用这一指定方法。

5）主轴转速功能字 S 指令

用来指定主轴的转速，由地址码 S 和在其后的若干位数字组成。有恒转速(单位r/min)和表面恒线速(单位 mm/min)两种运转方式。如 S800 表示主轴转速为 800r/min；对于有恒线速度控制功能的机床，还要用 G96 或 G97 指令配合 S 代码来指定主轴的速度。如 G96 S200 表示切削速度为 200mm/min，G96 为恒线速控制指令；G97 S2000 表示注销 G96，主轴转速为 2000r/min。

6）刀具功能字 T 指令

主要用来选择刀具，也可用来选择刀具偏置和补偿，由地址码 T 和若干位数字组成。如 T18 表示换刀时选择 18 号刀具，如用作刀具补偿时，T18 是指按 18 号刀具事先所设定的数据进行补偿。若用四位数码指令时，例如 T0102，则前两位数字表示刀号，后两位数字表示刀补号。由于不同的数控系统有不同的指定方法和含义，具体应用时应参照所用数控机床说明书中的有关规定进行。

7）辅助功能字 M 指令

辅助功能表示一些机床辅助动作及状态的指令。由地址码 M 和后面的两位数字表示。

从 M00～M99 共 100 种。

8）程序段结束

写在每个程序段之后，表示程序结束。当用 EIA 标准代码时，结束符为“CR”，用 ISO 标准代码时为“NL”或“LF”。有的用符号“；”或“＊”表示。

10.1.4 数控机床坐标轴和运动方向

规定数控机床坐标轴及运动方向，是为了准确地描述机床的运动，简化程序的编制方法，并使所编程序有互换性。目前国际标准化组织已经统一了标准坐标系。我国机械工业部也颁布了 JB 3051—1982《数字控制机床坐标和运动方向的命名》的标准，对数控机床的坐标和运动方向做出了明文规定。

1. 坐标和运动方向命名的原则

数控机床的进给运动是相对的，有的是刀具相对于工件的运动（如车床），有的是工件相对于刀具的运动（如铣床）。为了使编程人员能在不知道是刀具移向工件，还是工件移向刀具的情况下，可以根据图样确定机床的加工过程，特规定：永远假定刀具相对于静止的工件坐标系而运动。

2. 标准坐标系的规定

在数控机床上加工零件，机床的动作是由数控系统发出的指令来控制的。为了确定机床的运动方向和移动的距离，就要在机床上建立一个坐标系，这个坐标系就叫标准坐标系，也叫机床坐标系。在编制程序时，就可以以该坐标系来规定运动方向和距离。

数控机床上的坐标系是采用右手直角笛卡儿坐标系，如图 10-3 所示。在图中，大拇指的方向为 X 轴的正方向，食指为 Y 轴的正方向。图 10-4～图 10-7 分别给出了几种机床标准坐标系。

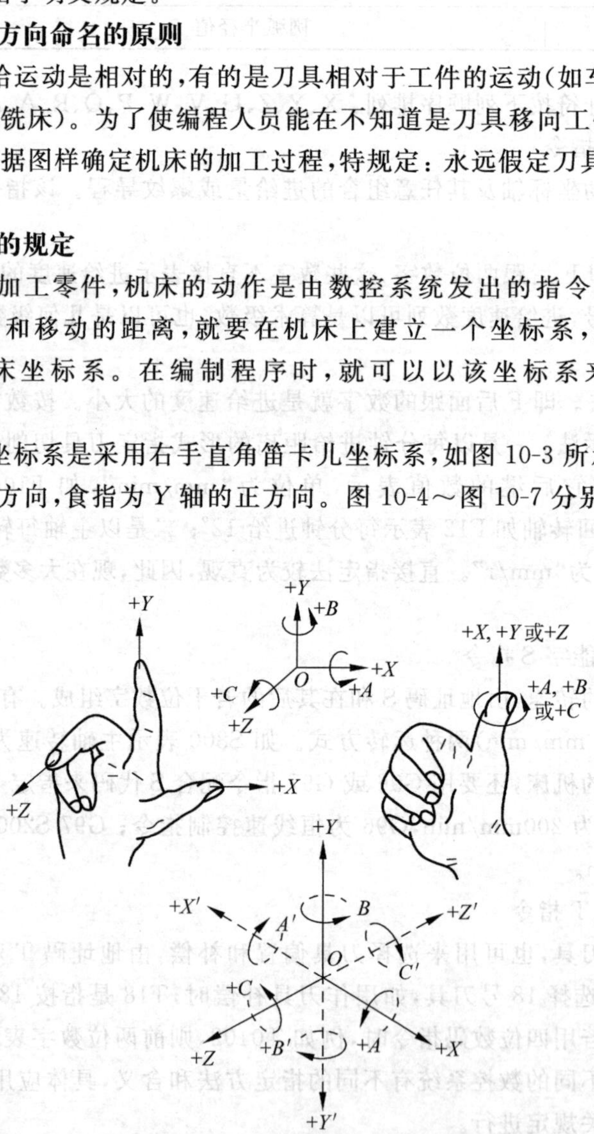

图 10-3 右手直角笛卡儿坐标系统

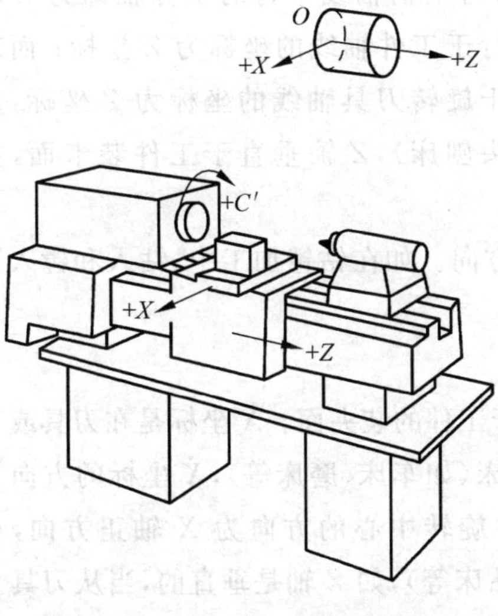

图 10-4 卧式车床标准坐标系

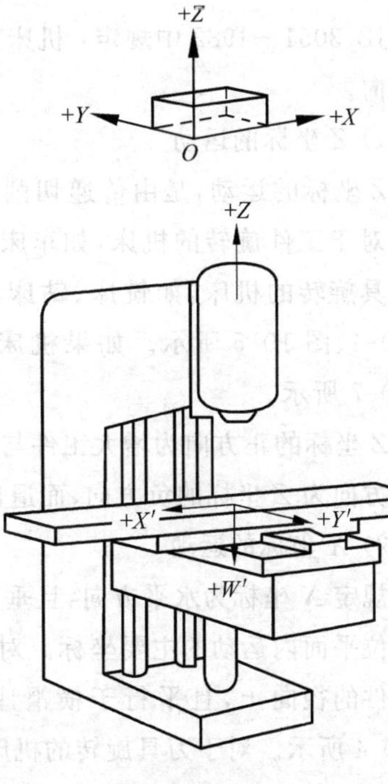

图 10-5 立式升降台铣床标准坐标系

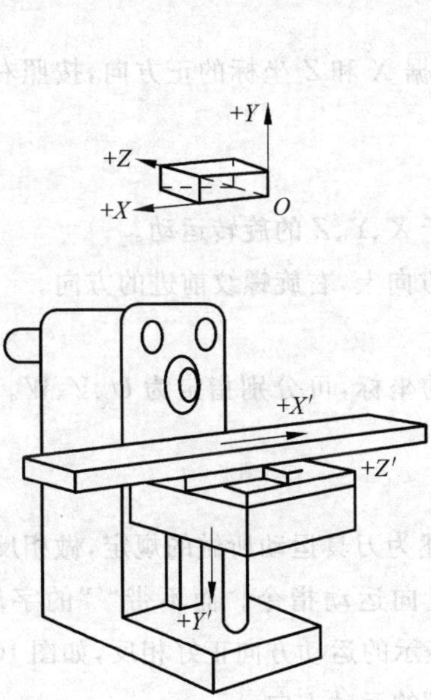

图 10-6 卧式升降台铣床标准坐标系

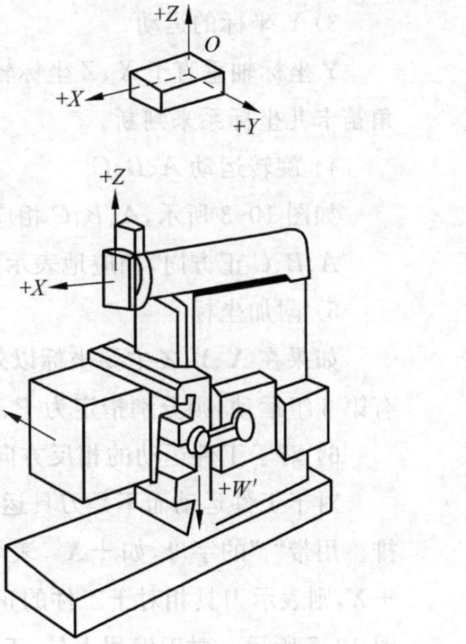

图 10-7 牛头刨床标准坐标系

3. 运动方向的确定

JB 3051—1982 中规定：机床某一部件运动的正方向，是增大工件和刀具之间的距离的方向。

1) Z 坐标的运动

Z 坐标的运动，是由传递切削力的主轴所决定，与主轴轴线平行的坐标轴即为 Z 坐标。对于工件旋转的机床，如车床、外圆磨床等，平行于工件轴线的坐标为 Z 坐标；而对于刀具旋转的机床，如铣床、钻床、镗床等，则平行于旋转刀具轴线的坐标为 Z 坐标，如图 10-4、图 10-5 所示。如果机床没有主轴(如牛头刨床)，Z 轴垂直于工件装卡面，如图 10-7 所示。

Z 坐标的正方向为增大工件与刀具之间距离的方向。如在钻镗加工中，钻入和镗入工件的方向为 Z 坐标的负方向，而退出为正方向。

2) X 坐标的运动

规定 X 坐标为水平方向，且垂直于 Z 轴并平行于工件的装夹面。X 坐标是在刀具或工件定位平面内运动的主要坐标。对于工件旋转的机床(如车床、磨床等)，X 坐标的方向是在工件的径向上，且平行于横滑座。刀具离开工件旋转中心的方向为 X 轴正方向，如图 10-4 所示。对于刀具旋转的机床(如铣床、镗床、钻床等)，如 Z 轴是垂直的，当从刀具主轴向立柱看时，X 运动的正方向指向右，如图 10-5 所示。如 Z 轴(主轴)是水平的，当从主轴向工件方向看时，X 运动的正方向指向右方，如图 10-6 所示。

3) Y 坐标的运动

Y 坐标轴垂直于 X、Z 坐标轴，其运动的正方向根据 X 和 Z 坐标的正方向，按照右手直角笛卡儿坐标系来判断。

4) 旋转运动 A、B、C

如图 10-3 所示，A、B、C 相应地表示其轴线平行于 X、Y、Z 的旋转运动。

A、B、C 正方向，相应地表示在 X、Y 和 Z 坐标正方向上，右旋螺纹前进的方向。

5) 附加坐标

如果在 X、Y、Z 主要坐标以外，还有平行于它们的坐标，可分别指定为 U、V、W。如还有第 3 组运动，则分别指定为 P、Q、R。

6) 对于工件运动的相反方向

对于工件运动而不是刀具运动的机床，必须将前述为刀具运动所做的规定，做相反的安排。用带“′”的字母，如 $+X'$，表示工件相对于刀具正向运动指令。而不带“′”的字母，如 $+X$，则表示刀具相对于工件的正向运动指令。二者表示的运动方向正好相反，如图 10-4～图 10-7 所示。对于编程人员、工艺人员只考虑不带“′”的运动方向。

7) 主轴旋转运动方向

主轴的顺时针旋转运动方向(正转)，是右旋螺纹旋入工件的方向。

4. 绝对坐标系与增量(相对)坐标系

1) 绝对坐标系

刀具(或机床)运动轨迹的坐标值是以相对于固定的坐标原点 O 给出的,即称为绝对坐标。该坐标系为绝对坐标系。如图 10-8(a)所示,A、B 两点的坐标均以固定的坐标原点 O 计算的,其值为:$X_A=10,Y_A=20,X_B=30,Y_B=50$。

2) 增量(相对)坐标系

刀具(或机床)运动轨迹的坐标值是相对于前一位置(起点)来计算的,即称为增量(或相对)坐标,该坐标系称为增量坐标系。

增量坐标系常用 U、V、W 来表示。如图 10-8(b)所示,B 点相对于 A 点的坐标(即增量坐标)为 $U=20,V=30$。

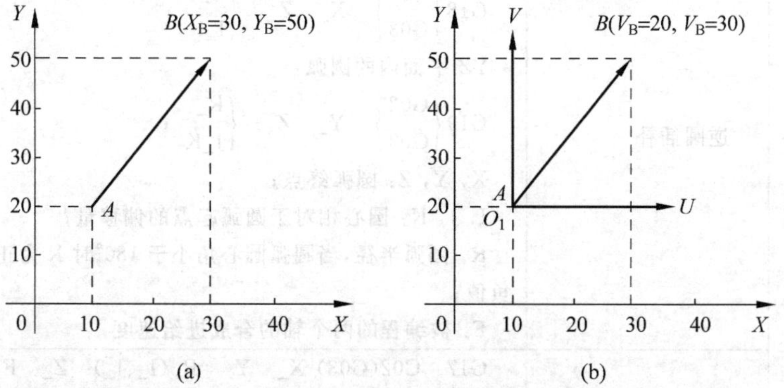

图 10-8 绝对坐标与增量坐标

10.1.5 数控系统的准备功能和辅助功能

数控机床的运动是由程序控制的,而准备功能和辅助功能是程序段的基本组成部分,也是程序编制过程中的核心问题。

1. 准备功能

准备功能是使数控机床做好某种操作准备的指令,由地址功能码 G 和数字组成,ISO 标准中规定准备功能有 G00~G99 共 100 种。表 10-3 和表 10-4 为华中数控的 G 代码表,表中"√"表示机床默认状态。G 代码分为模态代码和非模态代码。模态代码除了在本程序段有效外,在后续程序段也起作用,直到出现同组的另一个代码时才失效。如 01 组中的 G00,直到出现同组(01 组)的另一个 G 指令(如 G01)才失效。非模态代码只在本程序段有效,如 G04,其功能仅在所出现的程序段内才有作用。

表 10-3 华中数控铣床和加工中心

<table>
<tr><th>代码</th><th>分组</th><th>意　　义</th><th>格　　式</th></tr>
<tr><td>G00</td><td rowspan="5">01</td><td>快速定位</td><td>G00 X_ Y_ Z_ A_;X,Y,Z,A: 在 G90 时为终点在工件坐标系中的坐标；在 G91 时为终点相对于起点的位移量</td></tr>
<tr><td>√G01</td><td>直线插补</td><td>G01 X_; Y_; Z_; A_; F_;
X,Y,Z,A: 线性进给终点；
F: 合成进给速度</td></tr>
<tr><td>G02</td><td>顺圆插补</td><td rowspan="2">XY 平面内的圆弧：
G17 $\left\{\begin{matrix}G02\\G03\end{matrix}\right\}$ X_Y_ $\left\{\begin{matrix}R\_\\I\_J\_\end{matrix}\right.$;
ZX 平面内的圆弧：
G18 $\left\{\begin{matrix}G02\\G03\end{matrix}\right\}$ X_ Z_ $\left\{\begin{matrix}R\_\\I\_K\_\end{matrix}\right.$;
YZ 平面内的圆弧：
G19 $\left\{\begin{matrix}G02\\G03\end{matrix}\right\}$ Y_ Z_ $\left\{\begin{matrix}R\_\\J\_K\_\end{matrix}\right.$;
X, Y, Z: 圆弧终点；
I, J, K: 圆心相对于圆弧起点的偏移量；
R: 圆弧半径，当圆弧圆心角小于 180°时 R 为正值，否则 R 为负值；
F: 被编程的两个轴的合成进给速度</td></tr>
<tr><td>G03</td><td>逆圆插补</td></tr>
<tr><td>G02/G03</td><td>螺旋线进给</td><td>G17 G02(G03) X_ Y_ R_(I_、J_) Z_ F_;
G18 G02(G03) X_ Z_ R_(I_、K_) Y_ F_;
G19 G02(G03) Y_ Z_ R_(J_、K_) X F_;
X, Y, Z: 由 G17/G18/G19 平面选定的两个坐标为螺旋线投影圆弧的终点，第 3 个坐标是选定平面相垂直的轴终点。
其余参数的意义同圆弧进给</td></tr>
<tr><td>G04</td><td>00</td><td>暂停</td><td>G04 P_
P: 指定时间，单位为 s</td></tr>
<tr><td>G07</td><td>16</td><td>虚轴制定</td><td>G07 X_ Y_ Z_ A_;
X,Y,Z,A: 被指定轴后跟数字 0，则该轴为虚轴；后跟数字 1，则该轴为实轴</td></tr>
<tr><td>G09</td><td>00</td><td>准停校验</td><td>一个包括 G90 的程序在继续执行下个程序段前，准确停止在本程序段的终点。用于加工尖锐的棱角</td></tr>
<tr><td>√G17</td><td rowspan="3">02</td><td>XY 平面</td><td rowspan="3">G17 选择 XY 平面；
G18 选择 ZX 平面；
G19 选择 YZ 平面</td></tr>
<tr><td>G18</td><td>ZX 平面</td></tr>
<tr><td>G19</td><td>YZ 平面</td></tr>
<tr><td>G20</td><td rowspan="3">06</td><td>英寸输入</td><td rowspan="3"></td></tr>
<tr><td>√G21</td><td>毫米输入</td></tr>
<tr><td>G22</td><td>脉冲当量</td></tr>
<tr><td>G24</td><td rowspan="2">03</td><td>镜像开</td><td>G24 X_ Y_ Z_ A_;
X, Y, Z, A: 镜像位置</td></tr>
<tr><td>G25</td><td>镜像关</td><td>指令格式和参数含义同 G24</td></tr>
</table>

续表

代码	分组	意 义	格 式
G28	00	回归参考点	G28 X_ Y_ Z_ A_； X，Y，Z，A：回参考点时经过的中间点
G29	00	由参考点回归	G29 X_ Y_ Z_ A_； X，Y，Z，A：返回定位终点
G40	09	刀具半径补偿取消	G17(G18/G19) G40(G41/G42) G00(G01) X_ Y_ Z_ D_； X，Y，Z：G01/G02 的参数，即刀补建立或取消的终点； D：G41/G42 的参数，即刀补号码（D00～D99）代表刀补表中对应的半径补偿值
G41	09	左半径补偿	
G42	09	右半径补偿	
G43	10	刀具长度正向补偿	G17(G18/G19) G43(G44/G49) G00(G01) X_ Y_ Z_ H_； X，Y，Z：G01/G02 的参数，即刀补建立或取消的终点； H：G43/G44 的参数，即刀补号码（H00～H99）代表刀补表中对应的长度补偿值
G44	10	刀具长度负向补偿	
G49	10	刀具长度补偿取消	
G50	04	缩放关	G51 X_ Y_ Z_ P_ M98 P_； G50； X,Y,Z：缩放中心的坐标值； P：缩放倍数
G51	04	缩放开	
G52	00	局部坐标系设定	G52 X_ Y_ Z_ A_； X，Y，Z，A：局部坐标系原点在当前工件坐标系中的坐标值
G53	00	直接坐标系编程	机床坐标系编程
√G54	12	选择工作坐标系 1	
G55	12	选择工作坐标系 2	
G56	12	选择工作坐标系 3	
G57	12	选择工作坐标系 4	
G58	12	选择工作坐标系 5	
G59	12	选择工作坐标系 6	
G60	00	单方向定位	G60 X_ Y_ Z_ A_； X，Y，Z，A：单向定位终点
G61	12	精确停止校验方式	在 G61 后的各程序段编程轴都要准确停止在程序段的终点，然后再继续执行下一段程序
G64	12	连续方式	在 G64 后的各程序段编程轴刚开始减速时（未达到所编程的终点）就开始执行下一程序段。但在 G00/G60/G09 程序中，以及不含运动指令的程序段中，进给速度减速到 0 才执行定位校验

续表

<table>
<tr><th>代码</th><th>分组</th><th>意　义</th><th>格　式</th></tr>
<tr><td>G65</td><td>00</td><td>子程序调用</td><td>指令格式及参数意义与 G98 相同</td></tr>
<tr><td>G68</td><td rowspan="2">05</td><td>旋转变换</td><td rowspan="2">G17　G68　X_　Y_　P_
G18　G68　X_　Z_　P_
G19　G68　Y_　Z_　P_
M98　P_
G69；
X，Y，Z：旋转中心的坐标值；
P：旋转角度</td></tr>
<tr><td>G69</td><td>旋转取消</td></tr>
<tr><td>G73</td><td rowspan="13">06</td><td>高速深孔加工循环</td><td rowspan="13">G98(G99) G73 X_　Y_　Z_　R_　Q_　P_　K_　F_　L_；
G98(G99) G74 X_　Y_　Z_　R_　P_　F_　L_；
G98(G99) G76 X_　Y_　Z_　R_　P_　I_　J_　F_　L_；
G80；
G98(G99) G81 X_　Y_　Z_　R_　F_　L_；
G98(G99) G82 X_　Y_　Z_　R_　P_　F_　L_；
G98(G99) G83 X_　Y_　Z_　R_　Q_　P_　K_　F_　L_；
G98(G99) G84 X_　Y_　Z_　R_　P_　F_　L_；
G85 指令同 G84，但在孔底时主轴不反转；
G86 指令同 G81，但在孔底时主轴停止，然后快速退回；
G98(G99) G87 X_　Y_　Z_　R_　P_　I_　J_　F_　L_；
G98(G99) G88 X_　Y_　Z_　R_　P_　F_　L_；
G89 指令与 G86 相同，但在孔底没有暂停；
X，Y：加工起点到孔位的距离；
R：初始点到 R 的距离；
Z：R 点到孔底的距离；
Q：每次进给深度(G73/G83)；
I,J：刀具在轴反向位移量(G76/G87)；
P：刀具在孔底暂停时间；
F：切削进给速度；
L：固定循环次数</td></tr>
<tr><td>G74</td><td>返攻螺纹循环</td></tr>
<tr><td>G76</td><td>精镗循环</td></tr>
<tr><td>G80</td><td>固定循环取消</td></tr>
<tr><td>G81</td><td>钻孔循环</td></tr>
<tr><td>G82</td><td>带停顿的单孔循环</td></tr>
<tr><td>G83</td><td>深孔加工循环</td></tr>
<tr><td>G84</td><td>攻螺纹循环</td></tr>
<tr><td>G85</td><td>镗孔循环</td></tr>
<tr><td>G86</td><td>镗孔循环</td></tr>
<tr><td>G87</td><td>反镗循环</td></tr>
<tr><td>G88</td><td>镗孔循环</td></tr>
<tr><td>G89</td><td>镗孔循环</td></tr>
<tr><td>√G90</td><td rowspan="2">13</td><td>绝对值编程</td><td rowspan="2"></td></tr>
<tr><td>G91</td><td>增量值编程</td></tr>
<tr><td>G92</td><td>00</td><td>工作坐标系设定</td><td>G92　X_　Y_　Z_　A_；
X，Y，Z，A：设定的工件坐标系原点到刀具起点的有向距离</td></tr>
<tr><td>G94</td><td rowspan="2">14</td><td>每分钟进给</td><td rowspan="2"></td></tr>
<tr><td>G95</td><td>每转进给</td></tr>
<tr><td>√G98</td><td rowspan="2">15</td><td>固定循环
返回起始点</td><td>G98；
返回初始平面</td></tr>
<tr><td>G99</td><td>固定循环
返回到 R 点</td><td>G99；
返回 R 平面</td></tr>
</table>

表 10-4　华中数控系统数控车床(重要提示：本系统中车床采用直径编程)

代码	分组	功　能	格　式
G00	01	快速定位	G00　(U)_　Z(W)_； X，Z：为直径编程时，快速定位终点在工件坐标系中的坐标； U，W：为增领量编程时，快速定为终点相对于起点的位移量
√G01	00	直线插补	G01 X (U)_　Z(W)_　F_； X，Z：绝对编程时，终点在工件坐标系中的坐标； U，W：增量编程时，终点相对于起点的位移量； F：合成进给速度
		倒角加工	G01 X (U)_　Z(W)_　C_； G01 X (U)_　Z(W)_　R_； X，Z：绝对编程时，为未倒角前两相邻程序段轨迹的交点 G 的坐标值； U，W：为增领量编程时，为 G 点相对于起始直线轨迹的始点 A 点的移动距离； C：倒角终点 C，相对于相邻两直线的交点 G 的距离； R：倒角圆弧的半径值
G02		顺圆插补	G02 X(U)_　Z(W)_ {I_…K_… / R_…} F_； X，Z：绝对编程时，圆弧终点在工件坐标系中的坐标； U，W：为增领量编程时，圆弧终点相对于圆弧起点的位移量； I，K：圆心相对于圆弧起点的增加量，在绝对、增量编程时都以增量方式指定；在直径、半径编程时 I 都是半径值； R：圆弧半径； F：被编程的两个轴的合成进给速度
G03		逆圆插补	指令格式及参数意义同 G02
G02(G03)		倒角加工	G02(G03)　X(U)_　Z(W)_　R_　RL_； G02(G03)　X(U)_　Z(W)_　R_　RC_； X，Z：绝对编程时，为未倒角前圆弧终点 G 的坐标值； U，W：为增领量编程时，为 G 点相对于圆弧始点的 A 点的移动距离； R：圆弧半径值； RL：倒角终点 C 相对于未倒角前圆弧终点 G 的距离； RC：倒角圆弧的半径值
G04		暂停	G04 P_； P：暂停时间，单位 s
G20 √G21	08	英寸输入 毫米输入	G20 X_　Z_；
G28 G29	00	返回刀参考点 由参考点返回	G28 X_　Z_； G29 X_　Z_

续表

代码	分组	功　能	格　式
G32	01	螺纹切削	G32X (U)_　Z(W)_　R_　E_　P_　F_ X，Z：绝对编程时，有效螺纹终点在工件坐标系中的坐标； U，W：为增领量编程时，有效螺纹终点相对于螺纹切削起点的位移量； F：螺纹导程，即主轴每转一圈，刀具相对于工件的进给量； R，E：螺纹切削的退尾量，R 表示 *Z* 向退尾量；E 表示 *X* 向退尾量； P：主轴基准脉冲距离螺纹切削起点的主轴转角
√G36 G37	17	直径编程 半径编程	
√G40 G41 G42	09	刀尖半径 补偿取消 左刀补 右刀补	G40 G00(G01) X_　Z_； G41 G00(G01) X_　Z_； G42 G00(G01) X_　Z_； X，Z：为建立刀补或取消刀补的终点，G41/G42 的参数由 T 代码指定
√G54 G55 G56 G57 G58 G59	11	坐标系选择	
G71	06	内(外)径粗车 复合循环 (无凹槽加工时) 内(外)径粗车 复合循环 (有凹槽加工时)	G71 U (Δd)_　R (r)_　P (ns)_　Q (nf)_　X (Δx)_　Z (Δz)_　F (f)_　S (s)_　T(t)_； G71 U (Δd)_　R (r)_　P (ns)_　Q (nf)_　E(e)_　F (f)_　S (s)_　T(t)_； Δd：切削深度(每次切削量)，指定时不加符号； r：每次退刀量； ns：精加工第一路径第一程序段的顺序号； nf：粗加工第一路径最后程序段的顺序号； Δx：X 方向精加工余量； Δz：Z 方向精加工余量； f，s，t：粗加工时 G71 中编程的 F，S，T 有效，而精加工时处于 ns 到 nf 程序段之间的 F，S，T 有效； e：精加工余量，其中 *X* 方向的等高距离； 外径切削时为正，内径切削时为负

续表

代码	分组	功　能	格　式
G72		端面粗车 复合循环	G71 U (Δd)_　R (r)_　P (ns)_　Q (nf)_　X (Δx)_　Z (Δz) F (f)_　S (s)_　T (t)_; 参数含义同 G71
G73		闭环车削 复合循环	G71 U(ΔI)_　W(ΔK)_　R(r)_　P(ns)_　Q(nf)_　X(Δx)_　Z(Δz)_　F(f)_　S(s)_　T(t)_; ΔI：X 方向的粗加工总余量； ΔK：Z 方向的粗加工总余量； r：粗切削次数； ns：精加工路径第一程序段的顺序号； nf：精加工路径最后程序段的顺序号； Δx：X 方向精加工余量； Δz：Z 方向精加工余量； f,s,t：粗加工时 G71 种编程的 F,S,T 有效，而精加工时处于 ns 到 nf 程序段之间的 F，S，T 有效
G76	06	螺纹切削 复合循环	G76 C(c)_　R(r)_　E(e)_　A(a)_　X(x)_　Z(z)_　I(i)_　K(k)_　U(d)_　V(Δdmin)_　Q(Δd)_　P(p)_　F(L)_; c：精整次数(1～99)为模态值； e：螺纹 Z 向退尾长度(00～99)为模态值； a：刀尖角度(二位数字)为模态值，在 80°，60°，55°，30°，29°，0°等 6 个角度中选一个； x,z：绝对编程时为有效螺纹终点的坐标，增量编程时为有效螺纹终点相对于循环起点的有向距离； i：螺纹两端的半径差； k：螺纹高度； Δdmin：最小切削深度； d：精加工余量(半径值)； Δd：第一次切削深度(半径值)； p：主轴基准脉冲处距离切削起始点的主轴转角； L：螺纹导程
G80		圆柱面内(外) 径切削循环 圆锥面内(外) 径切削循环	G80 X_　Z_　F_; G80 X_　Z_　I_　F_; I：切削起点 B 与切削终点 C 的半径差
G81		端面车削 固定循环	G81 X_　Z_　F_
G82		直螺纹切削循环 锥螺纹切削循环	G82 X_　Z_　R_　E_　C_　P_　F; G82 X_　Z_　I_　R_　E_　C_　P_　F_; R,E：螺纹切削的退尾量，R 为 Z 向回退量，E 为 X 向回退量，R,E 可以省略，表示不用回退功能； C：螺纹头数，为 0 或 1 时切削单头螺纹； P：单头螺纹切削时，为主轴基准脉冲处距离切削起点的主轴转角(缺省值为 0)；多头螺纹切削时，为相邻螺纹头的切削起始点之间对应的主轴转角； F：螺纹导程； I：螺纹起点 B 与螺纹终点 C 的半径差

续表

代码	分组	功能	格式
√G90 G91	13	绝对编程 相对编程	
G92	00	工件坐标系设定	G92 X_ Z_
√G94 G95	14	每分钟进给速率 每转进给	G94 F_; G97 F_; F：进给速度
G96 G97	16	恒线速度切削	G96 S_; G97 S_; S：G96 后面的 S 值为切削的恒定线速度，单位为 m/min； G97 后面的 S 值取消恒定线速度后，指定的主轴转速，单位为 r/min，如缺省，则为执行 G96 指令前的主轴转速度

2. 辅助功能(M 功能)

辅助功能字 M，由地址功能码 M 和数字组成，从 M00～M99 共 100 种。它是控制机床或系统的开关功能的一种命令。表 10-5 为华中数控系统支持的 M 代码。

表 10-5 华中数控系统支持的 M 代码

代码	功能	格式
M00	程序停止	
M02	程序结束	
M03	主轴正转起动	
M04	主轴反转起动	
M05	主轴停止转动	
M06	换刀指令(铣)	M06 T_
M07	切削液开启(铣)	
M08	切削液开启(车)	
M09	切削液关闭	
M30	结束程序运行且返回程序开头	
M98	子程序调用	M98 Onnnn Lxx 调用程序号为 Onnnn 的程序 xx 次
M99	子程序结束	子程序格式： Onnnn; …; M99

由于数控机床的厂家很多，每个厂家使用的 G 功能、M 功能与 ISO 标准也不完全相同，因此，对于某一台数控机床，必须根据机床说明书的规定进行编程。

10.2 数控加工工艺分析

数控编程人员在编程前要对所加工的零件进行工艺分析，拟订加工方案，选择合适的刀具，确定切削用量。在编程中，对一些工艺问题(如对刀点、加工路线等)也要做一些处理。

10.2.1 数控加工工艺的基本特点和基本内容

1. 基本特点

在普通机床上加工零件时，是用工艺规程或工艺卡片来规定每道工序的操作程序，操作者按工艺卡上规定的“程序”加工零件。而在数控机床上加工零件时，要把被加工的全部工艺过程、工艺参数和位移数据编制成程序，并以数字信息的形式记录在控制介质(如穿孔纸带、磁盘等)上，用它控制机床加工。

由此可见，数控机床加工工艺与普通机床加工工艺在原则上基本相同，但数控加工的整个过程是自动进行的，因而又有其特点：

(1) 数控加工的工序内容比普通机床的工序加工内容复杂。由于数控机床比普通机床价格贵，若只加工简单工序在经济上不合算，所以在数控机床上通常安排较复杂的工序，甚至是在普通机床上难以加工的工序。

(2) 数控机床加工程序的编制比普通机床工艺规程的编制复杂。这是因为在普通机床的加工工艺中不必考虑的问题，如工序内工步的安排、对刀点、换刀点及走刀路线的确定等问题，在编制数控机床加工工艺时不能忽略。

2. 基本内容

实践证明，数控加工工艺主要包括以下几方面：

(1) 选择适合在数控机床上加工的零件，确定工序内容。

(2) 分析被加工零件图样，明确加工内容及技术要求，在此基础上确定零件的加工方案，制定数控加工工艺路线，如工序的划分、加工顺序的安排、与传统加工工序的衔接等。

(3) 设计数控加工工序。如工步的划分、零件的定位与夹具的选择、刀具的选择、切削用量的确定等。

(4) 调整数控加工工序的程序。如对刀点、换刀点的选择、加工路线的确定、刀具的补偿。

(5) 分配数控加工的容差。

(6) 处理数控机床上部分工艺指令。

10.2.2 工序与工步的划分

1. 工序的划分

在数控机床上加工零件，工序可以比较集中，在一次装夹中尽可能完成大部分或全部工序。一般工序划分有以下几种方式：

1) 按零件装卡定位方式划分工序

由于每个零件结构形状不同，各加工表面的技术要求也有所不同，故加工时，其定位方式各有差异。一般加工外形时以内形定位；加工内形时又以外形定位，因而可根据定位方式的不同来划分工序。如图 10-9 所示的片状凸轮，尺寸单位为 mm，按定位方式可分为两道工序。第 1 道工序可在普通机床上进行，以外圆表面 B 和平面定位加工端面 A 和 Φ22H7 的内孔，然后再加工端面 B 和 Φ4H7 的工艺孔；第 2 道工序以已加工过的两个孔和一个端面定位，在数控铣床上铣削凸轮外表面曲线。

2）按粗、精加工划分工序

根据零件的加工精度、刚度和变形等因素来划分工序时，可按粗、精加工分开的原则来划分工序，即先粗加工再精加工。此时可用不同的机床或不同的刀具进行加工。通常在一次安装中，不允许将零件某一部分表面加工完毕后，再加工零件的其他表面。如图 10-10 所示的零件，应先切除整个零件的大部分余量，再将其表面精车一遍，以满足加工精度和表面粗糙度的要求。

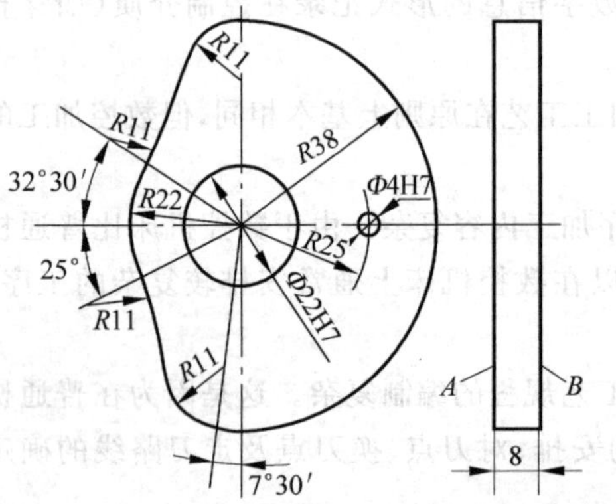

图 10-9　片状凸轮

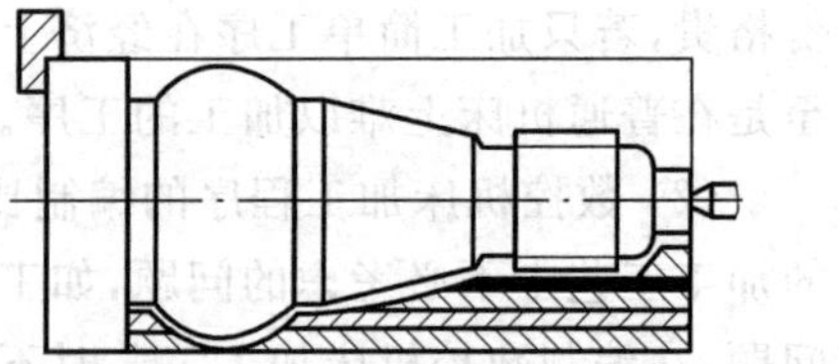

图 10-10　车削加工的零件

3）按所用刀具划分工序

为了减少换刀次数，压缩空程时间，减少不必要的定位误差，可按刀具集中工序的方法加工零件，即在一次装夹中，尽可能用同一把刀具加工出可能加工的所有部位，然后再换另一把刀具加工其他部位。在专用数控机床和加工中心中常采用这种方法。

2. 工步的划分

工步的划分主要从加工精度和效率两方面考虑。在一个工序内往往需要采用不同的刀具和切削用量，对不同的表面进行加工。为了便于分析和描述较复杂的工序，在工序内又细分为工步。下面以加工中心为例来说明工步划分的原则：

(1) 同一表面按粗加工、半精加工、精加工依次完成，或全部加工表面按先粗后精加工分开进行。

(2) 对于既有铣面又有镗孔的零件，可先铣面后镗孔，使其有一段时间恢复，可减少由变形引起的对孔的精度的影响。

(3) 按刀具划分工步。某些机床工作台回转时间比换刀时间短，可采用按刀具划分工步，以减少换刀次数，提高加工生产率。

总之，工序与工步的划分要根据具体零件的结构特点、技术要求等情况综合考虑。

10.2.3 零件的安装与夹具的选择

1. 定位安装的基本原则

在数控机床上加工零件时，定位安装的基本原则是合理选择定位基准和夹紧方案。在选择时应注意以下几点：

(1) 力求设计、工艺和编程计算的基准统一。

(2) 尽量减少装夹次数，尽可能在一次定位装夹后，加工出全部待加工表面。

(3) 避免采用占机人工调整式加工方案，以充分发挥数控机床的效能。

2. 选择夹具的基本原则

数控加工的特点对夹具提出了两个基本要求：一是要保证夹具的坐标方向与机床的坐标方向相对固定；二是要协调零件和机床坐标系的尺寸关系。除此之外，还要考虑以下几点：

(1) 当零件加工批量不大时，应尽量采用组合夹具、可调式夹具及其他通用夹具，以缩短生产准备时间、节省生产费用。

(2) 在成批生产时才考虑采用专用夹具，并力求结构简单。

(3) 零件的装卸要快速、方便、可靠，以缩短机床的停顿时间。

(4) 夹具上各零部件应不妨碍机床对零件各表面的加工，即夹具要开敞，其定位、夹紧机构元件不能影响加工中的走刀(如产生碰撞等)。

10.2.4 刀具的选择与切削用量的确定

1. 刀具的选择

刀具的选择是数控加工工艺中重要内容之一，它不仅影响机床的加工效率，而且直接影响加工质量。与传统的加工方法相比，数控加工对刀具的要求更高，不仅要求精度高、刚度好、耐用度高，而且要求尺寸稳定、安装调整方便。这就要求采用新型优质材料制造数控加工刀具，并优选刀具参数。

选取刀具时，要使刀具的尺寸与被加工工件的表面尺寸和形状相适应。生产中，平面零件周边轮廓的加工，常采用立铣刀。铣削平面时，应选用硬质合金立铣刀；加工凸轮、凹槽时，选高速钢立铣刀；加工毛坯表面或粗加工孔时，可选镶硬质合金的玉米铣刀。

对一些立体型面和变斜角轮廓外形的加工，常采用球头铣刀、环形铣刀、鼓形刀、锥形刀和盘形刀，如图 10-11 所示。

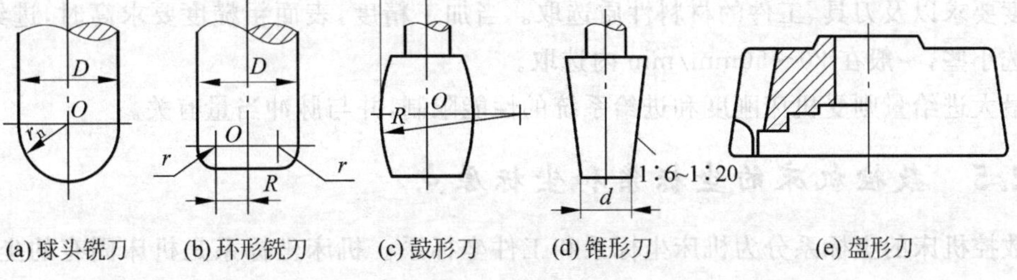

图 10-11 常用铣刀

曲面加工常采用球头铣刀,但加工曲面较平坦部位时,刀具以球头顶端刃切削,切削条件较差,因而应采用环形刀。在单件或小批量生产中,为了取代多坐标联动机床,常采用鼓形刀或锥形刀来加工飞机上的一些变斜角零件,如图 10-12 所示。加镶齿盘形铣刀,适用于在五坐标联动的数控机床上加工一些球面,其效率比用球头铣刀高近 10 倍,并可获得好的加工精度。

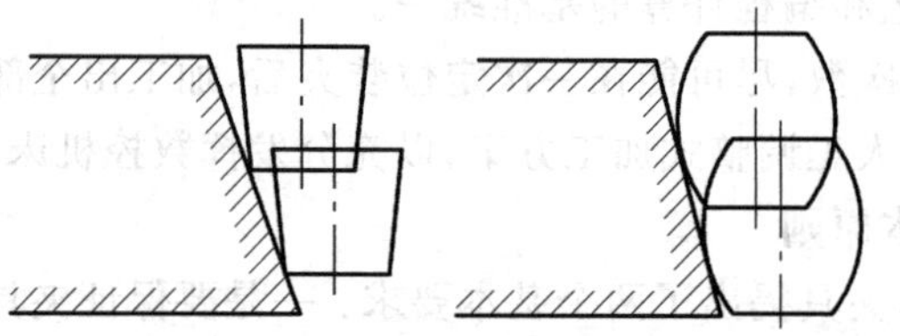

图 10-12 变斜角零件斜面加工

2. 切削用量的确定

切削用量包括主轴转速(切削速度)、背吃刀量、进给量。对于不同的加工方法,需要选择不同的切削用量,并编入程序单内。

合理选择切削用量的原则是:粗加工时,一般以提高生产率为主,但也应考虑经济性和加工成本;半精加工和精加工时,应在保证加工质量的前提下,兼顾切削效率、经济性和加工成本。具体数值应根据机床说明书、切削手册,并结合经验而定。

1) 切削深度(单位为 mm)

主要根据机床、夹具、刀具和工件的刚度来决定。在刚度允许的情况下,应以最少的进给次数切除加工余量,最好一次切净余量,以便提高生产率。在数控机床上,精加工余量可小于普通机床,一般取 0.2~0.5mm。

2) 主轴转速 n(单位为 r/min)

主要根据允许的切削速度 V_c(m/min)选取。

$$n = 1000\frac{V_c}{D}$$

式中:V_c——切削速度,由刀具的耐用度决定;

D——工件或刀具直径(mm)。

主轴转速 n 要根据计算值在机床说明书中选取标准值,并填入程序单中。

3) 进给量/进给速度 f(单位为 mm/min 或 mm/r)

进给量/进给速度是数控机床切削用量中的重要参数,主要根据零件的加工精度和表面粗糙度要求以及刀具、工件的材料性质选取。当加工精度,表面粗糙度要求高时,进给量数值应选小些,一般在 20~50mm/min 内选取。

最大进给量则受机床刚度和进给系统的性能限制,并与脉冲当量有关。

10.2.5 数控机床的坐标系和坐标原点

数控机床的坐标系分为机床坐标系和工件坐标系。机床坐标系是机床固有的坐标系,它是制造和调整机床的基础,也是设置工件坐标系的基础。机床坐标系在出厂前已经调整好,一般情况下,不允许用户随意变动。机床原点为机床的零点,它是机床上的一个固定点,由生产厂家在设计机床时确定。

工件坐标系又称编程坐标系，是编程时使用的坐标系，用来确定工件几何形体上各要素的位置。工件坐标系的原点即为工件零点，其位置是任意的，它由编程人员在编制程序时根据零件的特点选定的。在选择工件零点的位置时应注意：

(1) 工件零点应选在零件图的尺寸基准上，这样便于坐标值的计算，并减少错误。

(2) 工件零点尽量选在精度较高的工件表面，以提高被加工零件的加工精度。

(3) 对于对称的零件，工件零点应设在对称中心上。

(4) 对于一般零件，工件零点设在工件外轮廓的某一角上。

(5) Z 轴方向上的零点，一般设在工件表面。

机床坐标系与工件坐标系的关系如图 10-13 所示。

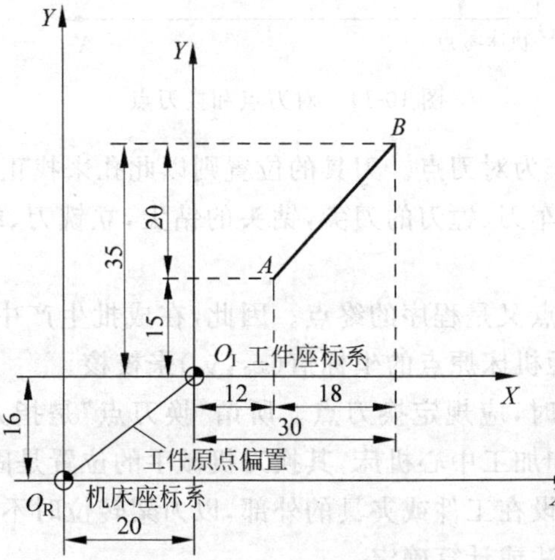

图 10-13 坐标原点偏置

在加工时，工件随夹具在机床上安装后，测量工件原点与机床原点之间的距离，这个距离称为工件原点偏置，如图 10-13 所示。该偏置值需预存到数控系统中，在加工时，工件原点偏置值便能自动加到工件坐标系上，使数控系统可按机床坐标系确定加工时的绝对坐标值。因此，编程人员可以不必考虑工件在机床上的安装位置和安装精度，而利用数控系统的原点偏置功能，通过工件的原点偏置值来补偿工件在工作台上的位置误差，使用起来十分方便，现在大多数数控机床均有这种功能。

10.2.6 对刀点和换刀点的确定

在编程时，应正确地选择“对刀点”和“换刀点”的位置。“对刀点”就是在数控机床上加工零件时，刀具相对于工件运动的起点。由于程序段从该点开始执行，所以对刀点又称为“程序起点”或“起刀点”。对刀点可选在工件上，也可选在工件外面（如选在夹具上或机床上），但必须与零件的定位基准有一定的关系。如图 10-14 中的 x_0 和 y_0，这样才能确定机床坐标系与工件坐标系的关系。

若对刀精度要求不高时，可直接选用零件上或夹具上的某些表面作为对刀面。

若对刀精度要求较高时，对刀点应尽量选在零件的设计基准或工艺基准上。如以孔定

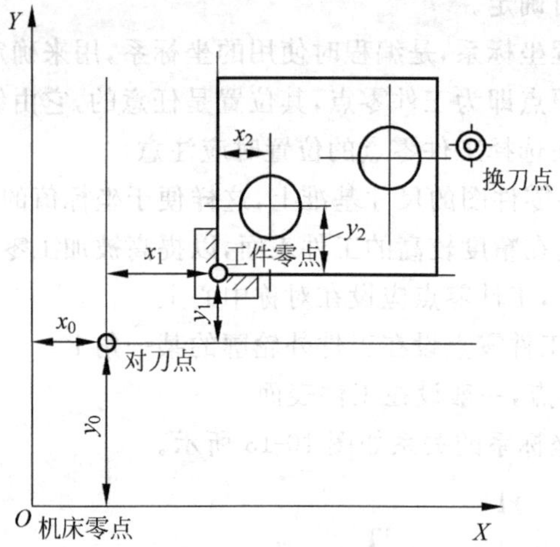

图 10-14 对刀点和换刀点

位的工件，可选孔的中心作为对刀点。刀具的位置则以此孔来找正，使“刀位点”与“对刀点”重合。所谓“刀位点”是指车刀、镗刀的刀尖，钻头的钻尖，立铣刀、端铣刀刀头底面的中心，球头铣刀的球头中心等。

对刀点既是程序的起点又是程序的终点。因此，在成批生产中要考虑对刀点的重复精度，该精度可用对刀点相距机床原点的坐标值(x_0，y_0)来校核。

加工过程中需要换刀时，应规定换刀点。所谓“换刀点”是指刀架转位换刀时的位置。该点可以是某一固定点(如加工中心机床，其换刀机械手的位置是固定的)，也可以是任意的一点(如车床)。换刀点应设在工件或夹具的外部，以刀架转位时不碰工件及其他部件为准，其设定值可用实际测量方法或计算确定。

10.2.7 工艺路线的确定

在数控加工中，刀具刀位点相对于工件运动的轨迹称为加工路线。编程时，加工路线的确定原则主要有以下几点：

(1) 应能满足零件的加工精度和表面粗糙度的要求。

(2) 应尽量缩短加工路线，减少刀具空程移动时间。

(3) 应使数值计算简单，程序段数量少，以减少编程工作量。

对点位控制的数控机床，只要求定位精度较高，定位过程尽可能地快，而刀具相对于工件的运动路线是无关紧要的，因此，这类机床应按空程最短来安排走刀路线。除此之外还要确定刀具轴向的运动尺寸，其大小主要由被加工零件的孔深来决定，但也应考虑一些辅助尺寸，如刀具的引入距离和超程量。

对于位置精度要求较高的孔系加工，特别要注意孔的加工顺序的安排，安排不当时，就有可能将坐标轴的反向间隙带入，直接影响位置精度。如图 10-15 所示，图 10-15(a)为零件图，在该零件上镗 6 个尺寸相同的孔，有两种加工路线。当按图 10-15(b)所示的路线加工时，由于 5、6 孔与 1、2、3、4 孔定位方向相反，Y 方向反向间隙会使定位误差增加，而影响 5、6 孔与其他孔的位置精度。

按图 10-15(c)所示路线，加工完 4 孔后往上多移动一段距离到 P 点，然后再折回来加

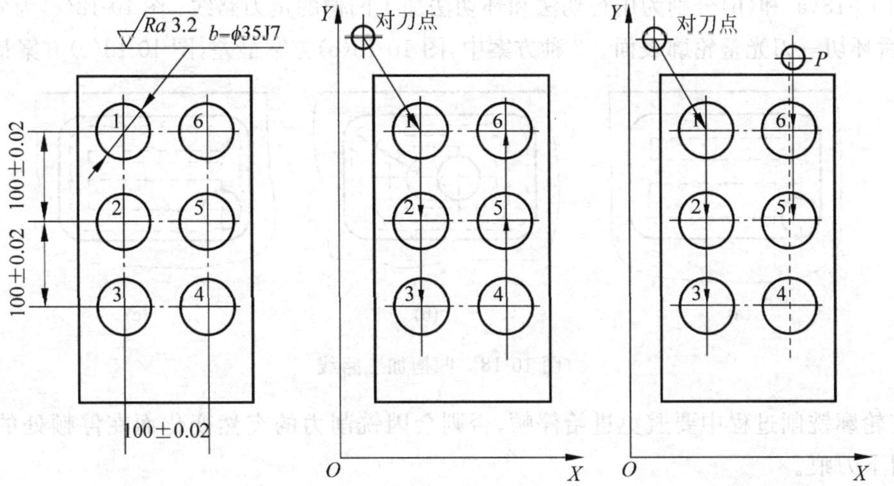

图 10-15　镗孔加工路线示意图(长度尺寸单位为 mm)

工 5、6 孔,这样方向一致,可避免反向间隙的引入,提高 5、6 孔与其他孔的位置精度。

在数控机床上车螺纹时,沿螺距方向的 Z 向进给应和机床主轴的旋转保持严格的速比关系,因此,应避免在进给机构加速或减速过程中切削。为此要有引入距离和超越距离。如图 10-16 所示,δ_1 和 δ_2 的数值与机床拖动系统的动态特性有关,还与螺纹的螺距和螺纹的精度有关。一般为 2～5mm,对大螺距和高精度的螺纹取大值;δ_2 一般取 δ_1 的 1/4 左右。若螺纹收尾处没有退刀槽时,收尾处的形状与数控系统有关,一般按 45°退刀收尾。

图 10-16　切削螺纹引入距离

铣削平面零件时,一般采用立铣刀侧刃进行切削。为减少接刀痕迹,保证零件表面质量,对刀具的切入和切出程序需要精心设计。如图 10-17 所示,铣削外表面轮廓时,铣刀的切入和切出应沿零件轮廓曲线的切向延长线切入和切出零件表面,而不应沿法向直接切入零件,以避免加工表面产生划痕,保证零件轮廓光滑。

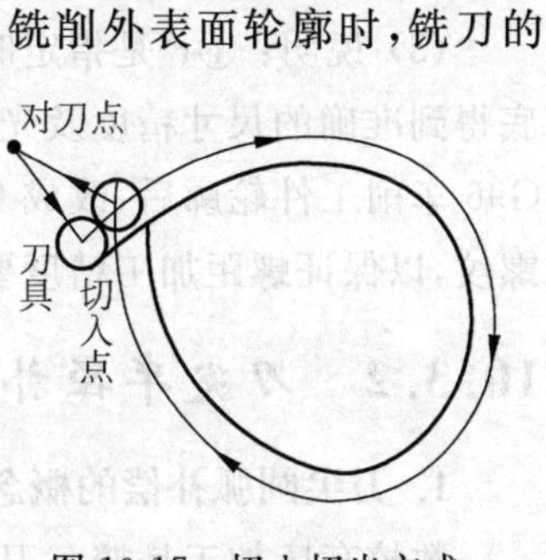

图 10-17　切入切出方式

铣削内轮廓表面时,切入和切出无法外延,这时铣刀可沿零件轮廓的法线方向切入和切出,并将其切入、切出点选在零件轮廓两几何元素的交点处。图 10-18 所示为加工凹槽的 3 种加工路线。

图 10-18(a)和(b)分别为用行切法和环切法加工凹槽的走刀路线；图 10-18(c)为先用行切法，最后环切一刀光整轮廓表面。3 种方案中，图 10-18(a)方案最差，图 10-18(c)方案最好。

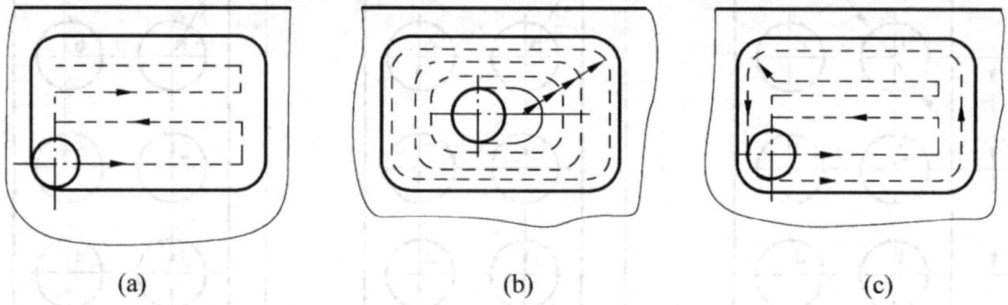

图 10-18 凹槽加工路线

在轮廓铣削过程中要避免进给停顿，否则会因铣削力的突然变化而在停顿处的轮廓表面上留下刀痕。

10.3 数控车床编程

10.3.1 单一指令

1. 快速点位运动指令 G00

(1) 功能：使刀具以点位控制方式，从刀具所在点快速移动到目标点，不能用 F 规定。

(2) 编程格式：G00 X(U)_Z(W)_。

(3) 说明：①X、Z：绝对坐标方式时的目标点坐标；U、W：增量坐标方式时的目标点坐标。②使用 G00 指令时，刀具的运动轨迹因机床而异，并不一定是直线，编程时要注意刀具是否与工件和夹具发生干涉。

2. 直线插补指令 G01

(1) 功能：使刀具以给定的进给速度，从所在点出发，直线移动到目标点。

(2) 编程格式：G01 X(U)_Z(W)_F_。

(3) 说明：①X、Z：绝对坐标方式时的目标点坐标；U、W：增量坐标方式时的目标点坐标。②F 是合成进给速度。

3. 暂停指令 G04

(1) 功能：该指令可使刀具做短时间的停顿。

(2) 格式：G04 P_。

(3) 说明：①P 是指定时间，单位为 s。②应用场合：车削沟槽或钻孔时，为使槽底或孔底得到准确的尺寸精度及光滑的加工表面，在加工到槽底或孔底时，应暂停适当时间；使用 G96 车削工件轮廓后，改成 G97 车削螺纹时，可暂停适当时间，使主轴转速稳定后再执行车螺纹，以保证螺距加工精度要求。

10.3.2 刀尖半径补偿(G41、G42、G40)

1. 刀尖圆弧补偿的概念

数控车床加工是按车刀理想刀尖为基准编写数控轨迹代码的，对刀时也希望能以理想刀尖来对刀。但实际加工中,为了降低被加工工件表面的粗糙度,减缓刀具磨损,提高刀具寿命,一般车刀刀尖处磨成圆弧过渡刃,又称为假想刀尖,如图 10-19 所示。理想刀尖并不是车刀与工件的接触点,实际起作用的切削点是刀尖圆弧各切点。当车削内外圆柱表面或端面时,刀尖圆弧大小并不会造成加工表面形状误差,但当车削倒角、锥面、内弧及曲面时,则会产生少切或过切现象,影响零件的加工精度,如图 10-20 所示。因此,编制数控车削程序时,必须对此予以考虑。

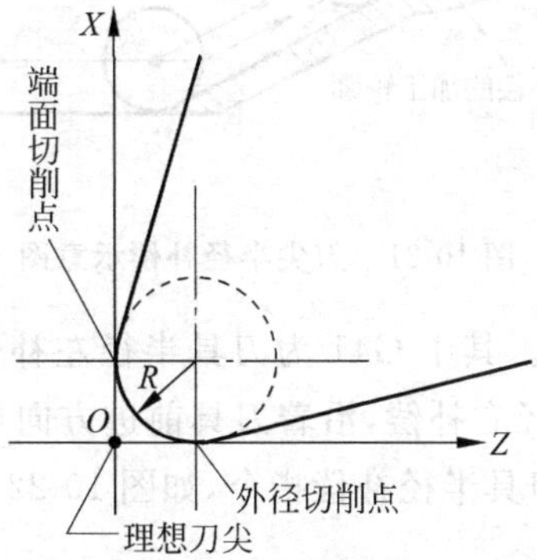

图 10-19 刀尖圆弧半径

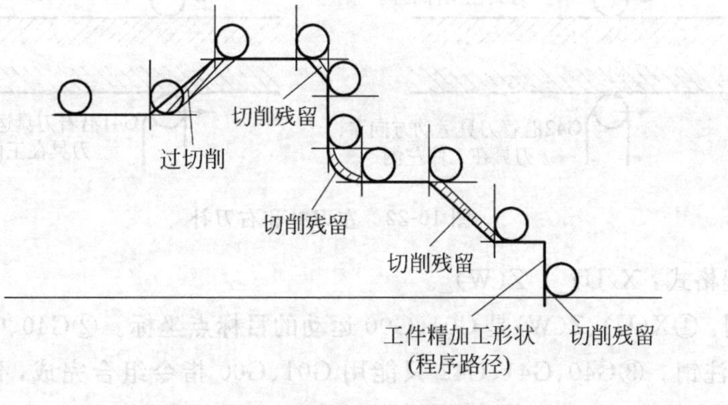

图 10-20 过切削与欠切削现象

编程时若以刀尖圆弧中心编程,可避免过切削和欠切削现象,但刀位点计算比较麻烦,并且如果刀尖圆弧半径值发生变化时,程序也需要改变。

一般数控系统都具有刀具半径自动补偿功能,编程时,只需按工件的实际轮廓尺寸编程即可,不必考虑刀尖圆弧半径的大小,加工时数控系统能根据刀尖圆弧半径自动计算出补偿量,避免少切或过切现象的产生。

刀尖半径补偿的原理是:当加工轨迹到达圆弧或圆锥部位时,并不马上执行所读入的程序段,而是再读入下一段程序,判断两段轨迹之间的转接情况,然后根据转接情况计算相应的运动轨迹。由于多读了一段程序进行预处理,故能进行精确补偿,自动消除车刀存在刀尖圆弧带来的加工误差,从而能实现精密加工,如图 10-21 所示。

2. 刀具半径补偿指令

(1) 功能:刀尖半径补偿是通过 G41、G42、G40 代码及 T 代码指定的刀尖圆弧半径补

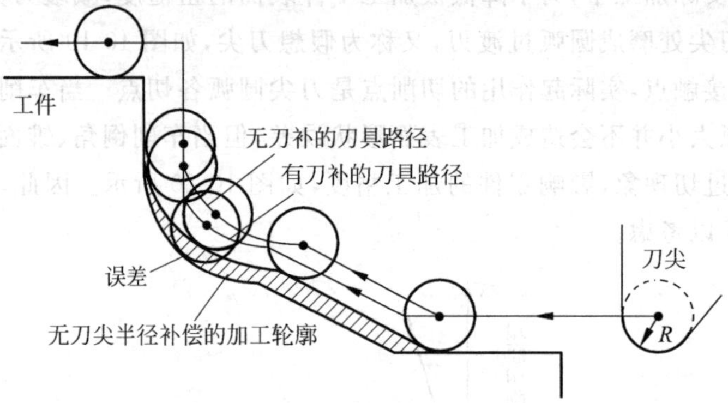

图 10-21　刀尖半径补偿示意图

偿号来加入或取消半径补偿的。其中 G41 为刀具半径左补偿，沿着刀具前进方向看，刀具位于零件左侧；G42 为刀具半径右补偿，沿着刀具前进方向看，刀具位于零件右侧；G40 为取消刀具半径补偿，用于取消刀具半径补偿指令，如图 10-22 所示。

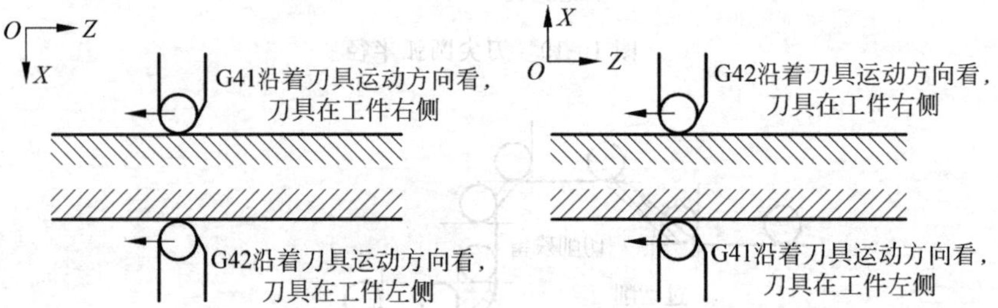

图 10-22　左刀补和右刀补

(2) 编程格式：X(U)_　Z(W)_。

(3) 说明：①X(U)、Z(W)是 G01、G00 运动的目标点坐标。②G40、G41、G42 都是模态代码，可相互注销。③G40、G41、G42 只能用 G01、G00 指令组合完成，不允许与 G02、G03 等其他指令结合编程，否则会产生报警。④在调用新的刀具前，必须取消刀具补偿，否则会产生报警。

3. 刀具半径补偿量的设定

数控车床加工时，采用不同的刀具，其假想刀尖相对圆弧中心的方位不同，会直接影响圆弧车刀补偿计算结果。图 10-23(a)所示为刀架前置的数控车床假想刀尖位置的情况；图 10-23(b)所示为刀架后置的数控车床假想刀尖位置的情况。如果以刀尖圆弧中心作为刀位点进行编程，则应选用 0 或 9 作为刀尖方位号，其他号码都是以假想刀尖编程时采用的。只有在刀具数据库内按刀具实际放置情况设置相应的刀尖位置序号，才能保证进行正确的刀补；否则，将会出现不合要求的过切或少切现象。刀具半径补偿量可以通过数控系统的刀具补偿界面设定。T 指令要与刀具补偿编号相对应，并且要输入假想刀尖号。

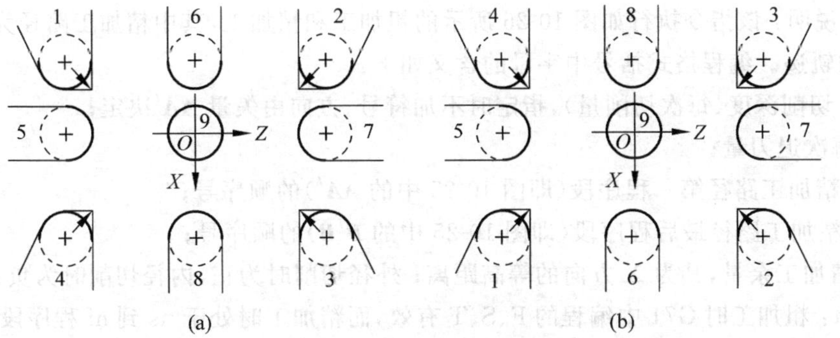

图 10-23　假想刀尖位置的情况

10.3.3　循环指令

1. 外径、内径粗车复合循环指令 G71

1）无凹槽内(外)径粗车复合循环

(1) 功能：该指令只需指定精加工路线，系统会自动给出粗加工路线，适于车削圆棒料毛坯。

(2) 编程格式：G71 U(Δd)_ R(r)_ P(ns)_ Q(nf)_ X(Δx)_ Z(Δz)_ F(f)_ S(s)_ T(t)_。

(3) 说明：该指令执行如图 10-24 所示的粗加工，并且刀具回到循环起点。精加工路径 $A \to A' \to B' \to B$ 的轨迹按后面的指令循序执行。编程格式括号中参数的含义如下：

Δd：切削深度(每次切削量)，指定时不加符号，方向由矢量 $\boldsymbol{AA'}$ 决定；

r：每次退刀量；

ns：精加工路径第一程序段(即图 10-24 中的 $\boldsymbol{AA'}$)的顺序号；

nf：精加工路径最后程序段(即图 10-24 中的 $\boldsymbol{B'B}$)的顺序号；

Δx：X 方向精加工余量(加工内孔时，x 取负)；

Δz：Z 方向精加工余量；

f,s,t：粗加工时 G71 中编程的 F、S、T 有效，而精加工时处于 ns 到 nf 程序段之间的 F、S、T 有效。

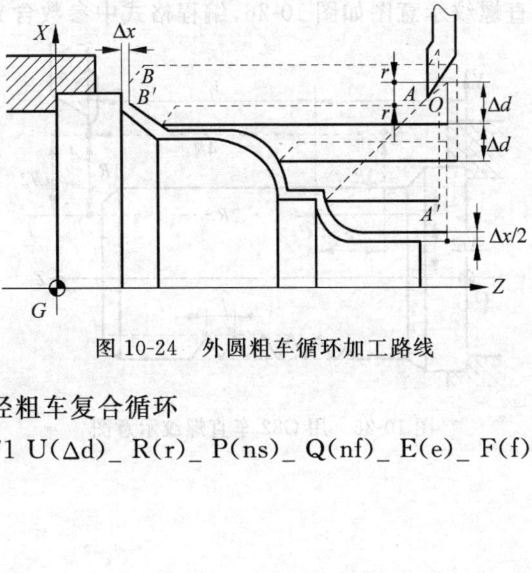

图 10-24　外圆粗车循环加工路线

2）有凹槽内(外)径粗车复合循环

(1) 编程格式：G71 U(Δd)_ R(r)_ P(ns)_ Q(nf)_ E(e)_ F(f)_ S(s)_ T(t)_。

(2) 说明：该指令执行如图 10-25 所示的粗加工和精加工，其中精加工路径为 $A \to A' \to B' \to B$ 的轨迹。编程格式括号中字母的含义如下：

Δd：切削深度(每次切削量)，指定时不加符号，方向由矢量 $\boldsymbol{AA'}$ 决定；

r：每次退刀量；

ns：精加工路径第一程序段(即图 10-25 中的 $\boldsymbol{AA'}$)的顺序号；

nf：精加工路径最后程序段(即图 10-25 中的 $\boldsymbol{B'B}$)的顺序号；

e：精加工余量，其为 X 方向的等高距离；外径切削时为正，内径切削时为负；

f,s,t：粗加工时 G71 中编程的 F、S、T 有效，而精加工时处于 ns 到 nf 程序段之间的 F、S、T 有效。

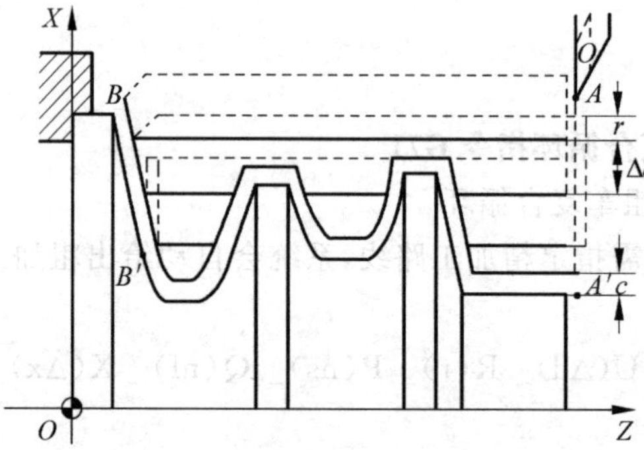

图 10-25　有凹槽内(外)径粗车复合循环

(3) 注意：①G71 指令必须带有 P,Q 地址 ns、nf，且与精加工路径起、止顺序号对应，否则不能进行该循环加工。②ns 的程序段必须为 G00/G01 指令，即从 A 到 A' 的动作必须是直线或点定位运动。③在顺序号为 ns 到顺序号为 nf 的程序段中，不应包含子程序。④在加工循环中可以进行刀具补偿。

2. 螺纹切削单一循环指令 G82

适用于对直螺纹和锥螺纹进行循环切削，每指定一次，螺纹切削自动进行一次循环。

1) 直螺纹切削循环

(1) 编程格式：G82 X(U)_ Z(W)_ R_ E_ C_ P_ F_。

(2) 说明：G82 车直螺纹示意图如图 10-26，编程格式中参数含义为：①X(U)、Z(W)是

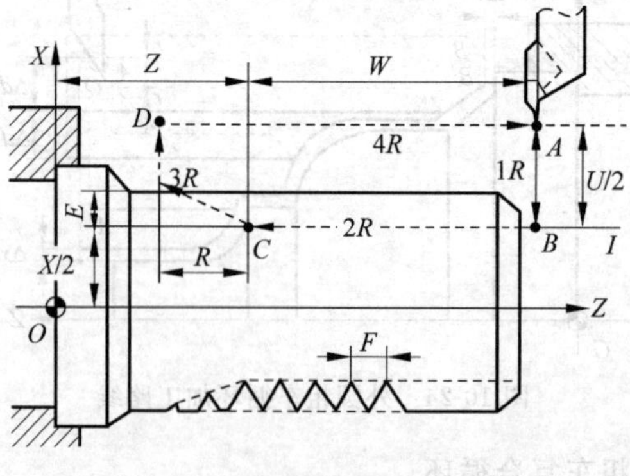

图 10-26　用 G82 车直螺纹示意图

螺纹终点坐标；②F是螺纹导程；③R,E：螺纹切削的退尾量，R为Z向回退量，E为X向回退量，R、E可以省略，表示不用回退功能；④C：螺纹头数，为0或1时表示切削单头螺纹；⑤P：单头螺纹切削时，为主轴基准脉冲处距离切削起始点的主轴转角(缺省值为0)；多头螺纹切削时，为相邻螺纹头的切削起始点之间对应的主轴转角。

2）锥螺纹切削锥螺纹切削循环

(1) 编程格式：G82 X(U)_ Z(W)_ I_ R_ E_ C_ P_ F_。

(2) 说明：G82车锥螺纹示意图如图10-27所示，编程格式中的参数含义为：I代表螺纹起点B与螺纹终点C的半径差，其符号为差的符号(无论是绝对值编程还是增量值编程)；其他参数意义同直螺纹切削循环。

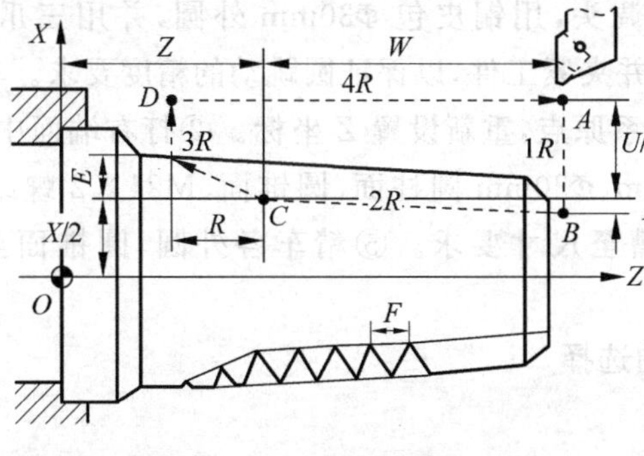

图10-27　用G82车锥螺纹示意图

10.3.4　数控车床编程实例

在数控车床上加工如图10-28所示螺纹轴，已知毛坯规格，为45mm×120mm的棒料，材料为45钢，要求制定零件的加工工艺，编写零件的数控加工程序，并进行零件的加工检验。

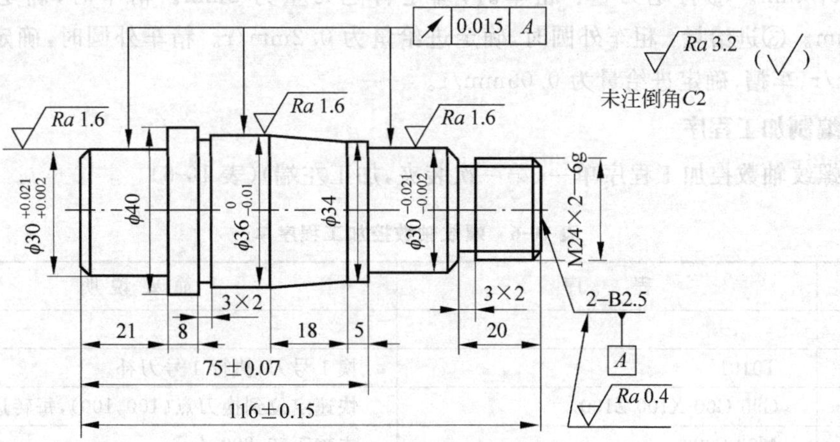

图10-28　螺纹轴实例零件

1. 加工工艺分析

1）零件图的工艺分析

如图10-28所示螺纹轴，由外圆柱面、外圆锥面、沟槽、普通三角螺纹构成。工件两端

$\Phi30$ 和中间 $\Phi36$ 等外圆尺寸精度要求较高，表面粗糙度 $Ra\leqslant1.6\mu m$。同时为保证螺纹轴的传动平稳性，圆跳动误差需控制在公差范围内。

2）装夹方案的确定

为了保证位置公差要求，螺纹轴加工需两次装夹，分别采用三爪卡盘和一顶一夹的定位安装方式。采用设计基准作为定位基准，符合基准重合原则，且避免停机人工找正而浪费时间。

3）加工顺序和进给路线的确定

(1) 工序一：①三爪卡盘夹毛坯外圆伸出约 40mm，车平端面，打中心孔。②粗车 $\Phi30$mm、$\Phi40$mm 外圆，留精车余量 0.2mm。③精车 $\Phi30$mm、$\Phi40$mm 外圆。

(2) 工序二：①工件调头，用铜皮包 $\Phi30$mm 外圆，并用三爪卡盘夹持，工件伸出约 95mm，找正 $\Phi30$mm 外圆并夹紧工件，以保证圆跳动的精度要求。车平端面取总长，以工件右端面中心作为工件坐标系原点，重新设置 Z 坐标。②打右端面中心孔。③一夹一顶装夹安装，粗车 $\Phi36$mm、$\Phi34$mm、$\Phi30$mm 圆柱面、圆锥面、M24×2 螺纹大径等，各留精车余量 0.2mm。④切螺纹退刀槽至尺寸要求。⑤精车各外圆、圆锥面至尺寸要求。⑥车螺纹 M24×2至尺寸要求。

4）刀具及切削用量的选择

(1) 确定刀具如下：

T0101——外圆机夹粗车刀，粗车端面，粗车、半精车圆柱面、倒角；

T0202——外圆机夹精车刀，精车端面，精车圆柱面、倒角；

T0303——切槽刀(设定刀头宽度 3mm)，切槽；

T0404——60°机夹螺纹车刀，车螺纹。

(2) 确定切削用量：①主轴转速：粗车外圆时，确定主轴转速为 800r/min。精车外圆时，确定主轴转速 1200r/min。车螺纹时，确定主轴转速为 500r/min。车槽时，确定主轴转速为 500r/min。②背吃刀量：粗车时，确定背吃刀量为 2mm。精车时，确定背吃刀量为 0.2mm。③进给量：粗车外圆时，确定进给量为 0.2mm/r。精车外圆时，确定进给量为 0.08mm/r。车槽，确定进给量为 0.05mm/r。

2. 编制加工程序

1）螺纹轴数控加工程序单一(第一次装夹，加工左端)(表 10-6)

表 10-6 螺纹轴数控加工程序单一

程序号	程 序	简 要 说 明
%6001		
N010	T0101	换 1 号刀，执行 1 号刀补
N020	G95 G00 X100 Z100	快速定位到换刀点(100,100)，每转进给
N030	M03 S800	主轴正转，800r/min
N040	X48 Z2	快速定位到循环起点(48,2)
N050	G71 U2 R2 P50 Q140 X0.2 Z0.2 F100	用 G71 粗加工外轮廓
N060	G00 X150 Z150	粗加工后返回换刀点

续表

程序号	程　序	简 要 说 明
N070	T0202 S1200	换 2 号刀,执行 2 号刀补,主轴转速 1200r/min
N080	G00 G42 X45 Z2	快速定位到循环起点(45,2),并半径补偿
N090	G01 X22 F50	精加工轮廓程序段 N090～N140
N100	X30 Z-2	
N110	Z-21	
N120	X40	
N130	W-10	
N140	X45	
N150	G00 G40 X100 Z100	快速返回换刀点(100,100),并取消半径补偿
N160	M05	主轴停
N170	M30	程序结束

2）螺纹轴数控加工程序单二(第二次安装,加工右端)(表 10-7)

表 10-7　螺纹轴数控加工程序单二

程序号	程　序	简 要 说 明
%6002		
N010	T0101	换 1 号刀,执行 1 号刀补
N020	G95 G00 X100 Z100	快速定位到换刀点(100,100),每转进给
N030	M03 S800	主轴正转,800r/min
N040	X48 Z2	快速定位到循环起点(48,2)
N050	G71 U2 R1.5 P200 Q300 X0.2 Z0.2 F100	用 G71 粗加工外轮廓
N060	G00 X100 Z100	返回换刀点
N070	T0303 S500	换 3 号刀,主轴转速 500r/min
N080	X35 Z-20	定位到起刀点
N090	X30 Z-2	车 3×2 槽
N100	G04 P2	底部光整
N110	G01 X35 F0.1	
N120	G00 X45	
N130	Z-97	
N140	G01 X32 F20	车 3×2 槽
N150	G04 P2	
N160	G01 X45 F50	
N170	G00 X100 Z100	返回换刀点
N180	T0202 S1200	换 2 号刀,执行 2 号刀补,主轴转速 1200r/min
N190	G00 G42 X45 Z2	快速定位到循环起点(45,2),并半径补偿
N200	G01 X22 F50	精加工轮廓程序段 N200～N300
N210	X23.8 Z-2	
N220	Z-20	
N230	X26	
N240	X30 W-2	

续表

程序号	程　　序	简 要 说 明
N250	Z-41	
N260	X34	
N270	W-5	
N280	X36 W-18	
N290	Z-97	
N300	X45	
N310	G00 G40 X100 Z100	快速返回换刀点(100,100),并取消半径补偿
N320	T0404 S800	换 8 号刀,主轴转速 800r/min
N330	G00 G42 X26 Z2	快速定位到循环起点
N340	G82 X23.1 Z-18 F2	用 G82 循环加工螺纹
N350	X22.54	
N360	X21.9	
N370	X21.5	
N380	X21.4	返回换刀点
N390	M05	主轴停
N400	M30	程序结束

10.4 数控铣床编程

10.4.1 刀具——立铣刀

立铣刀是铣削加工中最常用的一种铣刀,主要用于加工凸台、凹槽、小平面、曲面等。

1. 立铣刀的特点

立铣刀的圆柱表面和端面上都有切削刃,圆柱表面的切削刃为主切削刃,端面上的切削刃为副切削刃。主切削刃一般为螺旋形,这样可以增加切削平稳性,提高加工精度。端面刃主要用来加工与侧面相垂直的底平面。由于普通立铣刀端面中心处无切削刃,因而立铣刀不能做轴向进给。立铣刀广泛用于加工平面类零件。

2. 立铣刀的选用

选取立铣刀时,要使刀具的尺寸与被加工工件的表面尺寸和形状相适应,铣刀的主要参数有:直径、长度、刃数、螺旋角、刀具角度。

1) 立铣刀直径的选择

选择立铣刀直径时,主要考虑工件加工尺寸的要求,并保证立铣刀所需功率在机床额定功率范围以内。一般,立铣刀半径=(0.8～0.9)×零件内轮廓面的最小曲率半径。

2) 立铣刀长度的选择

对不通孔(深槽),选取 $L=H+(5\sim10)$mm,其中 L 为刀具切削部分长度,H 为零件高度。加工通孔及通槽时,选取 $L=H+r_c+(5\sim10)$mm,其中 r_c 为刀尖角半径。

10.4.2 指令

1. G54～G59 设置工件坐标系(又称零点偏置)

所谓零点偏置就是在编程过程中进行工件坐标系的平移变换,使工件坐标系的零点偏移到新的位置。

若在工作台上同时加工多个相同零件或较复杂的零件时,可以设定不同的编程原点,以简化编程。如图 10-29 所示,通过 G54～G59 可建立 6 个加工坐标系(即工件坐标系)。

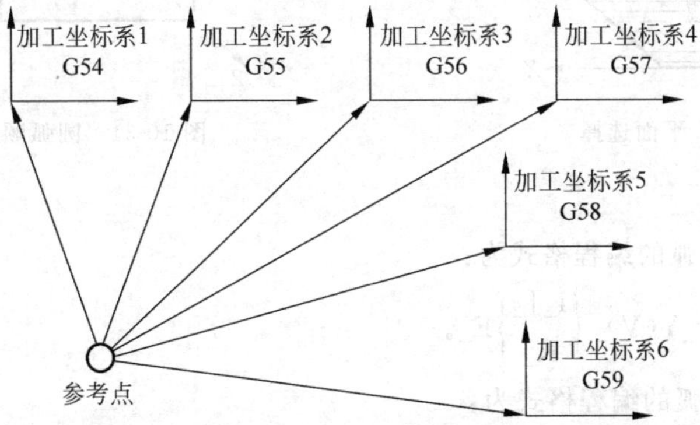

图 10-29 零点偏置

分别为:

G54——加工坐标系 1;

G55——加工坐标系 2;

G56——加工坐标系 3;

G57——加工坐标系 4;

G58——加工坐标系 5;

G59——加工坐标系 6。

这些工件坐标系(加工坐标系)是通过设定各轴从机械原点(图 10-29 中的参考点)到它们各自坐标原点之间的距离来确定的。各轴坐标原点在机床坐标系中的值可用 MDI 方式输入,系统自动记忆,以便应用时调用。

2. 平面选择指令(G17、G18、G19)

功能:该组指令用于选择直线、圆弧插补的平面。G17 选择 *XY* 平面,G18 选择 *XZ* 平面,G19 选择 *YZ* 平面,如图 10-30 所示。该组指令为模态指令,一般系统初始状态为 G17 状态。

3. 圆弧插补指令(G02、G03)

1) 功能

使刀具从圆弧起点,沿圆弧移动到圆弧终点。G02 为顺时针圆弧(CW)插补,G03 为逆时针圆弧(CCW)插补。

2) 圆弧顺逆的判断

沿与圆弧所在平面相垂直的另一坐标轴的负方向看去,顺时针为 G02,逆时针为 G03,如图 10-31 所示。

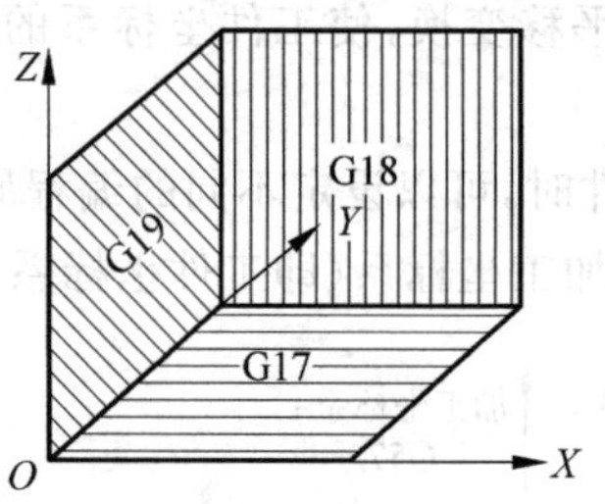

图 10-30 平面选择

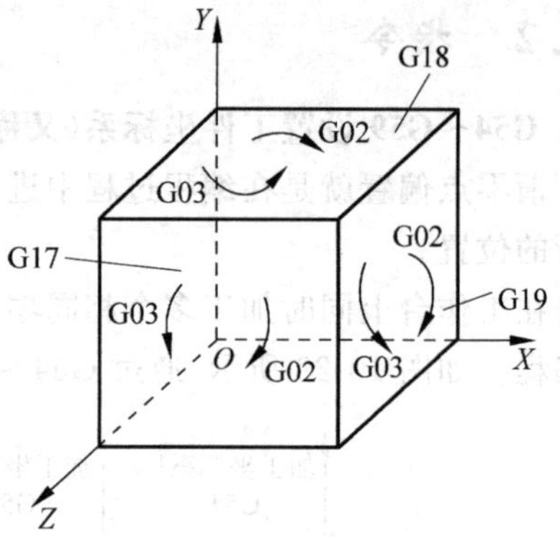

图 10-31 圆弧顺逆的判断

3）编程格式

(1) XY 平面圆弧的编程格式为：

$$G17\left\{\begin{matrix}G02\\G03\end{matrix}\right.X(V)\_Y(V)\_\left\{\begin{matrix}I\_J\_\\R\_\end{matrix}\right\}F\_。$$

(2) XZ 平面圆弧的编程格式为：

$$G18\left\{\begin{matrix}G02\\G03\end{matrix}\right.X(U)\_Z(W)\_\left\{\begin{matrix}I\_K\_\\R\_\end{matrix}\right\}F\_。$$

(3) YZ 平面圆弧的编程格式为：

$$G19\left\{\begin{matrix}G02\\G03\end{matrix}\right.Y(V)\_Z(W)\_\left\{\begin{matrix}J\_K\_\\R\_\end{matrix}\right\}F\_。$$

4）说明

(1) 进行圆弧插补时，首先要用 G17、G18、G19 指定圆弧所在的平面。

(2) X、Y、Z 为圆弧终点的绝对坐标。U、V、W 为圆弧终点相对于起点的增量。

(3) I、J、K 分别为圆弧圆心相对圆弧起点在 X、Y、Z 轴方向的坐标增量。

(4) 圆弧的圆心角小于等于 180°时用“＋R”编程，圆弧的圆心角大于 180°时用“－R”编程，若用半径 R，则圆心坐标不用。

(5) 加工整圆时，不可以使用 R 编程，只能使用 I、J、K 编程。

4. 刀具半径补偿指令(G41、G42、G40)

1）刀具半径补偿功能的作用

在用铣刀进行轮廓加工时，因为铣刀具有一定的半径，所以刀具中心(刀位点)轨迹和工件轮廓不重合。目前，CNC 系统大都具有刀具半径补偿功能，为程序编制提供了方便。当编制零件加工程序时，只需按零件轮廓编程，使用刀具半径补偿指令，并在控制面板上用键盘(CRT/MDI)方式，人工输入刀具半径值，CNC 系统便能自动计算出刀具中心的偏移量，进而得到偏移后的中心轨迹，并使系统按刀具中心轨迹运动。如图 10-32 所示，使用了刀具半径补偿指令后，CNC 系统会控制刀具中心自动按图中的点画线进行加工。

2）功能

(1) G41 是刀具半径左补偿指令(简称左刀补)，即假定工件不动，顺着刀具前进方向看，刀具位于工件轮廓的左边，如图 10-33(a)所示。

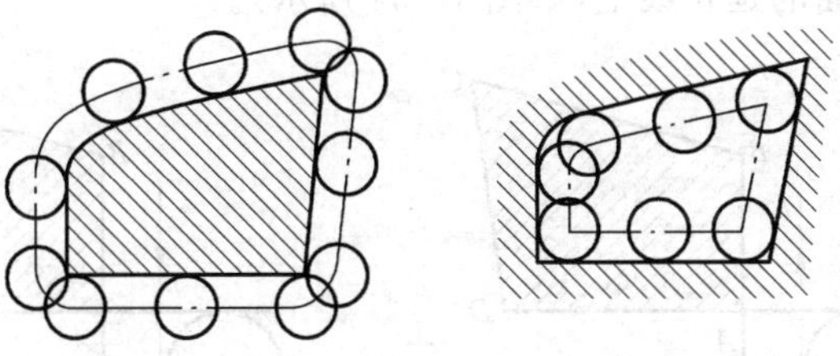

(a) (b)

图 10-32 刀具半径补偿

(2) G42 是刀具半径右补偿指令(简称右刀补),即假定工件不动,顺着刀具前进方向看,刀具位于工件轮廓的右边,如图 10-33(b)所示。

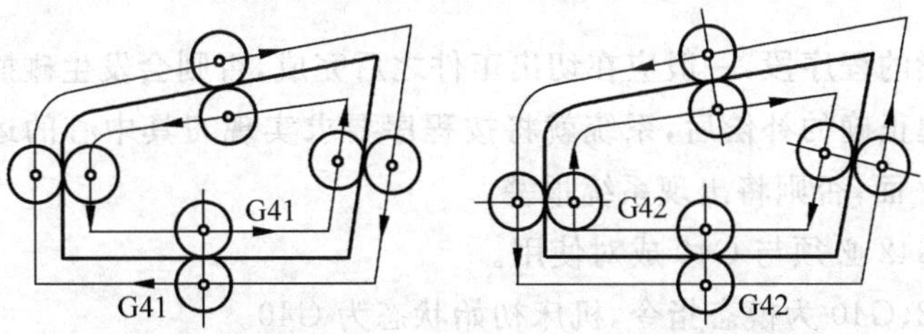

(a) 刀具半径左补偿 (b) 刀具半径右补偿

图 10-33 刀具半径的左右补偿

(3) G40 是取消刀具半径补偿指令。使用该指令后,G41、G42 指令失效。

3) 编程格式

$$\left\{\begin{matrix}G17\\G18\\G19\end{matrix}\right.\left\{\begin{matrix}G41 & G01\\ & G42\\ G40 & G00\end{matrix}\right.\left\{\begin{matrix}X\_ & Y\_ & D\_\\X\_ & Z\_ & D\_\\Y\_ & Z\_ & D\_\end{matrix}\right.$$

4) 说明

(1) 建立和取消刀具半径补偿必须在指定平面(G17/G18/G19)中进行。

(2) 建立和取消刀具半径补偿必须与 G01 或 G00 指令组合完成。建立刀具半径补偿的过程如图 10-34 所示,是使刀具从无刀具半径补偿状态(图中 P_0 点)运动到补偿开始点(图中 P_1 点),其间为 G01 运动。加工完轮廓后,还有一个取消刀具半径补偿的过程,即从刀具半径补偿结束点(图中 P_2 点),以 G01 或 G00 运动到无刀具半径补偿状态(图中 P_0 点)。

(3) X、Y 是 G01、G00 运动的目标点坐标值。

(4) D 为刀具补偿号(或称刀具偏置代号地址字),后面常用两位数字表示。D 代码中存放刀具半径值作为偏置量,用于 CNC 系统计算刀具中心的运动轨迹,一般有 D00~D99,偏置量可用 CRT/MDI 方式输入。

5) 编程注意事项

(1) 建立补偿的程序段,必须是在补偿平面内不为零的直线移动。

(2) 建立补偿的程序段一般应在切入工件之前完成。为保证安全,应使刀补建立完成之后，刀具处于待切表面的延长线上(如图 10-34 所示)。

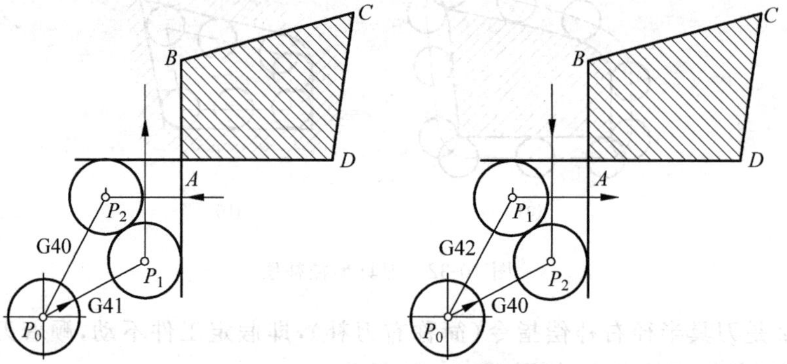

图 10-34　刀具半径的左右补偿

(3) 撤销补偿的程序段，一般应在切出工件之后完成，否则会发生碰撞。

(4) 当建立起正确的补偿后，系统就将按程序要求实现刀具中心的运动。在补偿状态中不得变换补偿平面，否则将出现系统报警。

(5) G41 或 G42 必须与 G40 成对使用。

(6) G41、G42、G40 为模态指令，机床初始状态为 G40。

(7) 刀具半径补偿功能的应用有：①因磨损、重磨或换新刀而引起刀具直径改变后，不必修改程序，只需在刀具参数设置中输入变化后的刀具半径即可。②同一程序中，对同一尺寸的刀具，利用刀具半径补偿功能设置不同的补偿量，可利用同一程序进行粗、精加工。

5. 子程序调用指令 M98 及从程序返回指令 M99

某些被加工的零件中，常常会出现几何形状完全相同的加工轨迹。在程序编制中，将有固定顺序和重复模式的程序段作为子程序存放，可使程序简单化。主程序执行过程中如果需要某一个子程序，可以通过一定格式的子程序调用指令来调用该子程序，执行完后返回到主程序，继续执行后面的程序段。

M98 用于调用子程序，此时程序自动执行子程序第一个程序段，M99 表示程序结束并返回主程序，程序会继续执行主程序的后续内容。

1) 子程序的格式

%…；此行开头不能有空格

……；

M99

在子程序开头，必须规定子程序号，以作为调用入口地址。在子程序的结尾用 M99，以控制执行完该子程序后返回主程序。

2) 调用子程序的格式

M98 P_　L_

其中，P 表示被调用的子程序号；L 表示重复调用次数。

3）子程序嵌套

子程序可以由主程序调用，被调用的子程序也可以调用另一个子程序，称为子程序嵌套。视各系统的具体规则，子程序为有限次嵌套。如图 10-35 所示为子程序的执行过程。

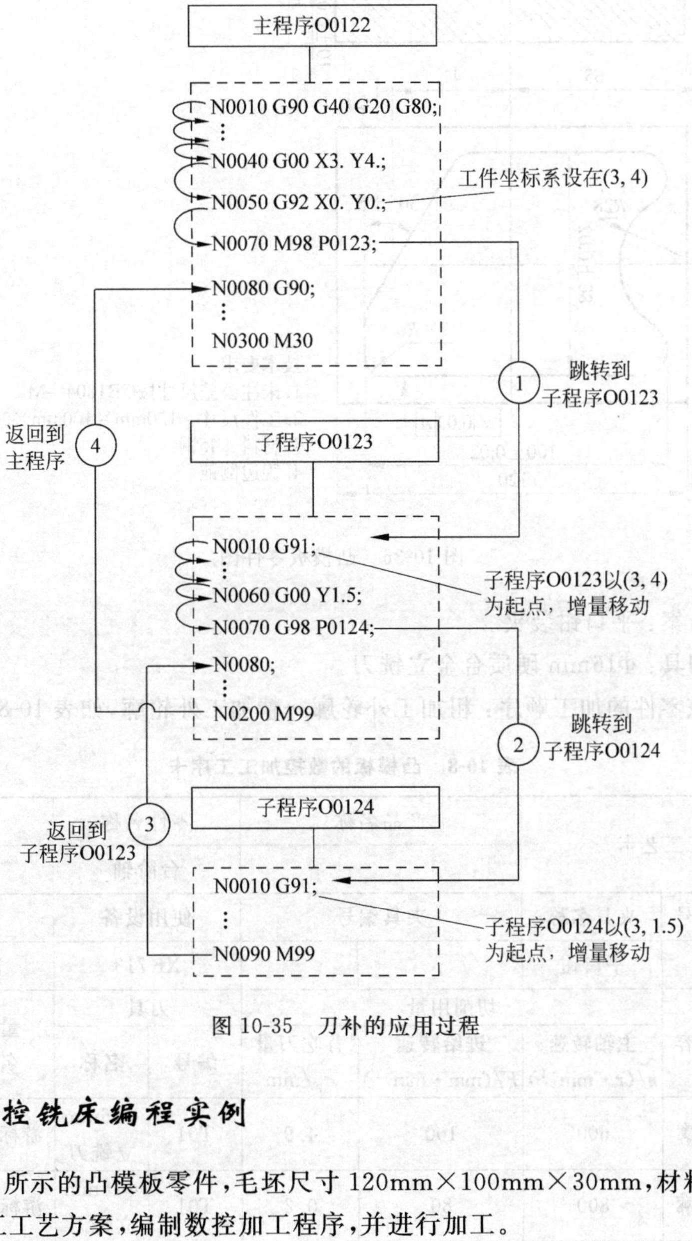

图 10-35　刀补的应用过程

10.4.3　数控铣床编程实例

如图 10-36 所示的凸模板零件，毛坯尺寸 120mm×100mm×30mm，材料为 45 钢，要求分析其数控加工工艺方案，编制数控加工程序，并进行加工。

1. 加工工艺分析

（1）零件图分析：零件的 4 个侧面及底面、顶面均已符合要求无须再加工。加工轮廓由直线和圆弧构成，尺寸精度要求不高，台阶面及侧边有平行度要求。表面粗糙度 Ra 为 3.2μm，故需分粗、精铣完成加工。台阶高度(10±0.02)mm，需分层铣削。毛坯材料为 45

钢，切削加工性能较好。

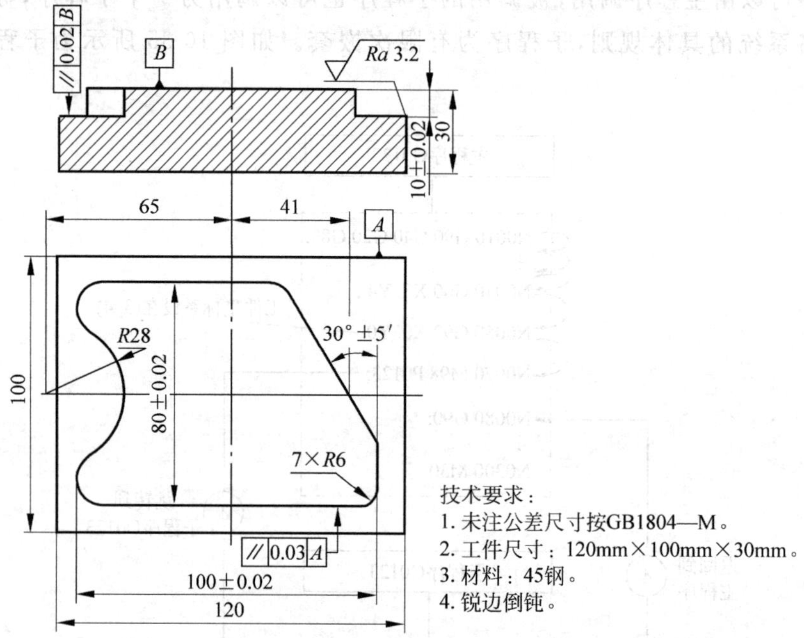

图 10-36 凸模板零件图

(2) 装夹方案：平口钳装夹。

(3) 选择刀具：Φ16mm 硬质合金立铣刀。

(4) 确定该零件的加工顺序：粗加工外轮廓→精加工外轮廓，如表 10-8 所示。

表 10-8 凸模板的数控加工工序卡

数控加工工艺卡			产品名称		零件名称		零件图号	
					台阶轴		6-1	
工序号	程序编号	夹具名称	夹具编号		使用设备		车间	
01	05001	平口钳			XK713		数控实训中心	
工序号	工步内容	切削用量			刀具		量具名称	备注
		主轴转速 $n/(\mathrm{r \cdot min^{-1}})$	进给转速 $F/(\mathrm{mm \cdot min^{-1}})$	背吃刀量 a_p/mm	编号	名称		
1	粗铣轮廓	600	100	4.9	T01	Φ16mm 立铣刀	游标卡尺	
2	精铣轮廓	800	80	0.2	T01	Φ16mm 立铣刀	游标卡尺	
编制		审核		批准			共 1 页	第 1 页

(5) 工件坐标系的确定

根据工件坐标系建立原则，X、Y 向零点建在工件几何中心上（如图 10-37 所示），Z 向零点建在工件上表面上。

（6）走刀路线如图 10-37 所示。

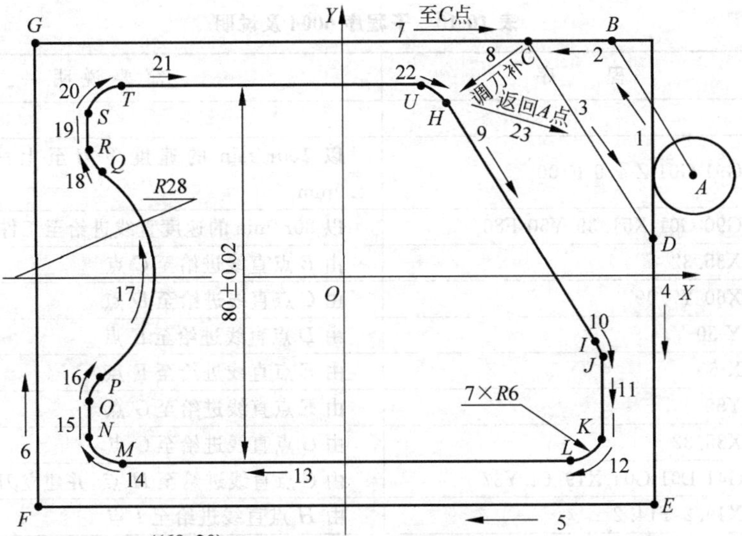

A(69, 20)　　　　L(44, −40)
B(51, 39, 50)　　M(−44, 40)
C(35, 23, 50)　　N(−50, −34)
D(60, 7.09)　　　O(−50, −26.74)
E(60, 50)　　　　P(−47.71, −22.02)
F(−60, −50)　　　Q(−47.71, 22.02)
G(−60, 50)　　　R(−50, 26.74)
H(19.64, 37)　　S(−50, 34)
I(49.2, −14.2)　T(−44, 40)
J(50, −17.2)　　U(14.44, 40)
K(50, −34)

图 10-37　凸模板数控加工走刀路线

2. 编制外轮廓粗加工程序

（1）程序名：06003。

（2）使用 Φ16mm 立铣刀。

（3）刀具半径补偿 D01＝8.15mm（即通过刀补，留单边 0.15mm 的加工余量）。

（4）06003 程序如表 10-9 所示（走刀路线示意图见图 10-37）。

表 10-9　程序 06003 及说明

程序号	程　序	简要说明
%6003		
N010	G17 G21 G40 G49 G90 G94	初始化程序
N020	G54 G00 X69 Y20	设定工件坐标系，快速定位到下刀点 A
N030	Z100 M03 S600	快速定位到 Z100 处，主轴正转速 600r/min
N040	Z02 M08	快速移动到工件上方 2mm 处，切削液开
N050	G01 Z0 F100	与 100r/min 的速度下刀工件上方
N060	M98 P6004 L2	调用子程序 %6004 两次
N070	G00 Z100 M09	快速抬刀至 Z100，切削液关
N080	M05	主轴停
N090	M30	程序结束

其中，子程序 6004 如表 10-10 所示。

表 10-10 子程序 6004 及说明

程序号	程　序	简要说明
%6004		
N010	G91 G01 Z-4.9 F100	以 100r/min 的速度下刀至上一加工深度下 4.9mm
N020	G90 G01 X51.39 Y50 F80	以 80r/min 的速度直线进给至工件 B 点
N030	X35.32	由 B 点直线进给至 C 点
N040	X60 Y7.09	由 C 点直线进给至 D 点
N050	Y-50	由 D 点直线进给至 E 点
N060	X-60	由 E 点直线进给至 F 点
N070	Y50	由 F 点直线进给至 G 点
N080	X35.32	由 G 点直线进给至 C 点
N090	G41 D01 G01 X19.64 Y37	由 C 点直线进给至 H 点，并建立刀具半径左补偿
N100	X49.2 Y14.2	由 H 点直线进给至 I 点
N110	G02 X50 Y-17.2 R6	由 I 点圆弧进给至 J 点
N120	G01 Y-34	由 J 点直线进给至 K 点
N130	G02 X44 Y-40 R6	由 K 点圆弧进给至 L 点
N140	G01 X-44	由 L 点直线进给至 M 点
N150	G02 X-50 Y-34 R6	由 M 点圆弧进给至 N 点
N160	G01 Y-26.74	由 N 点直线进给至 O 点
N170	G02 X-47.71 Y-22.02 R6	由 O 点圆弧进给至 P 点
N180	G03 Y22.02 R28	由 P 点圆弧进给至 Q 点
N190	G02 X-50 Y26.74 R6	由 Q 点圆弧进给至 R 点
N200	G01 Y34	由 R 点直线进给至 S 点
N210	G02 X-44 Y40 R6	由 S 点圆弧进给至 T 点
N220	G01 X14.44	由 T 点直线进给至 U 点
N230	G02 X19.64 Y37 R6	由 U 点圆弧进给返回至 H 点
N240	G40 G01 X69 Y20 F300	由 H 点返回至 A 点，并取消刀补
N250	M99	返回主程序

10.5 数控加工自动编程

编制零件数控加工程序的效率和准确程度是数控机床加工的关键。因此，应用计算机自动编程是数控技术的重要环节之一。

1. 自动编程方法的两种模式

自动编程根据编程信息的输入与计算机对信息的处理方式不同，分为以数控语言为基础的自动编程方法和以计算机绘图为基础的自动编程方法。

1）数控语言编程

利用数控语言编程时，编程人员是依据所用数控语言的编程手册以及零件图样，以语言的形式表达出加工的全部内容，然后再把这些内容全部输入到计算机中进行处理，制作出可以直接用于数控机床的NC加工程序。

数控语言是由字母、数字及规定好的一套基本符号，按一定的词汇及语法规则组成的语言，用来描述工件、刀具几何形状和刀具相对于工件的运动等。

最典型的数控语言是美国的APT、德国的EXAPT、日本的FAPT、我国研制的ZCK和SKC等自动编程系统都是源于APT。

APT是词汇式语言，用它编制出的源程序直观、明了，但程序较长，计算机处理复杂。APT系统的优点是：可靠性高、通用性好、能描述数学公式、容易掌握、制带快；其缺点是系统大而全，为用户使用带来不便。

FAPT等是属于符号式语言，用它编制出的零件源程序较短，系统较简单，针对性也强。

2) 图形交互式编程

以计算机绘图为基础的自动编程方法，在编程时编程人员首先要对零件图样进行工艺分析，确定构图方案，其后即可利用自动编程软件本身的自动绘图CAD(计算机辅助设计)功能，在CRT屏幕显示器上以人机对话的方式构建出几何图形，其后还需利用软件的CAM(计算机辅助制造)功能，才能制作出NC加工程序。我们把这种自动编程方式称为图形交互式自动编程。图形交互自动编程是一种全新的编程方法，与APT语言编程比较，有以下几个特点：

(1) 这种编程方法不需要像APT语言编程那样，用数控语言去描绘零件几何形状、加工走刀过程及后置处理的源程序，而是在计算机上直接面向零件的几何图形以光标指点、菜单选择及交互对话的方式进行编程，其编程结果也以图形的方式显示在计算机上。所以该方法具有简便、直观、便于检查的优点。

(2) 通常，图形交互式自动编程软件和相应的CAD软件是有机地关联在一起的一体化软件系统——既可用来进行计算机辅助设计，又可以直接调用设计好的零件图进行交互编程，对实现CAD/CAM一体化极为有利。

(3) 这种编程方法的整个编程过程是交互进行的，而不是像APT语言编程那样，事先用数控语言编好源程序，然后由计算机以成批处理的方式进行，生成数控加工程序。这种交互式的编程方法简单易学，在编程过程中可以随时发现问题进行修改。

(4) 编程过程中，图形数据的提取、节点数据的计算、程序的编制及输出都是由计算机自动进行的。因此，编程的速度快、效率高、准确性好。

(5) 此类软件都是在通用计算机上进行的，不需要专用的编程机，所以非常便于普及推广。

基于上述特点，可以说图形交互自动编程是一种先进的自动编程技术，是自动编程软件的发展方向。

2. 自动编程系统的信息处理过程

1) 语言式自动编程系统的信息处理过程

以APT语言自动编程系统为例，其处理过程如图10-38所示。

它由数控语言编写的零件源程序、通用计算机和编译程序(系统软件)3个组成部分。数控语言是一种类似车间用语的工艺语言，它是由一些基本符号、字母以及数字组成并有一定词汇和语法的语句。用它来描述零件图的几何形状、尺寸、几何元素间的相互关系(相交、相切、平行等)以及加工时的运动顺序、工艺参数等。

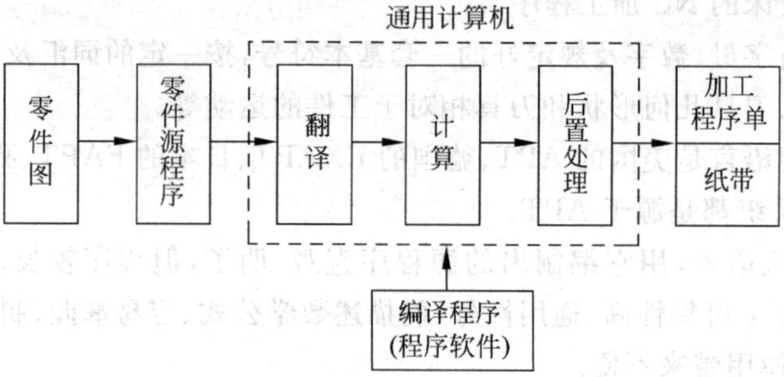

图 10-38　自动编程处理过程

按照零件图样用数控语言编写的计算机输入程序称为零件源程序。应当注意的是，零件源程序不同于我们在手工编程时用 NC 指令代码写出的程序(这种用 NC 指令代码写出的程序习惯上称为 NC 加工程序)，它不能直接控制数控机床，只是加工程序计算机预处理的计算机输入程序。

编译程序是一种把输入计算机中的零件源程序翻译成为等价的目标程序(NC 加工程序)的程序。编译程序也称为系统处理程序，是自动编程的核心部分。编译程序是根据数控语言的要求，结合生产对象和具体的计算机，由专家应用汇编语言或高级语言编好的一套庞大的程序系统。在编译程序的支持下，计算机能对零件源程序进行如下处理：

(1) 翻译阶段。翻译阶段即语言处理阶段。它按源程序的顺序，一个符号一个符号地依次阅读并进行处理。如图 10-39 所示，首先分析语句的类型，当遇到几何定义语句时，则转入几何定义处理程序。根据几何特征关键字，判断是哪种类型的几何定义方式，然后再处理成标准的形式，并按其数值信息求出标准参数。例如，点的标准参数为 X,Y,Z 3 个坐标；

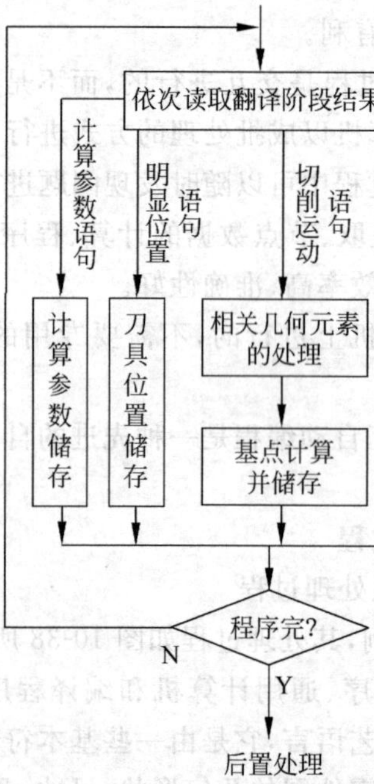

图 10-39　翻译阶段的信息处理

对于直线 $AX+BY=C$，标准参数为 A、B、C；对于圆 $(X-X_0)^2+(Y-Y_0)^2=R^2$，标准参数为 X_0、Y_0、R；对于列表曲线，当采用圆弧段逼近时，其标准参数为 X_0、Y_0、R。根据几何名字将其几何类型和标准参数存入信息单元表，供计算阶段使用。对于其他语句也要处理成信息表的形式。另外在翻译阶段，还要进行十-二进制转换和语法检查等项工作。

(2) 计算阶段。如图 10-40 所示，该阶段的工作类似于手工编程时的基点和节点坐标数据的计算，其主要的任务是处理连续运动语句。根据导动员和检查员提供的信息(如方向指示词、交点区分词等)计算基点和节点坐标，从而求出刀具位置数据，并以刀具位置文件的形式加以存储。对于其他的语句也要以规定的形式处理并存储。

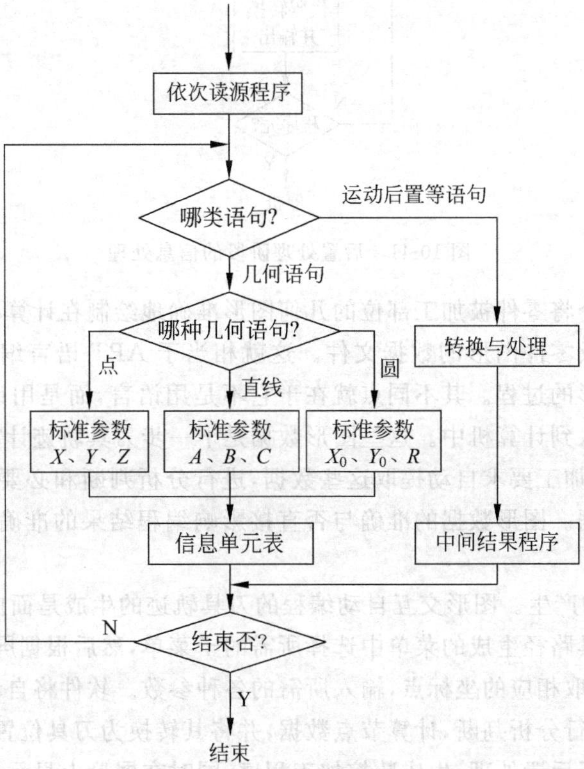

图 10-40　计算阶段的信息处理

(3) 后置处理阶段。后置处理阶段的信息流程如图 10-41 所示。按照计算阶段的信息，通过后置处理即可生成符合具体数控机床要求的零件加工程序。该加工程序可以通过打印机打印成加工程序单，也可通过穿孔机自动穿出数控纸带作为数控机床的输入，还可以通过计算机通信接口，将后置处理的输出直接传送至 CNC 的存储器予以调用。目前，经计算机处理的数据还可通过屏幕图形显示或由绘图机绘出图形，用自动绘出的刀具运动轨迹图形，可以检查数据输入的正确性，以使编程员分析错误的性质并予以修改。

2) 图形交互自动编程系统的信息处理过程

图形交互式自动编程是建立在 CAD 和 CAM 的基础上，其处理过程与语言式自动编程有所不同，以下对其处理过程作一简要介绍。

(1) 几何造型。几何造型就是利用图形交互自动编程软件的图形构建、编辑修改、曲线

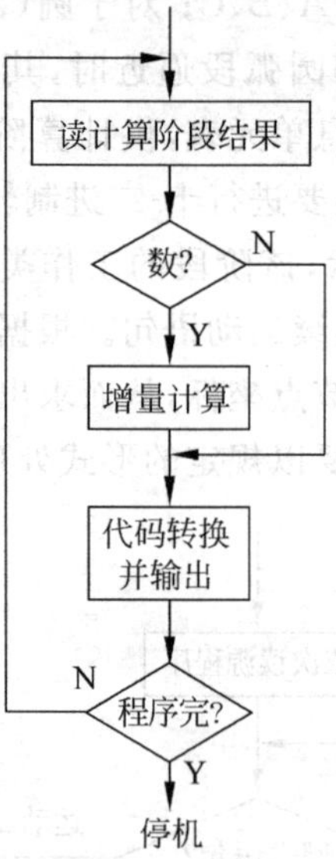

图 10-41　后置处理阶段的信息处理

曲面造型等有关指令将零件被加工部位的几何图形准确地绘制在计算机屏幕上，与此同时，在计算机内自动形成零件图形的数据文件。这就相当于 APT 语言编程中，用几何定义语句定义零件几何图形的过程。其不同点就在于它不是用语言，而是用计算机绘图的方法将零件的图形数据输入到计算机中。这些图形数据是下一步刀具轨迹计算的依据。自动编程过程中，软件将根据加工要求自动提取这些数据，进行分析判断和必要的数学处理，以形成加工的刀位轨迹数据。图形数据的准确与否直接影响编程结果的准确性，所以要求几何造型必须准确无误。

(2) 刀具路径的产生。图形交互自动编程的刀具轨迹的生成是面向屏幕上的图形交互进行的。首先在刀具路径生成的菜单中选择所需的子菜单，然后根据屏幕提示，用光标选择相应的图形目标，点取相应的坐标点，输入所需的各种参数。软件将自动从图形文件中提取编程所需的信息，进行分析判断，计算节点数据，并将其转换为刀具位置数据，存入指定的刀位文件中或直接进行后置处理，生成数控加工程序，同时在屏幕上显示出刀具轨迹图形。

(3) 后置处理。后置处理的目的是形成数控加工文件。由于各种机床使用的控制系统不同，所用的数控加工程序其指令代码及格式也有所不同。为解决这个问题，软件通常设置一个后置处理惯用文件，在进行后置处理前，编程人员应根据具体数控机床指令代码、程序的格式及圆整化方式等内容事先编辑好这个文件，软件在执行后置处理命令时将自行按设计文件定义的内容，输出符合数控加工格式要求的 NC 加工文件。

(4) 程序输出。由于图形交互式自动编程软件在编程过程中，可在计算机内自动生成刀位轨迹图形文件和数控加工文件，所以程序的输出可以通过计算机的各种外部设备进行。如使用打印机可以打印出数控加工程序单，并可在程序单上用绘图机绘制出刀位轨迹图，使机床操作者更加直观地了解加工的走刀过程；使用由计算机直接驱动的纸带穿孔机，可将加工程序穿成纸带，提供给有读带装置的机床控制系统使用，对于有标准通信接口的机床系统可以和计算机直接联机，由计算机将加工程序直接传送给机床控制系统。

3. 典型 CAD/CAM 软件介绍

CAD/CAM 系统软件是实现图形交互式数控编程必不可少的应用软件。随着 CAD/CAM 技术的飞跃发展和推广应用，国内外不少公司与研究单位先后推出了各种 CAD/CAM 支撑软件。目前，国内市场上销售比较成熟的 CAD/CAM 支撑软件有十几种，既有国外的也有国内自主开发的，这些软件在功能、价格、使用范围等方面有很大的差别。由于 CAD/CAM(特别是三维 CAD/CAM)软件技术复杂，售价高，并且涉及企业多方面的应用，企业在选型时很慎重，并往往要花费很大的精力和时间。为此，国家机械工业部于 1998 年底专门组织了一批 CAD/CAM 方面的专家教授，对当前国内市场上销售和应用比较普遍的 CAD/CAM 支撑软件进行了一次测评。根据有关信息，本书列举一些典型的 CAD/CAM 软件，以供选型时参考。

1) CAXA 制造工程师

CAXA 制造工程师是在 Windows 环境下运行 CAD/CAM 一体化的数控加工编程软件。软件集成了数据接口、几何造型、加工轨迹生成、加工过程仿真检验、数控加工代码生成、加工工艺单生成等一整套面向复杂零件和模具的数控编程功能。

2) UG 系统

UG 系统由美国 END 公司经销。它最早由美国麦道航空公司研制开发，从二维绘图、数控加工编程、曲面造型等功能发展起来。UG 软件从推出至今已有近 20 年，目前在我国已推出 18 种版本。UG 本身以复杂曲面造型和数控加工功能见长，是同类产品中的佼佼者，并具有较好的二次开发环境和数据交换能力，可以管理大型复杂产品的装配模型，进行多种设计方案的对比分析、优化，为企业提供产品设计、分析、加工、装配、检验、过程管理、虚拟运作的全数字化支持，具备多极化的全线产品开发能力。

3) MDT 系统

MDT 是 Autodesk 公司在 PC 平台上开发的三维机械 CAD/CAM 系统，以三维设计为基础，集成设计、分析、制造以及文档管理等多种功能为一体，为用户提供了从设计到制造一体化的解决方案。由于该软件与国内普及率最高的 CAD 软件——AutoCAD 出自同一个公司，两者之间完全融为一体。对 AutoCAD 老用户来说，可方便地实现由二维向三维过渡。因此，在国内应用比较多。

4) GRADE/CUBE-NC 系统

GRADE/CUBE-NC 是由日本日立造船情报系统株式会社(HZS)公司推出，基于 UNIX 工作站支持从设计到加工过程的 CAD/CAM 系统。该软件的突出特点是面向制造，在 CAD 方面注重产品的工艺设计，具有丰富的实用化曲面造型功能和较强的造型细节处理；在 CAM 方面注重加工性的研究与处理，提供了多种高效实用的加工方法，并为数控加工编程提供了 50 多种走刀方式、多种进刀和切入方法，有丰富的刀具路径编辑、走刀干涉检查等功能，该软件最早于 20 世纪 70 年代末开发，经过二十几年的发展、完善与提高，目前的最新版本为 V9。

5) Master CAM 系统

Master CAM 是美国专门从事 CNC 程序软件的专业化公司——CNC solftware INC——研制开发的，使用于微机 PC 级的 CAD/CAM。它是世界上装机量较多的 CNC 自动编程软件，数控编程人员通过 CAD 绘图功能，即可直接在系统上通过绘制所加工零件图，然后再转换成NC零件加工程序。

亦可将如同CAD、CADKEY、Mi-CAD等其他CAD绘图软件绘制好的零件图形，经由一些标准或特定的转换挡，像DXF(drawing exchange file)挡、CADL(CADKEY advanced design language)挡及IGES(initial graphic exchange specification)挡等，转换至Master CAM系统内，再产生NC程序。还可用BASIC、FOR-TRAN、PASCAL或C语言设计，并经由ASCII挡转换至Master CAM系统中。

Master CAM是一套使用性相当广泛的CAD/CAM系统，为适合于各种数控系统的机床加工，Master CAM系统本身提供了百余种后置处理PST程序。所谓PST程序，就是将通用的刀具轨迹文件NCI(NC intermediary)转换成特定的数控系统编程指令格式的NC程序；并且每个后置处理PST程序也可通过编辑方式修改，以适用于各种数控系统编程格式的要求。Master CAM具有铣削、车削及激光加工等多种数控加工程序制作功能。

思考与练习题

10-1 数控机床的坐标轴与运动方向是怎样规定的？

10-2 什么是数控加工的走刀路线？确定走刀路线时通常考虑哪些问题？

10-3 G代码表示什么功能？F代码表示什么功能？

10-4 什么是自动编程系统？它用于什么场合？种类有哪些？

10-5 什么是后置处理程序？并简述其主要内容。

参 考 文 献

[1] 罗学科.数控原理及数控机床[M].北京：化学工业出版社,2008.

[2] 毕承恩,丁乃健.现代数控机床[M].北京：机械工业出版社,1991.

[3] 娄锐.数控机床[M].大连：大连理工大学出版社,2010.

[4] 蒋丽. 数控机床及系统[M]. 北京：国防工业出版社,2011.

[5] 陈江进.数控机床[M].北京：北京理工大学出版社,2012.

[6] 蔡厚道.数控机床构造[M].北京：北京理工大学出版社,2007.

[7] 张耀满.机床数控技术[M].北京：机械工业出版社,2013.

[8] 李善术.数控机床及其运用[M].北京：机械工业出版社,2001.

[9] 王爱玲.现代数控原理及控制系统[M].北京：国防工业出版社,2002.

[10] 王爱玲.现代数控机床伺服及检测技术[M].北京：国防工业出版社,2002.

[11] 北京发那科机电有限公司.FANUC系列参考资料,2001.

[12] 北京西门子公司.SIEMENS系列数控使用说明书,2016.

[13] 华中数控股份有限公司.世纪星数控系统编程说明书,2009.

[14] 刘雄伟.数控机床编程与操作教程[M].北京：机械工业出版社,2001.

[15] 全国数控培训网络天津分公司.数控机床[M].北京：机械工业出版社,2001.

[16] 刘书华.数控机床与编程[M].北京：机械工业出版社,2003.

[17] 廖建刚.数控机床与数控编程技术[M].北京：科学出版社,2007.

[18] 施晓芳. 数控加工工艺[M].北京：电子工业出版社,2011.

[19] 杨丙乾. 数控编程与加工[M].北京：电子工业出版社,2011.

[20] 杨继宏. 数控加工工艺手册[M].北京：机械工业出版社,2006.

[21] 郑修本. 机械制造工艺学[M].北京：机械工业出版社,2006.

[22] 肖华. 机械制造基础[M].北京：机械工业出版社,2006.

[23] 李凯岭. 机械制造技术基础[M].北京：清华大学出版社,2010.

[24] 翟锐波. 数控加工工艺[M].北京：北京理工大学出版社,2011.

[25] 刘立.数控车床编程与操作[M].北京：北京理工大学出版社,2009.

[26] 韩鸿鸾.数控铣床和加工中心的编程与操作实例[M].北京：中国电力出版社,2006.